建设工程人工材料设备机械数据标准应用指南

标准编制组　组织编写

U0321675

中国建筑工业出版社

图书在版编目（CIP）数据

建设工程人工材料设备机械数据标准应用指南/ 标准编制组组
织编写. — 北京：中国建筑工业出版社，2014.3
ISBN 978-7-112-16144-7

Ⅰ. ①建…　Ⅱ. ①标…　Ⅲ. ①建筑工程-数据-标准-中国-指
南　Ⅳ. ①TU-65

中国版本图书馆 CIP 数据核字（2013）第 285177 号

　　《建设工程人工材料设备机械数据标准应用指南》是配套《建设工程人工材料设备
机械数据标准》GB/T 50851－2013 发行的应用指导用书。本书结合《建设工程人工材
料设备机械数据标准》GB/T 50851－2013 内容对标准的编制思想、分类方法、框架体
系进行了介绍，并对建设工程人工材料设备机械数据标准的各个分类给出了详细的分
类说明。本书可以有效支撑标准应用落地，对行业内企业建立企业底层的材料标准和
基础数据库，对企业信息化平台建设，对材料相关从业人员进行物资管理，具有重大
的指导和参考价值。

　　全书内容主要分为三部分。第 1 章、第 2 章介绍标准编制的指导思想、编制原则，
帮助标准应用人员理解标准框架和分类方法；第 3 章对标准附录 A 的工料机类别及特
征进行详细解读，并提供了可以直接使用的各材料类别的常用属性项和属性值，它是
本书的核心内容；第 4 章对标准的应用思路进行解析，并提供了几个应用案例帮助读
者理解标准、梳理应用思路和应用方法；第 5 章收集了标准应用各方对标准编制的相
关问题并进行解答。

　　本书适合全国各省市（地区）造价管理站、行业内建设单位和施工企业、材料价
格信息发布的相关组织、材料设备供应商的物资管理人员、采购人员、信息化研究人
员、信息化相关的软件开发人员使用，对从事或即将从事建设领域材料应用的相关工
作者和学生也同样适用。

　　责任编辑：孙玉珍　　何玮珂
　　责任设计：李志立
　　责任校对：姜小莲　　党　蕾

建设工程人工材料设备机械数据标准应用指南
标准编制组　组织编写

*

中国建筑工业出版社出版、发行（北京西郊百万庄）
各地新华书店、建筑书店经销
北京红光制版公司制版
北京建筑工业印刷厂印刷

*

开本：787×1092 毫米　1/16　印张：29¼　字数：730 千字
2014 年 3 月第一版　　2014 年 3 月第一次印刷
定价：**68.00** 元
<u>ISBN 978-7-112-16144-7</u>
（24914）

本书编委会

主　　编：倪江波

副 主 编：赵　昕　商丽梅

编写人员：李　洁　高　涛　李桂华　赵小飞　袁小芬
　　　　　王天宇

审查人员：杨　永　王秀芳　蒋玉翠　赵崇确　李广平

序

倪江波

《建设工程人工材料设备机械数据标准》GB/T 50851-2013 作为造价行业的第一部基础数据标准，它规定了工料机数据信息的分类标准，提供了一套供定额编制使用的统一编码的标准工料机库，规定了工料机信息、工料机价格信息的信息交换接口。

本标准的发布实施，对于行业间材料标准编制及发布是一种促动，并且为其他行业材料编码标准的编制起到了很好的借鉴及参考作用；其他行业在工料机数据标准编制过程中，可以借助于本标准的分类方法、原则、指导思想以及分类框架，进行补充分类、完善特征属性，只有这样做，行业间的信息数据才可以共享。材料编码标准工作不是某一个行业、某个组织、某些企业就可以完成，需要各个行业不断的补充完善才能形成完善的"标准体系"。

《建设工程人工材料设备机械数据标准》GB/T 50851-2013 在编制方法、思路以及理论上都有很大的创新。创新点 1：首次把专业数据标准及计算机接口交换标准统一考虑，即满足专业编制的需要，又满足专业数据计算机技术交换的需要。创新点 2：对于专业数据标准，打破了传统的线性分类方式，首次采用线面结合的分类方法，既科学合理，又满足计算机数据的交换及信息化处理的需求。创新点 3：标准基础数据框架遵循哲学相对论原理，按照把静态属性特征、动态属性特征分离的原则搭建的，可扩充性比较好，很好地满足了行业的扩展应用；企业可以在此基础上结合企业实际需求，积累静态的属性值以及补充完善动态的应用属性，以更好的解决工料机信息化应用。

人工材料设备机械的数据标准是企业信息化最基础的数据标准。很多企业尽管已经建立了企业信息系统，但是由于缺少一套企业使用的统一描述标准，不同阶段、不同部门都在建立自己的材料数据库，造成企业后期数据对接存在很大的问题；由于材料来源、阶段不统一，材料信息需要人为对接，特别是施工企业的施工计划资源编制与施工过程中实际资源对比分析上，需要专业的人员逐一拆分对应才能完成；不仅如此很多企业在建立了材料编码以后，由于企业各个岗位缺少一定的业务指导材料专业操作手册，造成标准使用执行过程中"走样"，不能很好地贯彻下去，很多企业都是在标准应用一段时间后，不能很好继续推行下去而终止，造成资源的大量浪费。不仅如此，历史材料数据的二次利用价值基本上没有发挥出来，大家在应用过程中只是满足了自己当前阶段的应用需求，并没有考虑资源数据描述的统一，造成历史数据在应用时需要经过大量的分析整理工作以后才能使用。借助于标准，可以实现工料机信息数据的统一描述，方便信息查询及应用分析，更重要的是可以通过已经实现的 BI 分析技术，实现工料机信息数据的多维度对比分析，为企业决策提供依据。

《建设工程人工材料设备机械数据标准》GB/T 50851-2013 发布以后，涉及标准相关的各个应用方都会逐渐使用标准，标准应用主体主要涉及：

1. 各省（直辖市、自治区）造价管理站

标准可为各个省（直辖市、自治区）的造价管理站编制计价依据及信息价发布使用，可以解决各个省市造价管理站编制计价依据工料机库数据的统一，解决各个省市、地市造价管理站工料机价格信息数据发布的统一描述及发布格式的约定。

2. 工料机信息发布的相关单位

要提高行业信息化水平，首先要解决工料机信息数据统一描述、统一交换。目前政府管理部门、行业协会、企业都通过不同的渠道定期发布工料机价格信息，但是不同单位发布的数据不能进行有效的共享，造成企业或个人在应用这些数据时，需要进行大量的汇总及分析工作，在提升信息数据利用的价值上没有充分发挥出它的优势，相反信息数据在多次利用以后，数据分析整理的工作时间会呈指数级增长，造成数据利用率不断降低，信息数据服务一直在行业内没有发挥出它应用的价值，借助于标准的统一分类及统一描述，可以解决这一难题，并且通过标准提供的计算机信息数据接口格式，实现了信息数据共享。

3. 材料设备供应商和采购方

企业在进行信息化系统建设的过程中，工程建设项目的资源（人工、材料、设备）管理成为企业关注的重中之重，对规范企业合作供应商、材料设备的规范性报价及采购有了更高的要求。本标准的发布，对供应商快速响应采购需求，对采购方规范物资管理和采购管理，建立企业的工料机信息数据库，在建设项目的不同阶段、企业不同部门对于材料描述的统一及管理等方面，将起到极其重要的作用。

结合标准理论体系以及目前企业存在的弊病，标准编制组经过一段时间的梳理，把用户关注的相关问题都进行了整理，并且针对每个大类、二级子类的编码范围、定义以及划分范围都进行了详细的阐述，对于目前即将或正在推广信息化系统应用的企业具有重大价值。

《建设工程人工材料设备机械数据标准应用指南》是一本实操性书籍；本书围绕《建设工程人工材料设备机械数据标准》GB/T 50851－2013进行，对标准的编制思想、原则以及针对具体的类别作了详细的专业说明，并结合具体的应用案例，对标准如何使用做了详细的阐述，结构清晰、内容翔实。企业信息化建立的基础是信息化标准的建立，而材料标准建立是信息标准建立的重中之重，材料标准的建立不仅需要一定的理论体系，还需要详细的专业分类说明以指导标准的应用落地；面向企业以及所有使用本标准的相关人员，编制组悉心整理了标准编制中遇到的以及大家比较关注的问题，分析整理以后形成了本标准的业务指南，希望本书的方法、思路以及专业应用分类对大家应用标准有所帮助。

前　　言

随着信息化技术的迅速发展，建筑行业急需指定一定的建筑产品分类和编码标准，以便规范建筑产品信息化发展，实现资源的共享；建筑产品信息化最小的元素工料机数据分类及编码标准的制定，是制定建筑产品分类及编码的基础。

2011 年 8 月在工程造价行业发展的"十二五"规划中提出的主要任务之一"推进工程信息化建设"中明确了两项任务，"推进工程造价信息化系统建设"和"做好人工、材料等价格信息和造价指标发布工作"工作，而两项工作需要的基础支撑就是行业的建筑产品分类及编码标准建立。

为了建立完整的建设工程工料机的价格信息标准管理体系，必须对工料机的分类、名称、规格型号、计量单位、特征等有一个统一的规范，以此为基础形成建设工程工料机的编码统一的数据规范标准，再结合相应价格信息的各种组成元素，以相应的价格信息查询条件和软件技术手段，实现建设工程工料机价格信息体系的动态管理和应用。

综上所述，工料机数据标准的作用在于解决：

1. 为计价编制依据提供统一的分类标准

各省（直辖市、自治区）工程造价管理部门是按照各自的工料机库进行相应计价依据的编制。由于没有一个统一的数据标准，因此各省（直辖市、自治区）之间无法实现这方面的数据资源共享；甚至由于缺乏统一的工料机数据口径，各工料机价格采集过程中的粗细程度存在很大的差异性致使在进行价格比较分析时缺乏有效的标准。

2. 为各企业工料机数据的交互主体提供了统一的分类标准及基础属性描述规范

在一个工程项目中，材料管理涵盖许多功能、涉及许多部门，包括业主、工程公司、合作伙伴以及所有在供应链上的供货商、制造商等；对于不同的部门，材料的相关应用这对材料的理解以及应用都存在一定的差异，如何在不同部门、不同层次人员进行材料的管理，是很多企业头痛的问题。

由于缺乏完善的体系化的工料机标准规范，建设工程的供需双方不能在统一的平台上进行数据交换，致使各造价管理部门、企业不能进行有效地对工料机数据进行积累、管理、发布。

3. 为建设工程工料机数据标准提供了一个通用的"适配器"，让企业间的工料机信息交换无障碍

目前各个企业自己内部都有一套成熟的工料机数据标准体系，新标准体系推行以后，如何实现企业原有工料机数据标准与新标准体系的过渡，成为很多企业所关注。工料机数据标准为这些企业提供了一个通用"数据转换器"，使企业可以很轻松地完成新老数据的转换机应用。

如何实现工料机数据的统一，制定工料机数据标准成为目前的当务之急；根据住房和

城乡建设部建标〔2011〕17号"2011年工程建设标准规范制订、修订计划",由广东省建设工程造价管理总站、住房和城乡建设部信息中心会同有关单位编制的《建设工程人工材料设备机械数据标准》GB/T 50851－2013（本书中统一简称为《工料机数据标准》）在2012年5月份审查通过,并与2012年12月25号日正式发布。

标准编制组
2013年11月

目 录

第1章 《建设工程人工材料设备机械数据标准》 GB/T 50851－2013 编制指导思想

1.1 标准审查会上评委、专家对于《工料机数据标准》的最终审查结论

1. 《工料机数据标准》是建设工程造价行业首部以国家标准形式发布的数据标准，填补了工程造价行业工料机数据标准的空白，为促进工料机数据的高效交换，规范工程造价信息的发布与管理，推进工程造价信息化建设具有重要意义。

2. 《工料机数据标准》不仅明确了工料机的分类、特征描述要求、工料机库的构成和内容，而且提出了计算机处理时数据接口的交换标准。符合工程造价专业人员及信息管理人员的工作习惯和数据积累、开发的要求，具有可操作性。

3. 《工料机数据标准》可以为各地方、各行业工程造价管理机构编制、规范和改进工料机库提供统一的表述格式，也可以为建设单位、施工单位、咨询企业等建立规范的工料机价格信息数据库提供参考，有利于建设工程领域的信息化水平的提高，具有较高的推广价值。

1.2 《工料机数据标准》的思路创新

《工料机数据标准》编制创新，体现在以下三个方面：

① 理念思路创新	② 分类方法创新	③ 哲学相对论原理
本标准首次把专业数据标准及计算机接口交换标准统一考虑，即满足专业编制的需要，又满足专业数据计算机技术交换的需要	对于专业数据标准，打破了传统的线性分类方式，首次采用线面结合的分类方法，既科学合理，又满足计算机数据的交换及信息化处理的需求	标准数据分类框架遵循哲学相对论原理，把静态属性特征、动态属性特征分类的原则搭建的，可扩充性比较好，很好的满足了行业的扩展应用

理念思路创新：截至目前是国内唯一一套把专业标准与计算机标准接口相结合，既解决了行业工料机数据标准化描述的统一，又解决了依据行业标准数据描述要求生成计算机交换接口文件的制定，既满足专业编制需求，又满足计算及技术交互的需要。

分类方法创新：本次工料机分类标准体系打破了传统的线性分类方式，首次采用线面结合的分类方法（以线为主、面辅助），即没有改变原有的分类方式，又解决了计算及信息交互及不确定应用的需求。

哲学相对论原理：我们采用了客观认识世界方法：不以特定人的角度去看待事物，也

就是事务本身的属性，不以人的意志而转移；即：本标准把工料机本身的静态的属性与使用应用过程中的动态属性做了区分，标准解决工料机的本身属性标准化，这样很好的能够满足行业内不同应用方、跨行业间应用的可扩充性。

1.3 《工料机数据标准》的编制指导思想

⮟ 开放式的、可扩充的分类体系，方便管理、应用。

⮟ 满足适用性：适用于线性分类造价体系，紧密结合国标清单和全统定额进行分类；以期能在造价领域得到很好的应用；适用于线性的相关工料机标准，紧密结合供应商报价以及相应的建材标准，方便建设行业、建筑领域各个部门之间的材料管理与应用。

第2章 《建设工程人工材料设备机械数据标准》 GB/T 50851－2013 编制原则说明

2.1 数据分类的基本方法

在经济或管理领域的分类主要采用两种方法：体系分类法和分面分类法；

1. 体系分类法，又称线性分类法或层次分类法；是按照总结出的研究对象之共有属性和特征项，以不同的属性或特征项（或它们的组合）为分类依据，按先后顺序建立一个层次分明、下一层级严格唯一对应上一层级的分类体系，把研究的所有对象个体按照属性和特征逐层找出归类途径，最终归到最低分类层级类目。体系分类法将形成一种树形结构，树干上任一级的枝枝叶叶（层级）都可以沿唯一路径追溯到树干上来，而树叶（研究对象个体）就长在特定的树枝上。

2. 分面分类法，又称为分面组配分类法、平行分类法；是总结研究对象的共有属性和特征项，以不同的属性或特征项（或它们的组合）不分先后顺序，分别建立平行的分类类目（分类表），依靠不同分类表的组配来确定研究对象个体的类目。

3. 混合分类法，将体系分类法和分面分类法组合使用，以其中的一种为主，另一种作为补充的分类方法。

每种分类方法的优缺点详见下表：

分类方法	优 点	缺 点	适用范围
体系分类法	1. 层次性好，能较好地反映类目之间的逻辑关系； 2. 使用方便，既符合手工处理信息的传统习惯，又便于计算机处理信息	1. 结构弹性较差，分类结构一经确定，不易改动； 2. 当分类层次较多时，为其所设计的代码位数会比较大，影响数据处理的效率与速度； 3. 对编制专业人员的水平很高，一旦层次或同类类目出现漏项情况，可扩充性很差	1. 结构层次单一； 2. 分类对象应用场景单一
分面分类法	1. 具有加大弹性，一个面类目改变不会影响其他面； 2. 适应性强，可根据需要组合成任何类目，也方便计算机信息处理； 3. 易于添加和修改类目	1. 不能充分利用容量，可组配的类目很多； 2. 难于手工处理信息	1. 结构层次复杂； 2. 应用对象不确定
混合分类法	1. 分类明确； 2. 适用性强； 3. 以静态分类解决动态应用		适用两者结合点

2.2 数据分类框架体系

材料分类与工程建设项目有关，由于它自身的多样性及复杂性，使得材料的分类存在一定的难度。目前行业、企业内，大都还是沿用最早的体系（线性）分类法；这种方法是时代应用的产物，在现代化技术快速发展的今天，由于受之于本身结构缺陷，不能很好地满足计算机网络的检索查询。要满足分类的层次清晰、又要解决采用分类以后材料信息网络的快速检索查询，线面混合分类法可以很好地解决。结合材料的应用特点，行业的应用习惯、计算机信息数据交互、应用以及新材料、新工艺不断扩充的需要，提供一套开放的、可扩充的分类框架体系更适用：

（1）本标准框架体系采用二级或三级线性分类框架，保持相对的稳定性。

（2）三级（四级）体系采用分面分类框架，满足新材料可扩充性。

在这个框架指导思想的前提下，要严格执行分类体系基本的四项逻辑原则。

数据分类的编码规则：

一级大类：均采用最高的二位固定数据编码，区间为 00～99；二级子类的编码区间为人工 00、材料 01～49、设备 50～79、配合比机械类 80～99；二级或三级子类编码不连续，方便以后扩充。

框架体系案例示意：

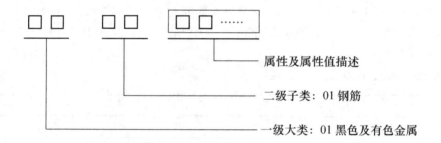

0101B03C02D17E13 钢筋

品种：螺纹钢筋

级别：Ⅱ

直径：φ14

强度等级：HRB335

2.3 数据分类体系的思想逻辑原则

采用体系分类方法应遵循以下逻辑原则：

1. 分类的互斥性原则

分类的互斥性原则，是指研究对象总体经分类后，处于同一层次的类与类之间的关系一般应是两两相互排斥的关系。

在一定的分类标准下，所得各类应同时保证类间有差异性、类内具有统一性。这是一般的研究对象总体在分类时须遵守的共同宗旨。不论分类标准如何确定，也不论类与类之间如何划定，这个宗旨始终不能变化。此外，类间的互斥性又是相对于一定的分类标准而言的。在某个分类标准下符合互斥性原则的各类，在另一分类标准下，可能不再具有两两互斥的性质。

2. 分类的相称性原则

这条原则的涵义是指研究对象总体经分类后，从总体和各类目所包含的元素的量的多少这个意义上来说，总体应恰好等于它的各类之和。在分类工作中，若各类之和不是恰好等于总体，而是小于总体，则总体中至少有一个体在分类时未被归入其他一类中，即分类时出现了遗漏个体的现象。若分类时出现了各类之和大于总体的情形，则至少有一类之中的个体不全是原来总体所含的个体。这种情形的出现意味着已改变了原来总体的外延界限，实际上也就是改变了原来总体的涵义。显然，无论是在理论研究中还是在具体工作中，上述两种情形一般都是不允许出现的。

3. 分类的一致性原则

对简单分类而言，这条原则是指在指定的分类体系中，分类标准一经选定，则应贯彻始终、前后一致，中途不得更改它的涵义；对复合分类而言，是指不同层次上的分类标准应各不相同，但在同一层次的分类中，分类标准应前后一致。因此，分类的一致性原则，确切地说，应称之为分类标准的一致性原则。

4. 分类的层次性原则

粗略地说，这条原则的涵义是指分类时应层次分明，不许出现越级划分的现象。所以，分类的层次性原则亦可称为等级性原则或有序性原则。

分面分类法是一种概念组织方式，这种方式遵循逻辑划分原则：

一次只能用一个划分标准；划分步骤应当是逻辑的，划分应当无穷尽。一旦确定，就可以将面组成互相排斥的类或数组。面也是对象或概念赖以描述的基本范畴，这些范畴的一个非常重要属性就是互不相关。

从本质上看，面是待分事物的某个属性或特征，这个属性或特征一般是经过明确定义的，而且是互相排斥。

随着网络信息化需要，分面分类方法引起了人们的重视，因为分面分类法自身的特征及其在网络信息组织中所表现出来的优势，分面分类法逐渐被企业信息化分类采纳且用于企业的信息化数据分类当中。

2.4 数据分类体系的基本原则

在遵循以上框架指导思想的前提下，除了严格执行分类体系基本的四项逻辑原则外，还需制定一套切实、有效的材料分类基本原则，来指导材料信息数据如何分类。考虑多因素需求，需要遵循以下基本分类原则：

1. 实用性原则：

（1）遵循了原有分类习惯：本标准考虑了我国建筑行业按照专业划分产品的习惯，将建筑产品分为通用、专业（人工、材料、设备）顺序划分，见专业与类别的对应大表。

5

专业与类别的对应大表

专业名称	专业类别代码	专业名称	专业类别代码
建筑专业	1、2、3、4、14、15、80	电子工程	53
装饰装修专业	5、6、7、8、9、10、11、12、13、16	市政工程	36
电气工程	25、26、27、28、29、55	建筑仿古工程	31
给排水工程	17、18、19、20	园林绿化工程	32
燃气工程	21	城市轨道工程	37、58
消防工程	23	其他专业类材料设备	33、34、35、54、56
采暖通风空调工程	22、50、51、52	仪器、仪表施工机械类	98、99
建筑智能化	24、30、57		

（2）两级分类结构满足了数据信息查询路径最短，两级结构分类是经过一定的科学分析、验证得来的，统计类别最佳数量控制在 20～40 为宜，即符合适用性，又符合分类清晰性原则。

（3）特征项分析是从工料机的不同应用方具体的应用考虑：涉及计价编制依据、工料机价格信息的采集、供应商材料的发布、材料招投标等。

（4）结合材料的实际市场情况，补充和完善分类标准。在已有国家清单规范以及建材标准中，会存在没有涵盖到的实际材料，例如：根据实际市场应用情况，在阀门中需要补充水位控制阀，在管件中补充沟槽式管件等。

2. 科学、合理性原则

主要体现在：

（1）分类结构体系上：

材料在进行体系分类及分面分类时，每一个层级的节点及特征属性都是在不断的平衡中形成的，每个大类下的二级子类即保证了网络检索查询的便捷性（二级子类数量控制在15～20 个左右），又保证了分面分类法中特征属性描述的简单性（特征属性大都控制在 4～8 左右）。这种线面结合的分类体系，很好地把人工处理、计算机处理有机地结合起来，使人工的专业水平与计算机处理结合达到了很好的统一。

（2）分类方法上：分类方法采用了《科学数据共享工程技术标准》中的混合分类方法，即考虑了分类的明确性，又考虑了适用性，很好地把人工处理、计算机处理有机地结合起来，使人工的专业水平与计算机处理结合达到了很好的统一。

（3）材料与设备划分上，严格按照《建设工程计价设备材料划分标准》GB/T 50531—2009 规定相关说明进行分类。

3. 可扩充性原则主要体现在：

（1）材料类别码划分上的可扩充性，我们目前类别码基本上取的是基数，对于偶数预留的位码足够以后新增类别使用。

（2）材料特征属性的可扩充性，同一级或二级子类下特征属性之间是相互独立的，这种独立性很好地解决了材料随应用主体、阶段变化应用的需求。

4. 标准化原则

标准化是材料信息数据交互与共享的前提；与科学严谨性相辅相成；材料分类及特征

属性命名时，严格贯彻执行现行国家有关法律、法规和方针、政策，结合各地的实际情况，以现行相关标准为参考，避免相互对立及矛盾。

不仅如此，材料分类定义要严谨、规范，尽量避免二义性；计算机信息数据交换，要遵循网络化原则等。借助于分类框架体系及原则，广联达公司依据 GB/T 50851－2013 搭建了目前的"建设工程工料机数据标准"的分类体系框架结构，依据这个结构体系，已成功的在广联达建材信息网上完成多地区材料信息价采集、整理、发布及与广联达计价 GBQ4.0 等系列产品关联应用等。

5. 清晰性原则

（1）工料机分类的类别名称命名简单、易懂。

（2）工料机信息的基本特征、应用特征的分离，使原本复杂的应用变得简单、清晰；使工料机的基础数据与应用数据部分真正做到了分离，采集、管理、应用都很方便（目前很多企业的材料编码太复杂、不够用的原因就是大家把着眼点放的太宽，在进行材料编码整理的时候，考虑了材料应用的各方，但是没有真正的把材料的基本特征从应用中抽离出来，造成材料编码位数总是感觉不够用。大家对于材料编码的研究总是停留在编码的位数及方案讨论阶段，而一旦涉及各方的应用，就不能有效地达成一致）。

第3章 《建设工程人工材料设备机械数据标准》 GB/T 50851－2013 专业分类说明

3.1 人工类

00 人工

● **类别描述**

包含定额中的综合工日及各个具体建筑专业的工种，详细参见各个二级子类别说明。

◇ **不包含**

——建筑工程的生产工人按照实物量实际结算的劳务费用部分的内容，此内容具体参照建办标函【2006】765 号文规定执行。

● **类别来源**

参照《建设工程工程量清单计价规范》GB 50500－2013，专业类别分为建筑、装饰工程、安装工程、市政工程、园林绿化工程、古建筑工程。定额工日与实际施工项目中所发生的人工工日存在一定的区别，同样人工单价费用也存在很大的差异，为了很好地实现实际工日与综合工日的差异，首选需要明确目前市场上各具体工种的单价费用，由此结合工程类型再考虑各分布人工单价的调整。

● **范围描述**

二级类别编码	二级人工类别名称
0001	综合用工
0003	建筑、装饰工程用工
0005	安装工程用工
0007	市政工程用工
0009	园林绿化用工
0011	古建筑用工

0001 综合用工

● **类别定义**

实际施工过程中，不同工种的工日单价是不一样的，定额编制的时候也考虑了这一点，把不同工种单价加权平均后得出工日单价，所以也叫综合工日单价。现有的预算定额人工工日不分工种、技术等级，一律以综合工日表示，内容包括基本用工、超运距用工和人工幅度差。

综合用工：是指完成单位合格产品所必须消耗的技术工种组合用工。

● **常用参数及参数值描述**

类别名称	特征	常用特征值	单位
综合工日	工种	一类、二类、三类	工日

● **参照依据**

GJD-101-95　全国统一建筑工程基础定额

GYD-901-2002　全国统一建筑装饰装修工程消耗量定额

GYD-201~213-2000　全国统一安装工程预算定额

GYD-301~309-1999　全国统一市政工程预算定额

全国统一仿古建筑及园林工程预算定额（88 建标字第 451 号）

0003　建筑、装饰工程用工

● **类别定义**

直接从事建筑工程施工的生产工人的劳务费用，内容包括：基本工资、工资性补贴、生产工人辅助工资、职工福利费、生产工人劳动保护费等。

● **常用参数及参数值描述**

建筑、装饰工程用工	具体工种
	木工（模板工）
	钢筋工
	混凝土工
	架子工
	砌筑工（砖瓦工）
	抹灰工（一般抹灰）
	抹灰、镶贴工
	装饰木工
	防水工
	油漆工
	管工
	电工
	通风工
	电焊工
	起重工
	玻璃工
	金属制品安装工

● **参照依据**

2009 版《建设工程劳动定额》

《建筑工程实物工程量与建筑工种人工成本信息测算表》

0005　安装工程用工

● **类别定义**

直接从事安装工程施工的生产工人的劳务费用，内容包括：基本工资、工资性补贴、生产工人辅助工资、职工福利费、生产工人劳动保护费等。

● **适用范围及类别属性说明**

安装工程用工	钳工
	管工
	铆工
	电工
	仪表工
	电焊工
	气焊工
	车工
	探伤工
	热处理工
	油工
	起重工
	通风工
	普工

● **参照依据**

GJD-202～209-2006全国统一安装工程基础定额

2013版《建设工程劳动定额》

0007　市政工程用工

● **类别定义**

　　直接从事市政工程施工的生产工人的劳务费用，内容包括：基本工资、工资性补贴、生产工人辅助工资、职工福利费、生产工人劳动保护费等。

● **适用范围及类别属性说明**

市政工程用工	筑路工
	沥青工
	沥青混凝土摊铺机操作工
	道路养护工
	下水道工
	下水道养护工
	污水化验检测工
	污水处理工
	污泥处理工
	泵站操作工
	架子工
	测量放线工
	钢筋工
	防水工
	管函顶进工
	道路巡视工
	桥梁养护工
	桥基钻孔工
	平地机操作工
	压路机操作工
	水泥混凝土搅拌设备操作工
	中小型建筑机械操作工

● **数据来源**

《市政工程施工（14 大工种）操作技术规范实用手册》

北京市市政管理处培训中心　考核工种

0009　园林绿化用工

● **类别定义**

直接从事园林绿化工程施工的生产工人的劳务费用，内容包括：基本工资、工资性补贴、生产工人辅助工资、职工福利费、生产工人劳动保护费等。

● **适用范围及类别属性说明**

园林绿化用工	绿化工
	假山工
	盆景花卉工
	园林工
	草坪工
	苗圃工

● **数据来源**

国家园林局　工种考核

《园林绿化专业技术工种技能培训》中相关内容

0011　古建筑用工

● **类别定义**

直接从事仿古建筑及房屋修缮工程施工的生产工人的劳务费用，内容包括：基本工资、工资性补贴、生产工人辅助工资、职工福利费、生产工人劳动保护费等。

● **适用范围及类别属性说明**

古建筑用工	古建筑木工
	古建筑瓦工
	古建筑石工
	古建筑油漆工
	古建筑彩绘工
	裱糊工
	建筑雕塑工

● **数据来源**

园林古建专业技术工种培训考核中心：

园林绿化专业

（共 14 个）绿化工、花卉工、植保工、育苗工、盆景工、观赏动物饲养工、花街工、石雕工、木雕工、草坪工、苗圃工、养护工、假山工、水景工

古建筑装饰装修专业

（共 5 个）古建木工、古建瓦工、古建彩画工、假山工、古建油漆工

土建专业

（共 13 个）手工木工、砌筑工、精细木工、架子工、钢筋工、抹灰工、油漆工、混凝

土工、防水工、电工、电焊工、管工、模板工

环卫专业

（共 11 个）环卫垃圾运输装卸工、环卫船舶轮机员、环卫船舶驾驶员、环卫机动车驾驶员、环卫粪便清理保洁工、环卫化验工、环卫机动车修理工、环卫公厕管理保洁工、环卫垃圾处理工、环卫道路清扫保洁工、环卫粪便处理工

安装工程专业

（共 4 个工）安装钳工、通风工、管道工、安装起重工

供水专业

（共 12 个）水表装修工、供水调度工、供水营销员、供水设备维修工、供水设备电工、供水仪表工、供水管道工、变配电运行工、净水工、水质检验工、机泵运行工、水井工

市政专业

（共 10 个）筑路工、道路养护工、下水道工、下水道养护工、污水处理工、污泥处理工、污水化验监测工、泵站操作工、沥青工、沥青混凝土摊铺机操作工

燃气专业

（共 27 个工）燃气用具安装检修工、液化石油气机械修理、燃气输送工、燃气压力容器焊工、炼焦煤气炉工、燃气具修理工、煤气管道工、燃气化验工、污水处理工、燃气净化工、配煤工、液化石油气罐区运行、机械煤气发生炉工、焦炉维护工、热力司炉工、燃气调压工、热力运行工、重油制气工、液化石油气钢瓶检修、液化石油气灌工、供气营销员、煤焦车司机、焦炉调温工、胶带机输送工、燃气表装修工、冷凝鼓风工、水煤气炉工

机械化施工专业

（共 8 个专业）双证 起重机驾驶员、挖掘机驾驶员、塔式起重机驾驶员、推土机驾驶员、筑炉工、桩工、中小型建筑机械操作工、工程机械修理工

建筑八大员 施工员、质检员、材料员、测量员、监理员、资料员、合同员、实验员

技师工种

（16 个）木工、砌筑工、抹灰工、钢筋工、架子工、防水工、通风工、工程电气设备安装调试工、工程安装钳工、焊工、管道工、安装起重工、工程机械修理工、挖掘机驾驶员、推土铲运机驾驶员、塔式起重机驾驶员

高级技师工种（6 个）木工、砌筑工、工程电气设备安装调试工、焊工、管道工、工程机械修理工

3.2 材料类

01 黑色及有色金属

● 类别描述

金属材料是最重要的建筑工程金属材料，包括金属和以金属为基础的合金材料。

金属材料可分为黑色金属和有色金属两大类。黑色金属是指铁和以铁为基础的合金，

包括纯铁、铁合金、钢和铸铁；有色金属是指黑色金属以外的所有金属及其合金，包括铜、铝、钛、锌等。

此大类主要是列举各种金属的常用原材料，是对板材、型材、线材、棒材等的综合归类。

◇ 不包含

——管材（管材由于品种繁多在第17大类"管材"单独列类，例如：无缝钢管、焊接钢管等）。

——用金属原材料加工成的制品材料，例如：钢丝网、铁丝网，归入03五金类别下。

——周转所使用的钢模板及相关的卡件等，放入35周转材料类别下。

● 类别来源

类别来源于实际应用中的各种金属材料的整合；具体二级子类的确定参考了相关的国家标准。

● 范围描述

范围	圆钢二级子类		说　明
线材	0101	钢筋	按轧制外形分为光圆钢筋、带肋钢筋、冷轧带肋钢筋
	0103	钢丝	常用品种有碳素钢丝和合金钢丝、预应力混凝土钢丝
	0105	钢丝绳	按表面状况可分为光面钢丝绳和镀锌钢丝绳
	0107	钢绞线、钢丝束	常用的有镀锌钢绞线和预应力混凝土用钢绞线两种
型材	0109	圆钢	包含热轧圆钢，锻制圆钢、冷拉圆钢
	0111	方钢	方钢的加工工艺有热轧和冷拉(或称冷拔)两种
	0113	扁钢	按照扎制形式分为有热轧和冷拉(或称冷拔)
	0115	六角钢	按照扎制形式分为有热轧和冷拉(或称冷拔)
	0116	八角钢	按照轧制形式分为热轧和冷拉(或称冷拔)
	0117	工字钢	热轧工字钢分普通工字钢和轻型工字钢两种
	0119	槽钢	槽钢也分普通槽钢和轻型槽钢两种
	0121	角钢	角钢分为等边角钢和不等边角钢
	0123	H型钢	H型钢分为宽翼缘H型钢(HK)、窄翼缘H型钢(HZ)和H型钢桩(HU)三类
	0125	Z型钢	Z型钢主要有冷弯Z型钢和冷弯卷边Z型钢等品种
	0127	其他型钢	比如L型钢等
钢板	0129	钢板	热轧薄钢板、冷轧薄钢板、热轧优质薄钢板、冷轧优质薄钢板
	0131	钢带	钢带按生产方法可分为热轧和冷轧两类
	0133	硅钢片	热轧硅钢片、冷轧无取向硅钢片、冷轧取向硅钢片、高磁感冷轧取向硅钢片
铜	0135	铜板	按照化学成分分为：纯铜(紫铜)板、铜锌合金(黄铜)板、铜锡合金(锡青铜等)板、无锡青铜(铝青铜)板、铜镍合金(白铜)板
	0137	铜带材	
	0139	铜棒材	纯铜棒、黄铜棒、铅黄铜棒、铅青铜棒
	0141	铜线材	

续表

范围	圆钢二级子类		说　明
铝	0143	铝板（带）材	包括铝板和铝箔
	0145	铝棒材	包括圆形、方形和六角形、矩形铝及铝合金拉制棒、挤制棒
	0147	铝线材	
	0149	铝型材	包括角铝、丁字铝、槽形铝、工字铝等型材
	0151	铝合金建筑型材	包括门窗、幕墙、楼梯、墙板等上用到的成品铝合金建筑型材
其他金属材料	0153	铅材	1#铅、青铅、封铅、铅锑合金、铅及铅锑合金板、铅阳极板、铅丝
	0155	钛材	钛、钛白粉、钛棒、钛合金板、钛锌板、钛钢复合板
	0157	镍材	1#镍、镍及镍合金板
	0159	锌材	0#锌、1#锌、锌板、镀铝锌板、锌箔
	0161	其他金属材料	1#锡、锡锭、锡板、1#白银、2#白银、3#白银、0#镉锭、1#镉锭、金
金属原材料	0163	金属原材料	铸钢、工具钢、弹簧钢、废钢、钢屑（铁屑）、铸铁、碳钢、硅铁、磷铁

说明：

① 黑色金属由于应用广泛，品种繁多，所以二级子类列举的比较详细；而有色金属除了铜铝外，在建筑工程中使用的相对不多，所以对有色金属只是按使用情况进行简单列举。

② 铜、铝、铅等的材料，都是包括其合金在内，如铜是包括纯铜和铜合金，在此一并说明。

③ 圆钢与光面钢筋、圆盘条的区别：圆钢与光面钢筋和圆盘条在外形上相同，圆钢属于型钢的一种，一般在安装工程中常用，也常用来加工制作一些零部件；光面钢筋属于建筑用钢筋的一种，一般在土建工程中常用，光面钢筋的强度性能指标要求较高；圆盘条是属于线材的一种，规格尺寸较小，可直接用于强度要求不高的建筑结构，也可用作各种坯料。

④ 钢的牌号简称钢号，是对每一种具体钢产品所取的名称，在本标准中所有钢型号统称为材质。

0101　钢筋

● 类别定义

钢筋是指钢筋混凝土用和预应力钢筋混凝土用钢材，其横截面为圆形，有时为带有圆角的方形。包括光圆钢筋、带肋钢筋、扭转钢筋。钢筋种类很多，通常按化学成分、生产工艺、轧制外形、供应形式、直径大小，以及在结构中的用途进行分类。钢筋混凝土用钢筋是指钢筋混凝土配筋用的直条或盘条状钢材，其外形分为光圆钢筋和变形钢筋两种。

钢筋种类很多，通常按化学成分、生产工艺、轧制外形、供应形式、直径大小，以及在结构中的用途进行分类：

（1）光圆钢筋：Ⅰ级钢筋（Q235钢钢筋）均轧制为光面圆形截面，供应形式有盘圆，光圆钢筋实际上是普通低碳钢的小圆钢（俗称圆钢）和盘圆。在实际工程中为Q235级圆钢；圆钢分为热轧、锻制和冷拉三种。热轧圆钢的直径规格为5.5～250mm。其中：5.5～25mm的小圆钢大多以直条成捆供应，俗称盘条，常用作钢筋、螺栓及各种机械零件；大于25mm的圆钢，主要用于制造机械零件或作无缝钢管坯。

（2）热轧圆盘条为屈服点较低的碳素结构钢轧制，是经过热轧的普通低碳钢盘圆钢筋，长度一般50m以上，规格为直径5～10mm，主要用于建筑材料，电焊条原料，爆破线材。

（3）带肋钢筋：有螺旋形、人字形和月牙形三种，一般Ⅱ、Ⅲ级钢筋轧制成人字形，Ⅳ级钢筋轧制成螺旋形及月牙形，钢筋的公称直径范围从6～50mm。推荐的钢筋公称直径为6mm、8mm、10mm、12mm、16mm、20mm、25mm、32mm、40mm、50mm。

（4）冷轧带肋钢筋：是用低碳钢或低合金高强度钢热轧圆盘条，经冷轧后，在其表面形成二面或三面横肋的钢筋。冷轧带肋钢筋在预应力混凝土构件中，是冷拔低碳钢丝的更新换代产品，在现浇混凝土结构中，则可代换Ⅰ级钢筋，以节约钢材，是同类冷加工钢材中较好的一种。

（5）螺纹钢是热轧带肋钢筋的俗称。普通热轧带肋钢筋其牌号由HRB和牌号的屈服点最小值构成。H、R、B分别为热轧（Hotrolled）、带肋（Ribbed）、钢筋（Bars）三个词的英文首位字母。热轧带肋钢筋分为HRB335（老牌号为20MnSi）、HRB400（老牌号为20MnSiV、20MnSiNb、20Mnti）、HRB500）三个牌号。

此外，还有混凝土光圆钢筋、混凝土带肋钢筋、热轧圆钢、预应力混凝土钢筋、预应力混凝土钢棒、带肋钢筋、锻制圆钢等。

● 常用参数及参数值描述

类别编码	类别名称	特 征	常用特征值	常用单位
0101	钢筋	品种	热轧圆盘条、冷轧带肋钢筋、螺纹钢筋、冷轧扭钢筋	t
		直径	$\phi4$、$\phi4.5$、$\phi5$、$\phi5.5$、$\phi6$、$\phi6.5$、$\phi7$、$\phi7.5$、$\phi8$、$\phi8.2$、$\phi8.5$、$\phi9$、$\phi9.5$、$\phi10$、$\phi10.5$、$\phi11$、$\phi11.5$、$\phi12$、$\phi14$、$\phi15$、$\phi16$、$\phi18$、$\phi19$、$\phi20$、$\phi21$、$\phi22$、$\phi23$、$\phi25$、$\phi26$、$\phi28$、$\phi40$、$\phi50$	
		级别	Ⅰ级、Ⅱ级、Ⅲ级	
		材质	Q195、Q215、Q235A、Q235B、Q255、Q275、Q295、Q345、Q390、Q420、Q460、10#、20#、35#、45#、16Mn、27SiMn、12Cr1MoV、40Cr、10CrMo910、15CrMo、35CrMo、A335P22 等	
		强度等级	HPB300、HRB335、HRB400、HRB500、RRB400、CRB550、CRB650、CRB800、CRB970、CRB1170	
		轧机类型	高线、普线	

● 参照依据

GB 1499.1-2008　钢筋混凝土用钢　第1部分：热轧光圆钢筋

GB/T 14981-2009　热轧圆盘条尺寸、外形、重量及允许偏差

GB 13014-1991　钢筋混凝土余热处理钢筋

GB 1499.2-2008-1998　钢筋混凝土用钢　第2部分：热轧带肋钢筋

GB/T 5223.3-2005　预应力混凝土用钢棒

GB 13788-2008　冷轧带肋钢筋

GB/T 908-2008　锻制钢棒尺寸、外形、重量及允许偏差

GB/T 701-2008　低碳钢热轧圆盘条

JG 190-2006　冷轧扭钢筋

0103 钢丝

● **类别定义**

一般钢丝采用冷拔方法拉制，冷拉钢丝以光面钢丝居多，直径为0.1~6.0mm。抗拉强度可达2000MPa。常用品种有低碳钢丝和合金钢丝、预应力混凝土用钢丝；低碳钢丝也叫铁丝，是用低碳钢拉制成的一种金属丝。

按截面尺寸划分主要有碳素圆钢丝、碳素方钢丝、碳素六角钢丝、合金方钢丝、合金六角钢丝、合金圆钢丝、不锈钢丝、预应力混凝土光面钢丝、预应力混凝土刻痕钢丝、预应力混凝土螺旋肋钢丝、预应混凝土低合金光面钢丝、预应混凝土低合金轧痕钢丝。

按尺寸分类，有特细<0.1mm，较细0.1~0.5mm、细0.5~1.5mm、中等1.5~3.0mm、粗3.0~6.0mm、较粗6.0~8.0mm，特粗>8.0mm；按强度分类，有低强度<390MPa、较低强度390~785MPa、普通强度785~1225MPa、较高强度1225~1960MPa、高强度1960~3135MPa、特高强度>3135MPa。

● **常用参数及参数值描述**

类别编码	类别名称	特 征	常用特征值	常用单位
0103	钢丝	品种	碳素钢丝、镀锌低碳钢丝、合金钢丝、不锈钢丝、冷拔低碳钢丝	t
		规格（mm）	0.1、0.1~0.3、0.3、0.4、0.5、0.6、0.8、1、1.2、1.4、1.6、1.8、2、2.3、2.6、3、3.5、4、4.5、5、6、6.0~8.0、>8.0	
		抗拉强度（MPa）	800、1000、1200、1470、1570、1670	
		材质	Q195、Q215、Q235A、Q235B、Q255、Q275、Q295、Q345、Q390、Q420、Q460、10♯、20♯、35♯、45♯、16Mn、27SiMn、12Cr1MoV、40Cr、10CrMo910、15CrMo、35CrMo、A335P22	
		表面形状	圆钢丝、方钢丝、六角钢丝、光面钢丝、刻痕钢丝、螺旋肋钢丝	

备注：表内尺寸一栏，对于圆钢丝表示直径；对于方钢丝表示边长；对于六角钢丝表示边距离。

● **参照依据**

YB/T 5303-2006 优质碳素结构钢丝

YB/T 5322-2006 碳素工具钢丝

YB/T 5301-2006 合金结构钢丝

GB/T 4240-2009 不锈钢丝

GB/T 5223-1995 预应力混凝土用钢丝

YB/T 038-1993 预应力混凝土用低合金钢丝

0105 钢丝绳

● **类别定义**

钢丝绳是由钢丝捻制而成的绳股，按股数可分为单股钢丝绳和多股钢丝绳（6股、18股等）；按表面状况可分为光面钢丝绳和镀锌钢丝绳、不锈钢钢丝绳、锌合金钢丝绳等。

钢丝绳的型号规格表示为：股数×股中钢丝数—钢丝绳的公称直径；钢丝绳的简要标记举例：镀锌钢丝绳 1×19—ϕ6.0，（光面）钢丝绳 6×24—ϕ18.5，不锈钢钢丝绳 1Cr13 6×37—ϕ21.5 。光面二字一般可省略，1Cr13 表示其具体成分。

一般钢丝绳的用途：用于垂直运输机械、拖挂重物，也可用于悬索屋面工程。

● 常用参数及参数值描述

类别编码	类别名称	特征	常用特征值	常用单位
0105	钢丝绳	品种	（光圆）钢丝绳、冷镀锌钢丝绳、不锈钢钢丝绳、涂塑钢丝绳、钢丝绳套、冷热镀锌钢丝绳	t
		规格	1×7—0.6～12、1×19—1～16、1×37—1.4～22.5、6×7—1.8～36、6×9—14～36	
		抗拉强度	1300MPa、1400MPa、1550MPa、1700MPa、1850MPa、2000MPa	
		材质	Q195、Q215、Q235A、Q235B、Q255、Q275、Q295、Q345、Q390、Q420、Q460、10#、20#、35#、45#、16Mn、27SiMn、12Cr1MoV、40Cr、10CrMo910、15CrMo、35CrMo、A335P22	
		直径（mm）	9.3、10、11、13、14、16、18.5、19.5、21.5、24	
		表面形状	圆形、扁形	

● 参照依据

GB/T 20067-2006　粗直径钢丝绳

GB 8918-2006　重要用途钢丝绳

GB/T 20118-2006　一般用途钢丝绳

GB/T 8706-2006　钢丝绳术语、标记和分类

0107　钢绞线、钢丝束

● 类别定义

钢绞线在出厂时，通过机械拧在一起，钢丝束则是钢丝并在一起。

钢绞线是由多根碳素钢丝区若干根经绞捻及热处理后制成的单股钢丝绳。常用的有镀锌钢绞线和预应力混凝土用钢绞线两种。

钢绞线根据配制的钢丝不同及用途不同可分为：镀锌钢绞线，预应力混凝土用钢绞线，铝包钢绞线；

镀锌钢绞线：用镀锌钢丝捻制。用于吊架、悬挂、通信电缆、架空电力线以及固定物件、栓系等。是电力部门常用钢材。用 1.00～4.00mm 含碳较高的优质碳结钢丝捻制。镀锌钢绞线一般为右捻，常见结构为 1×3、1×7、1×19 三种。

预应力混凝土用钢绞线：用作预应力混凝土结构、岩土锚固等用途，按捻制结构分 1×2、1×3、1×7 三类。按其应力松弛性能分Ⅰ级松弛和Ⅱ级松弛两个级别。目前常分为无粘结预应钢绞线、一般预应力钢绞线、低松弛预应力钢绞线。无粘结预应钢绞线直径规格有 9.50mm、12.70mm、15.20mm、15.70mm 等，一般卷重 2.0～1.3t。1×3 低松弛预应力钢绞线直径规格有 6.20mm、6.50mm、8.60mm、8.74mm、10.80mm、12.90mm，主要应用于空心楼板、各类预应力板构件，同时应用于国外轨枕、电线杆、空心楼板等预应力混凝土构件中，一般卷重 2.0～1.3t。1×7 低松弛预应力钢绞线直径规

格有 9.50mm、11.10mm、12.70mm、15.20mm、17.80mm，主要应用于梁等预应力构件。

铝包钢绞线：铝包钢绞线主要用于架空电力线路的地线和导线及电气化线路承力索。根据结构可分为四种：1×3，1×7，1×19，1×37。

● 常用参数及参数值描述

类别编码	类别名称	特 征	常用特征值	常用单位
0107	钢绞线、钢丝束	品种	镀锌钢绞线、铝包钢绞线、无粘结预应钢绞线、低松弛预应力钢绞线、碳素钢丝束、无粘结预应力钢丝束	t
		规格	1×2、1×3、1×7、1×19、1×37	
		直径	6.20、6.50、8.60、8.74、9.50、10.0、10.80、11.10、12.70、12.0、12.90、15.20、15.24、15.70、17.80	
		抗拉强度	1470、1570、1670、1860	
		密度	1.08、1.12、1.18、1.22	

● 参照依据

GB/T 5224-2003 预应力混凝土用钢绞线

YB/T 5004-2012 镀锌钢绞线

YB/T 098-2012 光缆增强用碳素钢绞线

YB/T 124-1997 铝包钢绞线

0109 圆钢

● 类别定义

圆钢是型钢中的一种，因其断面形状的轮廓为圆形而得名。常用来制造圆钢的具体成分有 Q195~235、20、45、12Cr1MoV、0Cr18Ni9Ti（不锈钢成分）等，圆钢的加工工艺有热轧和冷拉（或称冷拔），热轧圆钢的直径5.5~250mm，其中6-10mm的，由于成盘供应也叫热轧盘条，我们已经在钢筋类别中描述过。锻制圆钢直径较粗，用做轴坯。冷拉圆钢直径 3~100 毫米，尺寸精度较高。规格直径为 12mm、14mm、16mm、18mm、20mm、22mm、25mm、30mm、32mm、35mm、38mm、40mm、42mm、45mm、50mm、55mm、60mm、65mm、70mm、75mm、80mm、85mm、90mm、95mm、100mm。

● 常用参数及参数值描述

类别编码	类别名称	特 征	常用特征值	常用单位
0109	圆钢	品种	圆钢、镀锌圆钢、不锈钢圆钢、冷拉圆钢、不锈钢棒	t
		规格	$\phi10$ 以外、$\phi12$、$\phi14$、$\phi16$、$\phi18$、$\phi20$、$\phi22$	
		材质	Q195、Q215、Q235A、Q235B、Q255、Q275、Q295、Q345、Q390、Q420、Q460、10#、20#、35#、45#、16Mn、27SiMn、12Cr1MoV、40Cr、10CrMo910、15CrMo、35CrMo、A335P22	

● 参照依据

GB 1499.1-2008 钢筋混凝土用钢 第1部分：热轧光圆钢筋

GB/T 699－1999　优质碳素结构钢

GB/T 700－2006　碳素结构钢

GB/T 3077－1999　合金结构钢

GB/T 702－2008　热轧钢棒尺寸、外形、重量及允许偏差

GB/T 908－2008　锻制钢棒尺寸、外形、重量及允许偏差

0111　方钢

● **类别定义**

方钢是型钢中的一种，其断面形状的轮廓为四方形。方钢的加工工艺有热轧和冷拉（或称冷拔）两种。热轧方钢用作各种钢结构、螺栓柱、螺帽、钢筋及机械零件等；冷拉方钢用作工程结构、机械零件、五金制品冲压标准（非标准）零部件方钢的简要标记示例：（热轧）方钢 Q235A 16×16（或□16）；Q235A 表示其具体成分。

● **适用范围及类别属性说明**

类别编码	类别名称	特　征	常用特征值	常用单位
0111	方钢	品种	热轧方钢、冷拉方钢、镀锌方钢、不锈钢方钢	t
		材质	Q195、Q215、Q235A、Q235B、Q255、Q275、Q295、Q345、Q390、Q420、Q460、10#、20#、35#、45#、16Mn、27SiMn、12Cr1MoV、40Cr、10CrMo910、15CrMo、35CrMo、A335P22	
		规格	12×12、14×14、16×16……	

品种是按照成型方式划分的。碳素钢在 GB 700—88 标准中按冶金质量分为 A、B、C、D 四个级别。

● **参照依据**

GB/T 702－2008　热轧钢棒尺寸、外形、重量及允许偏差

GB/T 908－2008　锻制钢棒尺寸、外形、重量及允许偏差

GB/T 702－2008　热轧钢棒尺寸、外形、重量及允许偏差

0113　扁钢

● **类别定义**

热轧扁钢系截面为矩形并稍带钝边的长条钢材，其规格以其厚度×宽度的毫米数表示。扁钢的规格范围一般为 3×10～60×150（mm）。扁钢的简要标记示例：（热轧）扁钢 45# 3×30，45# 表示其具体成分。

● **适用范围及类别属性说明**

类别编码	类别名称	特　征	常用特征值	常用单位
0113	扁钢	品种	按照成型方式分为：热轧扁钢、热轧镀锌扁钢、不锈钢扁钢、冷拉扁钢	t
		规格	3×10、3×12、3×14	
		材质	Q195、Q215、Q235A、Q235B、Q255、Q275、Q295、Q345、Q390、Q420、Q460、10#、20#、35#、45#、16Mn、27SiMn、12Cr1MoV、40Cr、10CrMo910、15CrMo、35CrMo、A335P22	

● 参照依据

GB/T 702－2008 热轧钢棒尺寸、外形、重量及允许偏差

GB/T 2101－2008 钢验收、包装、标志及质量证明书的一般规定

GB/T 706－2008 热轧型钢

0115 六角钢

● 类别定义

六角钢是型钢的一种，也称之为六角棒，截面为正六边形的棒材。以对边长度S为标称尺寸；按照成型方式划分为分热轧和冷拉两种。热轧六角钢的规格范围从8～70mm。

● 适用范围及类别属性说明

类别编码	类别名称	特征	常用特征值	常用单位
0115	六角钢	品种	热轧六角钢、热轧镀锌六角钢、热轧空心六角钢、冷拉六角钢、不锈钢六角钢	t
		材质	Q195、Q215、Q235A、Q235B、Q255、Q275、Q295、Q345、Q390、Q420、Q460、10#、20#、35#、45#、16Mn、27SiMn、12Cr1MoV、40Cr、10CrMo910、15CrMo、35CrMo、A335P22	
		规格（对边s距离）	3、3.2、3.5、4、4.5、5、5.5、6、6.5、7、8、9、10、11、12、13、14、15、16、17、18、19、20等	

● 参照依据

GB/T 702－2008 热轧钢棒尺寸、外形、重量及允许偏差

0116 八角钢

● 类别定义

八角钢是截面为正八角形的长条钢材，其规格以对边距离的毫米数表示，分热轧和冷拉两种。热轧八角钢的规格范围从16～40mm。

● 适用范围及类别属性说明

类别编码	类别名称	特征	常用特征值	常用单位
0116	八角钢	品种	热轧八角钢、热轧镀锌八角钢、热轧空心八角钢、冷拉八角钢	t
		材质	Q195、Q215、Q235A、Q235B、Q255、Q275、Q295、Q345、Q390、Q420、Q460、10#、20#、35#、45#、16Mn、27SiMn、12Cr1MoV、40Cr、10CrMo910、15CrMo、35CrMo、A335P22	
		规格（对边s距离）	8、9、10、11、12、13、14、15、16、17、18、19、20等	

● 参照依据

GB/T 702－2008 热轧钢棒尺寸、外形、重量及允许偏差

0117 工字钢

● 类别定义

热轧普通工字钢也称钢染，是截面为工字形的长条钢材。其截面尺寸以腰高（h）×

腰厚（d）的毫米数来表示，如腰高为160mm，腿宽为88mm，腰厚为6mm的工字钢标记为"工160×88×6"、工字钢的另一种标记方法是用型号来表示，即用腰高的厘米数表示，如工16♯。腰高相同，但腰厚和腿宽不同的工字钢，则需在型号右边加a、b、c予以区别，如32a♯、32b♯、32c♯等。

热轧工字钢分普通工字钢和轻型工字钢两种。

热轧轻型工字钢与普通工字钢相比，当腰高相同时，腿较宽，腰和腿较薄，即宽腿薄壁。在保证承重能力的条件下，轻型工字钢较普通工字钢具有更好的稳定性，且节约金属，所以有较好的经济效果。

标记示例：普通碳素钢甲类平炉3号沸腾钢240mm×115mm×5.6mm的热轧轻型工字钢的标记为：

热轧轻型工字钢　240×115×5.6－YB193－93

普通工字钢规格表：（备注：摘自五金手册相关内容）

规　格	高　度	腿　宽	腰　厚
10♯	100	68	4.5
12♯	120	74	5
14♯	140	80	5.5
16♯	160	88	6
18♯	180	94	6.5
20♯a	200	100	7
20♯b	200	102	9
22♯a	220	110	7.5
22♯b	220	112	9.5
25♯a	250	116	8
25♯b	250	118	10
28♯a	280	122	8.5
28♯b	280	124	10.5
32♯a	320	130	9.5
32♯b	320	132	11.5
32♯c	320	134	13.5
36♯a	360	136	10
36♯b	360	138	12
36♯c	360	140	14
40♯a	400	142	10.5
40♯b	400	144	12.5
40♯c	400	146	14.5
45♯a	450	150	11.5
45♯b	450	152	13.5
45♯c	450	154	15.5
56♯a	560	166	12.5
56♯b	560	168	14.5
56♯c	560	170	16.5
63♯a	630	176	13
63♯b	630	178	15
63♯c	630	180	17

● **适用范围及类别属性说明**

类别编码	类别名称	特 征	常用特征值	常用单位
0117	工字钢	品种	热轧普通工字钢、热轧轻型工字钢、热轧镀锌工字钢、冷拉工字钢	t
		型号	10#、12#、14#、16#、18#、20#a、20#b、22#a、22#b、25#a、25#b、28#a、28#b、32#a、32#b、32#c、36#a、36#b、36#c、40#a、40#b、40#c、45#a、45#b、45#c、56#a、56#b、56#c、63#a、63#b、63#c	
		材质	Q195、Q215、Q235A、Q235B、Q255、Q275、Q295、Q345、Q390、Q420、Q460、10#、20#、35#、45#、16Mn、27SiMn、12Cr1MoV、40Cr、10CrMo910、15CrMo、35CrMo、A335P22	
		腰厚（mm）	4.5、5、5.5、6、7、8、9、7.5、9.5	

● **参照依据**

GB/T 1591-2008 低合金高强度结构钢

0119 槽钢

● **类别定义**

槽钢是截面形状为凹槽形的长条钢材。同工字钢相同，槽钢也分普通槽钢和轻型槽钢两种，其规格表示方法，如 120×53×5，表示腰高为 120mm，腿宽为 53mm，腰厚为5mm 的槽钢，或称 12#槽钢。腰高相同的槽钢，如有几种不同的腿宽和腰厚也需在型号右边加 a、b、c 予以区别，如 25a# 25b# 25c#等。槽钢分普通槽钢和轻型槽钢。热轧普通槽钢的规格为 5～40#。

槽钢分为热轧普通槽钢、热轧轻型槽钢、冷拔槽钢，普通热轧槽钢的常用规格尺寸如下：

热轧普通槽钢尺寸及规格			
规格型号	尺 寸		
	高度（h）	腿宽（b）	腰厚（d）
5#	50	37	4.5
6.3#	63	40	4.8
8#	80	43	5
10#	100	48	5.3
12.6#	126	53	5.5
14#a	140	58	6
14#b	140	60	8
16#a	160	63	6.5
16#b	160	65	8.5
18#a	180	68	7
18#b	180	70	9

续表

热轧普通槽钢尺寸及规格

规格型号	尺　寸		
	高度（h）	腿宽（b）	腰厚（d）
20♯a	200	73	7
20♯b	200	75	9
22♯a	220	77	7
22♯b	220	79	9
25♯a	250	78	7
25♯b	250	80	9
25♯c	250	82	11
28♯a	280	82	7.5
28♯b	280	84	9.5
28♯c	280	86	11.5
32♯a	320	88	8
32♯b	320	90	10
32♯c	320	92	12
36♯a	360	96	9
36♯b	360	98	11
36♯c	360	100	13
40♯a	400	100	10
40♯b	400	102	12.5
40♯c	400	104	14.5

● **适用范围及类别属性说明**

类别编码	类别名称	特　征	常用特征值	常用单位
0119	槽钢	品种	热轧普通槽钢、热轧镀锌槽钢、热轧轻型槽钢、冷弯内卷边槽钢、冷弯外卷边槽钢、冷弯镀锌槽钢、不锈钢槽钢	t
		型号	5♯、6.3♯、8♯、10♯、12.6♯、14♯a、14♯b、16♯a、16♯b、18♯a、18♯b、20♯a、20♯b、22♯a、22♯b、25♯a、25♯b、25♯c、28♯a、28♯b、28♯c、32♯a、32♯b、32♯c、36♯a、36♯b、36♯c、40♯a、40♯b、40♯c、	
		材质	Q195、Q215、Q235A、Q235B、Q255、Q275、Q295、Q345、Q390、Q420、Q460、10♯、20♯、35♯、45♯、16Mn、27SiMn、12Cr1MoV、40Cr、10CrMo910、15CrMo、35CrMo、A335P22	
		腰厚（mm）	2.5、2.75、3、3.5、4、5、6、7.5	

● **参照依据**

GB/T 706－2008 热轧型钢

0121 角钢

● **类别定义**

角钢是建筑工程中常用的一种型钢，按照成型方式分为等边角钢和不等边角钢。等边角钢的两个边宽相等。其规格以边宽×边宽×边厚的毫米数表示。如"∠30×30×3"，即表示边宽为 30mm、边厚为 3mm 的等边角钢。也可用型号表示，型号是边宽的厘米数，如∠3♯。型号不表示同一型号中不同边厚的尺寸，因而在合同等单据上将角钢的边宽、边厚尺寸填写齐全，避免单独用型号表示。热轧等边角钢的规格为 2♯－20♯。

不等边角钢的号数表示其断面尺寸中长边和短边的宽度厘米数，如 5/3.2♯不等边角钢表示长边宽为 5cm、短边宽为 3.2cm 的角钢，不等边角钢的规格范围从 2.5/1.6♯～20/12.6♯。

角钢的简要标记示例：

（1）等边角钢 Q235A∠40×40×4（或∠4♯，∠40×4）

（2）不等边角钢 Q235B ∠50×32×4（或 5/3.2♯）

● **适用范围及类别属性说明**

类别编码	类别名称	特 征	常用特征值	常用单位
0121	角钢	品种	热轧等边角钢、热轧镀锌等边角钢、热轧不等边角钢、热轧镀锌不等边角钢、冷拉等边角钢、冷拉不等边角钢、冷弯镀锌等边角钢、冷弯镀锌不等边角钢、不锈钢热轧等边角钢	t
		材质	Q195、Q215、Q235A、Q235B、Q255、Q275、Q295、Q345、Q390、Q420、Q460、10♯、20♯、35♯、45♯、16Mn、27SiMn、12Cr1MoV、40Cr、10CrMo910、15CrMo、35CrMo、A335P22	
		型号	2.5♯、3♯、3.6♯、4♯、5♯、6♯、6.3♯	

● **参照依据**

GB/T 706－2008 热轧型钢

0123 H 型钢

● **类别定义**

H 型钢，又称宽腿工字钢；是一种截面面积分配更加优化、强重比更加合理的经济断面高效型材，因其断面与英文字母"H"相同而得名。H 型钢分为宽翼缘 H 型钢（HK）、窄翼缘 H 型钢、H 型钢桩（HU）三类。其表示方法为：高度 H×宽度 B×腹板厚度 t_1×翼板厚度 t_2。

H 型钢截面形状经济合理，力学性能好，轧制时截面上各点延伸较均匀、内应力小，与普通工字钢比较，具有截面模数大、重量轻、节省金属的优点，可使建筑结构减轻 30%～40%；又因其腿内外侧平行，腿端是直角，拼装组合成构件，可节约焊接、铆接工作量达25%。常用于要求承载能力大，截面稳定性好的大型建筑（如厂房、高层建筑等），以及桥梁、船舶、起重运输机械、设备基础、支架、基础桩等。

H型钢主要规格：

品名	高度×宽度×腰厚×边厚	品名	高度×宽度×腰厚×边厚
H型钢（宽翼）	200×200×5.5×8	H型钢（中翼）	244×175×7×11
H型钢（宽翼）	200×200×12×12	H型钢（中翼）	294×200×8×12
H型钢（宽翼）	250×250×9×14	H型钢（中翼）	340×250×10×16
H型钢（宽翼）	250×250×14×14	H型钢（中翼）	390×300×10×16
H型钢（宽翼）	300×300×10×15	H型钢（中翼）	440×300×11×18
H型钢（宽翼）	300×300×15×15	H型钢（中翼）	482×300×11×15
H型钢（宽翼）	350×350×12×19	H型钢（中翼）	488×300×11×18
H型钢（宽翼）	400×400×13×21	H型钢（中翼）	582×300×12×17
H型钢（宽翼）	400×400×21×21	H型钢（中翼）	588×300×12×20
H型钢（窄翼）	248×124×8×8	H型钢（窄翼）	450×200×9×14
H型钢（窄翼）	250×125×6×9	H型钢（窄翼）	496×199×9×14
H型钢（窄翼）	298×149×5.5×8	H型钢（窄翼）	500×200×10×16
H型钢（窄翼）	300×150×6.5×9	H型钢（窄翼）	596×199×10×15
H型钢（窄翼）	346×173×6×9	H型钢（窄翼）	600×200×11×17
H型钢（窄翼）	350×175×7×11	H型钢（窄翼）	606×201×12×20
H型钢（窄翼）	396×198×7×11	H型钢（窄翼）	692×300×13×20
H型钢（窄翼）	400×200×8×13	H型钢（窄翼）	700×300×13×24
H型钢（窄翼）	466×199×8×12	—	—

● **适用范围及类别属性说明**

类别编码	类别名称	特　征	常用特征值	常用单位
0123	H型钢	品种	H型钢、HK宽翼缘H型钢、HZ窄翼缘H型钢、HU中翼缘H型钢	t
		型号（高度×宽度）	200×200、250×250、300×300	
		材质	Q195、Q215、Q235A、Q235B、Q255、Q275、Q295、Q345、Q390、Q420、Q460、10#、20#、35#、45#、16Mn、27SiMn、12Cr1MoV、40Cr、10CrMo910、15CrMo、35CrMo、A335P22	
		腹板厚度$t1$×翼板厚度$t2$	6×8、6.5×9、7×10、7.5×11、8×12	

● **参照依据**

GB/T 11263-2010　热轧H型钢和部分T型钢

0125　Z型钢

● **类别定义**

Z型钢主要有冷弯Z型钢和冷弯卷边Z型钢等品种。Z型钢的简要标记示例：

(1)（冷弯）Z型钢 Q235A 80×40×3.0（$h×b×a$）

(2)（冷弯）卷边Z型钢 Q235A 100×40×20×2.0（$h×b×a×t$）

Z型钢截面尺寸象英文字母"Z"的钢型材，在建筑中用途较少。Z型钢规格见下表：

序号	尺寸				截面积	重量
	mm				cm²	kg
	h	b	a	$t=r$	F	M
1	140	50	20	3	7.65	6.594
2	160	50	20	2.5	7.011	5.889
3	180	60	20	2.5	8.011	6.673
4	180	60	20	3	9.465	8.007
5	200	60	20	2.5	8.51	7.065
6	200	60	20	3	10.095	8.478

注：h—高度；b—中腿边长；a—小腿边长；t—厚度。

● **适用范围及类别属性说明**

类别编码	类别名称	特 征	常用特征值	常用单位
0125	Z型钢	品种	冷弯Z型钢、冷弯卷边Z型钢、热轧Z型钢	t
		材质	Q195、Q215、Q235A、Q235B、Q255、Q275、Q295、Q345、Q390、Q420、Q460、10♯、20♯、35♯、45♯、16Mn、27SiMn、12Cr1MoV、40Cr、10CrMo910、15CrMo、35CrMo、A335P22	
		规格 ($h×b×a$) mm	Z80×40×2.5、Z80×40×3.0、Z100×50×2.5	

● **参照依据**

GB/T 6723-2008 通用冷弯开口型钢尺寸、外形、重量及允许偏差。

GB/T 6723-2008 通用冷弯开口型钢尺寸、外形、重量及允许偏差。

0127 其他型钢

● **类别定义**

主要是指我们一般不常用的其他型材：L型钢、C型钢等；还有天窗用型钢、连接用异形空心型钢和固定式纱窗用型钢都属于门窗专用型钢。天窗用型钢主要有TX7522、TX9065、TX5525和TX6820等品种；连接用异形空心型钢主要有YX5019、YX5025和YX6035等品种；固定式纱窗用型钢有SX2010等品种。

L型钢的简要标记示例：（热轧）L型钢 Q235A L250×90×9×13；

C型钢截面尺寸象英文字母"C"的钢型材，C型钢的号数表示其断面尺寸中高度的厘米数，如12♯就表示高度为12cm的C型钢。C型钢的简要标记示例：（热轧）C型钢 Q235A 12♯（或120×50×20×2）；

C型钢常用的规格尺寸：

C型钢产品规格										
h	80	100	120	140	160	180	200	220	250	400	450
b	50	50-60	50-60	50-60	50-70	50-70	50-70	50-70	50-70	100	100
a	20	20	20	20	20	20	20	20	20	20	20
t	1.5~3	1.5~3	1.5~3	1.5~3	1.5~3	1.5~3	1.5~3	1.5~3	1.5~3	2~4	

● **适用范围及类别属性说明**

类别编码	类别名称	特 征	常用特征值	常用单位
0127	其他型钢	品种	L 型钢、C 型钢、T 型钢	t
		材质	Q195、Q215、Q235A、Q235B、Q255、Q275、Q295、Q345、Q390、Q420、Q460、10♯、20♯、35♯、45♯、16Mn、27SiMn、12Cr1MoV、40Cr、10CrMo910、15CrMo、35CrMo、A335P22	
		规格 $(h{\times}b{\times}a)$ mm	L250×90×9×13、C60×40×15×2.5、T175×350×12×19	

● **参照依据**

GB/T 706-2008 热轧型钢

0129 钢板

● **类别定义**

钢板（钢带）是一种宽厚比表面积都很大的矩形截面钢材，通常成张交货的称为钢板，也称平板；长度很长、成卷交货的称为钢带，也称卷板，卷板带 0131 钢带说明。

按表面特征分类：（1）镀锌板（热镀锌板、电镀锌板）（2）镀锡板（3）复合钢板（4）彩色涂层钢板（5）花纹钢板（6）不锈钢板。

按生产方法分类：热轧钢板、冷轧钢板；厚度≤4mm 称之为薄钢板；厚度＞4mm 的钢板属于中厚钢板；其中，厚度 4.5～25.0mm 的钢板称为中厚板，厚度 25.0～100.0mm 的称为厚板，厚度超过 100.0mm 的为特厚板。

按表面特征分类：镀锌板、镀锡板、复合钢板、彩色涂层钢板，一般我们常用的钢板为热轧薄钢板、热轧厚钢板、镀锌薄钢板。

钢板成张交货，钢带成卷交货。成张钢板的规格以厚度×宽度×长度的毫米数表示；示例：（热轧）薄钢板 Q235A 3.0×1250×2500（厚×宽×长）；钢板常用规格：0.5～4.0×1000～1250×2000～2500（mm）。

花纹钢板是其表面具有菱形或扁豆形突棱的钢板；其规格以其本身厚度（突棱的厚度不计）表示。

● **适用范围及类别属性说明**

类别编码	类别名称	特 征	常用特征值	常用单位
0129	钢板	品种	热轧普通钢板、冷轧钢板、冷弯钢板	t
		厚度 δ（mm）	3.9、4、5、6、7、8、9、10……	
		材质	Q195、Q215、Q235A、Q235B、Q255、Q275、Q295、Q345、Q390、Q420、Q460、10♯、20♯、35♯、45♯、16Mn、27SiMn、12Cr1MoV、40Cr、10CrMo910、15CrMo、35CrMo、A335P22	
		宽度 B（mm）	2100、2200、2300、2400、2500、2600、2700、2800、2900、3000……	
		表面特征	镀锌、镀锡、涂层、花纹	

注：钢板规格：厚×宽×长：3.0×1250×2500。

● **参照依据**

GB/T 709-2006　热轧钢板和钢带的尺寸、外形、重量及允许偏差

YB/T 5132-2007　合金结构钢薄钢板

GB/T 3280-2007　不锈钢冷轧钢板和钢带

GB 13238-91　铜钢复合钢板

YB/T 5327-2006　冷弯波形钢板

GB/T 11253-2007　碳素结构钢冷轧薄钢板及钢带

GB/T 5213-2008　冷轧低碳钢板及钢带

0131 钢带

● **类别定义**

钢板的一个分支是钢带，长度很长、成卷交货的称为钢带，也称卷板（钢卷）。钢带按生产方法可分为热轧和冷轧两类。热轧钢带的厚度一般为 2～6mm，宽度为 20～300mm，长度一般不应小于 4m；冷轧钢带的分类比较复杂，其规格范围也难以明确。

钢带的简要标记示例：热轧钢带 Q235A $0.5 \times 800 \times C$（热轧可省略，Q235A 表示其具体成分，C 表示其长度或展开长度，也可用 L 表示，展开长度一般为 20m、30m、50m 等）。

● **适用范围及类别属性说明**

类别编码	类别名称	特征	常用特征值	常用单位
0131	钢带	品种	热轧钢带、冷轧钢带	t
		厚度 δ (mm)	0.5、1、2、3、4、5、6、7……	
		材质	Q195、Q215、Q235A、Q235B、Q255、Q275、Q295、Q345、Q390、Q420、Q460、10#、20#、35#、45#、16Mn、27SiMn、12Cr1MoV、40Cr、10CrMo910、15CrMo、35CrMo、A335P22	
		宽度 B (mm)	20、600、700、800、850、900、1000、1050、1100、1200、1300……	
		表面特征	镀锌、镀锡、涂层、花纹	

● **参照依据**

GB/T 708-2006　冷轧钢板和钢带的尺寸、外形、重量及允许偏差

GB/T 709-2006　热轧钢板和钢带的尺寸、外形、重量及允许偏差

0133 硅钢片

● **类别定义**

硅钢片又称矽钢片或硅钢薄板。

硅钢分类：热轧硅钢片（DR）：是将 Fe-Si 合金用平炉或电炉熔融，进行反复热轧成薄板，最后在 800～850℃退火后制成。热轧硅钢片主要用于发电机的制造，故又称热轧电机硅钢片，但其可利用率低，能量损耗大，近年相关部门已强令要求淘汰。

冷轧无取向硅钢片（DQ）：主要的用途是用于发电机制造，故又称冷轧电机硅钢。其含硅量 0.5%～3.0%，经冷轧至成品厚度，供应态多为 0.35mm 和 0.5mm 厚的钢带。冷

轧无取向硅钢的 Bs 高于取向硅钢；与热轧硅钢相比，其厚度均匀，尺寸精度高，表面光滑平整，从而提高了填充系数和材料的磁性能。

冷轧取向硅钢片（DW）：主要的用途是用于变压器制造，所以又称冷轧变压器硅钢。与冷轧无取向硅钢相比，取向硅钢的磁性具有强烈的方向性；在易磁化的轧制方向上具有优越的高磁导率与低损耗特性。取向钢带在轧制方向的铁损仅为横向的 1/3，磁导率之比为 6∶1，其铁损约为热轧带的 1/2，磁导率为后者的 2.5 倍。

高磁感冷轧取向硅钢片：主要用于电信与仪表工业中的各种变压器、扼流圈等电磁元件的制造。其应用场合有两个主要特点，一是小电流即弱磁场条件下，要求材料在弱磁场范围内具有高的磁性能；第二个特点是使用频率高，通常都在 400Hz 以上，甚至高达 2MHz。为减小涡流损耗和交变磁场下的有效磁导率，一般使用 0.05～0.20mm 的薄带。

● 适用范围及类别属性说明

类别编码	类别名称	特 征	常用特征值	常用单位
0133	硅钢片	品种	热轧硅钢片、冷轧无取向硅钢片、冷轧取向硅钢片、高磁感冷轧取向硅钢片	t
		厚度（mm）	0.3、0.4、0.5	
		型号	DR530－50	
		宽度 B（mm）	1000、1200	
		交货形式	板材、带材	

● 参照依据

JJG 405－1986　硅钢片（带）标准样品试行检定规程

0135　铜板

● 类别定义

指铜及铜合金加工成的板材，按照化学成分分为：纯铜（紫铜）板、铜锌合金（黄铜）板、铜锡合金（锡青铜等）板、无锡青铜（铝青铜）板、铜镍合金（白铜）板；

铜箔板材常用的包括纯铜箔、青铜箔、黄铜箔；

铜板材的简要标记示例：纯铜箔 T1 0.5×40（T1 表示其具体成分，0.5 表示厚度，40 表示宽度）。常用的厚度一般在 0.008～0.5mm，宽度一般 40～150mm。

● 适用范围及类别属性说明

类别编码	类别名称	特 征	常用特征值	常用单位
0135	铜板	品种	紫铜板、铝青铜板、锡青铜板、黄铜板、白铜板、紫铜箔、青铜箔、黄铜箔	t
		材质	H62、H68、H85、Qsn6.5－0.1、BAl6－1.5、BAl3－13、HPb59－1、H65、T2	
		厚度（δ）	0.2、0.3、0.4、0.5、1、1.5、2.0	

● 参照依据

GB/T 2040－2008　铜及铜合金板材

GB/T 5187－2008　铜及铜合金箔材

0137 铜带材

● **类别定义**

指铜及铜合金加工成的带材。

● **适用范围及类别属性说明**

类别编码	类别名称	特 征	常用特征值	常用单位
0137	铜带材	品种	黄铜带、锡铜带、铝白铜带、铅黄铜带、焊接管用黄铜带、铜合金带材	t
		材质	H62、H68、H85、Qsn6.5－0.1、BAl6－1.5、BAl3－13、HPb59－1、H65、T2	
		厚度（δ）	0.1、0.3、0.4、0.5、0.8、1.0、1.2	

● **参照依据**

GB/T 2059－2008 铜及铜合金带材

GB/T 11087－2012 散热器冷却管专用黄铜带

0139 铜棒材

● **类别定义**

指铜及铜合金加工而成的棒材；适用于圆形、方形和六角形、矩形铜及铜合金拉制棒、挤制棒。

● **适用范围及类别属性说明**

类别编码	类别名称	特 征	常用特征值	常用单位
0139	铜棒材	品种	纯铜棒、黄铜棒、铅黄铜棒、铅青铜棒、铜条、紫铜棒	t
		材质	T2、T4、H62、H68、H96、HPb59-1、HPb63-0.1、HPb63-3、QA19-2、QA19-4、QA10-3-1.5	
		直径φ（mm）	5、6、8、10、12、14、15、16、18、19、20、22、40、25、28、29、30、32、50、60、70、80、90、100、120、150、180	

● **参照依据**

GB/T 4423－2007 铜及铜合金拉制棒

0141 铜线材

● **类别定义**

由铜及铜合金加工而成的线材。

● **适用范围及类别属性说明**

类别编码	类别名称	特 征	常用特征值	常用单位
0141	铜线材	品种	纯铜线、黄铜线、锡黄铜线、铅黄铜线、白铜线、纯（紫）铜丝	t
		材质	T2、T3、H62、H65、H68、HSn62-1、HSn60-1、HPb63-3、HPbn59-1-1、BMn40-1.5、BMn3-12	
		直径φ（mm）	0.02、0.025、0.05、0.1、0.2、0.25、0.5、1.0、2.0、3.0、4.0、5.0、6.0	

● 参照依据

GB/T 21652-2008 铜及铜合金线材

0143 铝板（带）材

● 类别定义

是指用纯铝或铝合金材料通过压力加工制成（剪切或锯切）的获得横断面为矩形，厚度均匀的矩形材料。国际上习惯把厚度在 0.2mm 以上，500mm 以下，200mm 宽度以上，长度 16m 以内的铝材料称之为铝板材或者铝片材，0.2mm 以下为铝箔材，200mm 宽度以内为带材。

● 适用范围及类别属性说明

类别编码	类别名称	特　征	常用特征值	常用单位
0143	铝板（带）材	品种	PS铝板、镜面铝板、氧化铝板、压花铝板、纯铝板、合金板、卷板、铝花纹板	t
		材质	L1、L2、L3、L4、L5、L5－1、LF21、LF2、LF3、LY11、LY12、LY13、LY2、LY16、LD10、1060、491R	
		厚度δ（mm）	0.1、0.2、0.3、0.4、0.5、0.6、0.7、0.8、0.9、1.0、1.2、2.0、2.5、3.0、3.5、4.0、4.5、5.0、6.5、7.5、8.0、9.0、10、20、25、40、70、80……	
		宽度B（mm）	200、250、300、500、550、600、1000、1200	
		图案类型	方格型、扁豆型、五条型、三条型、指针型、菱形、四条型	

注：一般规格表示：厚度×宽度×长度，例如：冷轧铝板 0.3×200×2000。

● 参照依据

GB/T 3880-2012 一般工业用铝及铝合金板、带材

0145 铝棒材

● 类别定义

指铝及铝合金加工而成的棒材；适用于圆形、方形和六角形、矩形铝及铝合金拉制棒、挤制棒。

● 适用范围及类别属性说明

类别编码	类别名称	特　征	常用特征值	常用单位
0145	铝棒材	品种	挤压圆棒、挤压正方形棒、挤压正六边形棒、挤压长方形棒（扁棒）	t
		材质	L1、L2、L3、LF21、LF2、LF3、LY11、LY12、LY13、LY2、LY16、LD2	
		直径φ（mm）	5、6、7、8、9、10、12、15、18、20、59、70、80、90、100、150、180、200、250、300	

● **参照依据**

GB/T 3191-2010　铝及铝合金挤压棒材

0147　铝线材

● **类别定义**

区别于铝棒材，包括导电用铝线材、铆钉用铝及铝线材、焊条用铝及铝线材等，直径范围 0.8～10.0mm。

● **适用范围及类别属性说明**

类别编码	类别名称	特　征	常用特征值	常用单位
0147	铝线材	品种	导电用铝线材、铆钉用铝及铝线材、焊条用铝及铝线材、铝绑线	t
		材质	LY1、LY4、LY8、LY9、LY10、LC3	
		直径 ϕ （mm）	0.8、1.0、1.2、1.5、2.0、2.5、3.0、3.5、4.0、4.5、5.0、5.5、6.0、7.0、8.0、9.0、10.0	

● **参照依据**

GB/T 3195-2008　铝及铝合金拉制圆线材

0149　铝型材

● **类别定义**

区别于铝合金型材，包括角铝、丁字铝、槽形铝、工字铝等。

● **适用范围及类别属性说明**

类别编码	类别名称	特　征	常用特征值	常用单位
0149	铝型材	品种	等边角铝型材、不等边角铝、丁字铝型材、槽形铝型材、等边等壁 Z 字形铝型材、等边等壁工字形铝型材	t
		材质	LY11、LY12、LC4、LY9、LD30、LD31	
		规格	按照实际规格描述，包含截面尺寸和规格	

● **参照依据**

JG/T 133-2000　建筑用铝型材、铝板氟碳涂层

0151　铝合金建筑型材

● **类别定义**

按照用途可以分为门窗铝合金型材、幕墙用铝合金型材、散热器铝合金型材、工业铝合金型材、轨道车辆铝合金型材、装饰装裱铝合金型材等。我们把装饰用到的铝合金线材放入装饰线材类别下，我们在本类别下只介绍门窗、幕墙铝合金型材，对于装饰用到的铝合金板材放入 0905 类别下。工业铝型材是指除建筑门窗、幕墙、室内外装饰及建筑结构用铝型材以外的所有铝型材。

铝合金建筑型材的产品标记按产品名称、合金牌号、供应状态、规格（由型材的代号与定尺长度两部分组成）和标准号的顺序表示。标记示例如下：用 6063 合金制造的，供应状态为 T5，型材代号为 421001，定尺长度为 6000mm 的外窗用铝型材，标记为：外窗型材 G063-TS，421001×6000，GB 5237.1-2004。

● 适用范围及类别属性说明

类别编码	类别名称	特 征	常用特征值	常用单位
0151	铝合金建筑型材	品种	普通门窗铝合金型材、普通幕墙铝合金型材、断桥式铝合金型材、等角铝合金型材、不等角铝合金型材、槽形铝合金型材、通用型材	t
		规格	$B×H×\delta$（mm）8000：80×13×1.2 8000；80×13×1.4 8000；80×13×1.6 8000	
		颜色	白色、银白、磨砂银白、象牙白、古铜、黑色、钛金、香槟、红色、绿色、蓝色、金属灰色、仿钢	
		表面处理	阳极氧化、电泳涂装、粉末喷涂、木纹转印、氟碳喷涂、刨光、常规色二涂、常规色三涂、常规色四涂、鲜艳色二涂、鲜艳色三涂、鲜艳色四涂、金属色二涂、金属色三涂、金属色四涂	
		型号	60系列、80系列	
		合金牌号	6061、6063、6063A、1024、2011、6063、6061、6082、7075	
		膜厚级别	AA10、AA15、AA20、AA25	
		供应状态	T1、T4、T5、T6	

注：规格表示：$B×H×\delta L$（定长尺寸）。

● 参照依据

GB/T 6891－2006　铝及铝合金压型板

GB 5237.1－5237.5－2008　铝合金建筑型材

GB 5237.6－2012　铝合金建筑型材　第6部分：隔热型材

GB/T 8478－2008　铝合金门窗

13J103－2　构件式玻璃幕墙

GB/T 26494－2011　轨道列车车辆结构用铝合金挤压型材

0153 铅材

● 类别定义

铅是重金属，其密度大、熔点低，质地柔软而且有毒。铅的本色为银白色，在空气中氧化后会变暗，所以表面呈灰色；铅的密度为 $11.34g/cm^3$，熔点为 $327℃$。由于铅的再结晶温度比较低，在场用温度任何速度变形也不会产生加工硬化现象，因此存铅又叫"软铅"，含有锑的铅合金叫硬铅。

铅材包括存铅和铅合金，常用的品种有板材、管材、棒材、线材等。

● 适用范围及类别属性说明

类别编码	类别名称	特 征	常用特征值	常用单位
0153	铅材	品种	1♯铅、青铅、封铅、灰铅条、铅锑合金、铅及铅锑合金板、铅阳极板、白铅粉、黑铅粉、铅丝	t
		材质	含铅65% 含锡35% 、Pb1、Pb2、Pb3、PbSb0.5、PbSb2、PbAg1	
		规格	按照实际器种对应输出，遵循铅材的所有输出规则	

● **参照依据**

GB/T 1470-2005 铅及铅锑合金板

YS/T 498-2006 电解沉积用铅阳极板

0155 钛材

● **类别定义**

钛属于化学性质比较活泼的金属，纯钛是银白色的金属，它具有许多优良性能。钛的密度为 4.54g/cm³，钛机械强度却与钢相差不多，比铝大两倍，比镁大五倍。钛耐高温，熔点 1942K，比黄金高近 1000K，比钢高近 500K。钛得密度高于铝而低于钢、铜、镍，但比强度位于金属之首，所以目前广泛应用于装饰板材。

● **适用范围及类别属性说明**

类别编码	类别名称	特 征	常用特征值	常用单位
0155	钛材	品种	钛白粉、钛棒、钛合金板、钛锌板、钛合板、钛钢复合板	t
		材质	TA9-1、TA11、TA15、TA17、TA18、TB5、TB6、TB8、TC4ELI	
		规格	按照实际品种对应输出，遵循型材的所有输出规则	

● **参照依据**

GB/T 3621-2007 钛及钛合金板材

0157 镍材

● **类别定义**

镍材是一种化学元素在化学元素周期表的第 4 周期第八族的元素，可用来制造货币等镀在其他金属上可以防止生锈是非放射性元素；化学符号 Ni 相对原子质量是 59。

● **适用范围及类别属性说明**

类别编码	类别名称	特 征	常用特征值	常用单位
0157	镍材	品种	镍丝、镍棒、镍管、镍板	t
		材质	N6、N7、NSi9	
		规格	按照实际品种设置不同规格	

● **参照依据**

GB/T 2054-2005 镍及镍合金板

0159 锌材

● **类别定义**

锌是自然界中分布较广的金属元素，是常用的有色金属之一；主要以硫化物、氧化物状态存在。它是一种白色中略带浅蓝色光泽的金属，熔点为 419℃，密度为 7.14g/cm³，锌在常温下很脆，加热到 100～150 ℃时变的富于韧性而且易于压力加工，可拉成细丝、轧制为薄板。是重要的有色金属原材料，是 10 种常用有色金属中第三个重要的有色金属，广泛应用于有色、冶金、建材、轻工、机电、化工、汽车、军工、煤炭和石油等行业和部门。

该类下的锌指锌原材料以及锌合金材料。

● **适用范围及类别属性说明**

类别编码	类别名称	特 征	常用特征值	常用单位
0159	锌材	品种	0♯锌、1♯锌、锌板、锌丝、镀铝锌板、锌箔	t
		规格	宽×厚：100×15mm、120×15mm、762×0.18mm、762×0.23mm 厚：0.010、0.012、0.015、0.020、0.030、0.040、0.050	
		材质	ZAMAK 2、ZAMAK 3、ZAMAK5、ZAMAK 7、ZA-8、ZA-12、ZA-27、ZA-35	

注：规格型号表示根据实际品种执行标准规定描述。

● **参照依据**

YS/T 523-2011 锡、铅及其合金箔和锌箔

0161 其他金属材料

● **类别定义**

我们常用的金属材料还有锡及锡合金、金等金属材料。

锡：锡是一种银白色金属，熔点231.9℃，密度为7.2 g/cm³。锡有三种同素异形体，即灰锡（α—锡）、白锡（β—锡）和脆锡（γ—锡）。

常见的是呈银白色的金属—白锡；锡的氧化物二氯化锡和氧化锡可用作棉布和丝绸的媒染剂，二氯化锡还可作还原剂，脱色剂，电镀时用它镀锡。

● **适用范围及类别属性说明**

类别编码	类别名称	特 征	常用特征值	常用单位
0161	其他金属材料	品种	锡锭、锡板、1♯白银、2♯白银、3♯白银、0♯镉锭、1♯镉锭、锡锑箔、金	t
		材质	Ag99.9、Au（T5）、Au（TD）、Au100g、Au50g、Au99.95、Au99.99、Pt99.95、ZQ	
		规格	根据实际品种执行标准规定描述	

● **参照依据**

GB/T 728-2010 锡锭

GB/T 4135-2002 银

GB/T 4134-2003 金锭

0163 金属原材料

● **类别定义**

我们常用的金属材料有铸钢、工具钢、弹簧钢、废钢、钢屑（铁屑）、铸铁、碳钢、硅铁、磷铁等金属原材料。

● **适用范围及类别属性说明**

类别编码	类别名称	特 征	常用特征值	常用单位
0163	金属原材料	品种	铸钢、工具钢、弹簧钢、废钢、钢屑（铁屑）、铸铁、碳钢、硅铁、磷铁	t
		规格	φ20～φ75、φ80～φ95、φ6、φ8	

● **参照依据**

GB/T 9943 - 2008 高速工具钢

GB/T 1222 - 2007 弹簧钢

02 橡胶、塑料及非金属材料

● **类别定义**

此类主要是对建筑工程上用到的各种非金属材料的综合。包括橡胶、塑料、石墨、玻璃钢、棉毛丝麻化纤等。

(1) 橡胶有天然橡胶和合成橡胶之分，天然橡胶包括软橡胶、半硬橡胶和硬橡胶，合成橡胶主要有氯丁橡胶、丁基橡胶、聚硫橡胶、丁腈橡胶、丁苯橡胶、氯磺化聚乙烯橡胶等。

(2) 常用的塑料品种有聚乙烯（PE）、聚丙烯（PP）、聚氯乙烯（PVC）、聚苯乙烯（PS）、工程 ABS 塑料、聚酰胺（PA，俗称尼龙）、聚四氟乙烯（F-4，俗称塑料王）、酚醛塑料（PF）、环氧塑料（EP）、聚甲醛（POM）、聚碳酸酯（PC）、聚砜（PSF）、聚甲基丙烯酸甲酯（PMMA，俗称有机玻璃）等。

(3) 石墨按来源不同可分为天然石墨和人造石墨，人造石墨经过不透性处理（浸渍、压型浇注等）得到的新型结构材料称为不透性石墨。

(4) 玻璃钢是用玻璃纤维增强工程塑料的复合材料，分为热塑性玻璃钢和热固性玻璃钢两种。

(5) 棉是指棉花、棉纱、棉纱头等；毛主要是指羊毛（各种等级和纯度）；麻的品种主要有：青麻、油麻、魁麻、线麻、白麻、红麻等；丝主要是指蚕丝（各种等级）；化纤包括化纤毛条、腈纶、涤纶等。

◇不包含

—— 土建工程上常用的木竹材，（由于是建筑工程上的三大材之一）木竹材归入 05 类木、竹及其制品材料中

——止水材料，如橡胶止水带等，归入 13 类别涂料及防腐防水材料中的 1337 子类别下

——保温材料，如聚苯乙烯发泡板，阻燃聚氨酯板，阻燃橡塑板，橡塑保温板等，归入 15 类耐火、绝热材料

● **类别来源**

此大类主要是列举各种非金属的通用初级材料和原材料，是对板材、带材、棒材及各种初级制品等的综合归类，但不包括管材（管材由于品种繁多在第 17 大类单独列类）。

● **范围描述**

范 围	二级子类	说 明
橡胶	0201 橡胶板	包括普通橡胶板，耐油，耐热，防滑，阻燃，石棉橡胶板等
	0203 橡胶条、带	硅橡胶海绵条、硅胶密封条、氯丁橡胶条、氟橡胶条、丁腈绵胶条、滤布橡胶导带、橡胶止水带、橡胶输送带
	0205 橡胶圈	硅胶密封圈、氟胶密封圈、缓冲橡胶圈、丁腈耐油密封圈、管接口用橡胶圈
	0207 其他橡胶材料	常见的有橡胶棒，橡胶垫

续表

范 围	二级子类	说 明
塑料	0209 塑料薄膜、布	塑料薄膜、电工用绝缘薄膜、塑料布
	0210 塑钢（建筑）型材	主要指塑钢门窗用型材
	0211 塑料板	厚 1mm 以上为塑料板，按材质主要有 PE、PVCABS 等
	0213 塑料带	按形状主要有槽形、圆形、方形、扁形等
	0215 塑料棒	主要有聚乙烯棒、聚苯乙烯棒等
	0217 有机玻璃	有机玻璃板、有机玻璃片、有机玻璃挤出圆棒、有机玻璃浇铸圆棒
	0219 其他塑料材料	包括塑料绳、塑料垫、塑料圈、海绵、塑料袋等
	0210 塑钢建筑型材	包含未增塑聚乙烯、聚氯乙烯型材
	0221 橡塑复合材料	列举橡胶和塑料的复合板材、带材及初级制品等
石墨	0223 石墨碳素制品	包括粉，块，棒，绳，线等
玻璃钢	0225 玻璃钢及其制品	包括玻璃钢板，玻璃钢纤维布，玻璃钢带等
棉麻化纤及其制品	0227 棉毛及其制品	制品包括布、毡、绳、带、棉纱头等
	0229 丝麻及其制品	包括绳，布，毡，袋等
	0231 化纤及其制品	包括绳，布，毡，绒等
	0233 草及其制品	包括草绳，草垫，草席等
	0235 其他非金属材料	包括皮革、真皮原材料及制品

注：参考资料如下：

(1) SY/T 5497-2000 石油工业物资分类与代码，2006 年进行了修编，参考了其中的非金属分类及材料二级分类。

(2)《橡胶及橡胶制品》，刘登祥主编，2005 年化学工业出版社出版。

(3)《安装工程材料手册》，周庆、张志贤主编，橡胶及其制品分类。

0201 橡胶板

● **类别定义**

橡胶板是指以橡胶为主要原料制成的板材；橡胶板的规格是按板的厚度规格来分的。按物理性能和化学性能，可分为：夹布橡胶板、贴布橡胶板、绝缘橡胶板、耐油橡胶板、耐酸碱橡胶板、条纹防滑橡胶板、方块防滑橡胶板、圆扣防滑橡胶板、石棉橡胶板、耐油石棉橡胶板。

◇不包含

—— 橡胶砖，放入 07 装饰石材及地板类别下；橡胶砖属于制品材料，归入装饰材料下也是比较合理的

● **适用范围及类别属性说明**

类别编码	类别名称	特　征	常用特征值	常用单位
0201	橡胶板	品种	环氧树脂橡胶板、氯丁橡胶板、氟橡胶板、三元乙烯橡胶板、石棉橡胶板、硅氟橡胶板、丁腈橡胶板、衬垫橡胶石棉板、海绵橡胶板	m²
		物理状态	熟橡胶、硬橡胶、混炼胶、再生胶	
		性能	阻燃、耐油、耐热、电绝缘、防滑、防静电、耐酸、耐腐蚀	
		衬里硫化形式	自然硫化、预硫化、加热硫化	
		规格	厚×宽×长	
		颜色	红色、黑色、绿色、灰色	
		材质	XB150 XB200 XB300 XB450 XB400 XB350	

注：橡胶板料衬里工程

(1) 橡胶衬里是把整块加工好的橡胶板利用胶粘剂贴在金属表面上，从而将腐蚀介质与金属基体隔开，起到保护的作用。橡胶衬里层一般致密性高，抗渗性强，具有一定的弹性，而且韧性比较好，能抵抗机械冲击和热冲击。其优点是施工方便、块速、安全；缺点是使用一般较低。

(2) 橡胶板衬里硫化形式可分为自然硫化、预硫化、加热硫化，加此施工工序则根据硫化形式的不同而不同。

(3) 衬里用橡胶可分为天然橡胶、合成橡胶（氯丁橡胶、丁基橡胶、聚硫橡胶等）。我国常用天然橡胶、丁基橡胶和氯丁橡胶。

(4) 硫脂工艺分为间接硫化、直接硫化。

● **参照依据**

GB/T 3985-2008　石棉橡胶板

HG 2949-1999　电绝缘橡胶板

JC/T 555-2010　耐酸石棉橡胶板

GB/T 5574-2008　工业用橡胶板

0203　橡胶条、带

● **类别定义**

橡胶条、带：以橡胶为基材，以某种工艺加工而成的条形或带状的橡胶制品。按照材质分为：石棉橡胶条、硅胶条、氯丁橡胶条等；按照形状分为：耐油扁胶条、扁胶条、方胶条、耐油方胶条、圆形胶条、槽形胶条、丁字胶条、六形胶条、九形胶条等。包含门窗用密封橡胶条。

标记方法：品种厚度×宽度

◇不包含

——止水材料，放入 13 涂料及防腐、防水材料下的 1337 子类别下。

● 适用范围及类别属性说明

类别编码	类别名称	特 征	常用特征值	常用单位
0203	橡胶条、带	品种	三元乙烯 EPDM 橡胶条、阻燃氯丁 CR 橡胶条、橡塑 PVC 聚氯乙烯橡胶条、硅橡胶 SiR 橡胶条、热塑性弹性体橡胶条、丁酯橡胶条、增塑聚丙烯 PP 橡胶条、聚氨酯 PuF 橡胶条、硅橡胶海绵条、丁腈海绵胶条、硅酮橡胶、三元乙炳发泡密封胶条、滤布橡胶导带、橡胶输送带、乙丙烯橡胶带、纤维防腐胶带、压敏胶粘带、丁基橡胶胶带、聚氯乙烯粘结带	kg
		截面形状	扁形、方形、圆形、槽形、丁字形、六形、九形、D形	
		性能	阻燃、耐油、耐热、电绝缘、防滑、防静电、耐酸、耐腐蚀、双面强力弹性、保温自粘性	
		用途	帘布胶、铝合金门窗用、冷库门、汽车门窗、门窗减震用、高速列车门窗用、防盗门用、火车门窗用、地铁门窗用、汽车挡风玻璃用、模板用	
		规格	厚度×宽度	

注：品种材料可以按照分类标准进行补充添加，品种主要按照材质进行划分的。

● 参照依据

GB/T 8659-2008   丁二烯橡胶（BR）9000

GB/T 14647-2008   氯丁二烯橡胶 CR121、CR122

JG/T 187-2006   建筑门窗用密封胶条

0205 橡胶圈

● 类别定义

橡胶圈主要用在铸铁管、混凝土管等一些管道中，起密封和连接作用。按照橡胶种类，划分为有丁腈橡胶（NRB）、氟橡胶（FKM）、硅橡胶（VMQ）、乙丙橡胶（EP-DM）、氯丁橡胶（CR）、丁基橡胶（BU）、聚四氟乙烯（PTFE）、天然橡胶（NR）等。

橡胶圈规格示例：对于 O 形圈规格标记方法为：内径 ϕi × 线径 d，比如：O 形圈 20×2.4，II-2 GB 1235-76 中，20 代表大圈内径为 20mm，2.4 代表胶圈的截面直径是 4mm，II-2 代表使用的橡胶种类，GB 1235 代表的是标准号，76 代表的是标准公布年代。

● 适用范围及类别属性说明

类别编码	类别名称	特 征	常用特征值	常用单位
0205	橡胶圈	品种	硅胶密封圈、氟胶密封圈、丁腈耐油密封圈、玻璃钢胶圈、聚四氟乙烯橡胶圈橡胶圈、聚氨酯橡胶橡胶圈、丙烯酸脂橡胶橡胶圈、丁基橡胶橡胶圈、氯丁橡胶橡胶圈、元乙丙橡胶橡胶圈、PVC-U 硬聚氯乙烯橡胶圈、PU 橡胶圈	个
		截面形状	O 形、圆形、唇形、梯形、Q 型、A 型	
		用途	给水、排水、防水、止水、煤气、缓冲	
		性能	阻燃、耐高温、防静电、耐高压、耐腐蚀、耐磨、耐老化	
		接口形式	承插口用、机械接口用	
		规格	公称直径 DN、外径、内径×厚度	

注：规格按照品种对应的材料标准执行。

● 参照依据

JC/T 630-2006 石棉水泥管用橡胶圈

HG/T 2811-1996 旋转轴唇形密封圈橡胶材料

HG/T 2021-1991 耐高温滑油 O 形橡胶密封圈材料

GB/T 3452.1 液压气动用 O 形橡胶密封圈 第 1 部分：尺寸系列及公差

0207 其他橡胶材料

● 类别定义

本类中具体包含：橡胶塞、橡胶棒、橡皮筋、胶辊等。

胶辊：是以金属或其他材料为芯，外覆橡胶经硫化而制成的辊状制品。

◇不包含

——橡胶减震制品，统一放入 33 大类成型构件及加工件 3333 子类别下

——橡胶支座，放入 36 市政道路专用材料 3631 子类别下；橡胶垫块是由多层橡胶片硫化粘合而成的一种普通橡胶支座产品，所以归入到橡胶支座类别下

——橡胶弯头，输入管件，放入 18 管件及管道用器材下的 1815 子类别下

——橡胶管，放入 17 管材类别下的 1727 子类别下。

● 适用范围及类别属性说明

类别编码	类别名称	特 征	常用特征值	常用单位
0207	其他橡胶材料	品种	橡胶塞、胶辊、橡皮筋、橡胶棒、橡胶片	个、套
		性能	阻燃、耐高温、防静电、耐高压、耐腐蚀、耐磨、耐老化	
		规格	按照实际品种对应进行描述	
		颜色	绿色、红色、白色、黑色	
		橡胶种类	丁腈橡胶（NRB）、氟橡胶（FKM）、硅橡胶（VMQ）、乙丙橡胶（EPDM）、氯丁橡胶（CR）、丁基橡胶（BU）、聚四氟乙烯（PTFE）、天然橡胶（NR）	

● 参照依据

HG/T 2948-1988 医用输液橡胶瓶塞

0209 塑料薄膜、布

● 类别定义

塑料薄膜和塑料布是指以塑料为主要原料制成的薄膜和布状材料，与塑料板的主要区别在于厚度的不同（塑料板厚度一般在 1mm 以上，塑料薄膜和塑料布的厚度一般在 1mm 以下，塑料薄膜比塑料布更薄，一般以 0.2mm 为界）。

参数表示：塑料薄膜长×宽×厚度表示，其他参数还有薄膜宽幅（2m，3m，4m等），长度（50m，100m，200m 等），颜色，材质等，例如：透明色 2m×200m×0.050；黑色 2m×100m×0.100 塑料布以生产塑料布的原料等级和塑料布幅宽表示。

● 适用范围及类别属性说明

类别编码	类别名称	特 征	常用特征值	常用单位
0209	塑料薄膜、布	材质	软聚氯乙烯薄膜、聚乙烯吹塑薄膜、氯磺化聚乙烯薄膜、绝缘聚酯薄膜、聚酯亚胺薄膜、聚四氟乙烯薄膜	m²
		规格	宽幅（m）×厚（mm）×长（m）	
		性能	防水、防火、防霉	
		用途	棚膜、食品包装、工业、电工	
		颜色	双白、蓝白、灰白、蓝银、蓝桔、蓝银、蓝绿、绿银、黑银	

● 参照依据

GB/T 4456-2008　包装用聚乙烯吹塑薄膜

GB/T 13519-1992　聚乙烯热收缩薄膜

GB/T 13542.1-2009　电气绝缘用薄膜第1部分：定义和一般要求

GB/T 19787-2005　包装材料聚烯烃热收缩薄膜

GB/T 20218-2006　双向拉伸聚酰胺（尼龙）薄膜

0210　塑钢建筑型材

● 类别定义

塑钢型材简称塑钢，主要化学成分是PVC，因此也叫PVC型材。是被广泛应用的一种新型的建筑材料；塑钢型材用途广泛，可以做塑钢护栏、塑钢门、塑钢窗。

● 适用范围及类别属性说明

类别编码	类别名称	特 征	常用特征值	常用单位
0210	塑钢建筑型材	品种	门窗塑钢型材	t
		材质	未增塑聚氯乙烯（UPVC）、聚氯乙烯（PVC）	
		规格	80×13×1.2 8000；80×13×1.4 8000；80×13×1.6 8000	
		颜色	全色、覆膜、全色覆膜、彩色	
		表面处理	喷涂、双色共挤、彩色贴膜	
		型号	50系列、60系列、80系列、83系列、88系列、92系列、95系列	

注：规格：$B \times H \times \delta L$，示例：80×13×1.2　8000

● 参照依据

GB/T 8814-2004　门、窗用未增塑聚氯乙烯（PVC-U）型材

0211　塑料板

● 类别定义

用途：以塑料为主要原料制成的板材，其种类规格异常繁杂，可为排水、装饰、保温、绝缘用；常见塑料板：PVC塑料板、PE塑料板、工程ABS塑料板等工业板材。

◇不包含

——保温使用的泡沫塑料板，放在1513下，例如：（聚苯）EPS保温板、聚氯乙烯

保温板

——装饰用塑料地板，放入 0719 类别下

● **适用范围及类别属性说明**

类别编码	类别名称	特征	常用特征值	常用单位
0211	塑料板	材质	（聚氯乙烯）硬 PVC 板、（聚氯乙烯）PVC 软板（卷材）、PC 塑料板、（聚丙烯）PP 塑料板、（聚乙烯）PE 塑料板、（丙烯腈－苯乙烯-丁二烯共聚物）ABS 塑料板、（聚四氟乙烯）F-4 板	m^2、t、kg
		表面形状	波浪、平板	
		规格	长×宽×厚	
		颜色	白色、宝石蓝、茶色、咖啡色	
		性能	强度高、透明性好、耐候性好、无毒、耐腐蚀性、防紫外线、耐火阻燃性好	

● **参照依据**

GB/T 22789.1－2008　硬质聚氯乙烯板材分类、尺寸和性能　第 1 部分：厚度 1mm 以上板材

0213　塑料带

● **类别定义**

塑料带是指以塑料为主要原料制成的带状材料；常见的有 RR 塑料带、PVC 塑料带、聚四氟乙烯 F-4 带等；按照截面形状划分有：扁形，方形，矩形，圆形，槽形等。对于聚四氟乙烯 F-4 带（生料带）是水暖安装中常用的一种辅助用品，用于管件连接处，增强管道连接处的密闭性。

塑料带示例：PP12006J 表示聚丙烯塑料打包带宽 12.0mm 厚 0.6mm 的机用打包带。

● **适用范围及类别属性说明**

类别编码	类别名称	特征	常用特征值	常用单位
0213	塑料带	表面形状	扁形、方形、矩形、圆形、槽形	kg、m、卷
		规格	宽×长	
		质量等级	透明 A 级、透明 B 级、A 级、AB 级、B 级、BC 级、C 级	
		材质	聚四氟乙烯 F-4、聚丙烯 RR、聚乙烯 PVC	
		颜色	白色、灰色、彩色、黑色	

注：打包带，别名捆扎带、捆绑带。

● **参照依据**

QB/T 3811－1999　塑料打包带

JB/T 10689－2006　膨体聚四氟乙烯密封带技术条件

0215　塑料棒

● **类别定义**

广义上讲，塑料棒包括圆棒、方棒、矩棒等。这里的异形塑料棒是指除圆形以外各种

形状的塑料棒；常见塑料棒：聚乙烯棒，聚乙烯硬棒，聚苯乙烯棒等。

● **适用范围及类别属性说明**

类别编码	类别名称	特 征	常用特征值	常用单位
0215	塑料棒	材质	PVC棒、PP棒、PE棒、PA棒	kg
		直径	$\phi6$、$\phi8$、$\phi12$	
		颜色	灰色、黑色、白色	
		性能	比重小、无毒、绝缘、耐酸、碱、腐蚀	

● **参照依据**

QB/T 4041-2010 聚四氟乙烯棒材

0217 有机玻璃

● **类别定义**

聚甲基丙烯酸甲酯通常称为有机玻璃，英文缩写 PMMA。有机玻璃又叫压克力或亚克力或有机玻璃是塑料的一种，但由于目前使用非常广泛，所以单列一类。有机玻璃常用制品有管形材、棒形材、板形材三种。

◇不包含

——采暖用有机玻璃风管，放入 2245 子类别下。

● **适用范围及类别属性说明**

类别编码	类别名称	特 征	常用特征值	常用单位
0217	有机玻璃	品种	有机玻璃板、有机玻璃管材、有机玻璃棒材	m²
		表面形状	平板、弧板、圆形、椭圆形状、矩形	
		规格	1830×1220×1.0、1830×1220×1.2、1830×1220×1.5、1830×1220×1.8	
		透光度	透明板、半透明板（颜色板）	
		成型方式	浇铸成型、注塑成型、挤出成型、热成型	

注：规格长×宽×厚。

● **参照依据**

GB/T 1303.8-2009 电气用热固性树脂工业硬质层压板 第8部分：有机硅树脂硬质层压板

GB/T 7134-2008 浇铸型工业有机玻璃板材

0219 其他塑料制品

● **类别定义**

其他塑料制品主要有塑料绳、塑料圈、塑料垫、塑料袋以及以塑料为主要材料，经发泡而成的海绵。

◇不包含

——建筑五金使用的膨胀塞、膨胀管紧固件五金制品，归入 0301 类别下

—— 办公使用的档案盒、文件夹、票据夹，归入 3409 办公用品类别下

● **适用范围及类别属性说明**

类别编码	类别名称	特征	常用特征值	常用单位
0219	其他塑料制品	品种	塑料绳、塑料圈、塑料垫、塑料袋、塑料卡子、鱼线、海绵	个、kg
		材质	聚丙烯、聚乙烯、PVC、呢绒	
		规格	按照实际品种进行拆解	
		外形	背心袋、直筒袋、封口袋、胶条袋、异型袋	

● **参照依据**

GB/T 4169.6-2006 塑料注射模零件第 6 部分：垫块

0221 橡塑复合材料

● **类别定义**

橡塑是橡胶和塑料产业的统称，它们都是石油的附属产品。橡塑复合材料一般在建筑行业中用来做橡塑保温材料，例如：橡塑保温板、橡塑保温管材、复合铝箔橡塑保温棉等，此类材料统一放入 0725 类别下，本类包含除以上保温、绝热制品以外的橡塑复合板材、带材及其相关制品材料

● **适用范围及类别属性说明**

类别编码	类别名称	特征	常用特征值	常用单位
0221	橡塑复合材料	品种	橡塑板、橡塑海绵、橡塑密封垫、密封圈	m²、个、kg
		材质	硅胶	
		规格	按照品种对应材料标准执行描述	

● **参照依据**

GB/T 10708-2000 往复运动橡胶密封圈结构尺寸系列

0223 石墨碳素制品

● **类别定义**

本类只要设置列举石墨、碳素的通用材料和初级材料。

石墨：是碳的结晶体，是一种非金属材料，色泽银灰，质软，具有金属光泽。

用途：石墨可作为耐火材料，导电材料，耐磨润滑材料等。

常见种类：石墨粉、石墨绳、石墨带、土状石墨、石墨块、石墨板、石墨环、碳棒、碳块等。

◇不包含

——石墨电极，放入 3401 子类下

—— 石墨盘根，放入 13 类涂料及防腐、防水材料下的 1335 子类下

● 适用范围及类别属性说明

类别编码	类别名称	特征	常用特征值	常用单位
0223	石墨碳素制品	品种	石墨粉、石墨（条）、石墨板、石墨复合板、石墨绳、石墨线、碳棒（条）、碳块、石墨乳	kg、个、m²、m
		型号	增强型、缓冲型	
		材质	LC50-999＝高纯石墨、LG80-95、LZ（一）200-99、LD（一）100-70	
		规格	按照实际规格进行描述，详见具体品种	
		截面形状	D形、O形	

● 参照依据

GB/T 3518－2005　鳞片石墨

GB/T 3519－2008　微晶石墨

0225　玻璃钢及其制品

● 类别定义

本类主要列举玻璃钢的通用材料和初级材料。学名叫纤维增强（强化）塑料，俗名玻璃钢；以玻璃纤维或其制品作增强材料的增强塑料，称为玻璃纤维增强塑料，或称为玻璃钢。由于所使用的树脂品种不同，因此有聚酯玻璃钢、环氧玻璃钢、酚醛玻璃钢之称。常用玻璃钢制品有玻璃钢板和玻璃钢带。

对于各个专业使用的玻璃钢板材以及制品材料，不在本类下体现，具体如下：

◇不包含

——玻璃纤维构成的耐火制品料，此类均放入1555类别下（玻璃纤维布又称玻璃钢丝布、玻璃钢布、玻璃布、玻璃丝布、高硅氧布、高硅布等）

—— 玻璃钢水箱，放入3311类别下，作为成型制品存在

——玻璃钢瓦，放入0417类别下

● 适用范围及类别属性说明

类别编码	类别名称	特征	常用特征值	常用单位
0225	玻璃钢及其制品	品种	无机玻璃钢板（FRIM）、玻璃钢带	m²
		规格	长×宽×厚（1220×2440）	
		截面形状	平板、弧板	

● 参照依据

GB/T 14206－2005　玻璃纤维增强聚酯波纹板

0227　棉毛及其制品

● 类别定义

棉（种子纤维）是取自棉籽之纤维，以采摘处理、轧棉、梳棉、拼条、精梳、粗纺、精纺成棉纱再由棉纱织成棉布。

毛主要是指各种等级和纯度羊毛。本类指棉毛原材料以及原材料加工生成各类成品材料。

◇不包含

——矿物棉不属于自然的棉麻材料，对于保温绝热使用的矿物棉放入 15 大类下

——矿物棉制品归属于各个专业的类别下

● **适用范围及类别属性说明**

类别编码	类别名称	特　征	常用特征值	常用单位
0227	棉毛及其制品	品种	细绒棉、长绒棉、棉绳、麻绳、棉布、棉纱、棉袋	kg
		规格	棉袋【直径×长度】	
			棉绳【直径×长度】	
			棉布【幅宽×长度】	

● **参照依据**

GB 1103－2012　棉花

0229　丝麻及其制（织）品

● **类别定义**

麻的品种主要有：麻布、麻袋、麻绳、麻筋、线麻等；丝制初级制品主要包括：尼龙丝绳、丝锦等。

◇不包含

——对于劳保用品涉及的丝织物品归于 34 类电极及劳保用品等其他材料下的 3407 类别下

● **适用范围及类别属性说明**

类别编码	类别名称	特　征	常用特征值	常用单位
0229	丝麻及其制（织）品	品种	麻布、麻袋、麻绳、麻筋、线麻	kg
		规格	麻袋【直径×长度】	
			麻绳、棉麻绳【直径×长度】	
			麻布【幅宽×长度】	

● **参照依据**

GB/T 731－2008　黄麻布和麻袋

0231　化纤及其制品

● **类别定义**

化学纤维材料简称"化纤"材料，是指以天然或人工高分子物质为原料制成的纤维；化学纤维可根据原料来源的不同，分为再生纤维和合成纤维等。

（1）再生纤维：再生纤维的生产是受了蚕吐丝的启发，用纤维素和蛋白质等天然高分子化合物为原料，经化学加工制成高分子浓溶液，再经纺丝和后处理而制得的纺织纤维。

（2）合成纤维：是由合成的高分子化合物制成的，常用的合成纤维有涤纶、锦纶、腈

纶、氯纶、维纶、氨纶等。合成纤维主要有聚酰胺 6 纤维（中国称锦纶或尼龙 6），聚丙烯腈纤维（中国称腈纶），聚酯纤维（中国称涤纶），聚丙烯纤维（中国称丙纶），聚乙烯醇缩甲醛纤维（中国称维纶）。

◇不包含

——化纤成型制品，例如：安全网、防尘网等，放入 03 大类下

● 适用范围及类别属性说明

类别编码	类别名称	特 征	常用特征值	常用单位
0231	化纤及其制品	品种	纺腈纶、腈纶、涤纶、聚酯浸胶线绳、锦纶 6 切片、锦纶丝、帆布由这些化纤组成的丝、线制品	kg
		规格		
		原料来源	再生纤维、合成纤维	

● 参照依据

GB/T 14344-2008　化学纤维长丝拉伸性能试验方法

GB/T 14464-2008　涤纶短纤维

0233　草及其制品

● 类别定义

主要指用草加工成的制品材料，例如：草帽、草绳、草垫、草袋等。

● 适用范围及类别属性说明

类别编码	类别名称	特 征	常用特征值	常用单位
0233	草及其制品	品种	草绳、草垫、草席、草袋、草帽、草盖、草鞋	kg、条
		规格	按照实际品种进行描述	

● 类别定义

无

0235　其他非金属材料

● 类别定义

指其他非金属制品材料，例如：皮革、人造革等。

● 适用范围及类别属性说明

类别编码	类别名称	特 征	常用特征值	常用单位
0235	其他非金属制品	品种	真皮、人造革、皮草革	kg、根、个、m²
		材质	聚氯乙烯、牛皮、鳄鱼皮	
		规格	按实际品种进行描述	

● 参照依据

GB/T 8949-2008　聚氨酯干法人造革

GB 21902-2008　合成革与人造革工业污染物排放标准

03 五金制品

● 类别描述

五金制品是指生产和生活中使用到的辅助性、配件性制成品，多用钢铁、铜、铝、铁、锡等金属材料制作，因而得名。随着社会生产发展，现除采用各种金属材料外，还广泛采用塑料、玻璃纤维等非金属材料来制作五金制品。

● 类别来源（本标准是在原有标准基础上增加了三级子类，目的是为了更适用）

类别来源于国家五金标准和五金手册，具体的二级子类参照国家以及相应的建材标准。

● 范围描述

范围	二级子类	三级子类	说　明
五金制品	0301　紧固件	030101　铆钉	包含空心铆钉、拉铆钉、半沉头铆钉、平锥头铆钉、半圆头铆钉、扁平头铆钉、抽芯铆钉、沉头铆钉、平头铆钉等
		030103　螺钉	包含定位螺钉，瓦楞螺钉，吊环螺钉，螺钉，自攻螺钉，紧定螺钉等
		030105　螺栓	常见螺栓：六角螺栓，沉头螺栓，地脚螺栓，半圆头螺栓，方头螺栓等
		030107　膨胀螺栓	按材质分为金属膨胀螺栓和塑料膨胀螺栓。
		030109　螺母	常用螺母：六角螺母、方螺母、圆螺母、蝶形螺母、环形螺母等
		030111　螺柱	常用螺柱：双头螺柱，等长双头螺柱－C级
		030113　垫圈	常见垫圈：平垫圈，弹簧垫圈，止动垫圈，圆螺母用止动垫圈
		030115　挡圈	常用挡圈：孔用弹性挡圈，轴用弹性挡圈
		030117　销	常见销：圆柱销，内螺纹圆柱销，圆锥销，销轴，开口销等
		030119　键	常见种类：普通平键、矩形花键、花键
	0303　门窗五金	030301　门锁	包含球形门锁、三杆式执手锁、插芯执手锁、挂锁、弹子锁等
		030303　窗锁	包含月牙锁、斜柄月牙锁、插销锁、两点锁等
		030305　执手(拉手)	包含杆式拉手、板式拉手、单动旋压型执手、单动板扣型执手等
		030307　滑撑(撑挡)	包含窗撑、门支撑、橱柜用支撑等
		030309　合页(铰链)	包含H形合页、T形合页、方合页、扇形合页、弹簧铰链、门铰链等
		030311　闭门器、地弹簧	外装式门顶闭门器、内嵌式门顶闭门器、内嵌式门中闭门器、内置立式闭门器
		030313　轨道(导轨)	门上导轨、门下导轨
		030315　开窗器	包含链条式开窗器、齿条式开窗器、螺杆式开窗器、曲臂式开窗器等
		030317　插销	普通型、封闭型、管型、蝴蝶型插销和暗插销、上下连长插销、翻窗插销

范围	二级子类	三级子类	说　明
五金 制品	0303　门窗五金	030319　门定位器	包含立式脚踏门钩、横式脚踏门钩、立式门轧头、横式门轧头、冷库门轧头、立式磁性吸门器、横式磁性吸门器等
		030321　滑轮	包含铝合金门用滑轮、铝合金窗用滑轮、塑料门用滑轮，塑料窗用滑轮
		030323　传动锁闭器	包含不同材质、不同规格的传动锁闭器
		030324　玻璃门夹	包含门上夹、门下夹、门顶夹、门轴夹、门锁夹
		030325　其他门窗五金	包含门镜、风钩、猫眼、门吸、门夹、风钩、窗钩、羊眼、门包角等
	0304　幕墙五金	030401　驳接爪	包含90°单爪、180°单爪、90°两爪、180°两爪、三爪、四爪等
		030403　驳接头	包含浮头式驳接头、沉头式驳接头、缝用式驳接头等
		030405　挂件	包含L形挂件、T形挂件、135°挑件、挂耳
		030407　其他驳接件	包含吊夹、夹具等等
		030409　转接件	包含撑杆、拉杆、拉索、抗风索、承重索
	0305　家具五金	030501　合页（铰链）	包含玻璃合页、液压铰链、钢琴合页、全盖门铰链、大弯门铰链、135°门铰链、全盖玻璃门铰链等
		030503　拉手	包含条形拉手、斑台拉手、双T型拉手、OFX拉手等
		030505　抽屉锁、橱窗锁	包含三联抽屉锁、单抽锁、门按钮、转舌锁、拉手锁、平口抽屉锁等
		030507　脚轮（滑轮）	包含定向轮、万向轮、板式方向轮等
		030509　升降器	包含沙发升降器、双轨式玻璃升降器、交叉臂式玻璃升降器、齿轮式玻璃升降器等
		030511　靠背架（靠背立货架）	包含床靠背架、沙发靠背架、扶手桌椅架等
		030513　弹簧	包含压缩弹簧、拉伸弹簧、扭转弹簧、弯曲弹簧等
		030519　抽屉滑轨	包含托底式二节半拉出、托底式三节全拉出、钢珠式二节半拉出、钢珠式三节全拉出、带框架路轨，台面滚珠路轨等
		030521　骑马抽	包含不同材质的骑马抽材料
	0307　水暖及卫浴五金	030701　水龙头	包含普通水龙头、冷热两用水龙头等
		030703　淋浴器	包含感应淋浴器、脚踏淋浴器、普通淋浴器等
		030705　地漏	包含圆形地漏、方形地漏、网框地漏、W形地漏等
		030707　地漏盖	包含圆形地漏、方形地漏、网框地漏、W形地漏等
		030709　扫除口	包含铜制、铝制等材质的扫除口
		030711　存水弯	包含瓶型存水弯、P形存水弯、S形存水弯、U形存水弯等
		030713　检查口	包含铜制、铝制等材质的检查口
		030715　排水栓	包含带存水弯、不带存水弯
		030717　洁具专用开关件	包含肘式开关（带弯管）、肘式开关、拉提开关、脚踏开关（脚踏阀）、膝式或脚踏式开关等

续表

范围	二级子类		三级子类	说　明
五金制品	0307	水暖及卫浴五金	030719　水暖及卫浴专用阀门	包含冲洗阀、角阀、排气阀等
			030721　托架	包含不同用途、不同材质的托架
			030723　洁具专用配件	包含坐便器盖、铜活件、透气帽、铜纳子等
	0311	涂附磨具与磨料	031101　砂轮	包含平形砂轮、双斜边二号砂轮、单斜边一号砂轮、筒形砂轮、杯形砂轮、单斜边砂轮、双斜边砂轮、碗形砂轮、碟形一号砂轮、碟形二号砂轮等
			031103　磨头	包含圆柱磨头、半球形磨头、球形磨头、截锥磨头、锥圆面磨头、60°磨头、圆头锥磨头
			031105　油石、砂瓦	包含珩磨油石、砂瓦等
	0313	焊材	031301　焊条	碳钢焊条、低合金钢焊条、不锈钢焊条、堆焊焊条、铸铁焊条、铜焊条、焊锡条等
			031303　焊丝	包括 CO_2 气体保护焊丝、氩弧焊填充焊丝、埋弧焊丝等
			031305　焊剂、焊粉	不锈钢焊粉、耐热钢焊粉、铸铁焊粉、铜焊粉、铝焊粉
			031307　钎料及剂	铜基钎料、银基钎料、铝基钎料、锌基钎料、锡基钎、银钎熔剂
	0315	其他五金配件	031501　普通钉类	包括圆钉、水泥钉、射钉、穿钉、油毡钉、泡钉等
			031503　轴承	滚动深沟球轴承、滚动调心球轴承、滚动圆锥滚子轴承、滚动推力球轴承、滑动整体式轴承、滑动剖分式轴承、滑动自位式轴承
			031505　网、丝布	这里的网指钢筋网、铁丝网、钢丝网、不锈钢网、铝板网、塑料网等，丝布有不锈钢丝布、镀锌铁丝布、铜丝布、铝丝布等
			031509　铁件	铁件、镀锌铁件、铸铁铁件、铁片、垫铁、铁砣、平垫铁、斜垫铁、铸造生铁、预埋铁件、连接铁件、固定板、钢夹具
			031511　钢筋接头、锚具及钢筋保护帽	常见锚具：螺纹锚具、镦头锚具、锥销式锚具、夹片式锚具
	0327	其他磨具与磨料		包含页状耐水砂纸、卷状耐水砂纸、页状干磨砂纸、卷状干磨砂纸、金相砂纸、页状干磨砂布、卷状干磨砂布等
	0363	小五金		羊眼、灯钩、普通窗钩、粗型窗钩、铁三角、铁钉子
	0365	其他五金件		吊筋、钢珠、弹簧、滑轮

　　说明：本类别是发布标准以后经过修订后的类别

0301　紧固件

　　紧固件，市场上也称为标准件；是将两个或两个以上的零件（或构件）紧固连接成为一件整体时所采用的一类机械零件的总称。

紧固件分类：包含螺栓、螺柱、螺钉、螺母、自供螺钉、木螺钉、垫圈、挡圈、销、键、铆钉、焊钉等。

030101 铆钉

● **类别定义**

由头部和钉杆两部分构成的一类紧固件，用于紧固连接两个带通孔的零件（或构件），使之成为一件整体。这种连接形式称为铆钉连接，简称铆接。属与不可拆卸连接。因为要使连接在一起的两个零件分开，必须破坏零件上的铆钉。

铆钉：在铆接中，利用自身形变或过盈连接被铆接件的零件。

铆钉按工艺有镀锌与不镀锌之分，制作铆钉的材料一般有碳钢、不锈钢、纯铝、铝合金等；铆钉的品种主要包括：半圆头铆钉、沉头铆钉、沉头粗制铆钉、平锥头铆钉、平头铆钉、扁平头铆钉、空心铆钉、抽芯铆钉、环槽铆钉、击芯铆钉等。

铆钉的规格表示方法为：公称直径×公称长度。铆钉标记示例：半圆头铆钉16×30。

● **适用范围及类别属性说明**

类别编码	类别名称	特　征	常用特征值	常用单位
030101	铆钉	品种	空心铆钉、拉铆钉、半沉头铆钉、平锥头铆钉、半圆头铆钉、扁平头铆钉、抽芯铆钉、沉头铆钉、平头铆钉	kg、百个、千个
		规格 $d \times l$ (mm)	5×13、4×20、4×18、4×16、4×13、3.2×16、6×15、6×11、6×6、5×28、5×20、3.2×14、4×15、3×5、5×18、5×11、5×10、4.8×25、8×100、8×12、10×16、10×20、12×18、12×20、12×30、16×24	
		材质	不锈钢 SUS304316、钢、铁、紫铜、黄铜、塑料、铝合金、铝、碳钢	
		表面处理	镀镉钝化、镀锡、镀银、光面、钝化、氧化、镀锌钝化、粉末渗锌、热浸镀锌	

注：规格＝公称直径 d×长度 l。

● **参照依据**

GB/T 863.1、867-1986　半圆头铆钉

GB/T 865、869-1986　沉头铆钉

GB/T 870-1986　半沉头铆钉

GB/T 109-1986　平头铆钉

GB/T 827-86　标牌铆钉

GB/T 12615-2004　封闭型平圆头抽芯铆钉

GB/T 12616-2004　封闭型沉头抽芯铆钉

GB/T 12617-2006　开口型沉头抽芯铆钉

030103 螺钉

● **类别定义**

由头部和螺杆两部分构成的一类紧固件。螺钉是按螺纹公称直径来分的，螺钉按工艺

有镀锌与不镀锌之分，螺钉一般是由碳钢和不锈钢等制成；螺钉的品种包括：开槽普通螺钉、内六角螺钉、内六角花形螺钉、十字槽普通螺钉、吊环螺钉、紧定螺钉、自攻螺钉、自攻锁紧螺钉等。

螺钉的型号规格表示方法为：螺纹公称直径×公称长度。实际中常用螺钉的螺纹规格范围为 M1.2～36（自攻螺钉的螺纹规格为 ST2.2～9.5）。螺钉标记示例：（一）开槽普通螺钉 M6×12；（二）六角头自攻螺钉 ST2.9×16。

● **适用范围及类别属性说明**

类别编码	类别名称	特征	常用特征值	常用单位
030103	螺钉	品种	定位螺钉、瓦楞螺钉、吊环螺钉、螺钉、自攻螺钉、紧定螺钉	kg、百个、千个
		规格 $d×l$（mm）	M10×65、M1.6×2、M1.6×2.5、M1.6×3、M1.6×4、M1.6×5、M1.6×6、M1.6×8、M1.6×10、M1.6×12、M1.6×14、M1.6×16、M2×2、M2×2.5、M2×3、M2×4、M2×5、M2×6、M2×8、M2×10、M2×12、M2×14	
		材质	黄铜、紫铜、铝、不锈钢、铝合金、塑料、钢、铁、木、尼龙	
		表面处理	镀镉钝化、光面、镀锌钝化、氧化、钝化、镀锡、镀银、热浸镀锌、粉末渗锌	
		结构形式	十字槽半沉头、一字槽沉头、一字槽圆柱头、内六角槽盘头、内六角槽平端、一字槽圆柱端、十字槽圆柱头、十字槽盘头、十字槽沉头、内六角槽圆柱端、内六角槽圆柱头、一字槽半沉头、U型、一字槽盘头、内六角槽凹端、一字槽锥端、一字槽凹端、内六角槽沉头、内六角槽圆头、一字槽平端、内六角槽锥端	

● **参照依据**

GB/T 68－2000　开槽沉头螺钉

GB/T 67－2008　开槽盘头螺钉

GB/T 65－2000　开槽圆柱头螺钉

GB/T 69－2000　开槽半沉头螺钉

GB/T 818－2000　十字槽盘头螺钉

GB/T 820－2000　十字槽半沉头螺钉

GB/T 70.1－2008　内六角圆柱头螺钉

GB/T 77～80－2007　紧定螺钉

GB/T 15856.1－2002　十字槽盘头自钻自攻螺钉

GB 846－1985　十字槽沉头自攻螺钉

GB/T 5283－1985　开槽沉头自攻螺钉

GB/T 5282－1985 开槽盘头自攻螺钉

030105 螺栓

● **类别定义**

由头部和螺杆（带有外螺纹的圆柱体）两部分组成的一类紧固件，需与螺母配合，用于紧固连接两个带有通孔的零件。这种连接形式称螺栓连接。如把螺母从螺栓上旋下，又可以使这两个零件分开，故螺栓连接是属于可拆卸连接。

常见螺栓：六角螺栓，沉头螺栓，地脚螺栓，半圆头螺栓，方头螺栓等。

螺栓规格表示方法为公称直径×公称长度。螺栓标记示例：六角螺栓 M10×30。

● **适用范围及类别属性说明**

类别编码	类别名称	特 征	常用特征值	常用单位
030105	螺栓	品种	平头螺栓、沉头螺栓、地脚螺栓、半圆头方颈螺栓、六角螺栓、方头螺栓、穿墙螺栓、蝶形螺栓、双头螺栓、钩头螺栓、连接螺栓、花篮螺栓、开尾螺栓、U型螺栓、鱼尾螺栓	kg、百个、千个
		规格 $d×l$（mm）	M48×200、M48×220、M48×240、M24×190、M24×170、M48×260	
		性能等级	钢：9.8级、钢：8.8级、钢：6.8级、钢：5.6级、钢：4.6级、钢：3.6级、钢：4.8级、不锈钢：3.6级、钢：12.9级、钢：10.9级	
		材质	塑料、钢、铝、紫铜、铁、黄铜、不锈钢、铝合金	
		表面处理	钝化、镀锡、镀银、粉末渗锌、热浸镀锌、镀镉钝化、光面、镀锌钝化、氧化	
		结构形式	外六角带帽、外六角带垫圈、细牙六角带帽、锥度内六角双螺母、平头内六角不带帽	

● **参照依据**

GB/T 5782-2000　六角头螺栓

GB/T 799-1988　地脚螺栓

GB/T 5780-2000　六角头螺栓 C 级

GB/T 8-1988　方头螺栓　C 级

GB/T 12-2013　圆头方颈螺栓

GB/T 13-2013　圆头带榫螺栓

GB/T 14-2013　扁圆头方颈螺栓

GB/T 15-2013　扁圆头带榫螺栓

GB/T 10-2013　沉头方颈螺栓

030107 膨胀螺栓

● **类别定义**

膨胀螺栓主要是指金属膨胀螺栓，也叫金属胀锚螺栓或叫锚栓，膨胀螺栓由深沉头螺栓、膨胀管、弹簧垫圈、平垫圈、螺母组成（B级产品可不包括弹簧垫圈）；

塑料胀管也称塑料胀锚螺栓；两者都是靠胀管的胀紧力来起锚固作用，以代替预埋螺栓。

膨胀螺栓按直径分为 M6、M8、M10、M12、M14、M16、M18、M20 等 8 种规格。

● **适用范围及类别属性说明**

类别编码	类别名称	特征	常用特征值	常用单位
030107	膨胀螺栓	品种	带钩膨胀螺栓、拉爆膨胀螺栓、滚花膨胀螺栓、强力膨胀螺栓、塑料膨胀塞	套
		规格 $d×l$（mm）	M8×90、M14×110、M12×140、M6×60、M8×80、M8×70、M8×60、M6×100、M6×90、M12×130、M14×140、M14×150、M16×110、M8×110、M8×130、M8×120、M12×120、M12×110、M10×130、M10×90、M10×80、M16×120、M6×30 等	
		材质	铁、高强度合金钢、铝合金、不锈钢、钢、铝、紫铜、黄铜、无规共聚聚丙烯	
		表面处理	粉末渗锌、热浸镀锌、镀镉钝化、镀银、镀锡、钝化、氧化、镀锌钝化、光面、热镀锌	
		强度等级	45、50、60、70、80	
		材料	A1、A2、A4、C1、C2、C4	

● **参照依据**

YBJ 204-1991　YG 型胀锚螺栓施工技术暂行规定

GB/T 22795-2008 混凝土用膨胀型螺栓　型式及尺寸

030109　螺母

● **类别定义**

螺母就是螺帽：带有内螺纹孔，形状一般呈扁六角柱形，也有呈扁方柱形或扁圆柱形，配合螺栓、螺柱或机器螺钉，用于紧固连接两个零件，使之成为一件整体。常用螺母有：六角螺母、方螺母、圆螺母、蝶形螺母、环形螺母等。

螺母按照螺纹不等分为不同的规格．一般国标、德标用 M 表示（例如 M8、M16），美制、英制则用分数或♯表示规格（如 8♯、10♯、1/4、3/8）。

● **适用范围及类别属性说明**

类别编码	类别名称	特征	常用特征值	常用单位
030109	螺母	品种	自锁螺母、防送螺母、锁紧螺母、四爪螺母、旋入螺母、细杆连接螺母、自锁六角盖形螺母、专用地脚螺母、六角冕形螺母、吊环螺母、六角法兰面锁紧螺母、细牙六角法兰面螺母、焊接方螺母、焊接六角螺母、扣紧螺母、嵌装圆螺母、带槽圆螺母、侧面带孔圆螺母、端面带孔圆螺母、小圆螺母、兰花夹螺母	套、10套
		性能等级	钢：4.8级、钢：10.9级、钢：12.9级、钢：8.8级、不锈钢：3.6级，A级、钢：5.6级、钢：9.8级、钢：6.8级、钢：4.6级、钢：3.6级，C级、B级	

类别编码	类别名称	特　征	常用特征值	常用单位
030109	螺母	材质	塑料、铝合金、不锈钢、铝、紫铜、钢、铁、黄铜、碳钢、碳合金	套、10套
		表面处理	镀镉钝化、粉沫渗锌、热浸镀锌、光面、镀锌钝化、氧化、钝化、镀锡、镀银	
		规格（$D \times P$）mm	M18、M200×3、M190×3、M180×3、M180、M170×3、M160×3、M150×2、M140×2、M22、M130×2、M125×2、M120×2、M190、M150、M200、M160、M170、M140、M130、M125、M120、M75×2、M76×2、M80×2、M85×2、M90×2、M95×2、M100×2	

● **参照依据**

GB/T 6178～6180-1986　六角开槽螺母

GB/T 41-2000　六角螺母C级

GB/T 39-1988　方螺母C级

GB/T 810-1988　小圆螺母

GB/T 812-1988　圆螺母

GB/T 62-2004　蝶形螺母

GB/T 63-1988　环形螺母

GB/T 923-2009　六角盖形螺母

GB 6172.1-2000　六角薄螺母

GB/T 6170-2000　1型六角螺母

GB/T 6171-2000　1型六角螺母细牙

GB/T 6173-2000　六角薄螺母细牙

GB/T 6174-2000　六角薄螺母无倒角

GB/T 6175-2000　2型六角螺母

GB/T 6176-2000　2型六角螺母细牙

GB/T 6177-2000　六角法兰面螺母

GB/T 56-1988　六角厚螺母

GB/T 1229-2006　钢结构用高强度大六角螺母

030111　螺柱

● **类别定义**

螺柱：没有头部的，仅有两端均外带螺纹的一类紧固件。连接时，它的一端必须旋入带有内螺纹孔的零件中，另一端穿过带有通孔的零件中，然后旋上螺母，即使这两个零件紧固连接成一件整体。这种连接形式称为螺柱连接，也是属于可拆卸连接。主要用于被连接零件之一厚度较大、要求结构紧凑，或因拆卸频繁，不宜采用螺栓连接的场合。

常用螺柱：双头螺柱、等长双头螺柱-C级。

● **适用范围及类别属性说明**

类别编码	类别名称	特 征	常用特征值	常用单位
030111	螺柱	品种	单头螺柱、双头螺柱、带螺母螺柱、焊接螺柱	套、10套
		规格 $d \times l$（mm）	M33×95、M2×16、M2×18、M2×20、M2×22、M2×25、M2.5×16、M2.5×18、M2.5×20、M2.5×22、M2.5×25、M2.5×28、M2.5×30、M3×16、M3×20	
		性能等级	钢：12.9，钢：3.6，钢：5.6，钢：4.8，钢：9.8，钢：4.6，钢：8.8，钢：6.8，不锈钢：A2—70，不锈钢：A2—50，钢：10.9	
		材质	塑料、不锈钢、铝、铝合金、铁、黄铜、紫铜、钢	
		表面处理	氧化、镀铜、镀锌钝化	

● **参照依据**

GB/T 897～900-1988 双头螺柱

GB/T 953-1988 等长双头螺柱 C 级

GB/T 902.1-2008 手工焊用焊接螺柱

GB/T 902.2-2010 电弧螺柱焊用焊接螺柱

GB/T 902.3-2008 储能焊用焊接螺柱

030113 垫圈

● **类别定义**

垫圈是指与螺钉、螺栓、螺柱等带螺纹的零件配套使用的各种制品，垫圈的子类是按其配套的螺纹公称直径来分的。垫圈的品种有：平垫圈、弹簧垫圈、锁紧垫圈、方斜垫圈、止动垫圈等。

● **适用范围及类别属性说明**

类别编码	类别名称	特 征	常用特征值	常用单位
030113	垫圈	品种	平垫圈、方斜垫圈、球面垫圈、锥面垫圈、开口垫圈、弹簧垫圈、鞍形弹性垫圈、锥形锁紧垫圈、锥形锯齿锁紧垫圈、内齿锁紧垫圈、外锯锁紧垫圈、单耳止动垫圈、双耳止动垫圈	kg、百个、千个
		螺纹直径 d（mm）	8、48、42、36、30、24、20、16、14、12、10、6、68、5、4、3、2.5、2、1.6、190、170、72、180、75、76、80、85、90、95、100、105、110、115、120、125、130、140、150、160、18、200、56、60、64、65、55、52、50	
		性能等级	200HV、140HV、300HV	
		材质	石棉、黄铜、橡胶、石墨、羊毛毡、塑料、紫铜、铝合金、铝、不锈钢、铁、钢、橡胶	
		表面处理	粉沫渗锌、光面、镀锌钝化、氧化、钝化、镀锡、镀银、镀镉钝化、热浸镀锌	
		牌号	Q215、Q235、45钢、65Mn	

对于垫圈与挡圈的具体差异，在两类专业中有说明，但是存在共性，垫圈及挡圈都作为密封功能使用时，两者是一类材料。例如：锥形挡圈、内外多齿挡圈、开口挡圈、锥形挡圈等同于对应的垫圈。

● **参照依据**

GB/T 93-1987　标准型弹簧垫圈

GB/T 848-2002　小垫圈 A 级

GB/T 97.1-2002　平垫圈 A 级

GB/T 97.2-2002　平垫圈倒角型 A 级

GB/T 95-2002　平垫圈 C 级

GB/T 96-2002　大垫圈

GB/T 5287-2002　特大垫圈 C 级

GB/T 859-1987　轻型弹簧垫圈

GB/T 7244-1987　重型弹簧垫圈

GB/T 854-1988　单耳止动垫圈

GB/T 855-1988　双耳止动垫圈

GB/T 856-1988　外舌止动垫圈

GB/T 858-1988　圆螺母用止动垫圈

030115　挡圈

● **类别定义**

挡圈是用于孔内或轴上的零件，其规格是按轴径或孔径（统一用 d 表示）来分的。挡圈的品种有：锁紧挡圈、孔用弹性挡圈、轴用弹性挡圈、孔用钢丝挡圈、轴用钢丝挡圈等。

● **适用范围及类别属性说明**

类别编码	类别名称	特　征	常用特征值	常用单位
030115	挡圈	品种	孔用弹性挡圈、锁紧挡圈、轴用弹性挡圈、孔用钢丝挡圈、轴用钢丝挡圈	kg、百个、千个
		规格孔径 d（mm）	112、110、108、105、102、40、100、80、82、85、88、90、38、37、36、35、34、33、32、31、30、28、26、25、24	
		材质	钢、铝合金、铁、不锈钢、铝、紫铜、黄铜、塑料	

● **参照依据**

GB/T 893.1-1986　孔用弹性挡圈—A 型

GB/T 893.2-1986　孔用弹性挡圈—B 型

GB 894.1-1986　轴用弹性挡圈—A 型

GB 894.2-1986　轴用弹性挡圈—B 型

GB/T 883-1986　锥销锁紧挡圈

GB/T 884-1986　螺钉锁紧挡圈

GB/T 885-1986　带锁圈的螺钉锁紧挡圈

030117 销

●　**类别定义**

　　销主要是用来定位和联接，销的品种是按公称直径来分的（圆锥销的公称直径指其小端直径）。销的品种有：圆柱销、弹性圆柱销、圆锥销、开口销、销轴等。销的制作原料广泛、可以是碳钢、不锈钢、塑料等。

　　销的规格表示方法为：公称直径×公称长度。

◇　**不包含**

　　——门窗、家具上使用的门销、插销材料，此类材料分别归入 03 五金制品下的 0303、0305 子类下。

●　**适用范围及类别属性说明**

类别编码	类别名称	特征	常用特征值	常用单位
030117	销	品种	内螺纹圆锥销、弹簧圆柱销、开口销、销轴、圆锥销、内螺纹圆柱销、圆柱销、槽销、开尾圆锥销	个
		规格 $d \times l$（mm）	1.2×24、1.2×20、1.2×18、1.2×16、1.2×14、1.2×12、1.2×10、1.2×8、1.2×6、1×20、1×18、1×16、1×14、1×12、1×10、1×8、1×6、0.8×16、0.8×14、0.8×12、0.8×10、0.8×8、0.8×6、0.8×5、0.6×4、0.6×5、0.6×6、0.6×8、0.6×10、1.6×32、1.6×30、1.6×28、1.6×26、0.6×12、1.6×24、1.6×22、1.6×20、1.6×18、1.6×16、1.6×14、1.6×12、1.6×10、1.6×8、1.2×26、1.2×22	
		材质	黄铜、铁、不锈钢、铝、紫铜、铝合金、塑料、钢	
		牌号	Q215、Q235、45 钢、65Mn	

●　**参照依据**

　　GB/T 119.1～119.2-2000　普通圆柱销

　　GB/T 120.1～120.2-2000　内螺纹圆柱销

　　GB/T 879.1～.5-2000　弹性圆柱销

　　GB/T 117～118-2000　圆锥销

　　GB/T 91-2000　开口销

030119 键

●　**类别定义**

　　键主要是用来定位连接和传递力矩，键主要包括平键、半圆键、钩头楔键、矩形花键、三角形花键、渐开线花键等、平键是最常用的键、平键又可分为 A 型、B 型、C 型等。

　　平键的规格表示方法为：键宽×键长；平键的标记示例：圆头普通平键（A 型）18×100。

● 适用范围及类别属性说明

类别编码	类别名称	特　征	常用特征值	常用单位
030119	键	品种	平键、渐开线花键、三角形花键、半圆键、矩形花键、钩头楔键、外花键、内花键	个
		键宽×键长（mm）	6×6、8×7、28×16、25×14、22×14、20×12、18×11、16×10、14×9、12×8、4×4、10×8、90×45、80×40、70×36、3×3、63×32、56×32、2×2、50×28、45×25、40×22、36×20、32×18、100×50、5×5	
		类型	C型、A型、B型	
		材质	黄铜、铁、不锈钢、铝、紫铜、铝合金、塑料、钢	

● 参照依据

GB/T 1097-2003　导向型　平键

GB/T 1098-2003　半圆键　键槽的剖面尺寸

GB/T 1563-2003　楔键　键槽的剖面尺寸

GB/T 1144-2001　矩形花键尺寸、公差和检验

GB/T 18842-2008　圆锥直齿渐开线花键

0303　门窗五金

安装在建筑物门窗上的各种金属和非金属配件的统称。在门窗启闭时起辅助作用。表面一般经镀覆或涂覆处理，具有坚固、耐用、灵活、经济、美观等特点。门窗五金件可按用途分为建筑门锁、执手、撑挡、合页、闭门器、拉手、插销、窗钩、防盗链、感应启闭门装置等。

门窗五金包括：门锁、窗锁、执手、闭门器、地弹簧、导轨、门镜、猫眼、通风器、插销等，具体属性项、属性值参见具体类别属性定义。

◇　不包含

——门窗用密封胶条，放入02类橡胶、塑料及非金属材料下的0203子类别下

——门窗用密封胶，放入13类涂料及防腐、防水材料下的1335子类别下

——门窗用密封毛条放入13类涂料及防腐、防水材料下的1335子类别下，执行JC/T 635-2011建筑门窗密封毛条技术条件

030301　门锁

● **类别定义**

建筑上的锁品种很多，建筑门锁作为门的配件固定安装在门（窗）扇和门框上。它由锁体锁面板、执手、盖板和钥匙等组成。主要有外装门锁、插芯门锁和球形门锁三种基本形式。

◇　不包含

——智能化中使用的指纹、密码锁等电子门锁，此部分归入30类弱电及信息类器材部分

● **适用范围及类别属性说明**

类别编码	类别名称	特 征	常用特征值	常用单位
030301	门锁	品种	球形门锁、三杆式执手锁、插芯执手锁、挂锁、弹子锁	套、把
		把手材质	铝合金、红榉木、镀铬、喷塑、锌合金、铜、不锈钢	
		锁舌材质	不锈钢	
		规格（L×B）mm	180×19mm、125×17mm、87×12mm、77×15mm	
		锁舌类型	单钩舌锁舌伸出长度29mm、双钩舌锁舌伸出长度35.5mm、双钩舌锁舌伸出长度29mm、双钩舌锁舌伸出长度22.4mm、双钩舌锁舌伸出长度18mm、双钩舌锁舌伸出长度13.5mm、双舌锁舌伸出长度35.5mm、双舌锁舌伸出长度29mm、双舌锁舌伸出长度22.4mm、双舌锁舌伸出长度18mm、双舌锁舌伸出长度13.5mm、单斜舌锁舌伸出长度35.5mm、单斜舌锁舌伸出长度29mm、单斜舌锁舌伸出长度22.4mm、单斜舌锁舌伸出长度18mm、单斜舌锁舌伸出长度13.5mm、单钩舌锁舌伸出长度35.5mm、单钩舌锁舌伸出长度22.4mm、单钩舌锁舌伸出长度18mm、单钩舌锁舌伸出长度13.5mm、单方舌锁舌伸出长度35.5mm、单方舌锁舌伸出长度29mm、单方舌锁舌伸出长度22.4mm、单方舌锁舌伸出长度18mm、单方舌锁舌伸出长度13.5mm	
		开锁形式	光电感应、钥匙、无锁、密码、智能磁卡	

● **参照依据**

QB/T 2473-2000 外装门锁
QB/T 2474-2000 弹子插芯门锁
QB/T 2475-2000 叶片插芯门锁
QB/T 2476-2000 球形门锁
QB/T 3891-1999 铝合金门锁

030303 窗锁

● **类别定义**

建筑上的锁品种很多，建筑门锁作为门的配件固定安装在门（窗）扇和门框上。本类主要指窗所用锁具。

◇ **不包含**

——家具使用的锁具，归入030505子类别下

● **适用范围及类别属性说明**

类别编码	类别名称	特 征	常用特征值	常用单位
030303	窗锁	品种	月牙锁、斜柄月牙锁、插销锁、两点锁	个
		材质	银钢、锌合金、铝合金、铜	
		规格	1.2×20×108	

● 参照依据

QB/T 3890－1999　铝合金窗锁

030305　执手（拉手）

● 类别定义

安装在门窗以及家具橱柜上的起推动或拉动门窗的配件我们叫拉手或执手；执手一般都由铜、不锈钢、合金等材质加工而成。

◇ 不包含

——橱窗所用执手，归入 030505 子类别下

● 适用范围及类别属性说明

类别编码	类别名称	特　征	常用特征值	常用单位
030305	执手 （拉手）	品种	杆式拉手、板式拉手、单动旋压型执手、单动板扣型执手、单头双向板扣型执手、双头联动板扣型执手、蝴蝶式拉手、圆柱拉手	个
		材质	铜、不锈钢、铝合金、有机玻璃、木质、石材、锌合金	
		规格	长度×宽度	

● 参照依据

QB/T 3886　平开铝合金窗执手

JG/T 130－2007　建筑门窗五金件　单点锁闭器

JG/T 124－2007　建筑门窗五金件　传动机构用执手

JG/T 213－2007　建筑门窗五金件　旋压执手

QB/T 3889－1999　铝合金门窗拉手

030307　滑撑（撑挡）

● 类别定义

滑撑，全称不锈钢滑撑铰链，多为不锈钢材质，是一种用于连接窗扇和窗框，使窗户能够开启和关闭的连杆式活动链接装置。而撑挡是多为连接窗扇、窗框，使窗扇能够打开固定的连接装置。

● 适用范围及类别属性说明

类别编码	类别名称	特　征	常用特征值	常用单位
030307	滑撑 （撑挡）	品种	套眼撑、双臂撑、摇撑、移动式撑挡	套
		材质	黄铜、低碳钢、锌合金、不锈钢	
		规格	长度×宽度	

● 参照依据

JG/T 128－2007　建筑门窗五金件　撑挡

QB/T 3887　铝合金窗撑挡

030309　合页（铰链）

● 类别定义

铰链又称合页是用来连接两个固体并允许两者之间做转动的机械装置。铰链可能由可

移动的组件构成，或者由可折叠的材料构成；合页：它可以用于橱柜门，窗子，门等。合页，从材质上可以分为：铁质，铜质，不锈钢质。

合页的种类：普通型合页、轻型合页、抽芯型合页、H型合页、T型合页、双袖型合页、弹簧合页、平面合页、抽芯方合页等；规格上可以分为：2″（50mm），2.5″（65mm）、3″（75mm）、4″（100mm）、5″（125mm）、6″（150mm）、50～65mm的铰链适用于橱柜，衣柜门，75mm的适用于窗子，纱门，100～150mm适用于大门中的木门，铝合金门。

◇ 不包含

——橱窗所用合页（铰链），归入030505子类别下

● 适用范围及类别属性说明

类别编码	类别名称	特征	常用特征值	常用单位
030309	合页（铰链）	品种	H型合页、T型合页、方合页、扇形合页、弹簧铰链、门铰链、液压铰链	个、套
		材质	铁、不锈钢、镀锌铁、锌合金、铜、铝合金、塑料、玻璃	
		规格	L×B：25×24mm、L×B：38×31mm、L×B：50×38mm、L×B：65×42mm、L×B：75×50mm、L×B：90×55mm、L×B：100×71mm、L×B：125×82mm、L×B：150×104mm	
		型号	滑入式、卡式、缓冲式	

● 参照依据

JG/T 125－2007 建筑门窗五金件 合页（铰链）

030311 闭门器、地弹簧

● 类别定义

闭门器：是门头上一个类似弹簧的液压器，当门开启后能通过压缩后释放，将门自动关上，有像弹簧门的作用，可以保证门被开启后，准确、及时的关闭到初始位置。

地弹簧：是一种安装在玻璃门下的液压缓释式闭门器。其压紧弹簧的装饰是涡轮，涡轮可以做正反旋转，所以地弹簧可以用于双向开启的门。

● 适用范围及类别属性说明

类别编码	类别名称	特征	常用特征值	常用单位
030311	闭门器、地弹簧	品种	外装式门顶闭门器、内嵌式门顶闭门器、内嵌式门中闭门器、内置立式闭门器	个
		材质	不锈钢、铝合金、铜质	
		型号	701、701D、702、702D、703、703D、704、705	
		规格	长度×宽度×高度	
		适用门重	15～30kg、25～45kg、40～65kg、60～85kg	

● 参照依据

QB/T 2698－2005 闭门器

62

PSB—新加坡产品标准

CEN—欧洲产品标准

UL—美国产品测试中心

030313 轨道（导轨）

● **类别定义**

可承受门自重移动的一种装置，用金属或其他材料制成槽或脊；导轨有装在门（窗）顶上的，也有装在门（窗）底下的，门（窗）上装轮子可以实现滑行。

铝合金或塑钢推拉窗的导轨是在窗框型材上直接成型，滑轮系统固定在窗扇底部。

● **适用范围及类别属性说明**

类别编码	类别名称	特 征	常用特征值	常用单位
030313	轨道（导轨）	品种	门上导轨、门下导轨	m
		安全等级	A 级、B 级	
		材质	实木、塑料、铝合金、不锈钢	
		规格（L）	900、1200、1600、1800、2100	

030315 开窗器

● **类别定义**

用于打开和关闭窗户的机器称作为"开窗机"或"开窗器"，分为手工开窗器和电动开窗器；开窗器本身是一个系统，当它与排烟、排热控制系统和楼宇自控及消防中心相连接时，需要与其他项目安装工程协调完成，

● **适用范围及类别属性说明**

类别编码	类别名称	特 征	常用特征值	常用单位
030315	开窗器	品种	链条式开窗器、齿条式开窗器、螺杆式开窗器、曲臂式开窗器	套
		推拉力（N）	200、450、600、650、850、1000	
		行程（mm）	200、300、400、550、600、700、800、1000	
		使用电源	AC220V、DC24V、DC48V	
		外形尺寸	长×宽×高	

● **参照依据**

欧盟指令 73/23LVD、89/336EMC

通过英国 CE 认证

排烟和热控系统 第一部分 术语、安全目标 DIN18232-1：2002

030317 插销

● **类别定义**

是一种防止门窗从外面被打开的防盗部件；插销一般分为两部分，一部分带有可活动的杆，另一部分是一个插销孔，也叫插销"鼻儿"。

● **适用范围及类别属性说明**

类别编码	类别名称	特征	常用特征值	常用单位
030317	插销	品种	台阶式插销、平板式插销、暗插销、蝴蝶形插销	个
		规格 (L)	50、65、70、100、150、200	
		材质	铜、不锈钢	

● **参照依据**

QB/T 3885-1999 铝合金门插销

030319 门定位器

● **类别定义**

一种在房门敞开状态下，防止由于受风力的作用而使房门自动关闭的房门定位器；它由框体、杠杆、调整螺母、滑动立杆、弹簧、导向压板、摩擦脚套及盖组成。一般门定位器针对木门，模压门，钢门或铝合金门窗大都采用门吸进行定位。

● **适用范围及类别属性说明**

类别编码	类别名称	特征	常用特征值	常用单位
030319	门定位器	品种	立式脚踏门钩、横式脚踏门钩、立式门轧头、横式门轧头、冷库门轧头、立式磁性吸门器、横式磁性吸门器	套、个
		材质	不锈钢、铝合金、铜质	
		规格	48×48×40	

● **参照依据**

无

030321 滑轮

● **类别定义**

支撑门窗重量并将重力传递到框材上，通过自身的滚动使门窗扇在框材轨道移动的装置；滑轮安装使用根据型材系列、尺寸、结构和门窗的重量不同而选择不同型号的滑轮；滑轮承重力按2个滑轮计算，目前市场上滑轮承重范围15～100kg，主要用于推拉门窗。

一般门用滑轮表示为 ML，窗用滑轮表示为 CL，滑轮的承载重量一般以单扇门窗实际承载重量表示，例如：单扇窗承载重量为 60kg 的滑轮，标记为：CL60。

● **适用范围及类别属性说明**

类别编码	类别名称	特征	常用特征值	常用单位
030321	滑轮	品种	包含铝合金门用滑轮、铝合金窗用滑轮、塑料门用滑轮，塑料窗用滑轮	个
		材质	ZZnAL14Cu3Y（3号锌）、Q235（碳素钢）、PA66（尼龙）	
		规格 (D×d)	20×16mm、24×20mm、30×26mm	
		特性	定位式、可调式	
		承载重量（kg）	40、50、60	

● **参照依据**

JG/T 129 - 2007　建筑门窗五金件滑轮

QB/T 3892 - 1999　推拉铝合金门窗用滑轮

030323　传动锁闭器

● **类别定义**

又称之为传动机构用执手；是通过传动执手对门窗实施多点启闭功能的装置。传动锁闭器分为齿轮驱动器和连杆式两种，不同传动锁闭器配置不同的执手，主要用于平开门窗。

◇　**不包含**

——对于门窗中存在锁闭功能的执手一般叫单点锁闭器，用于推拉门窗上实现推拉门窗的启闭装置，放入 030305 子类别下

● **适用范围及类别属性说明**

类别编码	类别名称	特　征	常用特征值	常用单位
030323	传动锁闭器	品种	齿轮传动锁闭器、连杆式传动锁闭器	套
		材质	碳钢、不锈钢、铝合金、尼龙、铝	
		型号	JPC01、JPC02、JPC03、JPC04、JMCCQ	
		规格（宽度×长度）	28×31	

● **参照依据**

JG/T 126 - 2007　建筑门窗五金件　传动锁闭器

030324　玻璃门夹

● **类别定义**

适用于玻璃隔断及单扇或双扇无框玻璃门，可与地弹簧配合使用；一般采用 12mm 厚的安全玻璃，也可使用 8mm、10mm、15mm 的安全玻璃。

● **适用范围及类别属性说明**

类别编码	类别名称	特　征	常用特征值	常用单位
030324	玻璃门夹	品种	门上夹、门下夹、门顶夹、门轴夹、门锁夹	个
		材质	镜面不锈钢、拉丝不锈钢、镜面黄铜、铝合金氟碳树脂涂层、铝合金阳极氧化、铝合金粉末喷涂	
		规格（长×宽×厚）	164×51×32	

030325　其他门窗五金

● **类别定义**

除上述以外其他门窗五金材料，均放在本类别下。

门镜：俗名叫作猫眼、羊眼。

门吸：俗称门碰，也是一种门页打开后吸住定位的装置，以防止风吹或碰触门页而关闭。

门夹：门夹是一种固定在门的边缘上，用以安装其他部件的夹子。

组角码：门扇及外框的连接件，目前一般是铝合金、镀锌铁件较多。

● **适用范围及类别属性说明**

类别编码	类别名称	特 征	常用特征值	常用单位
030325	其他门窗五金	品种	门镜、风钩、门吸、门夹、窗钩、门包角、组角码	个
		材质	碳钢、不锈钢、铝合金、尼龙、铝、玻璃	
		规格	按照品种对应材料标准描述	

● **参照依据**

GB/T 13819－2013　铜及铜合金铸件

GB/T 13821－2009　锌合金压铸件

GB/T 15114－2009　铝合金压铸件

QB/T 1106－1991　窗钩

0304　幕墙五金

幕墙是建筑物外围护墙的一种形式，根据安装形式分为：框支承式（元件式）、点支撑式（钢管式、玻璃肋、拉杆、拉索、桁架），幕墙工程项目使用的板材执行相关板材类别下材料、龙骨执行龙骨类别，对于建筑密封用胶、密封条等均执行相关类别材料，本类特指目前专用五金材料。

幕墙专用的五金配件；包含吊夹、索具、AB胶、驳接爪、幕墙爪、玻璃爪、驳接头、玻璃夹、玻璃胶、云石胶、泡沫条、植筋胶、转接件、干挂件、栏杆扶手、化学螺栓、玻璃幕墙、非标制品等、不锈钢绞线、点支式玻璃幕墙支撑装置、钢索压管接头等。

◇　**不包含**

——预埋件、预埋栓放入 0321 子类别下

——胶条，放入 0203 子类别下

030401　驳接爪

● **类别定义**

驳接爪主要作为支撑驳接头，并传递荷载作用到固定的支撑结构体系上，是连接玻璃幕墙的一个重要配件。

● **适用范围及类别属性说明**

类别编码	类别名称	特 征	常用特征值	常用单位
030401	驳接爪	品种	90°单爪、180°单爪、90°两爪、180°两爪、三爪、四爪	个
		材质	不锈钢、铝合金	
		系列	150系列、160系列、200系列、210系列、220系列、250系列、300系列	

● **参照依据**

JGJ 133－2001 金属与石材幕墙工程技术规范

030403 驳接头

● **类别定义**

驳接头是将玻璃固定在驳接爪上的构件，为减少玻璃随风压变形对玻璃开孔处的应力集中，目前已多数采用可转球头式驳接头。

● **适用范围及类别属性说明**

类别编码	类别名称	特 征	常用特征值	常用单位
030403	驳接头	品种	浮头式驳接头、沉头式驳接头、缝用式驳接头	个
		材质	不锈钢、铝合金	
		系列	150 系列、160 系列、200 系列、210 系列、220 系列、250 系列、300 系列	

● **参照依据**

JGJ 133 - 2001　金属与石材幕墙工程技术规范

JG/T 138 - 2010　建筑玻璃点支撑装置

JG/T 201 - 2007　建筑幕墙用钢索压管接头

030405 挂件

● **类别定义**

挂件在幕墙五金配件中属于一个不外露的辅件，但是它以四两拨千斤的坚固和韧性起着至关重要的作用，它的种类有很多种，常用的有：

一、针销式：即用销针和垫板通过板材边沿开孔连接，此种靠销针受力，在销孔处应力比较集中。因在操作中费工、费时、费料等。现已逐渐被其他方法代替。

二、蝴蝶式（俗称上下翻。两头翻式）：此种挂件其形状和方法显得有点笨拙，在加工成型时已破坏了挂件强度（优质不锈钢除外）。施工中因其上下翻头厚度和弯度迫使所切沟面必须加宽，安装时对石材容易造成破损，加工槽宽用胶量过大使其综合成本加大，使用中略显技术落后。对挂件材质要求不明确，故不适宜广泛采用。

三、焊接式（即"丫"型件，俗称"焊接头"）：此种挂件属现场施工中常用，安装较前二种先进。传力简单，降低了石材破损，但因焊接时高温加热会产生"退火"现象。大大降低了挂件强度，若焊缝不饱满会产生氧化锈蚀脱落，坚固性、安全性无保障，故此种挂件不宜在高层幕墙中使用。

四、背拴式：此种挂件由德国引进施工。即在石材的背部打孔用螺栓与龙骨连接，由后切式锚栓及后支持系统组成的幕墙干挂体系，因机械式锚固结构，不以柔性结合，不能解决好因温差造成的热胀冷缩变形问题。由于胶粘剂直接决定着锚固件的牢固性能，且操作烦琐，故机械、锚固结构在幕墙范围中用处不大。

五、背挂式：此种挂件以 7075 镁合金为材质，施工方法是在每一块板的背面固定，板与板之间没有联系，因而不会产生相互连接而造成的不可确定性应力积累和应力集中，受力简洁明确，在正常使用状态下能充分利用板材的抗弯强度。7075 镁合金其材质体积轻便，通过高压静电由粉末喷涂，有耐腐蚀、耐高温、抗老化、体积轻便等特点，并能通过静力计算得到精确的承载能力，从而控制了破坏状态。当主体结构产生较大位移或温差较大时，不会在板材内部产生附加应力，因而特别适于高层建筑和航展建筑，体现出柔性结构连接的设计意图。

六、缝挂式：此件最早由北京爱乐贴有限公司引进，材质为铝矽镁合金，其优势在于体积轻便，降低了载体荷重，材质本身具有抗腐蚀的镁含量，经过高压静电喷涂，具有了抗老化、耐腐蚀。其材质性能与背挂式挂件相同，而其施工方法的优势在于短肢支撑，定位切槽，保证整个幕墙的垂直度，与锯片同半径的弧形镶片可紧密固定于沟槽中。该挂件为挤压成型，强度大，牢固性强。TF 件组合可调整墙体倾斜，保证了饰面的垂直度要求，此施工方法快速简便，能够提高工效，加快施工进度，降低劳动强度，减少用胶量、工时费等。

● **适用范围及类别属性说明**

类别编码	类别名称	特 征	常用特征值	常用单位
030405	挂件	品种	L 形挂件、T 形挂件、135°挑件、挂耳、钢插芯	个
		安装形式	插销式挂件、背栓式挂件、插板式挂件、蝴蝶式挂件	
		材质	304 不锈钢、不锈铁、301 不锈钢	
		规格	70×580×590×5	

● **参照依据**

JGJ 133-2001 金属与石材幕墙工程技术规范

97SJ 103-1~12 幕墙图集

030407 其他驳接件

● **类别定义**

除上述外的驳接件均放入此类别下。

● **适用范围及类别属性说明**

类别编码	类别名称	特 征	常用特征值	常用单位
030407	其他驳接件	品种	吊夹、夹具、连接角码	个
		材质	35#钢	
		规格	按照品种对应材料具体描述	

● **参照依据**

JGJ 133-2001 金属与石材幕墙工程技术规范

030409 转接件

● **类别定义**

幕墙五金配件中，起中间连接或转接作用的配件称之为转接件。

● **适用范围及类别属性说明**

类别编码	类别名称	特 征	常用特征值	常用单位
030409	转接件	品种	支撑杆、拉杆、拉索、抗风索、承重索	个
		材质	不锈钢	
		规格	按照品种对应材料具体描述	

● **参照依据**

GB/T 9944　不锈钢丝绳

0305　家具五金

家具五金是指五金家具的五金组件或者是用于家具上的有沙发脚、升降器、靠背架、弹簧、枪钉、脚码、连接、活动、紧固、装饰等功能的金属制件，也称家具配件。

030501　合页（铰链）

● **类别定义**

本类特指家具使用的合页（铰链），例如：衣柜、橱柜等。

● **适用范围及类别属性说明**

类别编码	类别名称	特　征	常用特征值	常用单位
030501	合页（铰链）	品种	玻璃门铰、玻璃合页、液压铰链、钢琴合页、全盖门铰链、大弯门铰链、135°门铰链、全盖玻璃门铰链、大弯玻璃门铰链	个
		材质	铝合金、不锈钢、铜、A3钢	
		表面处理	镀铬、镀锌、拉丝、电镀、喷塑	
		规格		

030503　拉手

● **类别定义**

安装在门窗或抽屉上便于用手开关的木条或金属物等。拉或操纵（开，关，吊）的用具。拉手在选配时必须注意家具的款式、功能和场所，一般来说，拉手与家具的关系大致有两种处理原则，要么是醒目，要么是隐蔽。以使用功能为主的家具，其拉手应该具有隐蔽性，以不妨碍主人使用为妥，食品装饰柜的拉手可以与其自身较为抢眼的格调相适应，选购具有光泽并与家具色泽有反差的双头式拉手。

● **适用范围及类别属性说明**

类别编码	类别名称	特　征	常用特征值	常用单位
030503	拉手	品种	条形拉手、班台拉手、双T型拉手、OFX拉手	个
		材质	铝合金、不锈钢、铜、A3钢、水晶、尼龙、锌合金	
		表面处理	镀铬、镀锌、拉丝、电镀、喷塑	
		规格	长度×宽度×厚孔距 110×40×10　96孔距	

● **参照依据**

QB/T 1241-2003　家具五金 家具拉手安装尺寸

030505　抽屉锁、橱窗锁

● **类别定义**

本类主要指家具使用的锁具。

抽屉锁：是锁的一种，置于可启闭的器物上，用以关住某个确定的空间范围或某种器具的，必须以钥匙或暗码打开的扣件。

● 适用范围及类别属性说明

类别编码	类别名称	特 征	常用特征值	常用单位
030505	抽屉锁、橱窗锁	品种	三联抽屉锁、单抽锁、门按钮、转舌锁、拉手锁、平口抽屉锁	套
		材质	铝合金、不锈钢、铜、A3钢、水晶、尼龙、锌合金	
		表面处理	镀铬、镀锌、拉丝、电镀、喷塑	
		规格	长度×宽度	

● 参照依据

GB 21556-2008 锁具安全通用技术条件

QB/T 1621-1992 弹子家具锁

030507 脚轮（滑轮）

● 类别定义

脚轮是个统称，包括活动和固定脚轮。活动脚轮也就是我们所说的万向轮，它的结构允许360°旋转；固定脚轮没有旋转结构，不能转动。通常是两种脚轮一般都是搭配用的，比如手推车的结构是前边两个固定轮，后边靠近推动扶手的是两个活动万向轮。

● 适用范围及类别属性说明

类别编码	类别名称	特 征	常用特征值	常用单位
030507	脚轮（滑轮）	品种	定向轮、万向轮、板式万向轮	个
		材质	聚氨酯、铸铁铸钢、丁腈橡胶胶轮（NBR）、丁腈胶、天然橡胶胶轮、硅氟橡胶胶轮、氯丁橡胶胶轮、丁基橡胶胶轮、硅橡胶（SILICOME）、三元乙丙橡胶胶轮（EPDM）、氟橡胶胶轮（VITON）、氢化丁腈（HNBR）、聚氨酯橡胶胶轮、橡塑胶、PU橡胶轮、聚四氟乙烯橡胶胶轮（PTFE加工件）	
		表面处理	镀铬、镀锌、拉丝、电镀、喷塑	
		规格	直径：50、60、70、80	

● 参照依据

GB/T 14687-2011 工业脚轮和车轮

030509 升降器

● 类别定义

通过一定的传动方式升降某种器材，例如：玻璃车窗升降器、沙发升降器等；本类专指家具五金使用的升降器。

◇ 不包含

——液晶显示屏升降器、室外升降台等，它们属于周转材料类

● **适用范围及类别属性说明**

类别编码	类别名称	特 征	常用特征值	常用单位
030509	升降器	品种	沙发升降器、双轨式玻璃升降器、交叉臂式玻璃升降器、齿轮式玻璃升降器	个
		驱动方式	电动、手动	
		面板材质	不锈钢、碳钢、铝合金	
		表面处理	镀铬、镀锌、拉丝、电镀、喷塑	
		规格	描述升降器的外形尺寸	

● **参照依据**

QC/T 636－2000　汽车电动玻璃升降器

030511 靠背架（靠背立货架）

● **类别定义**

顾名思义，供人背部倚靠的器材叫背靠架，一般我们指带活动靠背的货架。

● **适用范围及类别属性说明**

类别编码	类别名称	特 征	常用特征值	常用单位
030511	靠背架（靠背立货架）	品种	床靠背架、沙发靠背架、扶手桌椅架	个
		材质	木质、不锈钢、铝合金	
		规格	厚×高×宽	

030513 弹簧

● **类别定义**

弹簧是一种利用弹性来工作的机械零件。一般用弹簧钢制成。利用它的弹性可以控制机件的运动、缓和冲击或震动、储蓄能量、测量力的大小等。广泛用于机器、仪表中。

● **适用范围及类别属性说明**

类别编码	类别名称	特 征	常用特征值	常用单位
030513	弹簧	品种	压缩弹簧、拉伸弹簧、扭转弹簧、弯曲弹簧	个
		材质	钢丝	
		表面处理	镀锌氧化、镀锌、拉丝、电镀、喷塑	
		直径		
		有效圈数		
		自由高度		
		支撑圈数	1.5T, 2T, 2.5T	

● **参照依据**

GB/T 1222－2007　弹簧钢

GB/T 13828－2009　多股圆柱螺旋弹簧

GB/T 19844－2005　钢板弹簧

GB/T 2088－2009　普通圆柱螺旋拉伸弹簧尺寸及参数

030519　抽屉滑轨

● **类别定义**

供门、抽屉或其他活动部件运动的、通常带槽或曲线形的导轨称之为滑轨。

● **适用范围及类别属性说明**

类别编码	类别名称	特 征	常用特征值	常用单位
030519	抽屉滑轨	品种	托底式二节半拉出、托底式三节全拉出、钢珠式二节半拉出、钢珠式三节全拉出、带框架路轨，台面滚珠路轨	副
		滑动方式	滚珠	
		材质	冷轧不锈钢板（SUS304）、碳钢、铝合金挤压材（A6063S）、镀蓝锌	
		规格（L）	250、300、350、400、450、500、550、600	
		移动距离	155、202、250、295、330	
		表面处理	镜面抛光、镀锌	

● **参照依据**

JGJ 133－2001　金属与石材幕墙工程技术规范

030521　骑马抽

● **类别定义**

又称豪华阻尼抽，它是装在抽屉两侧的、体积较大的抽屉五金配件；骑马抽主要由左右抽屉侧帮，左右隐藏滑轨，侧板盖，前板扣，左右高背板件组成。若是中帮或高帮骑马抽，加高背板件/高深背板件，加高杆或者加高板（单层/双层）便要配合使用。

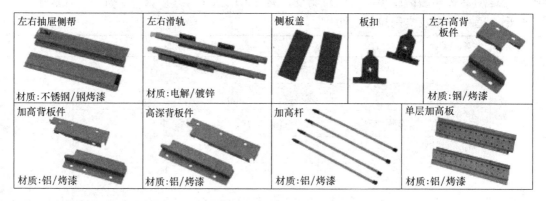

● **适用范围及类别属性说明**

类别编码	类别名称	特 征	常用特征值	常用单位
030521	骑马抽	材质	镀锌钢板	个、副
		表面处理	镀锌、塑料	
		规格	长度×宽度	
		静态承重（kg）	30、40、50、60	

● **参照依据**

GB/T 12922－2008　弹性阻尼簧片联轴器

0307　水暖及卫浴五金

030701　水龙头

● **类别定义**

水龙头又叫水嘴，包括冷水嘴、热水嘴、汽水嘴、混合水嘴等；按制作原材料，水嘴可分为铜水嘴、不锈钢水嘴、镀锌钢水嘴等。水嘴的规格主要有 $DN10$、$DN15$、$DN20$、$DN25$ 四种。

一是从使用功能上来分，大体有浴缸龙头、面盆龙头、淋浴龙头三种，一般都有统一的风格和形式。

1. 浴缸龙头：它装于浴缸一边上方，用于开放冷热混合水。可接冷热两根管道的称为双联式；启闭水流的结构有螺旋升降式、金属球阀式、陶瓷阀芯式等。目前市场上较多的是陶瓷阀芯式单柄浴缸龙头。它采用单柄即可调节水温，使用方便；陶瓷阀芯使水龙头更耐用、不漏水。浴缸龙头的阀体多用黄铜制造，外表有镀铬、镀金及各式金属烘漆等。

2. 面盆龙头。它安装在洗面盆上，用于放冷水、热水或冷热混合水。它的结构有：螺杆升降式、金属球阀式、陶瓷阀芯式等。阀体用黄铜制成，外表有镀铬、镀金及各色金属烘漆，造型多种多样，手柄有单柄式和双柄式等。还有的面盆龙头装有落水提拉杆，可直接提拉打开洗面盆的落水口，排除污水。

3. 淋浴龙头。它安装于淋浴房上方，用于开放冷热混合水。阀体亦多用黄铜制造，外表有镀铬、镀金等。启闭水流的方式有螺杆升降式、陶瓷阀芯式等。淋浴龙头有软管花洒和嵌墙式花洒之分；具特殊功能的有恒温龙头，带过滤装置的龙头及有抽拉式软管的龙头等，它们在安装时都有不同的要求。

● **适用范围及类别属性说明**

类别编码	类别名称	特　征	常用特征值	常用单位
030701	水龙头	品种	普通水龙头、冷热两用水龙头	套
		阀体材质	铜合金、不锈钢、铸铁、不锈钢、铜合金、塑料	
		表面处理	拉丝、镀金、金属烘漆、镀铬	
		结构形式	单柄单控、单柄双控、双柄双控	
		开启方式	螺旋式、扳手式、抬启式、按压式、红外线感应式、无线遥控、触摸感应式	
		阀体结构	压力一体铸造、重力铸造、分体式结构	
		公称通径	$DN8$、$DN10$、$DN15$、$DN20$、$DN25$、$DN30$、$DN32$	
		用途	浴缸用、面盆用、淋浴用、厨房用、洗衣机用、洗涤槽用	

● **参照依据**

GB 18145－2003　陶瓷片密封水嘴

QB/T 1334－2013　水嘴通用技术条件

QB 2806－2006　温控水嘴

030703 淋浴器

● **类别定义**

由阀体、密封件、冷热水混合器及开关部分、进水管、出水管、喷头组成的卫生器具称为淋浴器。按照功能分为感应式淋浴器、脚踏式淋浴器等。

● **适用范围及类别属性说明**

类别编码	类别名称	特征	常用特征值	常用单位
030703	淋浴器	品种	感应淋浴器、脚踏淋浴器、普通淋浴器	套
		材质	铁、铜	
		规格	DN15、DN20、DN32	
		表面处理	镀金、金属烘漆、镀铬	

● **参照依据**

GB 28378-2012 淋浴器用水效率限定值及用水效率等级

030705 地漏

● **类别定义**

是连接排水管道系统与室内地面的重要接口，作为住宅中排水系统的重要部件，它的性能好坏直接影响室内空气的质量，对卫浴间的异味控制非常重要。

● **适用范围及类别属性说明**

类别编码	类别名称	特征	常用特征值	常用单位
030705	地漏	截面形状	圆形地漏、方形地漏、网框地漏、W型地漏	个
		材质	铸铁、PVC、锌合金、陶瓷、铸铝、不锈钢、黄铜、铜合金	
		规格	DN40、DN50、DN100、DN150	
		性能	防臭、侧排、四防、防返溢、高水封	

● **参照依据**

GB/T 27710-2011 地漏

030707 地漏盖

● **类别定义**

放置在地漏上面的盖，用来防止异味散发或流淌的物体堵住地漏进入下水管。

● **适用范围及类别属性说明**

类别编码	类别名称	特征	常用特征值	常用单位
030707	地漏盖	截面形状	圆形地漏、方形地漏、网框地漏、W型地漏	个
		材质	铸铁、PVC、锌合金、陶瓷、铸铝、不锈钢、黄铜、铜合金	
		规格	DN40、DN50、DN100、DN150	
		性能	防臭、侧排、四防、防返溢、高水封	

● 参照依据

GB/T 27710-2011 地漏

030709 扫除口

● 类别定义

地面扫除口，也称克令筒，作用就是为了清扫排水管的管里面的污垢而在地面设置的一个清扫口。

地面扫除口是当管道堵塞时进行清理和疏通管道的，和检查口的作用一样，和大便器配合使用，超过 2 个大便器或 3 个小便器就要设置。

● 适用范围及类别属性说明

类别编码	类别名称	特 征	常用特征值	常用单位
030709	扫除口	材质	铜制、铝制	个
		规格	DN50、DN80、DN100、DN125、DN150	

030711 存水弯

● 类别定义

存水弯又称下水弯、返水弯或水封；指的是在卫生器具内部或器具排水管段上设置的一种内有水封的配件。存水弯中会保持一定的水，可以将下水道下面的空气隔绝，防止臭气进入室内。

● 适用范围及类别属性说明

类别编码	类别名称	特 征	常用特征值	常用单位
030711	存水弯	品种	瓶形存水弯、P形存水弯、S形存水弯、U形存水弯	个
		规格	DN50、DN80、DN100、DN125、DN150	

● 参照依据

GB/T 5836.2-2006 建筑排水用硬聚氯乙烯（PVC-U）管件

030713 检查口

● 类别定义

检查口一般设在排水立管或水平管段上，检查口的制作材料主要有铸铁和塑料等。

检查口和扫除口区别：在招投标或工程预结算时，立管检查口已综合在排水管道管件里，不单独计算，扫除口需要单独计算套取定额子目。

● **适用范围及类别属性说明**

类别编码	类别名称	特 征	常用特征值	常用单位
030713	检查口	材质	铜制、铝制	个
		规格	DN50、DN80、DN100、DN125、DN150	

● **参照依据**

无

030715 排水栓

● **类别定义**

排水栓既是通常所说的下水口；是安装在池盆底部用于排水时防止杂物堵塞排水口的一种设施，包括链堵、水拴和存水弯等零件。分为带存水弯和不带存水弯两种。

● **适用范围及类别属性说明**

类别编码	类别名称	特 征	常用特征值	常用单位
030715	排水栓	品种	带存水弯、不带存水弯	个
		材质	橡胶、不锈钢、U-PVC 塑料	
		规格	DN32、DN40、DN50	

● **参照依据**

GB 50015-2003 建筑给水排水设计规范

030717 洁具专用开关件

● **类别定义**

专指卫生洁具使用的开关件，包含：肘式开关、脚踏开关（脚踏阀）、拉提开关等。

● **适用范围及类别属性说明**

类别编码	类别名称	特 征	常用特征值	常用单位
030717	洁具专用开关件	品种	肘式开关（带弯管）、肘式开关、拉提开关、脚踏开关（脚踏阀）	个
		材质	橡胶、不锈钢、U-PVC 塑料	
		规格	DN40、DN50	
		长度（mm）	87、120、132、136、163、168	

030719 水暖及卫浴专用阀门

　● **类别定义**

专指水暖及卫浴使用的阀门、主要包括冲洗阀、浮球阀、手压阀、角型阀（脸盆进水角阀、马桶进水角阀、采暖直角阀、柱形角阀）、排气阀等。

进水阀：用于上水管路，控制给水。螺旋升降，使用简便。

排水阀：用于控制下水排污。在弯管内存水形成水封，可减少污水气味。

浮球阀：是一种靠水的自身重力流入坐便器水箱的机械装置。浮球阀是由浮于水箱中的浮球控制的。当坐便器冲水时，浮球下降并打开浮球阀，使水进入水箱和坐便器。当水箱中水位恢复，浮球上升。并且当水箱注满水时，关闭浮球阀。

　● **适用范围及类别属性说明**

类别编码	类别名称	特　征	常用特征值	常用单位
030719	水暖及卫浴专用阀门	品种	冲洗阀、角阀、排气阀、浮球阀	个、只
		材质	铜质、塑料、可锻铸铁、灰铸铁	
		规格	DN15、DN20、DN25	

　● **参照依据**

QB/T 1199－1991 浮球阀

030721 托架

　● **类别定义**

专指水暖、卫浴使用的托架，包含水箱、脸盆、洗涤槽用托架等。

　● **适用范围及类别属性说明**

类别编码	类别名称	特　征	常用特征值	常用单位
030721	托架	材质	铁质、不锈钢	副、个
		规格	长×宽×高	
		位置	前支梁、后支梁	
		用途	瓷高水箱用、瓷低水箱用、脸盆托架	

030723 洁具专用配件

　● **类别定义**

包括瓷高水箱配件、瓷低水箱配件、面盆、洗涤盆铜活件等。

　● **适用范围及类别属性说明**

类别编码	类别名称	特　征	常用特征值	常用单位
030723	洁具专用配件	品种	坐便器盖、铜活件、透气帽、铜纳子	个
		材质	铁质、不锈钢	
		规格	按照品种对应材料具体概述	

0311 涂附磨具与磨料

涂附磨具是以布、纸、钢纸等柔软材料为基材，加上磨料（人造刚玉、人造碳化硅、玻璃砂等）与胶粘剂（胶、人造树脂等）而制成的一种软性磨具，包括砂布、砂纸、砂带、砂盘、砂圈、页轮等。

磨料包括砂轮片、磨头、涂附磨具、研磨膏、研磨砂等。其他磨料是指除此以外的磨料。

031101 砂轮

● **类别定义**

砂轮：安装在砂轮机或磨床上，用于磨削各种金属零件、刃具、量具等，也可用来磨削非金属材料制品。

砂轮片的品种比较多，主要有：平行砂轮片、弧形砂轮片、双斜边砂轮片、单斜边砂轮片、单面凹/凸砂轮片、双面凹/凸砂轮片、薄砂轮片、筒形砂轮片、杯形砂轮片、蝶形砂轮片等。砂轮片的规格方法为：外径 D×厚 H（高）×内径 d（孔径）。

● **适用范围及类别属性说明**

类别编码	类别名称	特征	常用特征值	常用单位
031101	砂轮	品种	平形砂轮、双斜边二号砂轮、单斜边一号砂轮、筒形砂轮、杯形砂轮、单斜边砂轮、双斜边砂轮、碗形砂轮、碟形一号砂轮、碟形二号砂轮	片
		规格	外径×厚度×孔径：900×38×305	
		材质	棕刚玉、白刚玉、单晶刚玉、黑碳化硅	

● **参照依据**

GB/T 4127.6-2008 固结磨具 尺寸 第6部分：工具磨和工具室用砂轮

GB 2486-84 小砂轮及磨头

031103 磨头

● **类别定义**

磨头：当工件的几何形状不能用一般砂轮进行磨削加工时，可选用相应的磨头进行磨削加工。磨头的品种主要有：圆柱磨头、圆锥磨头、半球形磨头、球形磨头等。

磨头的规格方法为：外径 D×高 H（长）×内径 d（孔径）。

● **适用范围及类别属性说明**

类别编码	类别名称	特征	常用特征值	常用单位
031103	磨头	品种	圆柱磨头、半球形磨头、球形磨头、截锥磨头、锥圆面磨头5、60°磨头、圆头锥磨头	个
		型号	5301、5302、5303	
		规格	外径×长度×孔距：25×25×6	
		材质	棕刚玉、白刚玉、单晶刚玉、黑碳化硅、陶瓷	

● **参照依据**

JB/T 11428-2013 超硬磨料制品 电镀磨头

GB/T 2485-2008 固结磨具 技术条件

031105 油石、砂瓦

● **类别定义**

油石：用于研磨和休整车刀，刨刀，铣刀等切削刃具，以及机械零件的珩磨和超精加工等。油石的品种主要有：正方/长方油石、三角油石、刀形油石、圆形油石等。

砂瓦：由数块瓦拼装起来，装在磨床上用于平面磨削。按不同机床和加工工件表面的几何形状要求，选择相应形状的砂瓦。砂瓦的品种有：平形砂瓦、扇形砂瓦、梯形砂瓦、平凸形砂瓦等。

● **适用范围及类别属性说明**

类别编码	类别名称	特 征	常用特征值	常用单位
031105	油石、砂瓦	品种	珩磨油石、砂瓦	个
		型号	5410、5411	
		材质	棕刚玉、白刚玉、单晶刚玉、黑碳化硅、碳化物	
		形状	长方形、正方形、三角形、圆形、半圆形、平凸形、梯形、扇形	
		规格	90×35×150	

● **参照依据**

GB/T 2485-2008 固结磨具 技术条件

0313 焊材

031301 焊条

● **类别定义**

焊条一般有两种分法：一是按国标型号来划分，二是按国家统一牌号来划分。由于在建筑施工中人们习惯使用牌号，所以这里采用按牌号来划分。焊条牌号的首字母已在规格中列出。

焊条按照用途分为：结构钢焊条、不锈钢焊条、堆焊焊条、铸铁焊条、铜及铜合金焊条、铝及铝合金焊条等。

● **适用范围及类别属性说明**

类别编码	类别名称	特 征	常用特征值	常用单位
031301	焊条	品种	不锈钢电焊条、堆焊电焊条、铸铁电焊条、碳钢电焊条、低合金钢焊条、铜及铜合金焊条、铝及铝合金焊条	kg
		牌号	A002、A022、A042、A102、A132、A202、A212、A302、G202、G207、G217、G302、G307	
		直径	$\phi1.0$、$\phi1.2$、$\phi1.4$、$\phi1.6$、$\phi1.8$、$\phi2.0$、$\phi2.4$、$\phi2.5$、$\phi3.2$	
		药皮类型	钛钙型、碱性、氧化钛型、钛铁矿型、氧化铁型	

● **参照依据**

GB/T 5117－2012 非合金钢及细晶粒钢焊条

GB/T 983－2012 不锈钢焊条

GB/T 5118－2012 热强钢焊条

GB/T 984－2001 堆焊焊条

031303 焊丝

● **类别定义**

焊条与焊丝主要区别：①焊条是由焊条芯和包在外面的药皮组成，焊丝没有药皮；②焊丝表面应干净光滑。焊丝有实心焊丝和药芯焊丝两种。在这里，焊丝的品种是按用途来分的。

● **适用范围及类别属性说明**

类别编码	类别名称	特 征	常用特征值	常用单位
031303	焊丝	品种	碳钢气焊焊丝、低合金钢气焊焊丝、不锈钢气体焊丝、铸铁焊丝、铜及铜合金焊丝、不锈钢药芯焊丝、碳钢药芯焊丝	kg
		牌号	ER49-1、THS-50、THS-50A、THS-51B、THS-52C、ER50-2、ER50-3、ER50-4、ER50-5、ER50-6、THM-08A、THM-08MA、H00Cr21Ni10Si（ER308LSi）、H1Cr24Ni13（ER309）	
		焊丝类型	气体保护焊丝、埋弧焊丝、氩弧焊丝	
		气体类型	CO_2、CO	

● **参照依据**

GB/T 10044－2006 铸铁焊条及焊丝

GB/T 8110－2008 气体保护电弧焊用碳钢、低合金钢焊丝

GB/T 10045－2001 碳钢药芯焊丝

GB/T 17493－2008 低合金钢药芯焊丝

GB/T 9460－2008 铜及铜合金焊丝

031305 焊剂、焊粉

● **类别定义**

焊剂主要是在埋弧焊中使用，包括高硅、中硅、低硅、高锰、中锰、低锰、高氟、中氟、低氟等焊剂。

焊粉主要有铜焊粉、铝焊粉、铸铁焊粉、不锈钢及耐热钢焊粉等。

● **适用范围及类别属性说明**

类别编码	类别名称	特 征	常用特征值	常用单位
031305	焊剂、焊粉	品种	液态焊剂、干式焊剂、不锈钢焊粉、耐热钢焊粉、铸铁焊粉、铜焊粉、铝焊粉	kg
		焊剂类型	LO 型焊剂、L1 型焊剂、MO 型焊剂、M1 型焊剂、HO 型焊剂、H1 型焊剂	
		牌号	HJ130、HJ131、HJ150、HJ151、HJ172、SJ101	

● 参照依据

GB/T 17854－1999 埋弧焊用不锈钢焊丝和焊剂

031307　钎料及钎剂

● 类别定义

钎焊：用比母材熔点低的金属材料作为钎料，用液态钎料润湿母材和填充工件接口间隙并使其与母材相互扩散的焊接方法；较之熔焊，钎焊时母材不熔化，仅钎料熔化；钎焊所用的填充金属称为钎料。

（1）钎料的分类

根据熔点不同，钎料分为软钎料和硬钎料。

常用的软钎料有：锡铅钎料（应用最广、具有良好的工艺性和导电性，$T < 100℃$）、镉银钎料、铅银钎料和锌银钎料等。

常用的硬钎料有：铜基钎料、银基钎料（应用最广的一类硬钎料，具有良好的力学性能、导电导热性、耐蚀性。广泛用于钎焊低碳钢、结构钢、不锈钢、铜以及铜合金等）、铝基钎料（主要用于钎焊铝及铝合金）和镍基钎料（主要用于航空航天部门）等。

（2）钎料的编号

A、国标：B（表钎料代号（Braze））＋化学元素符号（表钎料的基本组元）＋数字（表基本组元的质量分数（％））＋元素符合（表钎料的其他组元，按含量多少排序，不标含量（最多不超过 6 个））——其他特性标记（表钎料的某些特性，如"V"表示真空级钎料，"R"表示即可作钎料，又可作气焊丝的铜锌含量）。

如：B（钎料代号）Ag72Cu（银基钎料 WAg＝72％，并含有铜元素）——V（真空级钎料）

B. 部标：国家标准规定的表示方法：

a. 钎料型号由两部分组成，两部分用隔线"—"分开。

b. 钎料型号第一部分用一个大写英文字母表示钎料的类型，"S"表示软钎料，"B"表示硬钎料。

c. 钎料型号的第二部分由主要合金组分的化学元素符号组成。

例如，S—Sn60Pb40Sb 表示锡 60％、铅 39％、锑 0.4％的软钎料；B—Ag72Cu 表示为银 72％、铜 28％的硬钎料。

C. 冶金部部标：

"H1（表示钎料）＋元素符号（表钎料基础组元）＋元素符号（表钎料主要组元）＋数字（表除基础组元外的主要组元的含量）——数字（表钎料中除基本、主要组元之外的其他组元的含量）"

如 H1SnPb10 表示锡铅钎料 WPb＝10％

H1AlCu26—4 表示铝基三元合金钎料 WCu＝26％，其他合金元素为 4％

D. 机械部部标

"HL（表钎料）＋数字（表示钎料的化学组成类型→'1'表示铜锌合金；'2'表示铜磷合金；'3'表银合金；'4'表铝合金；'5'表锌合金；'6'表锡铅合金；'7'表镍基合金）＋数字＋数字（表示同一类型钎料中的不同牌号）"如 HL605——表第 6 号锡铅钎料。

钎剂：即钎焊时使用的熔剂；钎剂通常分为软钎剂、硬钎剂和铝、镁、钛用钎剂三大类。

a. 软钎剂

按其成分可分为无机软钎剂（具有很高的化学活性，去除氧化物的能力很强。能显著地促进液态钎料对母材的润湿。组分为无机酸和无机盐。一般的黑色金属和有色金属，包括不锈钢、耐热钢和镍铬合金等都可使用，但它残渣有腐蚀性，焊后必须清除干净）和有机软钎剂两类。

按其残渣对钎焊接头的腐蚀作用可分为腐蚀性、弱腐蚀性和无腐蚀性三类，其中无机软钎剂均系腐蚀性钎剂；有机软钎剂属于后两类。

常用的软钎剂有磷酸水溶液（只限于300℃以下使用，是钎焊含Cr不锈钢或锰青铜的适宜钎剂）、氯化锌水溶液和松香（只能用于300℃以下钎焊表面氧化不严重的金、银、铜等金属）等。

b. 硬钎剂

常用的硬钎剂有硼砂、硼酸（活性温度高，均在800℃以上，只能配合铜基钎料使用，去氧化物能力差，不能去除Cr、Si、Al、Ti等的氧化物）、KBF4（氟硼酸钾，熔点低，去氧化能力强，是熔点低于750℃银基钎料的适宜钎剂）等。

列举钎焊中使用的各种焊料和钎焊熔剂。

● 适用范围及类别属性说明

类别编码	类别名称	特　征	常用特征值	常用单位
031307	钎料及钎剂	品种	铜基钎料、银基钎料、铝基钎料、锌基钎料、锡基钎料、银钎熔剂	kg
		牌号	HL101、HL102、HL301、HL501、HL601、QJ101	

● 参照依据

GB/T 6418-2008　铜基钎料

GB/T 13815-2008　铝基钎料

GB/T 10046-2008　银钎料

0315　其他五金配件

031501　普通钉类

● 类别定义

主要指一端有扁平的头，另一端尖锐，主要起固定或连接作用，也可以用来悬挂物品，区别于紧固件。

常用种类：圆钉、水泥钉、射钉、油毡钉、骑马钉、穿钉、瓦楞钉、泡钉等。

常用参数表示：以钉杆直径×钉长表示。

● 适用范围及类别属性说明

类别编码	类别名称	特　征	常用特征值	常用单位
031501	普通钉类	品种	圆钉、水泥钉、骑马钉、汽钉、码钉、道钉、泡钉	个、kg
		材质	钢、铁、铜、不锈钢	
		规格	直径×钉长：1.2×16	
		表面处理	不处理、电镀、镀锌钝化、氧化	

● **参照依据**

YB/T 5002-1993　一般用途圆钢钉

031503　轴承

● **类别定义**

在机器中用来支撑旋转轴的组合件；轴承是传动用的材料，轴承的规格是按其公称直径（内径）来分的；轴承的品种有滚动轴承（包括圆柱、圆锥及球轴承等）和滑动轴承两种。

常用种类：深沟球轴承、调心球轴承、圆锥滚子轴承、推力球轴承、圆柱滚子轴承等。

● **适用范围及类别属性说明**

类别编码	类别名称	特　征	常用特征值	常用单位
031503	轴承	品种	深沟球轴承、调心球轴承、圆锥滚子轴承、推力球轴承、圆柱滚子轴承	个
		代号	3200、　3300、　1200、　2200、　1300、　2300、21300C、22200C	
		材质	40CrNiAl、40ХНЮ（俄）、3J40	

● **参照依据**

GB/T 276-2013　滚动轴承深沟球轴承　外形尺寸

GB/T 281-2013　滚动轴承调心球轴承　外形尺寸

GB/T 297-2013　滚动轴承圆锥滚子轴承　外形尺寸

GB/T 28697-2012　滚动轴承　调心推力球轴承和调心座垫圈　外形尺寸

GB/T 272-1993　滚动轴承代号方法

031505　网、丝布

● **类别定义**

这里的网指铁丝网、钢丝网、不锈钢网、铝板网、塑料网等，丝布有不锈钢丝布、镀锌铁丝布等。

网和丝布都是网状材料，区别在于网孔的大小，网有大孔网、小孔网，网孔很小的就叫丝布；此类列举了一些常用的网状材料；铁网的品种有：普通铁网、镀锌铁网、镀锌轧花网、龟角网、活络菱形网等；不锈钢网中包括不锈钢龟甲网；铝板网中包括镀铜铝板网和铝合金花格网等。

● **适用范围及类别属性说明**

类别编码	类别名称	特　征	常用特征值	常用单位
031505	网、丝布	品种	普通铁网、镀锌铁网、镀锌轧花网、龟角网、活络棱形网、不锈钢龟甲网、镀铜铝板网、铝合金花格网、塑料网、不锈钢丝布	m²
		规格	丝径×网长×网宽：φ0.8mm×9mm×25mm	
		网眼形状	六角形、正方形	

● **参照依据**

QB/T 2959-2008 钢板网

YB/T 5294-2009 一般用途低碳钢丝

031507 铁丝

● **类别定义**

铁丝主要用于建筑行业作捆绑丝及绑线。

常见种类：镀锌铁丝，黑铁丝。

铁丝的子类是按其直径来分的、主要品种有热镀锌铁丝、电镀铁丝和退火丝（又称火烧丝）等。工程上常用标号来区分铁丝，铁丝的直径与其标号的对应关系如下表：

铁丝标号	直径（mm）	铁丝标号	直径（mm）
8#	4.0	16#	1.6
10#	3.5	18#	1.2
12#	2.8	20#	0.9
14#	2.2	22#	0.7

● **适用范围及类别属性说明**

类别编码	类别名称	特 征	常用特征值	常用单位
031507	铁丝	品种	热镀锌铁丝、电镀锌铁丝、火烧丝	kg
		线号	8#、10#、12#、14#、16#、18#、20#、22#	

● **参照依据**

YB/T 5294-2009 一般用途低碳钢丝

031509 铁件

● **类别定义**

指的是一些铸铁、生铁等铁件；常用的有：普通的铁件、镀锌铁件、铸铁铁件、铁片等。

● **适用范围及类别属性说明**

类别编码	类别名称	特 征	常用特征值	常用单位
031509	铁件	品种	铁件、铁砣、斜垫铁、预埋铁件、铁片	个
		牌号	0#、3#	
		规格	长×宽×厚：150×150×10	
		材质	铸铁、镀锌、普通铁、不锈钢	

● **参照依据**

04G362 钢筋混凝土结构预埋件

031511 钢筋接头及锚具

● **类别定义**

指在钢筋工程中（加工、安装、连接等）用到的一些材料。

1. 钢筋接头形式有：绑轧、搭接焊、电渣焊、气压焊、冷挤压、锥螺纹、镦粗直螺纹、滚制等强直螺纹等。

用途：

1) 标准型　正常情况下连接钢筋

2) 加长型　用于转动钢筋较困难的场合，通过转动套筒连接钢筋

3) 扩口型　用于钢筋较难对中的场合

4) 异径型　用于连接不同直径的钢筋

5) 正反丝扣型　用于两端钢筋均不能转动而要求调节轴向长度的场合

6) 加锁母型　钢筋完全不能转动，通过转动套筒连接钢筋，用锁母锁定套筒

2. 锚具：是在预应力筋张拉完毕后将钢筋永远锚固在构件端部，防止预应力筋回缩（造成应力损失），与构件共同受力，不能卸下重复使用的一种预应力制作工具。

常见锚具：螺纹锚具，镦头锚具，锥销式锚具，夹片式锚具。

3. 用于预埋钢筋的裸露钢筋头上的建筑钢筋安全保护帽，包括由周边和底面组成的帽体，帽体所围成的空间内设置有钢筋头卡紧结构。建筑钢筋安全保护帽相对较大且平滑的外形不会对施工人员、货物等造成伤害，从而极大地降低了建筑施工现场裸露的钢筋头的潜在危险性，消除了安全隐患。

常用的有：滚轧直螺纹保护帽、滚轧剥肋直螺纹保护帽、墩粗直螺纹钢筋保护帽。

● **适用范围及类别属性说明**

类别编码	类别名称	特　征	常用特征值	常用单位
031511	钢筋接头及锚具	品种	锥螺纹钢筋接头、滚轧直螺纹钢筋接头、冷挤压钢筋接头、螺丝端杆锚具、镦头锚具、锥形螺杆锚具、钢质锥形锚具、帮条锚具	套、个
		规格	LM16、LM18、LM22、LM25、LM28、LM32、DM5A-14、DM5A-16、DM5A-18、EL5-14、EL5-16	
		钢筋根数	12、14、16、20、22、24、28	

● **参照依据**

JG/T 163-2013　钢筋机械连接用套筒

GB/T 14370-2007　预应力筋用锚具、夹具和连接器

0327　其他磨具与磨料

● **类别定义**

指除砂轮、磨头、砂瓦、油石外的其他磨具、磨料。

● **适用范围及类别属性说明**

类别编码	类别名称	特　征	常用特征值	常用单位
0327	其他磨具与磨料	品种	页状耐水砂纸、卷状耐水砂纸、页状干磨砂纸、卷状干磨砂纸、金相砂纸、页状干磨砂布、卷状干磨砂布、磨砂、磨膏	张
			宽度×长度：115×140	
			棕刚玉、白刚玉、单晶刚玉、黑碳化硅	

- ● **参照依据**

JB/T 7498－2006　涂附磨具　砂纸

JB/T 3889－2006　涂附磨具　砂布

JB/T 4165－2008　涂附磨具　钢纸　砂盘　技术条件

GB/T 2485－2008　固结磨具　技术条件

JB/T 7499－2006　涂附磨具　耐砂纸

0363　小五金

- ● **类别定义**

这里的小五金主要包括羊眼圈、窗钩、灯钩、铁三角、铁钉子等。

- ● **适用范围及类别属性说明**

类别编码	类别名称	特 征	常用特征值	常用单位
0363	小五金	品种	羊眼、灯钩、普通窗沟、粗型窗钩 铁三角、铁钉子	只、盒、 个
		规格	1♯～20♯、2♯～18♯、 钩长：40～300、75～300 长度：50、60、75、90、100、125、150	
		材质	铜、铝、不锈钢、碳钢、铁、合金、低碳钢、铁、 碳钢、铁、不锈钢、合金、铝、铜、铁、镀锌铁	

- ● **参照依据**

QB/T 1106－1991 窗钩

0365　其他五金件

- ● **类别定义**

指以上没有包含的五金材料，例如：链条是机械设备中重要的通用基础件，链传动装置兼有齿轮及带动传动的特点。

- ● **适用范围及类别属性说明**

类别编码	类别名称	特 征	常用特征值	常用单位
0365	其他五金件	品种	滚子链条、尖齿链条、销轴链	只、盒、个
		规格 （链号）	ISO：06C-1、08A-1、C60F2、60-910、12BF3、 ZLB-35、ZLB-50.8、ZLB-60、ZLB-80	

- ● **参照依据**

GB/T 5858－1997　重载传动用弯板滚子链和链轮

04　水泥、砖瓦灰砂石及混凝土制品

- ● **类别描述**

此类是水泥、砂、石子、石料、砖、瓦等材料的集合，还包括由上述通用材料组合成的混凝土制品材料。

◇ 不包含：

——由这些基础材料组成的配合比材料，如：混凝土、砂浆；统一归入 80 类配合比材料类别下

——各种陶瓷面砖和其他装饰面砖；装饰面砖统一放入 07 大类的相应材料类别下

——预制混凝土管材，钢筋混凝土管；统一归入 17 管材类别下

——石料中经过加工的装饰所使用的大理石、水磨石等；放入 08 装饰石材及石材制品类别下

● 类别来源

此类是通用的初级材料，类别来源是对建筑工程中使用到的地材的归纳。

● 范围描述

范围	二级子类	说　明
通用材料	0401　水泥	包括硅酸盐水泥、普通硅酸盐水泥、矿渣硅酸盐水泥及一些专用、特种水泥等
	0403　砂	粗砂、中砂、细砂、特细砂、石英砂、金刚砂、重晶砂、硅砂刚玉砂、石灰石砂、白云石砂
	0405　石子	碎石、卵石、豆石、石英石、石渣、铬矿石
	0407　轻骨料	页岩陶粒、黏土陶粒、炉渣、碎砖、煤矸石、石屑
	0409　灰、粉、土等掺合填充料	包括各种灰、土、粉等掺合材料
	0411　石料	包括毛石、料石、石板、荒料等
	0413　砌砖	烧结黏土普通砖、烧结粉煤灰普通砖、烧结页岩普通砖、烧结煤矸石普通砖、烧结黏土多孔砖、烧结粉煤灰多孔砖、烧结页岩多孔砖、烧结煤矸石多孔砖、烧结黏土空心砖、烧结粉煤灰空心砖、烧结页岩空心砖、烧结煤矸石空心砖、蒸压实心灰砂砖、蒸压空心灰砂砖、蒸压粉煤灰砖、混凝土装饰砖
	0415　砌块	蒸压加气混凝土砌块、蒸压粉煤灰空心砌块、普通混凝土空心砌块、陶粒混凝土空心砌块、煤渣混凝土空心砌块、膨胀珍珠岩混凝土空心砌块、普通混凝土实心砌块、陶粒混凝土实心砌块、煤渣混凝土实心砌块、膨胀珍珠岩混凝土实心砌块、泡沫混凝土砌块、石膏泡沫砌块、石膏充气砌块、石膏夹心砌块、石膏膨胀珍珠岩砌块
	0417　瓦	陶土瓦、水泥瓦、PVC 波浪瓦、玻璃钢瓦、镀锌铁皮瓦、混凝土瓦、钢板波形瓦、竹瓦
制品	0427　水泥及混凝土预制品	包括预制板、桩、柱、砖等
	0429　钢筋混凝土预制件	预制钢筋混凝土过梁、长梁、进深梁、基础梁、（先张、后张预应力）空心板、槽形板、沟盖板、矩形柱、排气道、风帽、挡土墙、检查井

0401　水泥

● 类别定义

定义：水泥是一种水硬性胶凝材料，即一种细磨的无机材料，它与水拌和后形成水泥

浆，通过水化过程发生凝结和硬化，硬化后甚至在水中也可保持强度和稳定性。

水泥的规格是按强度等级来分的，水泥的强度等级有27.5、32.5、32.5R、42.5、42.5R、52.5、52.5R、62.5、62.5R等（强度是指水泥的抗压强度，单位为MPa，28d测试；带"R"是早强型水泥）。

水泥按混合材料的品种和掺量分为：硅酸盐水泥、普通硅酸盐水泥、矿渣硅酸盐水泥、火山灰质硅酸盐水泥、粉煤灰硅酸盐水泥、铝酸盐水泥、白水泥（白色硅酸盐水泥）、硫铝酸盐水泥等，相同强度的水泥都应归到相应的材料品种下。

水泥的规范标记示例：一、硅酸盐水泥 P·Ⅱ 52.5；二、普通硅酸盐水泥 P·O 42.5R。

一些通用的水泥代号如下表：

水泥名称	水泥代号	水泥名称	水泥代号
硅酸盐水泥	P·Ⅰ（不掺混合料） P·Ⅱ（掺混合料）	普通硅酸盐水泥	P·O
矿渣硅酸盐水泥	P·S	火山灰质硅酸盐水泥	P·P
粉煤灰硅酸盐水泥	P·F	铝酸盐水泥	CA
砌筑水泥	M	复合硅酸盐水泥（简称复合水泥）	P·C
中热硅酸盐水泥	P·MH	低热矿渣硅酸盐水泥	P·LH

● **适用范围及类别属性说明**

类别编码	类别名称	特 征	常用特征值	常用单位
0401	水泥	品种	硅酸盐水泥P·I；硅酸盐水泥P·Ⅱ；普通硅酸盐水泥P·O；矿渣硅酸盐水泥P·S；火山灰质硅酸盐水泥P·P；粉煤灰硅酸盐水泥P·F；复合硅酸盐水泥P·C	t
		强度等级	22.5、27.5、32.5、32.5R、42.5、42.5R、52.5、52.5R、62.5、62.5R等	
		掺合料	石灰石；石膏；乳胶；矿渣；粉煤灰；火山灰	
		包装形式	散装、袋装	
		技术特性	快硬性；中抗抗硫酸盐性；高抗抗硫酸盐性；耐高温性；快凝性；低钙；高铝；耐酸性；自应力；微膨胀；膨胀性	

● **参照依据**

GB 175-2007 通用硅酸盐水泥

GB/T 3183-2003 砌筑水泥

0403 砂

● **类别定义**

砂指的是岩石风化后经雨水冲刷或由岩石轧制而成的粒径为0.074～2mm的粒料，

在施工中称为细集料；由自然条件下作用而形成的，粒径在 5mm 以下的岩石颗粒，称为天然砂。天然砂可分为河砂、湖砂、海砂和山砂等；砂按其产源可分为天然砂、人工砂。

人工砂又分为机制砂、混合砂。机制砂是由机械破碎、筛分制成的，粒径小于 4.75mm 的岩石颗粒。混合砂是机制砂和天然砂混合制成的砂。

按其细度模数（M_x），则可分为粗砂（M_x 为 3.7～3.1）、中砂（M_x 为 3.0～2.3）、细砂（M_x 为 2.2～1.6）和特细砂（M_x 为 1.5～0.7）。砂的品种是按粒径来分的，为粗、中、细砂，粒径无法区分的放入综合砂子类中。砂子的粒径在 0.15～5.0mm 之间。

● **适用范围及类别属性说明**

类别编码	类别名称	特　征	常用特征值	常用单位
0403	砂	品种	粗砂、中砂、细砂、特细砂、石英砂、金刚砂、重晶砂、硅砂	t
		产源	河砂、海砂、山砂、湖砂、人工	
		细度模数	3.7～3.1、3.0～2.3、2.2～1.6、1.5～0.7（粒径为 0.15～5.0mm）	

● **参照依据**

GB/T 14684 - 2011　建筑用砂

JGJ 52 - 2006　普通混凝土用砂、石质量及检验方法标准

0405　石子

● **类别定义**

混凝土所用的石子可分为碎石和卵石。由天然岩石或卵石经破碎、筛分而得的粒径大于 5mm 的岩石颗粒，称为碎石；由自然条件作用而形成的粒径大于 5mm 的岩石颗粒，称为卵石。

● **适用范围及类别属性说明**

类别编码	类别名称	特　征	常用特征值	常用单位
0405	石子	品种	碎石、卵石、豆石石英石、石渣、铬矿石	t
		粒级①（mm）	5～10、5～16、5～20、5～25、5～31.5、5～40	

① 普通混凝土中粗骨料粒径一般不宜大于 40mm。

● **参照依据**

GB/T 14685 - 2011　建筑用卵石、碎石

JGJ 52 - 2006　普通混凝土用砂、石质量及检验方法标准

0407　轻骨料

● **类别定义**

此类主要是列举除砂、石子以外的混凝土用轻骨料材料；按照来源轻骨料分为：天然轻骨料（浮石、火山渣）、工业废料（粉煤灰陶粒，膨胀矿渣颗粒、炉渣）、人造轻骨料（页岩陶粒、黏土陶粒、膨胀珍珠岩）等。

● **适用范围及类别属性说明**

类别编码	类别名称	特 征	常用特征值	常用单位
0407	轻骨料	品种	页岩陶粒、黏土陶粒、炉渣、碎砖、煤矸	t、m³
		堆积密度（kg/m³）	300、400、500、600、700、800、900、1000	
		粒径	综合、$\phi \leqslant 20mm$、$\phi 3 \sim 6mm$、$\phi 2 \sim 5mm$…、$\phi 5 \sim 10$、$5 \sim 20$、$5 \sim 30$、$5 \sim 30$	

● **参照依据**

GB/T 17431-2010 轻集料及其试验方法

0409 灰、粉、土等掺合填充料

● **类别定义**

此类主要是指建筑工程施工中（如抹灰、砌筑、粉刷、填充等）用到的灰、土和粉状材料；包括各种灰、土、粉等掺合材料，一般我们在混凝土中加入改变混凝土性能的掺合料叫矿物掺合料。

矿物掺合料指以氧化硅、氧化铝为主要成分，在混凝土中可代替部分水泥、改善混凝土性能，且掺量不小于5%的具有火山灰活性的粉体材料，它指粉煤灰、粒化高炉矿渣粉（磨细矿粉）、硅灰、沸石粉等，采用两种以上的矿物掺合料称复合矿物掺合料。

● **适用范围及类别属性说明**

类别编码	类别名称	特 征	常用特征值	常用单位
0409	灰、粉、土等掺合填充料	品种	生石灰、熟石灰、生石灰粉、石灰膏、油灰、粉煤灰、粒化高炉矿渣粉、硅灰、沸石粉、白石粉（福粉）、重晶石粉、辉绿岩粉、石英粉、石膏粉、滑石粉、双飞粉、快粘粉、灰钙粉、重钙粉、腻子粉、素土、黏土、砂砾土、菱苦土、矾土等	t
		包装形式	袋装、散装	

● **参照依据**

GB/T 1596-2005 用于水泥和混凝土中的粉煤灰

GB/T 18736-2002 高强高性能混凝土用矿物外加剂

GB/T 18046-2008 用于水泥和混凝土中的粒化高炉矿渣粉

0411 石料

● **类别定义**

石料主要是指建筑上用到的未经加工或经过简单加工的初级石质材料，不包括装饰中用到的经过深加工的石材（如大理石板，花岗石板等），包括毛石、料石、荒料等。

毛石：是指爆破后直接得到的，或稍作平整加工得到的形状不规则的块石。按其平整程度可划分为乱毛石与平毛石两种。

料石：用毛料经加工而成的，具有一定规格，用来砌筑建筑物用的石料，如按外形划分，则有条石、方石、拱石（楔形）等。

石板是指经过初级加工而成的板状石材，如方整石板、铸石板等。

荒料：用毛料经加工而成的，具有一定规格尺寸，可以用来加工饰面板材，异型材、雕刻的石料等。

● 适用范围及类别属性说明

类别编码	类别名称	特征	常用特征值	常用单位
0411	石料	品种	乱毛石、毛平石、条状料石、方状料石、踏步料石、大理石荒料、花岗岩荒料、石灰岩荒料、青石荒料、方整石板	t
		规格（mm）	500×300×200、2400×800×60、600×600×30、400×400×20 等	
		用途	砌筑基础、勒脚、墙体、桥涵、砌拱、踏步、加工饰面板或异型石材	

注：规格：长×宽×厚。

● 参照依据

JC/T 204－2011　天然花岗石荒料

0413　砌砖

● 类别定义

按照转炉的加工方式可以分为烧结砖、蒸压砖。

1. 烧结普通砖按主要原料分为黏土砖（N）、页岩砖（Y）、煤矸石砖（M）和粉煤灰砖（F）。烧结普通砖根据抗压强度等级分为 MU30、MU25、MU20、MU15、MU10 五个强度等级；砌砖的规格一般表示为：长×宽×厚。

2. 烧结多孔砖是以黏土、页岩、煤矸石等为主要原料，经焙烧而成的多孔砖。

烧结多孔砖根据抗压强度也分为 MU30、MU25、MU20、MU15、MU10 五个强度等级。

烧结多孔砖的技术参数：

砖的产品标记按产品名称、品种、规格、强度等级、质量等级和标准编号顺序编写。

标记示例：规格尺寸 290mm×140mm×90mm、强度等级 MU25、优等品的黏土砖，其标记为：烧结多孔砖 N290×140×9025A

3. 蒸压粉煤灰（灰砂）砖是以石灰、石膏和粉煤灰（或砂）为原料经压制成型、高压蒸汽养护制成的实心砖。按照组合材质不同分为蒸压粉煤灰砖、蒸压灰砂砖两种。

◇ 不包含

——炉窑砌筑工程中专用的耐火砖和隔热砖等，统一归入 15 类耐火、绝热材料类别下

● 适用范围及类别属性说明

类别编码	类别名称	特征	常用特征值	常用单位
0413	砌砖	品种	烧结黏土砖、烧结页岩多孔砖、烧结煤矸石砖、烧结黏土空心砖、蒸压灰砂砖、蒸压粉煤灰砖	块/千块
		规格	240×190×115、240×190×90、240×180×115、240×170×115、240×115×115、240×115×175、240×115×90、240×115×53、175×115×53、190×190×90 等	
		强度等级	MU30、MU25、MU20、MU15、MU10、MU7.5、MU5.0、MU3.5、MU2.5	

注：黏土砖所采用的黏土采集时破坏耕地，现在大部分地区已禁止使用，替代品为页岩砖、煤矸石砖。装饰砖是在普通砖的基础上制成的砂面、光面、压花等有装饰作用的同规格尺寸的砖。

● **参照依据**

GB 26541-2011 蒸压粉煤灰多孔砖

GB 5101-2003 烧结普通砖

GB 11945-1999 蒸压灰砂砖

GB 13545-2003 烧结空心砖和空心砌块

JC 239-2001 粉煤灰砖

JC/T 637-2009 蒸压灰砂多孔砖

0415 砌块

● **类别定义**

混凝土砌块是以水泥、轻骨料（页岩陶粒、黏土陶粒、粉煤灰陶粒、大颗粒膨胀珍珠岩）、砂、水，经计量配料、搅拌、成型机成型，并经养护制成的小型砌块，分为空心砌块、实心砌块。

砌块适用于各种建筑结构和高层建筑的承重墙体、非承重墙体，还有其他的维护结构；建筑中采用的是普通混凝土小型空心砌块和装饰混凝土小型空心砌块。

按照材质可以分为混凝土砌块、石膏砌块，砌块的规格一般表示为：长×宽×厚。

● **适用范围及类别属性说明**

类别编码	类别名称	特征	常用特征值	常用单位
0415	砌块	品种	蒸压加气混凝土砌块、蒸压粉煤灰空心砌块、普通混凝土小型空心砌块、陶粒混凝土空心砌块、煤渣混凝土空心砌块、膨胀珍珠岩混凝土空心砌块	块
		规格（mm）	390×190×190、290×190×190、190×190×190、666×500×60、666×500×80、666×500×100、666×500×120、666×500×150 等	
		强度等级	MU30、MU25、MU20、MU15、MU10、MU7.5、MU5.0、MU2.5	

● **参照依据**

JC/T 862-2008 粉煤灰混凝土小型空心砌块

GB 8239-1997 普通混凝土小型空心砌块

GB 6566-2010 建筑材料放射性核素限量

GB 11968-2006 蒸压加气混凝土砌块

GB/T 15229-2011 轻集料混凝土小型空心砌块

0417 瓦

● **类别定义**

瓦：一般指黏土瓦。以黏土（包括页岩、煤矸石等粉料）为主要原料，经泥料处理、成型、干燥和焙烧而制成；此类中不仅包括黏土瓦，还包括其他材质的瓦：例如各种有机材料瓦、金属瓦、混凝土瓦、玻璃钢瓦等；按照形状瓦分为平瓦、脊瓦。

脊瓦：覆盖屋脊的瓦。通常有人字形、马鞍形和圆弧形三种。瓦坯采用压制成型，经干燥煅烧，可烧成红、青两色。规格一般长为300～425mm，宽180～230mm，抗折荷载不低于 700N。

平瓦：长方形平面带沟槽的片状瓦，用于覆盖屋面。平瓦的成型有湿压法、半干压法和挤出法三种，以湿压法为最普遍，可烧成红、青两色。按中国标准规定：

瓦的规格一般表示为：长×宽×厚（厚度有时也可省略）。

◇ 不包含

——仿古修缮用到琉璃瓦及小青瓦，这些单独在引仿古建筑材料类别下列出

——保温瓦块，例如：石棉瓦、聚氨酯保温瓦、珍珠岩瓦等，这些材料放入 15 绝热（保温）材料类别下

● **适用范围及类别属性说明**

类别编码	类别名称	特 征	常用特征值	常用单位
0417	瓦	品种	陶土瓦、水泥瓦、PVC 波浪瓦、玻璃钢瓦、镀锌铁皮瓦、混凝土瓦、钢板波形瓦、竹瓦	块、m²
		规格（mm）	315×315、310×310、1820×720×6、850×180×6 等	
		用途	平瓦、脊瓦	

注：黏土瓦只能应用于较大坡度的屋面。由于材质脆、自重大、片小、施工效率低，且需要大量木材等缺点，在现代建筑屋面材料中的比例已逐渐下降。

● **参照依据**

JC/T 746 - 2007 混凝土瓦

0427 水泥及混凝土预制品

● **类别定义**

主要以水泥、混凝土为拌合料而预制的产品，包括：水泥板、水泥柱、不带钢筋的混凝土板、混凝土柱、混凝土桩等；这些材料都是预制材料。

◇ 不包含

——电力架线的水泥杆列入 29 类电气线路敷设材料类别下

——混凝土管列入 17 类管材类别下

● **适用范围及类别属性说明**

类别编码	类别名称	特 征	常用特征值	常用单位
0427	水泥及混凝土预制品	品种	包含预制板、桩、柱、砖等	块、m³
		规格	0.5m³ 以内、0.5m³ 以外等	

● **参照依据**

参照相关图籍执行规格型号描述

0429 钢筋混凝土预制件

● **类别定义**

指钢筋混凝土的预制件，分建筑工程和市政两部分。

● **适用范围及类别属性说明**

类别编码	类别名称	特 征	常用特征值	常用单位
0429	钢筋混凝土预制件	品种	包含预制钢筋混凝土过梁、长梁、进深梁、基础梁、（先张、后张预应力）空心板、槽形板等	块
		规格（mm）	2400×600×120 等	
		强度等级	MU30、MU25、MU20、MU15、MU10、MU7.5、MU5.0、MU2.5	

● **参照依据**

JC 934-2004 预制钢筋混凝土方桩

参照图籍列出常用的预制品材料

05 木、竹材料及其制品

● **类别定义**

木材和竹材是重要的建筑工程材料，也是建筑工程上常用的三大材之一。

这里的木材是指用于工业与民用建筑的木质原材料和初级制品，木材包括天然木材和人造木材，木材在建筑工程中使用广泛。

竹材是指用于工业与民用建筑的竹质原材料和初级制品，竹材不如木材使用广泛，但与木材类似，能部分替代木材，竹材也可分为天然和人造两种。

● **类别来源**

此类是通用的木材和竹材，类别来源是对木竹质原材料及初级制品的归纳。包括原木、锯材、各种人造木板、通用木制品、竹材及竹制品等。

◇ **不包含**

——木、竹脚手架，此类材料放入3503类脚手架及其配件类别下

——竹、木地板，此类材料放入0717类竹（木）地板类别下

● **范围描述**

范围	二级子类		说 明
天然木材	0501	原木	一般分为针叶材与阔叶材两大类
	0503	锯材	包含砧材、枋材、板材等经加工成型的木材
人造木板	0505	胶合板	包含基层胶合板、饰面胶合板、混凝土模板胶合板
	0507	纤维板	分为高密度纤维板（又称硬质纤维板）、中密度纤维板（又称半硬质纤维板）、软质纤维板（又称轻质纤维板）
	0509	细木工板	也称大芯板、包含三层细木工板、五层细木工板、多层细木工板
	0511	空心木板	包含木配电板
	0513	刨花板	也称微粒板、蔗渣板、包括实心、空心刨花板等
	0515	其他人造木板	包含甘蔗板、木丝板、环氧树脂板等
木制品	0521	木制容器类	包含通用的箱、柜、钥匙箱等
	0523	木制台类及货架	包含柜台、操作台、各类货架等
	0525	其他木制品	包含软木制品
竹及其制品类	0531	竹材	各种天然竹原材料
	0533	竹板	包括天然和人造竹板等
	0535	竹制品	工程上用到的消耗性材料，如竹篾、竹席等

0501 原木

● **类别定义**

原木是指伐倒后经修枝按照一定尺寸加工成一定直径和长度的木材，是初级木材，规格以径级来表示；一般分为针叶材与阔叶材两大类。

针叶树：针叶树树干通直高大，易得大材，其纹理顺直，材质均匀，木质较软而易于加工，故又称为软木材。针叶树材强度较高，表观密度和胀缩变形小，耐腐蚀性较强，广泛应用于建筑工程中承重构件和制作模板、门窗等。

阔叶树：阔叶树多数树种的树干通直部分较短，材质坚硬，较难加工，故又称为硬木材。阔叶树材一般表观密度较大，强度高，胀缩和翘曲变形大，易开裂，一般适用于室内装修、家具及胶合板。直接使用原木用于屋架、檩条、椽条、木桩、电杆等；加工用原木用于锯制普通锯材、制作胶合板等。

● **适用范围及类别属性说明**

类别编码	类别名称	特 征	常用特征值	常用单位
0501	原木	品种	道木、原木、坑木、桩木、枕木	m³、m²
		树种	落叶松、白松、红松、檀木、云杉、马尾松、红杉、榉木、冷杉、樟子松、水曲柳、柞木、柚木	
		径级（cm）	12～18、14～24、16～24、18～24、24～28、20～30、8～12	
		长度（m）	2～4、4～6、6～8.5、9～12	

● **参照依据**

GB 142－1995　直接用原木　坑木

GB/T 4812－2006　特级原木

0503 锯材

● **类别定义**

原木根据实际加工需要通过锯切加工而成的一定规格的板材和板枋材称之为锯材；锯材分为分针叶树锯材与阔叶树锯材两大类。锯材包含砧材、枋材、板材等经加工成型的木材。

锯材是木质板材和枋材的统称，伐倒木经打枝和剥皮后的原木或原条，按一定的规格要求加工后的成材称为锯材，分为：

整边锯材：宽材面相互平行，相邻材面互为垂直

毛边锯材：宽材面相互平行，窄材面未着锯

板材：宽度尺寸为厚度尺寸2倍以上

枋材：宽度尺寸为厚度尺寸2倍以内

板材的规格一般表示为：长×宽×厚。

● **适用范围及类别属性说明**

类别编码	类别名称	特 征	常用特征值	常用单位
0503	锯材	品种	板材、枋材	m³、m²
		树种	白松、落叶松、柏木、柳杉、杉木、辐射松、冬青木、樟木、杂木、红松、菠萝格、枫木、柚木、花梨木、橡木、樱桃木、椴木、南方松、荷木、桦木、榉木、黄杨木、杨木、檀木、楠木	

续表

类别编码	类别名称	特 征	常用特征值	常用单位
0503	锯材	规格	长×宽×厚	m³、m²
		处理方式	防火处理、防水处理、防腐处理、防虫处理	
		质量等级	一级、二级、三级	

● **参照依据**

GB/T 153-2009　针叶树锯材

GB/T 4817-2009　阔叶树锯材

GB/T 11917-2009　制材工艺术语

0505　胶合板

● **类别定义**

有时称"夹板"，是由原木旋切成单板或木方刨切成薄木，再用胶粘剂胶合而成的三层或三层以上的薄板材；胶合板是人造木板的一种，属于木材的加工产物，也可对胶合板再进行深加工。

通常用奇数层单板，并使相邻层单板的纤维方向互相垂直排列胶合而成。因此有三合、五合、七合等奇数层胶合板；

一般胶合板按照用途分为：基层胶合板、饰面胶合板、胶合板混凝土模板；胶合板可用于隔墙板、天花板、门芯板、室内装修和家具等。

◇　**不包含**

——工程用胶合模板，放入 3501 类别下

● **适用范围及类别属性说明**

类别编码	类别名称	特 征	常用特征值	常用单位
0505	胶合板	品种	基层胶合板、饰面胶合板、混凝土模板用胶合板	m²
		饰面材料	沙比利饰面、檀木饰面、红胡桃饰面、红影木皮饰面、瑞士梨木皮饰面、桉木皮饰面、水曲柳饰面、白橡饰面、黑胡桃饰面、枫木皮饰面	
		规格	长×宽×厚：1220×244×15	
		校核强度	Ⅰ类（NQF）、Ⅱ类（Ns）、Ⅲ类（Nc）、Ⅳ类（BNc）	
		性能	耐火、干燥、防腐、耐潮、难燃	

● **参照依据**

GB/T 9846.1~9846.8-2004　胶合板

GB/T 17656-2008　混凝土模板用胶合板

GB/T 13123-2003　竹编胶合板

0507　纤维板

● **类别定义**

纤维板是用木材或植物纤维作主要原料，经机械分离成单体纤维，加入添加剂制成板

坯，通过热压或胶粘剂组合成人造板。常用的厚度主要有 3、4、5mm 三种。纤维板因做过防水处理，其吸湿性比木材小，形状稳定性、抗菌性都较好。

纤维板按照密度大小分为：高密度纤维板（又称硬质纤维板）、中密度纤维板（又称半硬质纤维板）、软质纤维板（又称轻质纤维板）。

高密度纤维板密度大、强度高，主要用作壁板、门板、地板、家具和室内装饰等；中密度纤维板是家具制造和室内装修的优良材料；软质纤维板表观密度较小，吸声绝热性能好，可做吸声和绝热材料使用。

● **适用范围及类别属性说明**

类别编码	类别名称	特 征	常用特征值	常用单位
0507	纤维板	品种	低密度纤维板、中密度纤维板、高密度纤维板	m²
		饰面材料	天然木皮、三聚氰胺	
		规格	长×宽×厚：1220×244×15	
		性能	吸音、防火、吸音	

● **参照依据**

GB/T 12626.1～12626.9　硬质纤维板

GB/T 11718-2009　中密度纤维板

GB/T 18958-2003　难燃中密度纤维板

JC/T 564-2008　纤维增强硅酸钙板

0509　细木工板

● **类别定义**

中间层芯板用木条或空芯木框，两面用一层或二层单板或胶合板胶合而成的制品，称细木工板，由于芯层是用木条作材料，且占整块板厚度 60%～80% 范围，所以也称为大芯板。

因为细木工板是特殊的胶合板，有时也称为"胶合夹芯板"，在生产工艺中也要同时遵循对称原则，以避免板材翘曲变形，作为一种厚板材，细木工板具有普通厚胶合板的美丽外观和相近的强度，但细木工板比厚胶合板质地轻，耗胶少，投资省，通常按照层数分为三层细木工板、五层细木工板、多层细木工板。

● **适用范围及类别属性说明**

类别编码	类别名称	特 征	常用特征值	常用单位
0509	细木工板	品种	实心细木工板、胶拼细木工板、双面砂光细木工板、五层细木工板	m²
		树种	柚木、杉木、杨木、樱桃木、榉木、松木、曲柳	
		规格	长×宽×厚：1220×2440×20	

注：很多地区也称三夹板、五夹板等。

● **参照依据**

GB/T 5849-2006　细木工板

0511 空心木板

- **类别定义**

一种建筑装饰材料，空心装饰木板块，其特征在于是由板面、沟槽、连接带和安装固定块构成的，板面可以是正三边形、正四边形、菱形或正多边形的，在板面周边的侧端面上有一沟槽，通过连接带将两板面相临边连接在一起，在板面的底部安装固定块，使板面成为空心状。

空心木板可用于装饰房间的地面、天棚和墙壁，具有明显的立体感、清洁卫生、隔音保温、拆装方便，长期使用不错位、不变形等特点。

- **适用范围及类别属性说明**

类别编码	类别名称	特 征	常用特征值	常用单位
0511	空心木板	品种	空心木板	m²
		规格	长×宽×厚：2500×3500×25	

- **参照依据**

无

0513 刨花板

- **类别定义**

刨花板又称碎木板或木屑板，是利用木材或木材加工剩余物做原料，加工成刨花（或碎料），再加入一定数量的胶粘剂，在一定的温度和压力作用下压制而成的一种人造板材，简称刨花板，又称碎料板。

按芯体使用的原料分：a. 木材刨花板；b. 甘蔗渣刨花板；c. 亚麻屑刨花板；d. 棉秆刨花板；e. 竹材刨花板；f. 水泥刨花板；g. 石膏刨花板。

空芯刨花板　　　　　　　　　　　实芯刨花板

- **适用范围及类别属性说明**

类别编码	类别名称	特 征	常用特征值	常用单位
0513	刨花板	品种	实芯刨花板、空芯刨花板	m²
		芯体材质	水泥、竹材、棉秆、亚麻屑、甘蔗渣、木材、石膏	
		饰面材料	天然木皮、三聚氰胺	
		规格	长×宽×厚：3500×450×10	
		性能	防潮、阻燃、吸音、阻燃、普通、吸声、防水	

● 参照依据

GB/T 4897.1～4897.3-2003 刨花板

0515 其他人造木板

● 类别定义

木丝板：又称万利板。是将木材的下脚料用机器刨成木丝，经过化学溶液的浸透、然后拌合水泥、入模成型加压、热蒸、干燥而成。具有轻质、防火、保温、隔声及吸声的作用。

● 适用范围及类别属性说明

类别编码	类别名称	特 征	常用特征值	常用单位
0515	其他人造木板	品种	木丝板、甘蔗板、软木板	m²
		材质		
		规格	长×宽×厚：2400×1200×30	

0521 木制容器类

● 类别定义

用木质型材加工成型的可装、可放置物品的盒子或者箱子、柜子等容器制品。

● 适用范围及类别属性说明

类别编码	类别名称	特 征	常用特征值	常用单位
0521	木制容器类	品种	木制镜箱、普通木箱、木制信报箱、木制集装箱、木制布告箱、木制喇叭箱、木制钥匙箱、木制灯箱	件
		规格	高×长：1800×3600	

0523 木制台类及货架

● 类别定义

指用木材初加工而成的台类及简易的货架制品。

● 适用范围及类别属性说明

类别编码	类别名称	特 征	常用特征值	常用单位
0523	木制台类及货架	品种	木台、软木塞、木制灶台、实验台、操作台、木制清洁柜、圆木台	个
		规格（mm）	1200×1000、长为2.2m、长为3m、长为2.7m	

0525 其他木制品

● 类别定义

指 0521、0523 中没有包含的木制品材料。

● 适用范围及类别属性说明

类别编码	类别名称	特 征	常用特征值	常用单位
0525	其他木制品	品种	地横木、硬木插片、硬木暖气罩、圆木桩、木板标尺、木格、木板拼、松木暖气罩、木花格、木衬垫、硬木弯头、扬声器木盒、木模具、硬木暖气罩台面、成品硬木柱基座、成品硬木柱帽、成品硬木装饰柱	个

续表

类别编码	类别名称	特征	常用特征值	常用单位
0525	其他 木制品	规格（mm）	高 860、175×85×20、1000×1000×860、2400× 1200×15、1200×600、6″×9″、60×65、2♯、1♯、 1500×1000×800、1970×860×2230、1000×750× 600、φ200×1200、150×60、2400×1200×12、100 ×60	个

0531 竹材

● **类别定义**

以竹子为原料加工而成的型材叫竹材；列举各种常用的竹原料和初级竹材。例如，毛竹是指砍伐下来后稍经加工的毛竹原材料或初级制品。

● **适用范围及类别属性说明**

类别编码	类别名称	特征	常用特征值	常用单位
0531	竹材	品种	毛竹、篙竹、竹竿	株、丛
		规格（m）	7、5、4、3、2.2、2、1.7 起围 33cm、1.7 起围 27cm、1.5、10、12、9、8、6	

0533 竹板

● **类别定义**

是指利用竹材加工的人造板。竹材层压板也称竹胶合板。竹材贴面板是装饰工程中用来对基材进行贴面的辅助材料。竹材碎料板是利用竹材和竹材加工过程中的废料，经过工艺处理而成的人造竹板。

◇ **不包含**

——竹材面层装饰板、竹材碎料板，放入装饰板材的 0717 类别下

——工程用竹材的模板，放入 3501 子类别下

● **适用范围及类别属性说明**

类别编码	类别名称	特征	常用特征值	常用单位
0533	竹板	品种	竹片、竹笪、竹层合板、竹胶合板	m²
		规格（宽×长）mm	900×1250、1220×2440、600×2000	
		规格（厚）mm	27、9、35、34、33、32、31、30、29、28、 26、25、24、23、22、21、15、14、13、12、20、 11、10、19、18、17、16	

0535 竹制品

● **类别定义**

用竹材加工而成的成型制品称为竹制品。

● **适用范围及类别属性说明**

类别编码	类别名称	特征	常用特征值	常用单位
0535	竹制品	品种	竹笋、竹笪、竹篾、荆笆、竹家具、竹桩	个
		规格（长×宽）m	1.2×1.0	

06 玻璃及玻璃制品

● **类别定义**

这里的玻璃是指建设工程中所用到的玻璃,包括平板玻璃、深加工玻璃和玻璃制品等。玻璃分类方法很多,简单分类主要分为平板玻璃(如:引上法平板玻璃、平拉法平板玻璃和浮法玻璃)和深加工玻璃(如:钢化玻璃、LED 光电玻璃、调光玻璃、夹层玻璃和中空玻璃等)。

一般来说玻璃的规格表示方法:

1. 单片玻璃,规格以(长×宽)和厚度表示;

2. 夹层玻璃,规格以原片玻璃厚度(mm)+胶层厚度(PVB、SPG 或 EVA,mm)+原片玻璃厚度(mm)表示,如 4+0.38PVB+4、4+0.38EVA+4、5+0.76PVB+5 等。

3. 中空玻璃,规格以原片玻璃厚度(mm)+干燥气体层厚度(用 A 表示,mm)+原片玻璃厚度(mm)表示,如 5+9A+5,5+12A+5,6+9A+6,6+12A+6。

◇ **本类别不包含**

——玻璃管、管材类材料统一归入 17 管材类别下

——卫生洁具的玻璃制品,统一归入 21 洁具及燃气器具类别下

——仪表用到的玻璃仪表,统一归入 98 工程检测仪器仪表类别下

● **类别来源**

此类是装饰工程上用到的玻璃及玻璃制品,具体子类参考了相关的国家标准,具体标准参照每个二级子类的具体说明。

● **范围描述**

范 围	二级子类	说 明
普通玻璃	0601 浮法玻璃	包含建筑用、汽车用、制镜用浮法玻璃
	0603 有色玻璃	包含透明和不透明两种
安全玻璃	0605 钢化玻璃	包含平面型钢化玻璃、曲面型钢化玻璃
	0607 夹丝(夹网)玻璃	又称防碎玻璃、钢丝玻璃
	0609 夹层玻璃	包含普通夹层、钢化夹层、镀膜夹层等
	0611 中空玻璃	包含钢化中空、钢化镀膜中空等
热反射玻璃	0621 镀膜玻璃	包含镀膜吸热玻璃、镀膜热反射玻璃、镀膜节能玻璃等
工艺装饰玻璃	0625 艺术装饰玻璃	包括彩绘玻璃、压花玻璃、雕刻玻璃、喷砂玻璃、幻影玻璃等
其他玻璃	0641 镭射玻璃	包含单层镭射玻璃和夹层镭射玻璃
	0643 特种玻璃	包括热弯玻璃、热熔玻璃、冰花玻璃、防弹玻璃等
	0645 其他玻璃	
玻璃制品	0651 玻璃砖	包含普通玻璃砖、钢花玻璃砖、空心玻璃砖、热熔玻璃砖等
	0653 玻璃马赛克	又叫玻璃锦砖,包含熔融玻璃马赛克、烧结玻璃马赛克、金星玻璃马赛克
	0655 玻璃镜	包含玻璃镜原片、工艺镜等
	0657 玻璃制品	包含玻璃棒、玻璃夹子
	0659 防爆膜	

0601 浮法玻璃

● **类别定义**

浮法玻璃指的是平板玻璃的一种生产工艺，浮法玻璃生产的成型过程是在通入保护气体（N_2及H_2）的锡槽中完成的；目前市面上能见到的普通平板玻璃都是浮法玻璃，因为原来的平板玻璃的垂直引上工艺，因效率低，质量差，基本已全部淘汰。

浮法玻璃按外观质量分为优等品、一级品、合格品三类。

● **常用参数及参数值描述**

类别编码	类别名称	特 征	常用特征值	常用单位
0601	浮法玻璃	用途	建筑用浮法玻璃、汽车用浮法玻璃、制镜用浮法玻璃	m²
		规格	1450×1400、1510×1070、1600×2438、1830×1220、2000×1500、2200×1650、2440×1830、2800×1900、3300×2134、3660×2134	
		形态	原片、开介、成品	
		厚度	3mm、4mm、5mm、6mm、8mm、10mm、12mm、15mm、19mm	
		性能	吸热（镀膜加丝）、热反射、节能、防紫外线、高强、屏蔽、防弹	

● **参照依据**

GB 11614-2009 平板玻璃

GB/T 15764-2008 平板玻璃术语

0603 有色玻璃

● **类别定义**

有色玻璃又名吸热玻璃，分为透明、不透明两种，透明有色玻璃是在原料中加入一定量的金属氧化物使玻璃带色；不透明有色玻璃是在一定形状的平板玻璃的一面喷以色釉，烘烤而成。有色玻璃常用室内装饰材料，有多种色彩，如加入MnO_2为紫色；CoO、Co_2O_3烧成紫红色；FeO、$K_2Cr_2O_7$烧成绿色；CdS、Fe_2O_3、SB_2S_3、烧成黄色；$AuCl_3$、Cu_2O烧成红色；CuO、MnO_2、CoO、Fe_3O_4的混合物烧成黑色；CaF_2、SnO_2烧成乳白色等。

● **常用参数及参数值描述**

类别编码	类别名称	特 征	常用特征值	常用单位
0603	有色玻璃	品种	透明有色玻璃、不透明有色玻璃	m²
		规格	1500×2000、1700×2000、1830×2440、1830×2134、914×1220、1220×1830	
		颜色	紫色、紫红色、绿色、黄色、红色、黑色、白色等	
		形态	原片、开介、成品	
		厚度	2mm、3mm、4mm、5mm、6mm、8mm、10mm、12mm、15mm、19mm	

● **参照依据**

GB 11614-2009 平板玻璃

0605 钢化玻璃

● **类别定义**

钢化玻璃属于安全玻璃。钢化玻璃其实是一种预应力玻璃，为提高玻璃的强度，通常使用化学或物理的方法，在玻璃表面形成压应力，玻璃承受外力时首先抵消表层应力，从而提高了承载能力，增强玻璃自身抗风压性，寒暑性，冲击性等。用于建筑门窗、幕墙、船舶、车辆、仪器仪表、家具、装饰等；钢化玻璃按平面形状分为：平面钢化玻璃、曲面钢化玻璃。

参考厚度范围：厚度为：4mm、5mm、6mm、8mm、10mm、12mm、15mm、19mm。

质量等级：特选品、一等品、二等品三类。

● **常用参数及参数值描述**

类别编码	类别名称	特 征	常用特征值	常用单位
0605	钢化玻璃	品种	平面钢化玻璃、曲面钢化玻璃	m²
		规格	50×50、300×300、1450×1400、1510×1070、1600×2438、1830×1220、2000×1500、2200×1650、2440×1830、2800×1900、3300×2134、3660×2134、2400×3600 等	
		性能	防火、防弹、吸热、Low-E、自洁净	
		厚度	2mm、3mm、4mm、5mm、6mm、8mm、10mm、12mm、15mm、19mm	

● **参照依据**

GB 15763.2-2005 建筑用安全玻璃 第2部分：钢化玻璃

GB 15763.4-2009 建筑用安全玻璃 第4部分：均质钢化玻璃

JC/T 977-2005 化学钢化玻璃

0607 夹丝（夹网）玻璃

● **类别定义**

夹丝玻璃，又称防碎玻璃、钢丝玻璃。它是将普通平板玻璃加热到红热软化状态时，再将预热处理过的铁丝或铁丝网压入玻璃中间而制成。夹丝玻璃有防火、耐热性能，夹丝防火玻璃是防火玻璃的常见品种。

夹丝玻璃厚度一般在5mm以上，品种有压花夹丝、磨光夹丝和彩色夹丝玻璃等。形状有平板夹丝、波瓦夹丝和槽形夹丝等。

夹网玻璃是采用压延成型方法，将金属丝或金属网置于玻璃板内制成的，一种具有特殊功能的平板玻璃。由于玻璃体内有金属丝或网，该平板玻璃的整体性有很大提高；破坏时避免整体崩碎，因而具有一定的防火作用和安全效果；夹网玻璃改善了平板玻璃易碎的脆性性质，是一种价格低廉，应用广泛的建筑玻璃。

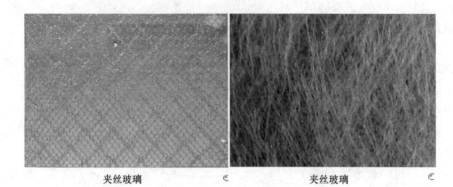

夹丝玻璃　　　　　　　　　　夹丝玻璃

● **常用参数及参数值描述**

类别编码	类别名称	特　征	常用特征值	常用单位
0607	夹丝（夹网）玻璃	品种	夹丝压花玻璃、彩色夹丝玻璃、夹丝磨光玻璃、夹网玻璃	m²
		规格	600×400、2000×1200等	
		防火等级	甲级、乙级、丙级	
		形态	原片、开介、成品	
		形状	平板夹丝、波瓦夹丝、槽形夹丝等	
		厚度	6mm、7mm、10mm、12mm	
		性能	防火、防弹、吸热	

● **参照依据**

GB 15763.1　建筑用安全玻璃　第1部分：防火玻璃

JC 433－1991（1996）　夹丝玻璃

0609　夹层玻璃

● **类别定义**

夹层玻璃是将两片或多片玻璃之间夹进一层胶片粘合而成的平面或曲面的复合玻璃产品，属于安全玻璃类。生产夹层玻璃的原片可采用普通平板玻璃、钢化玻璃、彩色玻璃、镀膜玻璃等；夹层玻璃可用在防弹、报警、隔声、导电等方面。胶片主要有 PVB、SPG、EVA 等。

规格：以原片玻璃厚度(mm)＋胶层厚度(PVB、SPG 或 EVA，mm)＋原片玻璃厚度(mm)表示，如 4＋0.38PVB＋4、4＋0.38EVA＋4、5＋0.76PVB＋5 等。

原片玻璃厚度：3～19mm。

夹层玻璃总厚度：6～100mm。

最大尺寸：2440×6000mm 最小尺寸：300×300mm。

PVB 胶片的厚度 0.38mm ～ 2.28mm，常用的有 0.38mm、0.76mm、1.14mm、

1.52mm 等，PVB 胶片的颜色有透明、乳白、灰、蓝、绿、粉红等。

SGP 胶片的厚度 1.52mm～2.28mm，SGP 胶片的颜色透明。

EVA 胶片的厚度 0.4mm～2.4mm，EVA 胶片的颜色透明。

● **常用参数及参数值描述**

类别编码	类别名称	特 征	常用特征值	常用单位
0609	夹层玻璃	品种	普通夹层玻璃、钢化夹层玻璃、镀膜夹层玻璃、幻影夹层玻璃、镭射夹层玻璃、夹丝夹层玻璃	m²
		规格	4＋0.38PVB＋4、5＋0.38PVB＋5、4＋0.76PVB＋4、5＋0.76PVB＋5、5＋0.38EVA＋5	
		颜色	绿色、红色、蓝色	
		性能	防火、防弹、吸热、Low-E、自洁净	

注：镀膜夹层玻璃包含在这几个品种里面，单面、双面都可以组合。

● **参照依据**

GB 15763.1－2009　建筑用安全玻璃　第1部分：防火玻璃

GB 15763.3－2009　建筑用安全玻璃　第3部分：夹层玻璃

0611　中空玻璃

中空玻璃是用两片两层或两层以上的平板玻璃，四周封严，中间充入干燥气体，即为中空玻璃；中空玻璃有双层、多层之分，系以同尺寸的两片或多片普通平板玻璃或透明浮法玻璃、彩色玻璃、镀膜玻璃、压花玻璃、磨光玻璃、夹丝玻璃、钢化玻璃等，其周边用间隔框分开，并用密封胶密封，使玻璃层间形成有干燥气体空间的产品；其主要材料是玻璃、铝间隔条、弯角栓、丁基橡胶、聚硫胶、干燥剂。广泛用于建筑门窗、幕墙、采光顶棚、花盆温室、冰柜门、细菌培养箱、防辐射透视窗以及车船挡风玻璃等。

规格常以原片玻璃厚度（mm）＋干燥气体层厚度（用 A 表示，mm）＋原片玻璃厚度（mm）表示，如 5＋9A＋5，5＋12A＋5，6＋9A＋6，6＋12A＋6 等。

常用原片玻璃厚度：3mm、4mm、5mm、6mm。

常用干燥气体（空气或惰性气体）厚度：6mm、9mm、12mm。

● **常用参数及参数值描述**

类别编码	类别名称	特 征	常用特征值	常用单位
0611	中空玻璃	品种	平板中空、钢化中空、Low-E 中空钢化、半钢化中空、镀锌中空等	m²
		规格	5＋9A＋5、5＋12A＋5、6＋9A＋6、6＋12A＋6 等	
		性能	防火、防弹、吸热、Low-E、自洁净	

注：镀膜玻璃包含在这几个品种里面，单面、双面都可以组合，品种优先级的顺序为：Low-E 中空钢化、钢化玻璃、平板玻璃。

● 参照依据

GB/T 11944－2012　中空玻璃

GB/T 22476－2008　中空玻璃稳态 U 值（传热系数）的计算及测定

0621　镀膜玻璃

● 类别定义

镀膜玻璃也称反射玻璃。镀膜玻璃是在玻璃表面涂镀一层或多层金属、合金或金属化合物薄膜，以改变玻璃的光学性能，满足某种特定要求。镀膜玻璃按产品的不同特性，可分为以下几类：热反射玻璃、低辐射玻璃、Low-E、导电膜玻璃等。

在无色透明玻璃上镀一层金属及金属氧化物或有机物薄膜，以控制玻璃的透光率，并提高玻璃对太阳入射和能量的控制能力及阻挡太阳热量的能力，这种玻璃称为镀膜玻璃。

◇ 不包含

——镀膜中空玻璃，关于镀膜中空玻璃在 0611 中空玻璃下列出，因为中空玻璃的属性都是一致的；镀膜夹层玻璃，关于镀膜夹层玻璃在 0609 夹层玻璃下列出，因为夹层玻璃的属性都是一致的

● 常用参数及参数值描述

类别编码	类别名称	特　　征	常用特征值	常用单位
0621	镀膜玻璃	品种	普通镀膜玻璃、钢化镀膜玻璃、电浮法-热反射镀膜玻璃、热喷涂-热反射镀膜玻璃、磁控溅射-热反射镀膜玻璃、真空蒸发-热反射镀膜玻璃、溶胶-凝胶-热反射镀膜玻璃、Low-E 镀膜玻璃、磁控溅射-导电镀膜玻璃、溶胶-凝胶-导电镀膜玻璃、镜面镀膜玻璃	m^2
		规格	长×宽×厚：2000×1500×10	
		颜色	灰色、银灰、蓝色、绿色、蓝绿、金色、茶色等	
		性能	防火、防弹、吸热、Low-E、自洁净	

注：热反射颜色可以视材料属性选择输出。

● 参照依据

GB/T 18915.1－2002　镀膜玻璃　第 1 部分：阳光控制镀膜玻璃

GB/T 18915.2－2002　镀膜玻璃　第 2 部分：低辐射镀膜玻璃

0625　艺术装饰玻璃

● 类别定义

工艺装饰玻璃是指具有装饰效果的玻璃，包括彩绘玻璃、压花玻璃、雕刻玻璃、喷砂玻璃、幻影玻璃等。

彩绘玻璃：别名绘画玻璃，又称彩釉玻璃，是在平板玻璃上绘制出各种花纹图案的玻璃；区别于彩色玻璃。

压花玻璃：别名花纹玻璃、滚花玻璃；又称滚花玻璃、花纹玻璃。用刻纹滚筒压制处于可塑状态的玻璃料坯制成。压花玻璃常用的厚度：3mm、4mm、5mm 三类，按产品的外观质量分为优等品、一等品、合格品三类。

幻影玻璃：这种玻璃叫电致变色玻璃，只要它一接上电，立马就变成纯透明的，一旦断了电，它又变成半透明了，像动物世界里的变色龙，它工作原理是在两层聚酯薄膜中间夹入了有弥散分布液晶的高聚物材料，两层聚酯薄膜内表面镀有透明导电膜并分别引出两个电极，然后制成夹层玻璃。在自然状态下，其内部液晶的排列是无规则的，入射光照到上面时发生散射，所以就呈现了半透明的状态。而通电后，液晶呈规则的排列，入射光可以完全透过，这样就又变成透明的状态了。

● 常用参数及参数值描述

类别编码	类别名称	特 征	常用特征值	常用单位
0625	艺术装饰玻璃	品种	包括彩绘玻璃、压花玻璃、雕刻玻璃、喷砂玻璃、幻影玻璃等	m²
		规格	长×宽×厚：2000×1500×10 等	
		颜色	灰色、银灰、蓝色、绿色、蓝绿、金色、茶色等	
		图案形式	人像、山水、风景、花、草、树木	

● 参照依据

GB 11614－2009　平板玻璃
JC/T 511－2002　压花玻璃

0641　镭射玻璃

● 类别定义

镭射玻璃，又称光栅玻璃，是以平板玻璃为基材经过特殊深加工而得到的一种新型装饰玻璃，玻璃背面能出现全息或其他光栅。

镭射玻璃大体可分为两类：一类是以普通平板玻璃为基材制成的，主要用于墙面和顶棚等部位的装饰；另一类是以钢化玻璃为基材制成的，主要用于地面装饰。此外还有专门用于柱面装饰的曲面镭射玻璃，专门用于大面积幕墙的夹层镭射玻璃以及镭射玻璃砖等产品。镭射玻璃有单层和夹层之分，如半透半反单层、半透半反夹层、钢化半透半反图案夹层等。

镭射玻璃

◇ 不包含

——镭射玻璃地砖及镭射玻璃装饰件，镭射玻璃砖放入0651，镭射玻璃制品件放入镭射装饰制品0657类

● 常用参数及参数值描述

类别编码	类别名称	特 征	常用特征值	常用单位
0641	镭射玻璃	品种	单层镭射玻璃、夹层镭射玻璃	m²
		规格	长 × 宽：300mm × 300mm、400mm × 400、500mm×500mm、500mm×1000mm	
		厚度	5mm	

● 参照依据

JC/T 510-1993 光栅玻璃

0643 特种玻璃

● 类别定义

特种玻璃是指应用在近代特殊技术上的玻璃。特种玻璃包括：防火玻璃、防护玻璃、防弹玻璃、焊接玻璃、感光玻璃等，用以特殊用途的玻璃。主要有热弯玻璃、热熔玻璃、冰花玻璃、耐高压玻璃、耐高温高压玻璃、耐高温玻璃、壁炉玻璃、波峰焊玻璃、烤箱玻璃、耐温耐高压玻璃、紫外线玻璃、光学玻璃、蓝色钴玻璃、玻璃视筒、高铝玻璃、铝硅酸盐玻璃、陶瓷玻璃、微晶玻璃、高硼硅玻璃、防火玻璃、船用防火玻璃、管道视镜、防弹玻璃等。

热弯玻璃：系由平板玻璃加热软化在模具中成型，再经退火制成的曲面玻璃；

热熔玻璃：采用特制的热熔炉，以平板玻璃为基料和无机色料等作为主要原料，设定特定的加热程序和退火曲线，在加热到玻璃软化点以上时，料液经特制成型模的模压成型后加以退火而成，必要的时候，可对其再进行雕刻、钻孔、修裁、切割等后道工序再次精加工；

冰花玻璃：采用三块平板玻璃粘合制成，中间一块是钢花玻璃，在粘合后破坏钢花玻璃，利用钢花玻璃破坏后的细密裂纹形成类似冰花的效果；

铅玻璃：铅玻璃又叫重火石玻璃是由在玻璃的原材料中加入一定量的氧化铅PbO一般含铅水晶的铅比例是24%这时玻璃的透光率，折光率，手感，质地比较好，玻璃中含有一定量的铅能够有效地阻挡X射线、γ射线、钴60射线以及同位素扫描等等，广泛适用于医院隔室透视室窥测窗，是保障医务工作者身体健康的必备佳品。

● 常用参数及参数值描述

类别编码	类别名称	特 征	常用特征值	常用单位
0643	特种玻璃	品种	包括热弯玻璃、冰花玻璃、热熔玻璃、防火玻璃、防弹玻璃等	m²
		规格	300×300、400×400、500×500、600×900、1000×3000、1450×1400、1510×1070 等	
		厚度	3mm、4mm、5mm、6mm、8mm、10mm、12mm、15mm、19mm 等	
		性能	防火、耐高压、耐高温、防弹、吸热、Low-E、自洁净	

● **参照依据**

JC/T 915-2003 热弯玻璃

0645 其他玻璃

● **类别定义**

以上类别没有包含的玻璃，有真空玻璃、壁炉玻璃、波峰焊玻璃、烤箱玻璃、耐温耐高压玻璃、紫外线玻璃、光学玻璃等。

● **适用范围及类别属性说明**

类别编码	类别名称	特征	常用特征值	常用单位
0645	其他玻璃	品种	真空玻璃、壁炉玻璃、波峰焊玻璃、烤箱玻璃、耐温耐高压玻璃、紫外线玻璃、光学玻璃、蓝色钴玻璃、高铝玻璃、铝硅酸盐玻璃、陶瓷玻璃、高硼硅玻璃、电控变色玻璃	m²
		规格	300×300、300×190、300×90、240×240、240×115、190×190 等	
		厚度	3mm、4mm、5mm、6mm、8mm、10mm、12mm、15mm、19mm 等	

● **参照依据**

GB 903-1987 无色光学玻璃

0651 玻璃砖

● **类别定义**

是一种新型建筑材料，通常是由两块凹形玻璃相对熔接或胶接而成的一个整体砖块。这种玻璃砖的保温隔热性能良好，并且利用该玻璃的花纹和颜色可达到装饰艺术效果和各种功能性效果。一般可用于砌筑透光性的墙壁、隔断等。

泡沫玻璃砖：以玻璃碎屑为基料加入少量发气剂，按比例混合粉磨，磨好的粉料装入模内并送入发泡炉内发泡，然后脱模退火，制成一种轻质玻璃制品。

玻璃砖的规格是按规格中的长度来分的，玻璃砖的规格表示方法为：长×宽×厚。

● **适用范围及类别属性说明**

类别编码	类别名称	特征	常用特征值	常用单位
0651	玻璃砖	品种	普通玻璃砖、钢花玻璃砖、空心玻璃砖、热熔玻璃砖、镭射玻璃砖、琉璃玻璃砖	m²
		规格	300×300、300×190、300×90、240×240、240×115、190×190	
		厚度	80mm、100mm	

● **参照依据**

JC/T 924-2003 玻璃窑用镁砖（MgO＞＝95％）

JC/T 925-2003 玻璃窑用烧结 AZS 砖

JC/T 616-2003 玻璃窑用优质硅砖

0653 玻璃马赛克

● **类别定义**

玻璃马赛克：又称玻璃锦砖，是指由各种形状和不同彩色的小块玻璃制品。玻璃马赛克是以玻璃为基料并含有未熔解的微小晶体的乳浊制品。其颜色有红、黄、蓝、绿、黑、白等数百种。玻璃马赛克的规格尺寸有：20mm × 20mm，30mm × 30mm，40mm × 40mm，厚 4～6mm。

按照矿物成分不同分为熔融玻璃马赛克、烧结玻璃马赛克、金星玻璃马赛克三种：

熔融玻璃马赛克：以硅酸盐等为主要原料，在高温下溶化成型，并成乳浊半乳浊状态，内含少量气泡和少量的未熔颗粒的玻璃马赛克。

烧结玻璃马赛克：以玻璃粉为主要原料，加入适量的胶粘剂等压制成一定黏度的主胚在一定温度下烧结而成的玻璃马赛克。

金星玻璃马赛克：内含少量气泡和一定量的金属结晶颗粒，具有明显遇光闪烁的玻璃马赛克。

● **常用参数及参数值描述**

类别编码	类别名称	特征	常用特征值	常用单位
0653	玻璃马赛克	品种	熔融玻璃马赛克、烧结玻璃马赛克、金星玻璃马赛克	m²
		规格	单块：20×20、25×25、30×30、40×40；联长：285×285、295×295、305×305、315×315、324×324、327×327	
		颜色	金色系列、银镀系列	
		厚度	4mm、5mm、6mm 等	

注：需要在具体的规格型号后面标注出每平方米的块数，便于报价。

● **参照依据**

GB/T 7697-1996 玻璃马赛克

JC/T 875-2001 玻璃锦砖

0654 琉璃玻璃

● **类别定义**

琉璃，又称之为瑠璃，是中国传统建筑中的重要装饰件，通常用于宫殿、庙宇、陵寝等重要建筑，也是艺术装饰的一种带色陶瓷。

琉璃是含氧化铅的水晶通过高温脱蜡的工艺烧制而成的，所以琉璃是一种工艺过程，而不是一种原料；现在市面上多数的琉璃仿制品原料均是由玻璃做的。

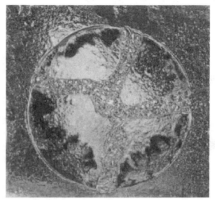

● **常用参数及参数值描述**

类别编码	类别名称	特 征	常用特征值	常用单位
0654	琉璃玻璃	规格	长×宽×厚：2000×1500×10	m²
		颜色	蓝色	
		图案	景观、人物、鸟兽	

0655 玻璃镜

● **类别定义**

玻璃镜也属于玻璃制品，但是因为应用比较广，所以单独拿出来作为一类材料处理，我们常用的玻璃镜有镀银、镀铝镜面玻璃、成品切割好的玻璃镜面等。

玻璃镜：按照加工方式分为镀银、镀铝玻璃镜、成品镜、成套玻璃镜箱。

● **常用参数及参数值描述**

类别编码	类别名称	特 征	常用特征值	常用单位
0655	玻璃镜	品种	包含玻璃镜原片、工艺镜等	m²
		规格	200×400、400×400、500×500、500×1000、2000×1500 等	
		镀层	银层、铝层、铜层	
		厚度	2mm、3mm、4mm、5mm、6mm 等	
		用途	剃须镜、防雾镜、化妆镜、衣柜镜等	

● **参照依据**

JC/T 871-2000　镀银玻璃镜

0657 玻璃制品

● **类别定义**

玻璃制品是采用玻璃为主要原料加工而成的生活用品、工业用品的统称。目前常用的玻璃用品为：玻璃器皿、玻璃棒、玻璃夹子等。

● **常用参数及参数值描述**

类别编码	类别名称	特 征	常用特征值	常用单位
0657	玻璃制品	品种	玻璃杯、玻璃瓶、玻璃盘、玻璃棒、玻璃夹子、镭射玻璃柱	件
		规格	按照品种对应材料标准描述	

● **参照依据**

GB/T 4548.2－2003 玻璃制品 玻璃容器内表面耐水侵蚀性能 用火焰光谱法测定和分级

0659 防爆膜

● **类别定义**

防爆膜是运用一种高精度的电解质溅射喷涂法，在由 PET（聚乙烯对苯二酸酯）提炼而成的透明强度复合聚酯纤维膜内入金属原子层，具备高强度的黏结力、抗张力、160％高伸张度、强抗酸、抗碱性，在高温下也能保持物理性质的良好状态。通过含有各种金属镀层反射 99％的紫外线，同时阻隔不同波长的热能量，达到阻隔紫外线和可见光带来的热能，同时又保持良好的透光率。多层坚韧的防爆膜，复合上特殊的粘胶，再装贴于建筑玻璃的内表面，在玻璃上构成一道"看不见的坚韧屏障"，防止自然灾害和恐怖爆炸等造成的玻璃飞溅的破坏，减少人身伤害的可能性、保护财产、阻止盗贼，可升级现存玻璃窗达到安全规定，但成本低，操作快。

● **常用参数及参数值描述**

类别编码	类别名称	特 征	常用特征值	常用单位
0659	防爆膜	品种	建筑玻璃防爆膜、汽车玻璃防爆膜等	m²
		规格	2mil、4mil、6mil、7mil、8mil、10mil、11mil、12mil、14mil、20mil	
		隔热率	30％～40％、41％～50％、51％～60％、61％～70％、71％～80％、80％以上	
		紫外线阻隔率	90％以上、81％～90％、71％～80％、61％～70％、51％～60％、41％～50％、40％以下	
		透光率	80％以上、71％～80％、61％～70％、51％～60％、41％～50％、31％～40％、21％～30％、10％～20％、10％以下	

● **参照依据**

GB 7258－2012 机动车运行安全技术条件

JC 846－2007 贴膜玻璃

07 墙砖、地砖、地板、地毯类材料

● **类别定义**

本类主要指内外墙体、店面构件使用的装饰材料类，包含墙砖、地砖、地板、地毯类。

墙砖适用于洗手间、厨房、室外阳台的立面装饰。贴墙砖是保护墙面免遭水溅的有效途径。

地砖是一种地面装饰材料，也叫地板砖。用黏土烧制而成。规格多种。质坚、耐压耐磨，能防潮。有的经上釉处理，具有装饰作用。多用于公共建筑和民用建筑的地面和楼面。

地板是指装饰工程上用到的各种铺地板材，包括木地板、复合地板、活动地板、塑料地板等。

◇ **不包含**

——陶瓷管，管材类材料统一归入 17 类管材类别下

——卫生洁具陶瓷制品，统一归入 21 卫生洁具类别下

——电力陶瓷：例如：陶瓷绝缘材料，统一归入 27 保险及绝缘材料类别下

——琉璃墙砖，统一归入 3101 琉璃砖下

● **类别来源**

此类是墙面、地板通用的装饰装修材料，一般在建筑工程建模及计价编制时单独作为独立的构件或部位进行计量或计价；具体子类确定参考了相关的国家标准。

● **范围描述**

范　围	二级子类	说　明
墙砖、地砖	0701 陶瓷内墙砖	包含釉面内墙砖、瓷质内墙砖、异型砖以及配套装饰花砖等
	0703 陶瓷外墙砖	包含釉面、通体、玻化、玻化抛光外墙砖等
	0705 陶瓷地砖	包含釉面砖、通体砖、抛光砖、通体抛光砖、劈离砖等
	0707 陶瓷马赛克	又叫陶瓷锦砖、包含釉面锦砖、瓷质锦砖
	0709 石塑地砖	包含石塑防滑地砖、普通石塑地砖
	0711 塑料地砖	包含聚氯乙烯卷材地砖、聚氯乙烯地砖、复合聚氯乙烯地砖等
地板	0713 实木地板	包含条木地板、拼木地板、榫接实木地板、平接实木地板等
	0715 软木地板	包含粘贴式软木地板、锁口式软木地板、悬浮式软木地板等
	0717 竹（木）地板	包含竹地板、本色竹木地板、碳化竹木地板等
	0719 塑料地板（地板革）	包含 PVC 防静电塑料地板、CLPE 塑料地板、PP 塑料地板等
	0721 橡胶、塑胶地板	包含橡胶地板、塑胶地板等
	0723 复合地板	又称叠压地板或强化复合地板
	0725 防静电地板	又称装配式地板
	0727 亚麻环保地板	

续表

范 围	二级子类	说 明
地毯、门毡及其他地板	0729 地毯	包含纯毛地毯、混纺地毯、合成纤维地毯等
	0731 挂毯、门毡	包含挂毯、纯羊毛挂毯等
	0733 其他地板、地砖	铝合金地板

0701 陶瓷内墙砖

● 类别定义

指内墙装饰用的陶瓷砖，如釉面内墙砖（简称釉面砖，有时也称为瓷片）。陶瓷内墙砖一般为正方形和矩形，也包括一些异形配件砖，异形配件砖包括：阴角、阳角、压顶条、腰线砖、阴三角、阳三角、阴角座、阳角座、压顶阴角、压顶阳角、端圆等；按照吸水率及工艺划分为：

釉面内墙砖：俗称瓷砖，因在精陶面上挂有一层釉，故称釉面砖；吸水率在10%~20%，用于室内墙面使用；釉面内墙砖是多孔陶质坯体，只能用于室内，不能用于室外。

瓷质内墙砖：吸水率小于0.5%，就是通常所说的玻化砖，经过表面抛光处理的又叫抛光瓷质砖。广泛用于各类建筑物的地面和墙面装饰，也是目前室内外装修的主要材料；多数的防滑砖都属于通体砖。所谓的通体砖是指，在布料工序中，分布在压机备压台上的所有粉料为同一种粉料，烧成以后的瓷砖就从底到面都为一样的花纹，一样的颜色。

劈离砖又称劈裂砖，是近几年来开发的新型装饰材料品种，分彩釉和无釉两种。可用于建筑物的外墙、内墙、地面、台阶等部位。

● 常用参数及参数值描述

类别编码	类别名称	特 征	常用特征值	常用单位
0701	陶瓷内墙砖	品种	玻化砖、玻化抛光砖、釉面内墙砖、劈离砖	m²
		规格	长×宽：400×100、500×50、330×125	
		厚度	5、12、10、8、9、6、40、7、50	
		颜色或表面效果色	二类色、一类色、三类色、四类色、五类色、六类色、一般图案、艺术图案、浮雕图案	
		质量等级	优等品、一级品、合格品	

● 参照依据

GB/T 4100-2006 陶瓷砖

GB/T 9195-2011 建筑卫生陶瓷分类及术语

0703 陶瓷外墙砖

● 类别定义

外墙砖一般采用瓷质砖：即吸水率小于0.5%，通常所说的玻化砖，经过表面抛光处理的又叫抛光瓷质砖。广泛用于各类建筑物的地面和墙面装饰，也是目前室内外装修的主要材料；多数的防滑砖都属于通体砖；所谓的通体砖是指，在布料工序中，分布在压机备压台上的所有粉料为同一种粉料，烧成以后的瓷砖就从底到面都为一样的花纹，一样的颜色。

用于外墙装饰的板状陶瓷建筑材料。可分为有釉、无釉两种。

釉面砖：彩釉砖坯体一般为陶制，呈褐红色，近两年来一些厂家将其改为半陶瓷质和瓷质。

劈离砖：又称劈裂砖，是近几年来开发的新型装饰材料品种，分彩釉和无釉两种。可用于建筑物的外墙、内墙、地面、台阶等部位。

● **常用参数及参数值描述**

类别编码	类别名称	特　征	常用特征值	常用单位
0703	陶瓷外墙砖	品种	抛光玻化砖、釉面砖、陶质釉面砖、仿古砖（瓷片）、劈离砖	m²
		规格	长×宽：200×200、200×100、200×75、200×60、200×50、195×95	
		厚度	7、6、13、6.5、12、15、18、25、28、9、5、10、8、60、7.3、7、5、20	
		颜色或表面效果色	一类色、四类色、仿石效果、自然面、二类色、三类色、五类色、拉毛面、六类色	

● **参照依据**

GB/T 4100－2006　陶瓷砖

GB/T 9195－2011　建筑卫生陶瓷分类及术语

0705　陶瓷地砖

● **类别定义**

作为一种大面积铺设的地面材料；地砖花色品种非常多，可供选择的余地很大，按工艺可分为釉面砖、通体砖（防滑砖）、抛光砖、玻化砖等。

地砖分为3类：釉面砖、通体砖（瓷质砖）、拼花砖、玻化砖。

釉面地砖：因在精陶面上挂有一层釉，故称釉面砖；釉面地砖即吸水率在3%～10%的釉面瓷砖。

通体砖：不上釉的瓷质砖；吸水率在0.5%以下的瓷砖。

拼花砖：拼花地砖就是把烧制成的瓷砖进行切割后拼装成各种图案。

注：所谓的通体砖是指，在布料工序中，分布在压机备压台上的所有粉料为同一种粉料，烧成以后的瓷砖就从底到面都为一样的花纹，一样的颜色。

玻化砖：是通体砖坯体的表面经过打磨而成的一种光亮的砖，属通体砖的一种。

● **常用参数及参数值描述**

类别编码	类别名称	特　征	常用特征值	常用单位
0705	陶瓷地砖	品种	釉面砖、通体砖、拼花砖、玻化砖（通体抛光砖）	m²
		规格	长×宽：200×200、200×100、200×75、200×60、200×50、195×95	
		厚度	7、6、13、6.5、12、15、18、25、28、9、5、10、8、60、7.3、75、20	
		颜色或表面效果色	一类色、四类色、仿石效果、自然面、二类色、三类色、五类色、拉毛面、六类色	

● **参照依据**

GB/T 4100－2006　陶瓷砖

GB/T 9195－2011　建筑卫生陶瓷分类及术语

0707　陶瓷马赛克

● **类别定义**

又称之为陶瓷锦砖；陶瓷锦砖（马赛克）以瓷化好，吸水率小，抗冻性能强为特色而成为外墙装饰的重要材料。陶瓷马赛克用途十分广泛，现在新型的陶瓷马赛克广泛用于宾馆、酒店的高层装饰和地面装饰。

陶瓷锦砖是用优质瓷土烧成，一般做成 18.5×18.5×5mm、39×39×5mm 的小方块，或边长为 25mm 的六角形等。这种制品出厂前已按各种图案反贴在牛皮纸上，每张大小约 30cm 见方，称作一联，其面积约 0.09m²，每 40 联为一箱，每箱约 3.7m²。施工时将每联纸面向上，贴在半凝固的水泥砂浆面上，用长木板压面，使之粘贴平实，待砂浆硬化后洗去皮纸，即显出美丽的图案。

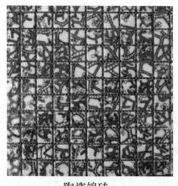
陶瓷锦砖

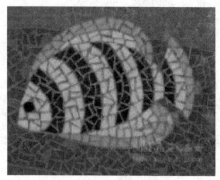
鱼图案花色陶瓷锦砖

● **常用参数及参数值描述**

类别编码	类别名称	特征	常用特征值	常用单位
0707	陶瓷马赛克	品种	釉面马赛克、无釉马赛克	m²
		规格	长×宽：单块：20×20、单块：25×25、单块：30×30、单块：40×40、联长：284×284、联长：295×295	
		厚度	4mm、4.5mm、6mm、7.5mm	
		花色	单色、花色（标注具体花色）	

● **参照依据**

JC/T 456－2005　陶瓷马赛克

0709　石塑地砖

● **类别定义**

石塑地砖又可称为石塑地板，学名"PVC 片材地板"，石塑地砖属于 PVC 地板的一个分类；采用天然的大理石粉构成高密度、高纤维网状结构的坚实基层，表面覆以超强耐磨的高分子 PVC 耐磨层，经上百道工序加工而成。

石塑地砖的应用场所非常广泛，比如室内家庭、医院、学校、办公楼、工厂、公共场所、超市、商业、体育场馆等各种场所。

● **常用参数及参数值描述**

类别编码	类别名称	特 征	常用特征值	常用单位
0709	石塑地砖	品种	普通石塑地砖、石塑防滑地砖	m²
		规格	长×宽：152×915、457.2×457.2、101.6×914.4、305×305	
		厚度	2mm、3mm、2.5mm	
		耐磨层厚度（mm）	0.5、0.1、0.2	

● **参照依据**

GB/T 4085－2005　半硬质聚氯乙烯块状地板

0711　塑料地砖

● **类别定义**

塑料地板，即用塑料材料铺设的地砖。塑料地板按其使用状态可分为块材（或地板砖）和卷材（或地板革）两种；卷材地板一般为软质塑料地板，块材一般为硬质或半硬质地板；适用于公共建筑、实验室、住宅等各种建筑物的室内地面铺设。

按其基本原料可分为聚氯乙烯（PVC）塑料、聚乙烯（PE）塑料和聚丙烯（PP）塑料等数种。

◇ **不包含**

——塑料地板卷材放入 0719 类别下

● **常用参数及参数值描述**

类别编码	类别名称	特 征	常用特征值	常用单位
0711	塑料地砖	品种	PVC塑料地板砖、石膏纤维增强塑料地板砖、PS聚苯乙烯地板砖、PE聚乙烯地板砖、酚醛塑料地板砖、聚丙烯树脂塑料地板砖、氯化聚乙烯树脂塑料地板	m²
		规格	长×宽：305×305、457×4.7、609×6.9、152×9.4、203×9.4	
		厚度	0.5mm、0.7mm	
		耐磨层厚度	0.1mm、0.15mm	

● **参照依据**

GB/T 4085－2005　半硬质聚氯乙烯块状地板

0713　实木地板

● **类别定义**

实木地板是用木材直接加工而成的地板，是最传统和古老的地板。实木地板具有无污染、花纹自然、典雅壮重、富质感性、弹性真实等优点，是目前家庭装潢中地板铺设的首选材料。它的缺点是不耐磨，易失光泽。

一般我们所指的实木地板都是指硬质实木地板，常用的树种有：松木、柞木、柚木、樱桃木、李叶苏木、水曲柳、桦木、山毛榉、檀木、枫木、花梨木等。实木地板常用的为条木地板、拼木地板两种。

● **常用参数及参数值描述**

类别编码	类别名称	特 征	常用特征值	常用单位
0713	实木地板	品种	实木地板砖、曲线拼花实木地板、条形实木地板、实木地板、拼花实木地板、实木地脚线	m²
		规格	长×宽：200×200、909×75、909×70、808×129、809×129、900×88、900×170、909×60、600×600	
		厚度	22、30、25、40、20、19、8、10、18、17、16、15、14、12、32	
		树种	玉檀香、巴西玉檀、钻石檀、黄金檀、钻石黑檀、钻石龙檀、钻石柚檀、黄檀、柚铁檀、红梨香、黑金檀、金檀、红紫檀、黑紫檀、紫檀	
		拼花形状	无拼花、梯形、八角形、长方形、正方形、菱形、三角形、正六边形	
		表面处理	漆板、素板、浮雕	
		接口形式	企口、平口	

● **参照依据**

GB/T 15036.1－15036.2－2009 实木地板

GB/T 18103－2000 实木复合地板

0715 软木地板

● **类别定义**

软木地板是将软木颗粒用现代工艺技术制成的规格片块，表面有透明的树脂耐磨层。下面有PVC防潮层，是一种优良的天然复合地板，这种地板具有软木的优良特性。

软木既可做地板，也可用来做贴墙板。软木地板又称软木砖；软木贴墙板有块材和卷材两种类型。软木是橡树的保护层，即树皮。这种树皮采剥后要放置3个月，使它变干，然后送到加工厂，用加入除去真菌剂的水进行蒸煮，以便提高它的弹性，使它具有更好的柔韧性。

软木地板有长条形、方块形两种，能相互拼花，也可以切割出几种图案。

● **常用参数及参数值描述**

类别编码	类别名称	特 征	常用特征值	常用单位
0715	软木地板	品种	粘贴式软木地板、软木贴墙板、软木地板、软木地垫、锁扣式软木地板	m²
		材质	树脂、橡胶	
		规格	长×宽：600×300、950×640、300×300、900×150、600×480	
		厚度	3、14、12、10、8、32、16、15、17、30、18、40、4、25、20、19	
		拼花形状	方块形、长条形	
		质量等级	A级、AA级、B级	

● **参照依据**

LY/T 1657-2006　软木类地板

0717　竹（木）地板

● **类别定义**

竹地板是采用上等竹材，经过严格的筛选、漂白、硫化、脱水、防虫、防腐等工序加工处理，又经过高温、高压下热固胶合而成的板材。

竹地板的款式简单很多，一些做成纵向纹路的长条，一些做成各种斜纹拼花的方形格子地板。长、宽、厚的常规规格有915mm×91mm×12mm、1800mm×91mm×12mm等6种。

● **常用参数及参数值描述**

类别编码	类别名称	特　征	常用特征值	常用单位
0717	竹（木）地板	品种	三层方形板、竹青地板、单层条形嵌板、双层条形T字板、立竹拼花地板、三层条形平拼板	m²
		规格	长×宽：915mm×91mm、1800mm×91mm	
		厚度	12mm、16mm	

● **参照依据**

GB/T 20240-2006　竹地板

0719　塑料地板（地板革）

● **类别定义**

塑料地板，即用塑料材料铺设的地砖。塑料地板按其使用状态可分为块材（或地板砖）和卷材（或地板革）两种；卷材地板一般为软质塑料地板，块材一般为硬质或半硬质地板；适用于公共建筑、实验室、住宅等各种建筑物的室内地面铺设。

按其基本原料可分为聚氯乙烯（PVC）塑料、聚乙烯（PE）塑料和聚丙烯（PP）塑料等数种。

示例：宽度2000mm，总厚度2mm，卷长20m的有基材有背涂发泡层聚乙烯卷材地板表示：

聚乙烯地板卷材 FBF 2000×2.0-20

◇　**不包含**

——塑料块材卷材放入0711类别下

——PVC防静电地板，放入0725类别下

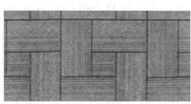

地板革图案

● **常用参数及参数值描述**

类别编码	类别名称	特　征	常用特征值	常用单位
0719	塑料地板（地板革）	品种	发泡聚氯乙烯卷材地板（FB）、致密聚氯乙烯卷材地板（CB）	m²
		厚度	1mm、2mm	
		性能	耐磨、防滑、抗污、防霉抗菌、减震吸音、防静电	
		耐磨层厚度	0.1mm、0.15mm	

● **参照依据**

GB/T 11982.1-2005　聚氯乙烯卷材地板　第 1 部分：带基材的聚氯乙烯卷材地板

0721　橡胶、塑胶地板

● **类别定义**

是以合成橡胶为主要原料，添加各种辅助材料，经特殊加工而成的一种铺地材料；具有耐磨、抗震、耐油、抗静电、耐老化、阻燃、易清洗、施工方便、使用寿命长等特点，适用于宾馆、饭店、商场、机场、地铁、车站等公共场合。

● **常用参数及参数值描述**

类别编码	类别名称	特　征	常用特征值	常用单位
0721	橡胶、塑胶地板	品种	橡胶卷材地板、聚氨酯弹性橡胶地板、普通橡胶地板、难燃橡胶地砖	m²
		规格	长×宽：500×500、600×600	
		厚度	2.0、3.0、3.5	
		性能	耐磨、防滑、抗污、防霉抗菌、减震吸音、防静电	
		花色及图案	单色平面、锤击纹面、单色浮点面	

● **参照依据**

CB/T 3951-2002　船用阻燃橡胶地板

0723　复合地板

● **类别定义**

亦称层压复合地板，以实木拼板或单板为面层、实木条为芯层、单板为底层制成的企口地板。或以单板为面层、胶合板为基材制成的企口地板。

目前市场上的复合地板主要有两大类：一类是实木复合地板；另一类是强化复合地板。这两类复合地板有着各自不同的特点，在使用和维护方面的要求也不同。

实木复合地板可分为三层实木复合地板、多层实木复合地板、细木工复合地板三大类，在居室装修中多使用三层实木复合地板。

● 常用参数及参数值描述

类别编码	类别名称	特 征	常用特征值	常用单位
0723	复合地板	品种	实木复合地板、强化复合地板、木塑复合地板、软木复合弹性地板	m²
		规格	长×宽：758×120、909×60	
		厚度	9、27、35、15、17、18、19、20、30、32、28、38.5、21、22、9.8、10.5、11、2.0、7.5、2.6、4、40、7、8、10、12、14、16	
		耐磨转数（转）	4000、18000、10600、6000、12200、11100、8600、9000	
		表面处理	素板、锁扣、模压、亮光、锁扣、模压、柔光、锁扣、模压、手抓纹、漆板	
		复合板基层材料	中密度纤维板、细木工板、高密度纤维板、刨花板、矿物质（CaSO₄）、混凝土、胶合板	
		树种	花梨、黄花梨、橡木、柞木、榆木、桦木、鸡翅木、番龙眼、美国灰橡、凤梨柚木、玛瑙灰橡、橄榄白木、茜茜印茄	

● 参照依据

GB/T 18103 - 2000　实木复合地板
GB/T 24509 - 2009　阻燃木质复合地板

0725　防静电地板

● 类别定义

防静电地板又叫作耗散静电地板、装配式地板，是一种地板，当它接地或连接到任何较低电位点时，使电荷能够耗散，以电阻在 $10^5 \sim 10^9 \Omega$ 之间为特征。《GB 50174 - 2008 电子信息系统机房设计规范》规定：防静电地板或地面的表面电阻或体积电阻应为 $2.5 \times 10^4 \sim 1.0 \times 10^9 \Omega$。

● 常用参数及参数值描述

类别编码	类别名称	特 征	常用特征值	常用单位
0725	防静电地板	品种	金属复合活动地板、全钢防静电地板、铝合金型防静电地板、防静电瓷质地板、全钢 OA 网络地板、环氧树脂防静电地板、PVC 防静电地板	m²
		规格	长×宽：465×465、450×450、500×500、600×600	
		厚度	27mm、28mm、30mm、31mm、32mm	
		整体高度	10mm、20mm、30mm、40mm、50mm、60mm、70mm、80mm	
		饰面层	铝合金贴面、钢质贴面、木质贴面、陶瓷抗静电贴面、PVC 塑料贴面、镀锌钢板复合抗静电贴面、三聚氰胺甲醛贴面、聚酯树脂抗静电贴面、铁质贴面	
		复合板基层材料	高密度纤维板、刨花板、矿物质（CaSO₄）、钢质、木质、混凝土	

● **参照依据**

SJ/T 10796－2001　防静电活动地板通用规范

0727　亚麻环保地板

● **类别定义**

亚麻地板是弹性地材的一种，它的成分为：亚麻籽油、石灰石、软木、木粉、天然树脂、黄麻。天然环保是亚麻地板最突出的特点，具有良好的耐烟蒂性能。亚麻目前以卷材为主，是单一的同质透心结构。

● **常用参数及参数值描述**

类别编码	类别名称	特　　征	常用特征值	常用单位
0727	亚麻环保地板	规格	长×宽：2m×15mm	m²
		厚度	2mm、2.5mm、3.2mm、4mm	
		等级标准	21、22、23、24、25	

● **参照依据**

EN 685　弹性地板产品的分级标准

0729　地毯

● **类别定义**

以棉、麻、毛、丝、草等天然纤维或化学合成纤维类原料，经手工或机械工艺进行编结、栽绒或纺织而成的地面铺敷物，我们称之为地毯。

● **常用参数及参数值描述**

类别编码	类别名称	特　　征	常用特征值	常用单位
0729	地毯	品种	羊毛地毯、尼龙地毯、合成纤维地毯、混纺地毯、塑料地毯	m²、张
		制作方式	机制威尔顿、机制阿克明斯特、簇绒、手工编织、手工抢刺、针织地毯、植绒地毯	
		规格	长×宽：3660×2140、600×600、2300×1600、1220×610、910×610、500×500	
		产品形态	满铺、块毯、拼块	

● **参照依据**

GB/T 14252－2008　机织地毯

GB/T 11746－2008　簇绒地毯

GB/T 15050－2008　手工打结羊毛地毯

GB/T 24983－2010　船用环保阻燃地毯

0731　挂毯、门毡

● **类别定义**

也称作"壁毯"。原料和编织方法与地毯相同，作室内壁面装饰用。制品及加工方式与地毯类似。

● **常用参数及参数值描述**

类别编码	类别名称	特 征	常用特征值	常用单位
0731	挂毯、门毡	品种	毛织挂毯、丝编挂毯	m²、张
		制作方式	机制威尔顿、机制阿克明斯特、簇绒、手工编织、手工抢刺、针织地毯、植绒地毯	
		规格	长×宽：3660×2140、600×600、2300×1600、1220×610、910×610、500×500	
		产品形态	满铺、块毯、拼块	

● **参照依据**

GB/T 14252-2008 机织地毯

GB/T 15050-2008 手工打结羊毛地毯

0733 其他地板

● **类别定义**

指一些不常使用的地板，如铝合金地板，活动木地板等。

● **常用参数及参数值描述**

类别编码	类别名称	特 征	常用特征值	常用单位
0733	其他地板	品种	铝合金地板、活动木地板	m²
		规格	长×宽：3500×500、3465×465、3450×450、600×600、500×500、3600×600	
		厚度	22、32、30、28、25、24、20、19、18、17、15、16、14、12、10、8、27、35、40、36、34	
		防火等级	A级、B级、C级	

08 装饰石材及石材制品

● **类别定义**

在建筑物上作为饰面材料的石材，包括天然石材、人造石材和石材制品三类。天然石材主要指天然大理石和花岗岩等，人造石材则包括水磨石、人造大理石、人造花岗石和其他人造石材制品。装饰石材与建筑石材的区别在于多了装饰性。

◇ **不包含**

——建筑用石料，统一归入 0411 类别下

——专用的石材制品，如大理石浴盆，统一归入 21 类洁具及燃气器具类别下

——石材雕刻，统一归入 32 类园林绿化类别下

——石材线条材料类，归入 1205 类别下

● **类别来源**

此类是对装饰石材进行了统一归类，作为主要的面层材料之一，在装饰装修工程中占

有很大的比例，所以单独确定为一大类，方便查询、应用；具体子类确定参考了相关的国家标准。

● **范围描述**

范　围	二级子类	说　明
天然石材	0801　大理石	包含大理石平板、大理石弧形板、大理石异型板等
	0803　花岗石	包含大光板、剁斧板材、粗磨板材等
	0805　青石（石灰石）	包含青石平板、蘑菇石等
	0806　砂岩	包含砂岩等
	0807　文化石	包含大理石文化石、花岗石文化石
	0809　麻石	包含麻石等
人造石材	0811　人造石板材	包含人造大理石、花岗石、水磨石等
	0813　微晶石	包含微晶石复合板、微晶玻璃板等
	0815　水磨石板	包含窗台板水磨石板材、踏步用水磨石板材、水磨石异型产品、楼地面用水磨石板材、踢脚板水磨石板材、立板水磨石板材、台面水磨石板材、墙面用水磨石板材等
石材制品	0817　石材加工制品	包含汉白玉圆桌、圆凳、石台、石墩、栏杆、腰线石、挑檐石及石材装饰线材等
	0819 石材艺术制品	包含动物、人像、花卉等艺术造型石材制品

0801　大理石

● **类别定义**

大理石是地壳中原有的岩石经过地壳内高温高压作用形成的变质岩。地壳的内力作用促使原来的各类岩石发生质的变化，即原来岩石的结构、构造和矿物成分发生改变。经过质变形成的新的岩石称为变质岩。

大理石主要由方解石、石灰石、蛇纹石和白云石组成。其主要成分以碳酸钙为主，约占 50% 以上。由于大理石一般都含有杂质，而且碳酸钙在大气中受二氧化碳、碳化物、水气的作用，也容易风化和溶蚀，而使表面很快失去光泽。大理石一般性质比较软，这是相对于花岗石而言的。大理石早先因盛产于云南省大理而得名。现在大理石产品多按岩石产地、花纹特征和色调来命名，如"山东波浪绿"、"四川朝霞红"、"西班牙米黄"等。纯白色大理石因其洁白如玉被称为苍山白玉、汉白玉或白玉。

适用范围：主要用于建筑室内装饰，多用于室内墙面、柱面、地面、楼梯、栏杆、墙裙、窗台板、踢脚板、石雕、工艺品及酒吧台、服务台、洗漱台和各种家具的台面，还可以用于壁画装饰品和纪念物等。一般不宜用于室外和公共卫生间等经常使用酸性洗涤材料的地方，只有少数坚实致密、吸水率不大于 0.75% 的品种才考虑用于户外。

一般天然大理石板按照形状分为：平板（加工、荒料）、圆弧板、异型板。厚度一般在 10～30mm。

● **常用参数及参数值描述**

类别编码	类别名称	特 征	常用特征值	常用单位
0801	大理石	品种	大理石平板、大理石弧形板、大理石异型板、碎拼大理石石料	m²
		规格（mm）	长×宽×厚：570×180×10、300×150×15、300×300×15	
		表面处理	火烧面、抛光面、亚光面、机切面	
		品名	汉白玉、白水晶、雅士白、爵士白、大花白、雪花白、宝兴白、海棠白、白沙米黄、金碧辉煌、埃及米黄、新西米、红线米黄、松香黄、紫罗红、万寿红、玫瑰红	
		产地	国产、进口	

● **参照依据**

GB/T 19766-2005　天然大理石建筑板材
GB/T 18600-2009　天然板石
JC/T 202-2011　天然大理石荒料

0803　花岗石

● **类别定义**

俗称豆渣石，为典型的火成岩，其矿物组成主要为长石、石英及少量暗色矿物和云母。花岗石也叫酸性结晶深成岩，是火成岩中分布最广的一种岩石，由长石、石英和云母组成，岩质坚硬密实。其成分以二氧化硅为主，约占65%～75%。

花岗岩为高级的建筑结构材料和装饰材料，主要应用于墙面、柱面、台阶、纪念碑、墓碑等处。通常按照外形分为平板、圆弧板、异型板。厚度一般在10～30mm。

● **常用参数及参数值描述**

类别编码	类别名称	特 征	常用特征值	常用单位
0803	花岗石	品种	大光板、剁斧板材、粗磨板材、异形花岗石板、花岗石蘑菇石	m²
		规格（mm）	长×宽×厚：570×180×10、300×150×15、300×300×15	
		表面处理	火烧面、抛光面、亚光面、机切面、毛面、磨光	
		品名	百花岗、安阳白、白灵芝、白喻、大花白、晋江百、浪花白、梨花白、宝兴黑、黑金麻、黑猫石	
		产地	国产、进口	

● **参照依据**

JC 205-92　天然花岗石建筑板材

GB/T 18600-2009 天然板石

JC/T 204-2011 天然花岗石荒料

GB/T 18601-2009 天然花岗石建筑板材

0805 青石（石灰石）

● 类别定义

石灰岩的俗称；是水成岩中分布最广的一种岩石，全国各地都有产出，主要成分为碳酸钙及黏土、氧化硅、氧化镁等。

青石板容易加工、质地密实，强度中等，易于加工，可采用简单工艺凿割成薄板或条形材，是理想的建筑装饰材料。

青石板也称天然板岩，品种有：平板（用于墙面、地面）、蘑菇石（用于墙面）、文化石（用于墙面）、乱形碎拼（用于墙面、地面）、瓦板（用于建筑物屋顶代替普通房瓦、墙面）。

青石墙板

青石台阶石

● 常用参数及参数值描述

类别编码	类别名称	特 征	常用特征值	常用单位
0805	青石（石灰石）	品名	青石平板、青石蘑菇石板、青石文化石板、青石碎拼、青石瓦板	m²
		规格（mm）	长×宽×厚：300×150×15	
		颜色	青（青绿）色、锈（锈红）色、黑（黑蓝）色、白（黄白）色	

● 参照依据

GB/T 18600-2009 天然板石

0806 砂岩

● 类别定义

以砂聚合而成的一种可以作为建筑材料的石材。作为石材工程板，砂岩板的厚度一般为 15～25mm。

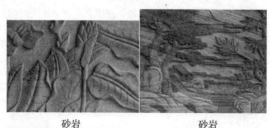
砂岩　　　　　砂岩

● 常用参数及参数值描述

类别编码	类别名称	特　征	常用特征值	常用单位
0806	砂岩	品名	砂岩	m²
		规格（mm）	长×宽×厚：300×150×15	
		颜色	青色、白色、黑色	

● 参照依据

JCG/T 60001－2007　天然石材装饰工程技术规程

0807　文化石

● 类别定义

文化石是一种人造石，亦是天然石；文化石是天然石材的再现，它呈现着天然石材的自然风貌。文化石是一种高档的外墙装饰材料，多用于文化墙、背景墙等处。

● 常用参数及参数值描述

类别编码	类别名称	特　征	常用特征值	常用单位
0807	文化石	品名	花岗岩文化石、大理石文化石、板岩砂岩文化石、砂岩文化石	m²
		规格（mm）	长×宽×厚：200×100×10、200×50×9	

● 参照依据

JCG/T 60001－2007　天然石材装饰工程技术规程

0809　麻石

● 类别定义

麻石是一种表面按设计要求做成凹凸不平，没有进行拉平、抛光处理的天然石材。

● 常用参数及参数值描述

类别编码	类别名称	特　征	常用特征值	常用单位
0809	麻石	品名	凸凹麻石	m²
		规格（mm）	长×宽×厚：200×100×10	

● 参照依据

JCG/T 60001－2007　天然石材装饰工程技术规程

0811　人造石板材

● 类别定义

人造石板材包括人造大理石、人造花岗石装饰板材等。

人造大理石板的主要品种有：聚酯型人造大理石、水泥－树脂复合型人造大理石、硅酸盐类人造大理石、人造石膏大理石板、浮印型人造饰面板、玉石合成饰面板（又称人造琥珀石饰面板）、罗马岗石、幻彩石等。

人造花岗石板主要作为室外装饰材料，使用于外墙、外柱、梁及顶盖石等，偶尔使用于室内的墙柱。人造花岗石板是以不易受风化且不易受大气污染的碎石粒为原料石（粒径以 6mm 以下，1.5mm 以上为准，主要是花岗石），通过添加一些辅料（如树脂和胶粘剂等）制作而成。

● **常用参数及参数值描述**

类别编码	类别名称	特 征	常用特征值	常用单位
0811	人造石板材	材质	美格人造石、铸石板、大理石板、米兰人造石、聚酯型人造大理石、幻彩石人造大理石、人造花岗石、罗马岗石人造大理石、玉石合成饰面板、浮印型人造饰面板	m²
		形状	异型板、平板、弧形板	
		规格（mm）	长×宽×厚：3050×1400×25、74.5×49.5×10、180×110×12、200×50×30、200×100×12	

● **参照依据**

JC/T 507－2012 建筑装饰用水磨石

0813 微晶石

● **类别定义**

微晶石在行内称为微晶玻璃复合板材。

微晶石装饰板，是一种高级建筑装饰材料。全部用天然材料制成的一种人造材料。微晶石具有吸水率小、无放射性污染、颜色可调、规格可控制等优点，还能生产弧形板。微晶石包含微晶石复合板、微晶玻璃板等。

微晶玻璃板：也称微晶陶瓷，它是玻璃在溶制的过程中使组分中的成分晶化而成的含有大量微晶体和玻璃体的复合固体材料。微晶玻璃板则是用此材料制成的成型板材。

● **常用参数及参数值描述**

类别编码	类别名称	特 征	常用特征值	常用单位
0813	微晶石	品种	微晶石复合板、微晶玻璃板	m²
		规格（mm）	长×宽×厚：1000×1000×18、600×600×12、600×900×13、800×800×16	
		颜色	白色、白麻色、灰色、翠绿色、湖蓝色、米黄色	
		形状	曲面、平面	

● **参照依据**

JC/T 994－2006 微晶玻璃陶瓷复合砖

JC/T 872－2000 建筑装饰用微晶玻璃

0815 水磨石板

● **类别定义**

是以水泥和大理石末（石屑）为主要原料而制成的一种人造石材。按表面加工程度分为磨面和抛光两种。

水磨石在建筑中的使用部位分为：墙面、柱面，地面、楼面，踢脚板、立板、台面板用，隔断墙、窗台板等。

◇ 不包含

——现浇水磨石板，此类统一归入 8009 类，使用时参照执行水磨石施工工艺技术规范。

● **常用参数及参数值描述**

类别编码	类别名称	特 征	常用特征值	常用单位
0815	水磨石板	用途	窗台板水磨石板材、踏步用水磨石板材、水磨石异型产品、楼地面用水磨石板材、踢脚板水磨石板材、立板水磨石板材、台面水磨石板材、墙面用水磨石板材、隔断墙水磨石板材、柱面用水磨石板材	m²
		表面处理	垂直投影面、抛光 P、磨面 M	
		规格（mm）	长×宽×厚：400×150×10、400×400×12、400×120×15	
		颜色	白色、白麻色、灰色、翠绿色、湖蓝色、米黄色	

● **参照依据**

JC/T 507-2012 建筑装饰用水磨石

0817 石材加工制品

● **类别定义**

主要是指用石材加工成的粗制石材制品，包括石门框、石柱等。

◇ 不包含

——石料装饰线条，例如：栏杆、角线、窗台板等。归入 1205 类别下

● **常用参数及参数值描述**

类别编码	类别名称	特 征	常用特征值	常用单位
0817	石材加工制品	品种	石柱帽、台阶、石条桩、汉白玉圆桌、圆凳、石墩、石门框、石柱、石马头、石门臼	m²
		规格（mm）	1500×700×30、φ150、φ600 柱、桌	
		材质	大理石、砂岩、青石、花岗石	
		表面处理	光面、麻面	

● **参照依据**

JCG/T 60001-2007 天然石材装饰工程技术规程

0819 石材艺术制品

● **类别定义**

主要是指一些常用的、未系列化的零散制品，一些存在效果装饰的石质装饰件。

△ 不包含

——石材使用过程中用到的养护液、清洗剂、外加剂用品，此类归入 14 大类相关子类下

● **常用参数及参数值描述**

类别编码	类别名称	特 征	常用特征值	常用单位
0819	石材艺术制品	品种	山皮石、太湖石、洞石、笋石、景石、人造浮石	m²
		规格	长 4m、长 3m、长 15×宽 15、长 48×宽 48、长 2m、长 30×宽 30、长 25×宽 25、长 400×宽 200	
		造型	人物造型、花鸟造型	

● **参照依据**

JCG/T 60001－2007 天然石材装饰工程技术规程

09 墙面、顶棚及屋面饰面材料

● **类别定义**

按照用途划分，主要指饰面板材，还包括壁纸、壁布、顶棚格栅灯；墙体及顶棚材料是指在对内外墙和天棚进行装饰时用到的各种材料，此类主要包括顶棚装饰板、墙面装饰板材及屋面板等；各种装饰板材大部分即可做贴墙板使用，又可使用在顶棚装饰上。

◇ **不包含**

——装饰时用到的陶瓷墙砖，统一归入 07 类别下

——装饰时用到的涂料，统一归入 13 涂料及防腐、防水材料类别下

——装饰时用到的龙骨，统一归入 10 龙骨、龙骨配件类别下

● **类别来源**

此类是对墙面、顶棚装饰、屋面装饰板材、进行了统一归类，具体子类确定参考了相关的国家标准。

● **范围描述**

范 围	二级子类	说 明
装饰板材	0901 石膏装饰板	包含纸面石膏板、石膏空心条板、石膏纤维板、石膏刨花板
	0903 竹木装饰板	包含木质装饰板、竹贴墙板等
	0905 金属装饰板	包含铝板、铝合金、彩钢、不锈钢板的墙体及顶棚装饰板材
	0907 矿物棉装饰板	包含矿棉装饰板、岩棉装饰板、玻璃棉装饰板等
	0909 塑料装饰板	包含塑料装饰扣板、塑料顶板、泡沫塑料装饰吸声板、阳光板（以聚碳酸酯为原料）等
	0911 复合装饰板	包含钙塑板、金属复合板、木材复合板、彩钢复合板、岩棉复合板等
	0913 铝塑复合板	包含铝塑板等
	0915 纤维水泥装饰板	包含石棉水泥板、埃特板等
	0917 珍珠岩装饰板	包含珍珠岩穿孔装饰吸声板、珍珠岩装饰吸声板
	0919 硅酸钙装饰板	包含石棉硅酸钙板、无石棉硅酸钙板
	0923 其他装饰板	有三防板、陶板、玻镁平板、菱镁平板、稻草板等

续表

范　围	二级子类		说　明
墙板、屋面板	0925	轻质复合板	包含蒸压加气混凝土板、陶粒玻璃纤维空心轻质墙板、金属岩棉夹芯板、保温墙板、保温屋面板、钢丝网架夹芯保温墙板等
墙面、屋面其他装饰材料	0927	网格布/带	包含玻璃纤维网格布、耐碱网格布等
	0929	壁画	包含不同材质的壁画
	0931	壁纸	包含纸质壁纸、织物壁纸、石英纤维壁纸、金属壁纸、泡沫壁纸等
	0933	壁布	包含玻璃纤维印花墙布、涤纶无纺墙布、化纤装饰贴墙布、锦缎壁布等
	0935	金、银箔制品	包含金、银箔制品等
	0937	格栅、格片、挂片	包含铝合金、不锈钢等材质的不同的格栅、格片等
	0939	屏风、隔断	包含不同材质的成品隔断等

0901　石膏装饰板

● **类别定义**

石膏顶棚装饰板是以建筑石膏为基料，附加少量增强纤维、胶粘剂、改性剂等，经搅拌、成型、烘干等工艺而制成的新型顶棚装饰材料。

石膏装饰板有很多品种，如平面石膏板、穿孔石膏板、浮雕石膏板、嵌装式石膏板、纸面石膏板、纤维石膏板、空心石膏板、石膏刨花板等。

● **常用参数及参数值描述**

类别编码	类别名称	特　征	常用特征值	常用单位
0901	石膏装饰板	品种	穿孔石膏板、覆膜石膏板、素面石膏板、纸面石膏板、涂白石膏板、印花石膏板、浮雕石膏板、功能性石膏板、空心石膏板、半穿孔石膏板	m²
		规格（mm）	长×宽×厚：2700×900×15、3000×1220×12、7500×1200×20	
		形状	大板、方板、跌级方板、条板、跌级条板、嵌装式方板	
		质量等级	优等品、一等品、合格品	
		性能	保温、高级耐水、高级耐火、隔热、防潮、吸声、防水、耐潮、耐火 H、耐水 S、普通 P、防火	

● **参照依据**

GB/T 9775-2008　纸面石膏板
ASTM C630M-00　高级耐水、耐火纸面石膏板 GSH
JC/T 803-2007　吸声用穿孔石膏板
JC/T 799-2007　装饰石膏板
JC/T 800-2007　嵌装式装饰石膏板

0903　竹木装饰板

● **类别定义**

是由各种原木加工而成用于墙面的装饰材料；包括木质装饰板材、木质人造板材。

木质装饰板的品种有：薄木装饰板、塑料贴面木质装饰板、印刷木纹人造、复合木质装饰板、宝丽板等。木质人造板、人造装饰板是利用木材，木质纤维、木质碎料或其他植物纤维为原料，加胶粘剂和其他添加剂制成的板材。

● **常用参数及参数值描述**

类别编码	类别名称	特征	常用特征值	常用单位
0903	竹木装饰板	品种	微薄木装饰板、波音板、立体波浪板、吸声板、澳松板、理化板、软木装饰墙板、新丽板、华夫板、木纹板、富丽板、宝丽板、欧松板、厚薄木装饰板	m²
		规格（mm）	长×宽×厚：2440×122×19、920×610×10	
		树种	富贵竹、黑胡桃、白枫、沙比利、白胡桃、泰柚、松木、红橡、紫檀、水曲柳、榉木、红胡桃、麦格利、欧洲云衫、北美樱桃、黑檀、白橡、柚木	
		质量等级	优等品、一等品、合格品	

● **参照依据**

JC/T 564－2008　纤维增强硅酸钙板

JC/T 412－2006　纤维水泥平板

GB/T 17748－2008　建筑幕墙用铝塑复合板

0905　金属装饰板

● **类别定义**

金属装饰板是利用铝合金、不锈钢、镀锌钢板所制成的板材。

金属装饰板主要有：金属微穿孔吸声板、铝合金装饰板、彩钢装饰板、不锈钢吊顶板等。

● **常用参数及参数值描述**

类别编码	类别名称	特征	常用特征值	常用单位
0905	金属装饰板	品种	铝单板、铝扣板、钢制金属顶棚板、铝合金顶棚板、铝合金吸声板、铝合金蜂窝板、铝顶棚板、铝合金扣板、铝锰合金板、幕墙铝板、不锈钢板	m²
		形状	跌级条板、方板、跌级方板、条板、大板	
		表面处理	纳米、氟碳三涂、聚酯预涂、磨砂、聚酯喷涂、覆膜、预涂素色、预涂珠光、滚涂、氟碳二涂、户外聚酯粉、静电喷涂、烤漆、阳极氧化、粉末喷涂、氟碳喷涂、钛金、氟碳、聚酯	
		规格（mm）	长×宽×厚：2440×122×10、920×610×18	
		环保等级	E0、E1、E2	
		特征	井形、冲孔、平面、圆形	

● **参照依据**

JC 688 - 2006　玻镁平板

JC/T 489 - 1992　镁铝曲面装饰板

0907　矿物棉装饰板

● **类别定义**

矿物棉装饰吸声板系以同种矿物棉为主要原料加工而成，常用的矿物棉装饰吸声板；包括：矿物装饰吸声板、岩棉装饰吸声板、玻璃棉装饰吸声板。

矿棉装饰板：以矿棉为主要原料，矿棉是矿渣经高温熔化由高速离心机甩出的絮状物，无害、无污染，是一种变废为宝、有利环境的绿色建材。

岩棉装饰吸声板：采用岩棉，经过粒化、喷胶搅拌、布料热压固化、板料的后期加工等工序加工而成。

玻璃棉装饰板：以玻璃棉为基料，加以胶粘剂，经热压成型等工序加工而成。

● **常用参数及参数值描述**

类别编码	类别名称	特　征	常用特征值	常用单位
0907	矿物棉装饰板	品种	岩棉吸声板、玻璃棉吸声板、矿棉顶棚板、矿棉吸声板	m²
		形状	跌级条形板、条形平板、暗插条形板、平板	
		规格（mm）	长×宽×厚：2440×122×10、920×610×18	
		防潮等级	防潮等级 RH85、防潮等级 RH100、防潮等级 RH99、防潮等级 RH95、防潮等级 RH90	
		图案	窄条、核桃花、毛毛虫、向日葵、米兰花、雨冰花、满天星	

0909　塑料装饰板

● **类别定义**

指塑料墙面装饰板和塑料顶棚板（与塑料地板分开），也包括贴面用的塑料装饰薄板及其卷材。塑料装饰板的主要品种：塑料装饰扣板、PVC 塑料天花板、泡沫塑料装饰吸声板、阳光板（以聚碳酸酯为原料支持）等。

● **常用参数及参数值描述**

类别编码	类别名称	特　征	常用特征值	常用单位
0909	塑料装饰板	品种	聚苯乙烯扣板、聚丙烯扣板、PVC 扣板、聚碳酸酯（PC）中空板（阳光板）、塑料亚光贴面板、塑料镜面贴面板、PVC 塑料顶棚板、聚氯乙烯扣板、蜂窝板、波浪板、ABS 塑料板、波音装饰软片、PC 耐力板、聚碳酸酯（PC）成型采光罩、聚碳酸酯（PC）平板	m²
		规格（mm）	长×宽×厚：2440×122×10、920×610×18	
		环保等级	E0、E1、E2	
		质量等级	优等品、一等品、合格品	
		性能	易洁净、防滴露、普通、阻燃、晶亮、易洁净、防滴露、双面抗紫外线、单面抗紫外线、不碎、防火	
		颜色	透明、有色透明、有色、杂色、无色透明	

● **参照依据**

JG/T 116-2012 聚碳酸酯（PC）中空板

0911 复合装饰板

● **类别定义**

指由两种或两种以上的装饰板作为原料，经过再次加工而制成的复合板材。复合装饰板目前主要有铝塑板、泰柏板、钙塑板、金属岩棉夹芯板等品种。

泰柏板：是一种新型建筑材料，选用强化钢丝焊接而成的三维笼为构架，阻燃EPS泡沫塑料芯材组成，是目前取代轻质墙体最理想的材料。是以阻燃聚苯泡沫板，或岩棉板为板芯，两侧配以直径为2mm冷拔钢丝网片，钢丝网目50mm×50mm，腹丝斜插过芯板焊接而成，主要用于建筑的围护外墙、轻质内隔断等。

产品广泛用于建筑业、装饰业内隔墙、围护墙、保温复合外墙和双轻体系（轻板，轻框架）的承重墙，应用于楼面、屋面、吊顶和新旧楼房加层，卫生间隔墙并且可作任何贴面装修等。

特点：节能、重量轻、强度高、防火、抗震、隔热、隔声、抗风化，耐腐蚀的优良性能，并有组合性强、易于搬运，适用面广，施工简便等特点。

用途：适用于高层多层工业与民用建筑物。

● **常用参数及参数值描述**

类别编码	类别名称	特 征	常用特征值	常用单位
0911	复合装饰板	品种	镁铝装饰板、塑料复合钢板、玻镁平板、塑钢装饰板、塑胶装饰板	m²
		规格（mm）	长×宽×厚：2440×122×10、920×610×18	
		环保等级	E0、E1、E2	
		表面处理	清漆、镜面、木纹、石纹、拉丝、聚酯、氟碳、珠光	
		性能	防火、保温、易洁净、抗菌	

● **参照依据**

GB/T 17748-2008 建筑幕墙用铝塑复合板

0913 铝塑复合板

● **类别定义**

铝塑复合板，简称铝塑板，是指以塑料为芯层，两面为铝材的3层复合板材，并在产品表面覆以装饰性和保护性的涂层或薄膜（若无特别注明则通称为涂层）作为产品的装饰面。

● **常用参数及参数值描述**

类别编码	类别名称	特 征	常用特征值	常用单位
0913	铝塑复合板	品种	铝塑复合墙板、铝箔复合隔热板材	m²
		规格（mm）	长×宽×厚：2440×122×10、920×610×18	
		环保等级	E0、E1、E2	
		表面处理	镜面、珠光、岗纹、木纹、氟碳、清漆、石纹、聚酯、拉丝、清漆	
		铝箔厚度（mm）	0.12、0.08、0.25、0.40、0.50、0.30、0.35、0.21、0.20、0.18、0.45、0.15、0.10	
		性能	自洁净、普通、易洁净、抗静电、抗菌、防火	

● **参照依据**

GB/T 17748-2008 建筑幕墙用铝塑复合板

0915 纤维水泥装饰板

● **类别定义**

是指以水泥和各种纤维为主要原料经过抄取成型、加压、蒸汽养护等工序制成的装饰板，纤维原料可采用石棉、玻璃棉、植物纤维等。主要品种有：埃特尼特板（包括埃特不燃平板和埃特不燃墙板等）、莱特板（又称 FC 板）、TK 板、普通石棉水泥装饰吊顶板、穿孔吸声石棉水泥板等。

● **常用参数及参数值描述**

类别编码	类别名称	特 征	常用特征值	常用单位
0915	纤维水泥装饰板	品种	纤维水泥压力板（FC 板）、石棉水泥加压板（百特板）、石棉水泥加压穿孔（百特穿孔板）、纤维增强硅酸盐平板（埃特板）、植物纤维石膏板（苍松板）、玻璃纤维石膏板、聚酯纤维板	m²
		规格（mm）	长×宽×厚：2440×122×10、920×610×18	
		环保等级	E0、E1、E2	
		质量等级	优等品、一等品、合格品	
		性能	易粘贴、抗菌防腐、无尘洁净、吸声、防火	

● **参照依据**

JC/T 412-2006 纤维水泥平板

JC/T 411-2007 水泥木屑板

0917 珍珠岩装饰板

● **类别定义**

珍珠岩装饰板通常又称作珍珠岩吸声板，系以膨胀珍珠岩粉、石膏及水玻璃配以其他辅料加工制成，包括珍珠岩穿孔装饰吸声板、珍珠岩装饰吸声板。

● **常用参数及参数值描述**

类别编码	类别名称	特 征	常用特征值	常用单位
0917	珍珠岩装饰板	品种	珍珠岩水泥装饰板、珍珠岩穿孔装饰板	m²
		规格（mm）	长×宽×厚：2440×122×10、920×610×18、900×2100×25、830×1930×25、830×1850×25	
		性能	防潮、普通、吸声	

● **参照依据**

JC/T 430-2012 膨胀珍珠岩装饰吸声板

0919 硅酸钙装饰板

● **类别定义**

硅酸钙装饰板简称硅钙板，其原材料来源广泛。硅质原料可采用石英砂、硅藻土或粉煤灰，钙质原料可为生石灰、电石泥或水泥等，增强材料可为石棉或纸浆等。原料经各种工序加工而制成板材。硅钙板具有质轻、高强、隔声、隔热、不燃、防水等性能，可加工性好。硅钙板板面可涂刷各种颜色涂料，或贴覆各种壁纸和墙布等，以获得更好的装饰效果。

● **常用参数及参数值描述**

类别编码	类别名称	特 征	常用特征值	常用单位
0919	硅酸钙装饰板	品种	硅酸盐空心石膏板、硅酸钙涂装平板、硅酸钙浮雕面吊顶板、硅酸钙精磨平板、硅酸钙平板、硅酸钙涂装吊顶板、硅酸钙吊顶板、硅酸钙穿孔平板、硅酸钙穿孔吊顶板、硅酸钙贴饰面吊顶板	m²
		规格（mm）	长×宽×厚：2440×122×10、920×610×18、900×2100×25、830×1930×25、830×1850×25	
		性能	防火、吸声、无尘洁净、抗菌防腐、易粘贴、吸声、防水、抗下陷	
		密度	低密度、高密度、中密度	

● **参照依据**

GB/T 10699-1998 硅酸钙绝热制品

JC/T 564-2008 纤维增强硅酸钙板

0923 其他装饰板

● **类别定义**

包含一些不常使用的装饰板材，包含陶板、玻镁平板、菱镁平板、稻草板等。

● **常用参数及参数值描述**

类别编码	类别名称	特 征	常用特征值	常用单位
0923	其他装饰板	品种	玻纤装饰板、软木装饰板、釉面陶瓷板、毛面陶瓷板、中孔轻质陶板、菱镁平板、纸面稻草板、导光板、聚酯纤维板	m²
		规格（mm）	长×宽×厚：600×300×40、3000×1200×10、60×30×25	
		性能	易洁净、抗菌、防火、普通、吸声	

● **参照依据**

无

0925 轻质复合板

● **类别定义**

以水泥、矿渣（轻骨料）、硅砂、生石灰为主要原料经过高压蒸汽养护而成的多孔制品，包括：蒸压加气混凝土板、陶粒玻璃纤维空心轻质墙板、金属岩棉夹芯板、保温墙板、保温屋面板、钢丝网架夹芯保温墙板等。

● **常用参数及参数值描述**

类别编码	类别名称	特　征	常用特征值	常用单位
0925	轻质复合板	品种	陶粒混凝土条板、金属压型屋面板、酚醛保温板、轻质菱镁夹芯复合墙体板、蒸压加气混凝土墙板、陶粒玻璃纤维空心轻质墙板、轻质玻璃纤维增强水泥板	m²
		规格	长×宽×厚：6000×3000×40、9000×1500×550、2400×1200×60	
		环保等级	E0、E1、E2	

● **参照依据**

GB 15762 - 2008　蒸压加气混凝土板

GB/T 23451 - 2009　建筑用轻质隔墙条板

GB/T 23449 - 2009　灰渣混凝土空心隔墙板

GB/T 19631 - 2005　玻璃纤维增强水泥轻质多孔隔墙条板

JC 680 - 1997　硅镁加气混凝土空心轻质隔墙板

0927　网格布、带

● **类别定义**

网格布是以中碱或无碱玻纤维纱织造，经耐碱高分子乳液涂覆的玻纤网格布系列产品。

网格布主要用途被广泛应用在：

1. 墙体增强材料上

2. 增强水泥制品

3. 花岗岩、马赛克专用网片、大理石背贴网

4. 防水卷材布、沥青屋面防水

5. 增强塑料、橡胶制品的骨架材料

6. 防火板

7. 砂轮基布

8. 公路路面用土工格栅

9. 建筑用嵌缝带等多方面

按种类可分为：内墙保温玻纤网格布、外墙保温网格布、GRC 制品增强网格布、玻纤胶带等四大类。

网格布规格：

《内墙保温网格布》网眼尺寸：5mm×5mm、4mm×4mm，单位面积重：80～165g/m²，宽度：1000～2000mm，长度：50～300m。

《外墙保温网格布》网眼尺寸：5mm×5mm、4mm×4mm，单位面积重：80～160g/m²，宽度：1000～2000mm，长度：50m、100m 或 200m，颜色：白色（标准）、蓝色、绿色或其他颜色，包装：根据客户要求。

《GRC 制品增强网格布》网眼尺寸：8mm×8mm、10mm×10mm、12mm×12mm，

单位面积重：约 125g/m²，宽度：600mm、900mm、1000mm，长度：50m 或 100m，颜色：白色（标准）、黄色、绿色或其他颜色　包装：根据客户要求。

《玻纤胶带》规格：8mm×8mm、9mm×9mm，单位面积重：55～85g/m²，宽度：25～1000mm，长度：10～150m，颜色：通常为白色。

● **常用参数及参数值描述**

类别编码	类别名称	特征	常用特征值	常用单位
0927	网格布、带	品种	内墙保温网格布、GRC 制品增强网格布、玻纤网格布	m²
		网眼规格（mm）	3×3、4×4、5×4、5×5、6×6	
		颜色	白色、蓝色、绿色、橙色	

● **参照依据**

JG 149-2003　膨胀聚苯板薄抹灰外墙外保温系统

0929　壁画

● **类别定义**

壁画，墙壁上的艺术，即人们直接画在墙面上的画。作为建筑物的附属部分，它的装饰和美化功能使它成为环境艺术的一个重要方面。

● **常用参数及参数值描述**

类别编码	类别名称	特征	常用特征值	常用单位
0929	壁画	材质	陶瓷壁画、油彩壁画	m²、张、卷
		制作方式	手工画、手绘画、墙贴画、装饰画	
		规格（mm）	长×宽：800×1020	

0931　壁纸

● **类别定义**

是一种应用相当广泛的室内装饰材料；壁纸分为很多类，如涂布壁纸、覆膜壁纸、压花壁纸等。

指内墙墙体、天棚的装饰材料，区别于装饰板材、线材，一般壁纸、壁布都是比较薄的不同材质的贴面、饰面材料，包括：塑料壁纸、织物复合壁纸、金属壁纸、石英纤维壁纸等。

● **常用参数及参数值描述**

类别编码	类别名称	特征	常用特征值	常用单位
0931	壁纸	材质	纸质壁纸、织物壁纸、石英纤维壁纸、金属壁纸、泡沫壁纸、复合纸质壁纸、PVC 塑料壁纸、织物复合壁纸、草编壁纸、天然纤维壁纸、切片皮	m²、张、卷
		花色	沟底扎花、双色印花、浮雕、细葛皮、粗葛皮、粗熟麻、剑麻、单色压花、单色印花、发泡壁纸、滚花	
		性能	阻燃、防霉、耐水、防辐射、吸声、抗静电、防潮、防火	
		规格（mm）	长×宽：1000×10000、530×10000	

● 参照依据

QB/T 3805－1999　聚氯乙烯壁纸

0933　壁布

● 类别定义

墙布是通过运用材料、设备与工艺手法，以色彩与图文设计组合为特征、表现力无限丰富、可便捷满足多样性个性审美要求与时尚需求的室内墙面装饰材料。墙布也被称为墙上的时装，具有艺术与工艺附加值。

以布或纱布做底，PVC（或其他材料）来印刷，压花的称墙布。还有纸底布面的也称墙布。贴墙布包含：玻纤印花墙布、无纺贴墙布、化纤装饰贴墙布等。

● 常用参数及参数值描述

类别编码	类别名称	特　征	常用特征值	常用单位
0933	壁布	材质	玻璃纤维印花墙布、涤纶无纺墙布、化纤装饰贴墙布、锦缎壁布、装饰壁布、遮光布	m²、张、卷
		花色	印花、压花	
		性能	防火、耐水、防潮、吸声、防霉、阻燃、抗静电、防辐射	
		规格	长×宽：840×840	

0935　金、银箔制品

● 类别定义

包含金、银箔制品等。

● 常用参数及参数值描述

类别编码	类别名称	特　征	常用特征值	常用单位
0935	金、银箔制品	品种	金箔、银箔、金箔制品、银箔制品	m²
		规格	140×140	

● 参照依据

QB/T 2995－2008 银箔

0937　格栅、格片、挂片

● 类别定义

包含铝合金、不锈钢等材质的不同的格栅、格片等。

● 常用参数及参数值描述

类别编码	类别名称	特　征	常用特征值	常用单位
0937	格栅、格片、挂片	品种	方格状吊顶（格仔天花）、片形挂条状吊顶、格栅	m²、套
		规格	宽×高×厚：10×70×0.9、10×65×1.0	
		间距（mm）	125×125、1000×1000、150×150、175×175、50×50、200×200、250×250、300×300、75×75、120×120、100×100	
		表面处理	聚酯、覆膜、滚涂、阳极氧化、静电喷涂、氟碳	
		材质	铝、铝合金、木质	

● **参照依据**

JC/T 1026－2007 玻璃纤维增强热固性树脂承载型格栅

0939 屏风、隔断

● **类别定义**

屏风一般陈设于室内的显著位置，起到分隔、美化、挡风、协调等作用。

隔断是指专门作为分隔室内空间的立面，应用更加灵活，主要起遮挡作用，一般不做到板下，有的甚至可以移动。

● **常用参数及参数值描述**

类别编码	类别名称	特 征	常用特征值	常用单位
0939	屏风、隔断	品种	大开间活动隔断、折叠式隔断、平开式隔断、推拉式活动隔断、固定式隔断	m²
		隔断墙材质	装饰布面、玻璃钢、金属板材、石膏板、胶合板、纤维水泥板、硬质塑料、塑钢、铝合金、不锈钢、钢质，玻璃，陶粒混凝土，加气混凝土，泰柏板，钢化玻璃，金属圆筒	
		型号	75 系列、70 系列、50 系列、90 系列、60 系列、75 三轨系列	
		玻璃材质	镀膜玻璃，普通双玻、钢化玻璃、PC 板采光顶、玻璃采光顶、防弹玻璃、双玻带百叶、双层木纹板饰面、防火玻璃	
		规格	1000×100×2	
		龙骨材质	铝合金骨架、碳素钢骨架	

10 龙骨、龙骨配件

● **类别定义**

龙骨（包括轻钢龙骨、型钢龙骨、铝合金龙骨和木龙骨）是吊顶装饰必不可缺的骨架材料，木龙骨使用较少，主要使用的是轻钢龙骨和铝合金龙骨。

按照用途龙骨包括墙体龙骨和天棚龙骨。

按照材质包含轻钢龙骨、铝合金龙骨、木龙骨、石膏龙骨等，龙骨配件包含连接件、吊杆、吊件、卡钩等。

● **类别来源**

此类是对龙骨及龙骨配件进行了统一归类，具体子类确定参考了相关的国家标准。

● **范围描述**

范围	二级子类	说　　明
龙骨	1001　轻钢龙骨	包含墙体龙骨和吊顶龙骨
	1002　型钢龙骨	包含 C 型、H 型、U 型、薄壁型钢龙骨等
	1003　铝合金龙骨	包含墙体龙骨、吊顶龙骨等
	1005　木龙骨	包含吊顶龙骨、竖墙龙骨、铺地龙骨以及悬挂龙骨等
	1007　烤漆龙骨	
	1009　石膏龙骨	
	1011　不锈钢龙骨	
龙骨配件	1013　轻钢、型钢龙骨配件	包含支撑卡子、卡托、角托、吊件、挂件、连接件等
	1015　铝合金龙骨配件	
	1017　其他龙骨配件	

1001　轻钢龙骨

● **类别定义**

轻钢龙骨是指用密度比较小的钢做成的，它的特点就是比较轻，但是硬度又很大，一般用于天花吊顶的主材料，它通过螺杆与楼板相接，用来固定天花或者物体。

轻钢龙骨分为墙体龙骨和吊顶龙骨两大类。吊顶龙骨由承载龙骨（主龙骨），覆面龙骨（辅龙骨）及各种配件组成。轻钢龙骨断面有 U 型、C 型、T 型及 L 型。吊顶龙骨代号 D，墙体隔断龙骨代号 Q，分为 D38(UC38)，D50(UC50) 和 D60(UC60) 三个系列。D38 用于吊点间距 900～1200mm 不上人吊顶，D50 用于吊点间距 900～1200mm 上人吊顶，D60 用于吊点间距 1500mm 上人加重吊顶，U50、U60 为覆面龙骨，它与承载龙骨配合使用。墙体龙骨由横龙骨、竖龙骨及横撑龙骨和各种配件组成，有 Q50(C50)、Q75(C75)、Q100(C100) 和 Q150(C150) 四个系列；具体的龙骨示意图见墙体龙骨示意图和吊顶龙骨示意图。

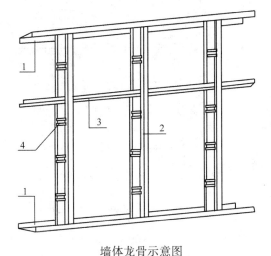

墙体龙骨示意图

1—横龙骨；2—竖龙骨；3—通贯龙骨；4—支撑卡

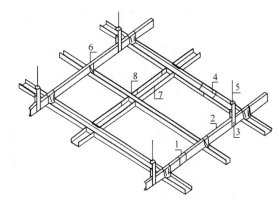

吊顶龙骨示意图

1—承载龙骨连接件；2—承载龙骨；3—吊件；4—覆面龙骨连接件；5—吊杆；6—撞件；7—覆面龙骨；8—挂插件

示例：断面形状为 C 型，宽度 45mm，高度 12mm，钢板厚度 1.5mm 的吊顶龙骨，可标记为：建筑用轻钢龙骨 DC45×12×1.5CB11981

对于常用龙骨的断面及尺寸，详见下表进行参考执行：

龙骨断面形状及尺寸

名　称		形　状　规　格		备　注
吊顶龙骨	U 型龙骨　承载龙骨		$A×B×t$ 38×12×1.0 45×15×1.2 50×15×1.2 60×B×1.2	$B=24\sim30$
	覆面龙骨		$A×B×t$ 25×19×0.5 50×19×0.5 50×20×0.6 60×27×0.6	
	T 型龙骨　主龙骨		$A×B×t_1×t_2$ 24×38×0.3×0.27 24×32×0.3×0.27 14×32×0.3×0.27 16×40×0.36	
墙体龙骨	横龙骨		$A×B×t$ 52(50)×B×0.7 77(75)×B×0.7 102(100)×B×0.7 152(150)×B×0.7 $B\geqslant35$	注 1：50、75 系列使用连续热镀锌板，允许厚度为 0.6mm。
	竖龙骨		$A×B×t$ 50(48.5)×B×0.7 75(73.5)×B×0.7 100(98.5)×B×0.7 150(148.5)×B×0.7 $B\geqslant45$	注 2：加强龙骨厚度 $t=1.5mm$。
	通贯龙骨		$A×B×t$ 20×12×1.0 38×12×1.0	

● **常用参数及参数值描述**

类别编码	类别名称	特 征	常用特征值	常用单位
1001	轻钢龙骨	品种	窄带凹槽轻钢龙骨、窄带轻钢龙骨、轻钢吊顶龙骨上人型、轻钢隔墙龙骨、轻钢吊顶龙骨不上人型、护角龙骨、轻钢三角龙骨、轻钢吊顶龙骨、窄带不锈钢龙骨、窄面黑线凹槽轻钢龙骨	kg
		断面尺寸 $A \times B \times t$ (mm)	$30 \times 12 \times 0.35$、$30 \times 28 \times 0.5$、$38 \times 12 \times 0.8$、$38 \times 12 \times 1.0$、$38 \times 12 \times 1.2$、$48 \times 12 \times 0.42$、$49 \times 19 \times 0.45$、$50 \times 12 \times 1.0$、$50 \times 12 \times 1.2$、$50 \times 15 \times 1.5$、$50 \times 15 \times 1.0$、$50 \times 15 \times 1.2$、$50 \times 18 \times 0.4$、$50 \times 18 \times 0.5$、$50 \times 18 \times 0.6$、$50 \times 19 \times 0.4$、$50 \times 19 \times 0.5$、$50 \times 40 \times 0.6$	
		断面形状	V 型直卡式、U 型、C 型、L 型、T 型、V 型、H 型	
		表面处理	烤漆、镀锌	
		长度（mm）	600、610、1200、1220、2400、2900、3000、3048、3050、6000 等	
		用途	横龙骨、边龙骨、主龙骨、副龙骨、小龙骨、大龙骨、中龙骨、天地骨、竖龙骨	

常用表示符号：
◇　Q——表示墙体龙骨
◇　D——表示吊顶龙骨
◇　ZD——表示直卡式吊顶龙骨
◇　U——表示龙骨断面形状为 U 形
◇　C——表示龙骨断面形状为 C 形
◇　T——表示龙骨断面形状为 T 形
◇　L——表示龙骨断面形状为 L 形
◇　H——表示龙骨断面形状为 H 形
◇　V——表示龙骨断面形状为 V 形

● **参照依据**

GB/T 11981-2008　建筑用轻钢龙骨

1002　型钢龙骨

● **类别定义**

型钢是一种有一定截面形状和尺寸的条形钢材。型钢龙骨是已经有了造型，直接打进墙里锚入；包含 C 型、H 型、U 型、薄壁型钢龙骨等。

Z 型冷弯龙骨

薄壁 C 型钢龙骨

● **常用参数及参数值描述**

类别编码	类别名称	特 征	常用特征值	常用单位
1002	型钢龙骨	品种	工字钢龙骨、丁字钢龙骨、薄壁角钢龙骨、镀锌C型钢	kg
		规格	C型钢规格：外径×侧翼高度：70×45 U型钢规格：内径×内径×侧翼高度：92×92×45	
		断面形状	V型直卡式、U型、C型、L型、T型、V型、H型	
		表面处理	烤漆、镀锌	
		长度（mm）	610、3000、2900、600、6000、3050、3048、1220、1200、2400	

● **参照依据**

GB 50018－2002 冷弯薄壁型钢结构技术规范

1003 铝合金龙骨

● **类别定义**

龙骨常用的除了轻钢龙骨之外，还有使用铝合金做吊顶龙骨；铝合金吊顶龙骨具有不锈、质轻、防火、抗震、安装方便等特点，适用于室内吊顶装饰。吊顶龙骨可与板材组成450mm×450mm，500mm×500mm，600mm×600mm的方格，不需要大幅面的吊顶板材，可灵活选用小规格吊顶材料。铝合金材料经过电氧化处理，光亮、不锈、色调柔和，吊顶龙骨呈方格状外露，美观大方。

铝合金龙骨吊顶由吊杆、龙骨、配件及罩面板等部分组成。其中吊杆、罩面板与轻钢龙骨吊顶相同。龙骨分有大龙骨、中龙骨、小龙骨和边龙骨。大龙骨断面呈U型，中、小龙骨断面呈T型；边龙骨断面呈L型。龙骨用铝合金轧制。

● **常用参数及参数值描述**

类别编码	类别名称	特 征	常用特征值	常用单位
1003	铝合金龙骨	品种	铝合金轻钢龙骨、铝合金方板龙骨、铝合金条板龙骨	kg
		断面尺寸 $A×B×t$（mm）	60×30×1.5、16×26、16×32、14×23	
		断面形状	V卡式、T型、U型、H型、Ω形、L型	
		长度（mm）	600、3000、2800	
		用途	边龙骨、主龙骨、竖龙骨、横龙骨、副龙骨、中龙骨、小龙骨、大龙骨	
		表面处理	烤漆、镀锌	

● **参照依据**

GB/T 11981－2008 建筑用轻钢龙骨

1005 木龙骨

● **类别定义**

木龙骨俗称为木方，主要由松木、椴木、杉木等树木加工成截面长方形或正方形的木条。木龙骨是装修中常用的一种材料，有多种型号，用于撑起外面的装饰板，起支架作用。天花吊顶的木龙骨一般松木龙骨较多。

● **常用参数及参数值描述**

类别编码	类别名称	特 征	常用特征值	常用单位
1005	木龙骨	品种	铺地龙骨、竖墙龙骨、吊顶龙骨、悬挂龙骨	kg、m³
		规格	长×宽：50×70、50×100、45×90、20×30、30×40、40×40	
		长度（mm）	600、1200、3000	
		树种	落叶衫、云杉、硬木松、水曲柳、桦木	

1007 烤漆龙骨

● **类别定义**

烤漆龙骨在外形上与铝合金龙骨十分相似，也是吊顶上常用的一种材料，其作用与铝合金龙骨是一样的，也是为了美观，起一个支架作用。与之配套的是硅钙板和矿棉板等。

● **常用参数及参数值描述**

类别编码	类别名称	特 征	常用特征值	常用单位
1007	烤漆龙骨	品种	平面烤漆龙骨、窄边平面烤漆龙骨、槽型烤漆龙骨、立体凹槽烤漆龙骨	m、根
		规格	长×宽：38×24、32×23	
		烤漆颜色	灰色、红色	
		用途	主龙骨、中龙骨、副龙骨、边龙骨	

● **参照依据**

GB/T 11981-2008 建筑用轻钢龙骨

1009 石膏龙骨

● **类别定义**

包含吊顶龙骨、竖墙龙骨、铺地龙骨以及悬挂龙骨等。

● **常用参数及参数值描述**

类别编码	类别名称	特 征	常用特征值	常用单位
1009	石膏龙骨	品种	竖墙龙骨、吊顶龙骨	m、根
		规格	长×宽：38×24、32×23	

1011 不锈钢龙骨

● **类别定义**

包含吊顶龙骨、竖墙龙骨、铺地龙骨以及悬挂龙骨等。

● **常用参数及参数值描述**

类别编码	类别名称	特 征	常用特征值	常用单位
1011	不锈钢龙骨	品种	铺地龙骨、竖墙龙骨、吊顶龙骨、悬挂龙骨	kg
		断面尺寸 $A\times B\times t$ (mm)	$30\times12\times0.35$、$30\times28\times0.5$、$38\times12\times0.8$、$38\times12\times1.0$、$38\times12\times1.2$、$48\times12\times0.42$、$49\times19\times0.45$、$50\times12\times1.0$、$50\times12\times1.2$、$50\times15\times1.5$、$50\times15\times1.0$、$50\times15\times1.2$、$50\times18\times0.4$、$50\times18\times0.5$、$50\times18\times0.6$、$50\times19\times0.4$、$50\times19\times0.5$、$50\times40\times0.6$	
		用途	主龙骨、中龙骨、副龙骨、边龙骨	

1013 轻钢、型钢龙骨配件

● **类别定义**

轻钢、型钢龙骨配件由承载龙骨、覆面龙骨配件组成，包含支撑卡子、卡托、角托、吊件、挂件、连接件。

支撑卡子：覆面板材与龙骨固定时起支撑作用的配件

吊件：承载龙骨和吊杆的连接件

挂件：覆面龙骨和承载龙骨的连接件

挂插件：覆面龙骨垂直相接的连接件

吊杆：吊件和建筑结构的连接件

插片：H型吊顶龙骨中起横撑作用的构件

● **常用参数及参数值描述**

类别编码	类别名称	特 征	常用特征值	常用单位
1013	轻钢、型钢龙骨配件	品种	交托、连接件、卡托、吊件、挂件、支撑卡子、固定件、压条、吊杆、U型安装卡、锁母	套、件
		规格（长）mm	600、1200、3000	
		型号	38系列、75系列、100系列	

● **参照依据**

GB/T 11981-2008 建筑用轻钢龙骨

1015 铝合金龙骨配件

● **类别定义**

铝合金天棚龙骨配件是指：吊件、挂件、承载龙骨连接件、覆面龙骨连接件、挂插件、支托等；铝合金墙体龙骨配件是指：支撑卡、卡托、角托、通贯龙骨连接件、固定件等。

● **常用参数及参数值描述**

类别编码	类别名称	特 征	常用特征值	常用单位
1015	铝合金龙骨配件	品种	十字连接件、护角、嵌条、插片、吊钩、副接件、主接件、上人插挂件、上人挂件、上人吊件、不上人水平件、不上人连接件、不上人插挂件、不上人挂件、不上人吊件、吊件、上人吊杆、上人吊钩、上人连接件、护边、小固定件、大固定件、固定件、铝角、支托、角托、卡托、支撑卡、弹簧吊件、弹簧卡码、水平件、短挂件、长挂件、长接件、连接件、接件、吊筋、吊挂、吊杆、挂件卡钩、木龙骨、挂件挂钩、挂件	套、件
		型号	38 系列、30 系列、25 系列、75 系列、100 系列、150 系列、主龙骨、副龙骨、边龙骨、50 系列、60 系列	
		材质	轻钢镀锌、铝合金、轻钢烤漆、不锈钢	
		规格（长）mm	300、600、1500、2200、2400、3000、4000 等	

● **参照依据**

GB/T 11981-2008　建筑用轻钢龙骨

1017　其他龙骨配件

● **类别定义**

其他龙骨配件包含支撑卡子、卡托、角托、吊件、挂件、连接件等。

● **常用参数及参数值描述**

类别编码	类别名称	特 征	常用特征值	常用单位
1017	其他龙骨配件	品种	卡托、角托、吊件、挂件、连接件、支撑卡子	套、件
		规格	按品种对应材料具体描述	
		型号	38 系列、100 系列等	

11　门窗及楼梯制品

● **类别定义**

建筑工程中涉及门窗安装所使用到的材料，归为门窗制品；门窗工程是建设工程的重要组成部分，之所以把门窗制品单独列为一类，就是因为目前越来越多的门窗制品不是在现场制作，而是由专门的门窗公司根据标准尺寸加工直接供应到施工现场。

● **类别来源**

根据工程量清单规范中章节的编制、供应商市场报价、现场施工情况，我们把门窗制品列为一类材料。此类主要是各种门窗的成品件，也列举了门窗装饰件和门窗配件，包括门窗五金；门窗主要是以门窗框架的材料来区分其所属类别。

◇ **本类别不包含**

——门窗五金，统一归入 0303 子类下

● **范围描述**

范　　围	二级子类	说　　明
门窗制品	1101　木门窗	包含实木门、实木复合门、全板门、百叶门、松木窗、硬木窗、竹木窗等
	1103　钢门窗	钢框半玻门、钢框全玻门、钢框纤维门、钢框模压门、钢质卷帘门、钢质装甲门、钢质喷塑门、钢质百叶钢门、钢窗
	1105　彩钢门窗	彩板组角固定门、彩板组角推拉门、彩板组角平开门、彩板组角弹簧门、彩板组角卷帘门、彩板组角固定窗、彩板组角推拉、彩板组角平开窗、彩钢组角折叠门、彩板组角悬窗、彩板组角百叶窗
	1107　不锈钢门窗	不锈钢拉闸门、不锈钢地弹门、平开不锈钢全板门、推拉不锈钢全板门、平开不锈钢玻璃门、推拉不锈钢玻璃门、不锈钢卷帘门、不锈钢固定窗、不锈钢推拉窗、不锈钢防护窗
	1109　铝合金门窗	不同开启方式的铝合金门、窗
	1111　塑钢、塑铝门窗	平开塑钢门、推拉塑钢门、固定塑钢门、塑钢地弹门、平开塑钢窗、推拉塑钢窗、固定塑钢窗
	1113　塑料门窗	
	1115　玻璃钢门窗	玻璃钢推拉窗、玻璃钢固定窗、玻璃钢平开窗、玻璃钢悬窗、玻璃钢推拉门、玻璃钢平开门
	1117　铁艺及其他门窗	包含不同造型的铁栅栏门、装饰窗等
	1119　全玻门、自动门	不锈钢自动旋转门、水晶自动旋转门、手动旋转门、无框门全玻门、门框全玻门、自动平移门、自动圆弧门、自动折叠门
	1121　纱门、纱窗	隐形平开纱窗、隐形推拉纱窗、普通平开纱窗、普通推拉纱窗、固定纱窗
	1123　特种门	不锈钢栅栏式推拉防盗门、不锈钢栅栏式平开防盗门、不锈钢栅栏式折叠防盗门、钢筋混凝土单扇防护密闭门、钢筋混凝土双扇防护密闭门、钢结构单扇防护密闭门、钢结构双扇防护密闭门、手动推拉射线防护门、手动平开射线防护门、电动 90°转轴式射线防护门
	1125　卷帘、拉闸	镀锌卷帘、不锈钢卷帘、铝合金卷帘、彩钢卷帘、无机布防火卷帘、钢质卷帘、彩色涂层钢板卷帘、水晶卷帘、钢质复合卷帘
窗帘	1126　窗帘	包含不同风格、不同材质的窗帘
楼梯	1127　钢楼梯	包括普通楼梯、旋转楼梯
	1129　木楼梯	包括普通楼梯、旋转楼梯
	1131　铁艺楼梯	包括普通楼梯、旋转楼梯
电启动装置	1137　电启动装置	

1101 木门窗

● **类别定义**

指用木材或木制人造板为主要材料制作的门框、门扇的门叫木门；

指用木材或木制人造板为主要材料制作的窗框、窗扇的窗叫木窗；

门按构造形式分为三类：全实木榫拼门、实木复合门、夹板模压空心门。

全实木榫拼门　real wooden tenon-joint door

以榫接木边梃内镶木板或用厚木板拼接加工制成的门称全实木榫拼门，简称全木门。

实木复合门　wood composite door

以木材、胶合材等材料为主要材料复合制成的实型（或接近实型）体，面层为木质单板贴面或其他覆面材料的门称实木复合门，简称实木门。

夹板模压空心门　veneer and wooden-framework core door

以胶合材、木材为骨架材料，面层为人造板或 PVC 板等经压制胶合或模压成型的中空（中空体积大于 50%）门称为夹板模压空心门，简称模压门。

● **常用参数及参数值描述**

木门：属性表

类别编码	类别名称	特　征	常用特征值	常用单位
1101	木门	品种	夹板门、拼板门、模压门、实拼门、镶板门、实木门	m²、樘
		规格	0921、1821、1521	
		结构形式	全封闭、半玻璃、全木百叶、带铝合金百叶、胶合板、硬质纤维板、塑料面板	
		饰面类型	平面镶木装饰线、平面拼板图案、实木浮雕、模压浮雕、镶嵌金属饰线、件、镶嵌石材	
		树种	杉木、松木、硬木、复合、樱桃木、胡桃木	
		防火等级	防火甲级、防火乙级、防火丙级	
		开启方式	平开式、推拉式、折叠式、固定	

木窗：属性表

类别编码	类别名称	特　征	常用特征值	常用单位
1101	木窗	品种	实木窗、竹木窗、实木复合窗	m²、樘
		规格	2109、2112、2115	
		结构形式	4mm 厚全玻璃、全百叶、铝合金百叶、全纱、全木格	
		饰面类型		
		树种	杉木、松木、硬木、复合、樱桃木、胡桃木	
		防火等级	防火甲级、防火乙级、防火丙级	
		开启方式	平开式、推拉式、上悬式、中悬式、下悬式、立转式、固定式	

注：规格一般指洞口尺寸。

品种一般是指结构形式分类列表。

● 参照依据

JG/T 122-2000 建筑木门、木窗

1103 钢门窗

● 类别定义

钢门窗泛指用钢质材料（或以钢质材料为主）作框料制作的各种建筑门、窗。包含实腹钢门窗、空腹钢门窗。

◇ 不包含

——彩钢、不锈钢、塑料门窗，分别归入1105、1107、1111子类别下

● 常用参数及参数值描述

类别编码	类别名称	特 征	常用特征值	常用单位
1103	钢门窗	品种	标准钢窗、标准钢门、简易钢窗、简易钢门、钢板整体门	m²、樘
		规格	2109、2112、2115	
		结构形式	全封闭、半封闭、单层玻璃、带玻璃视窗	
		玻璃类型	彩色玻璃、钢化玻璃、镀膜玻璃、夹层玻璃、夹层镀膜玻璃	
		防火等级	防火甲级、防火乙级、防火丙级	
		开启方式	推拉、平开单扇、平开双扇、平开上悬、平开上固定、折叠、固定、中悬	
		饰面类型	平面、平面镶装饰线、模压浮雕、哑光、镜面、钛金	

● 参照依据

GB/T 20909-2007 钢门窗

GB/T 20909-2007 钢门窗

GB 12955-2008 防火门

1105 彩钢门窗

● 类别定义

彩板门窗是指以冷轧镀锌板为基板，涂敷耐候型高抗蚀面层，由现代化工艺制成的彩色涂层建筑外用卷板，简称"彩板"。

● 常用参数及参数值描述

类别编码	类别名称	特 征	常用特征值	常用单位
1105	彩钢门窗	品种	彩色镀锌钢窗、彩钢防护窗、彩色镀锌钢门	m²、樘
		规格	2109、2112、2115	
		结构形式	全封闭、半封闭、单层玻璃、带玻璃视窗	
		玻璃类型	彩色玻璃、钢化玻璃、镀膜玻璃、夹层玻璃、夹层镀膜玻璃	
		防火等级	防火甲级、防火乙级、防火丙级	
		开启方式	推拉、平开单扇、平开双扇、平开上悬、平开上固定、折叠、固定、中悬	

注：如果需要，玻璃厚度需要在比例类型中描述出来。

● **参照依据**

JG/T 115 - 1999 彩色涂层钢板门窗型材

1107 不锈钢门窗

● **类别定义**

指用不锈钢建筑型材作框料制作的各种建筑门、窗制品。

◇ **不包含**

——不锈钢电动伸缩门、自动门，归入1119子类别下。

● **常用参数及参数值描述**

类别编码	类别名称	特 征	常用特征值	常用单位
1107	不锈钢门窗	品种	不锈钢防护窗、不锈钢板整体成型窗、不锈钢板整体成型复合门、通透式不锈钢门	m²、樘
		规格	2109、2112、2115	
		结构形式	全密闭、半密闭、全通透、全单层玻璃、全双层玻璃、半单层玻璃、半双层玻璃	
		防火等级	防火甲级、防火乙级、防火丙级	
		开启方式	平开式、推拉式、上悬式、中悬式、下悬式、立转式、固定式	

注：如果需要，玻璃厚度需要在比例类型中描述出来。

● **参照依据**

JG/T 41 - 1999 推拉不锈钢窗

JG/T 212 - 2007 建筑门窗五金件 通用要求

1109 铝合金门窗

● **类别定义**

采用铝合金挤压型材做框料、框扇制作的门窗称之为铝合金门窗，简称铝门窗。

◇ **不包含**

——自动铝合金门（圆弧自动铝合金门 YDLM、卷帘铝合金门 JLM、旋转铝合金门 XLM），归入1119子类别下

● **常用参数及参数值描述**

注：如果需要，玻璃厚度需要在比例类型中描述出来。

类别编码	类别名称	特 征	常用特征值	常用单位
1109	铝合金门窗	品种	普通铝合金窗、断桥铝合金窗、普通铝合金门、断桥铝合金门	m²
		规格	2109、2112、2115	
		结构形式	全玻璃、半玻璃、全玻璃百叶、全铝合金百叶、半玻璃百叶、半铝合金百叶	
		窗扇类型	单扇、双扇、双扇带亮子、四扇、三扇带亮子	
		玻璃类型	平板玻璃、磨砂玻璃、彩色玻璃、钢化玻璃、镀膜玻璃、夹层玻璃、夹层镀膜玻璃	
		型号	46系列、55系列、60系列、70系列、73系列、75系列、76系列、90系列、38系列、50系列	
		表面处理	阳极氧化、电泳涂装、粉末喷涂、氟碳喷涂	
		颜色	香槟色、黑色、钛金色、常规色、鲜艳色、金属色	
		开启方式	推拉、外平开、固定矩形、固定异形、外开上悬、外开下悬、中悬、立转	

● **参照依据**

GB/T 8478－2008　铝合金门窗

GB/T 5237.1－2008　铝合金建筑型材　第 1 部分 基材

GB/T 5237.2－2008　铝合金建筑型材　第 2 部分 阳极氧化型材

GB/T 5237.3－2008　铝合金建筑型材　第 3 部分 电泳涂漆型材

GB/T 5237.4－2008　铝合金建筑型材　第 4 部分 粉末喷涂型材

GB/T 5237.5－2008　铝合金建筑型材　第 5 部分 氟碳漆喷涂型材

1111　塑钢、塑铝门窗

● **类别定义**

塑钢门窗是以聚氯乙烯（UPVC）树脂为主要原料，加上一定比例的稳定剂、着色剂、填充剂、紫外线吸收剂等，经挤出成型材，然后通过切割、焊接或螺接的方式制成门窗框扇，配装上密封胶条、毛条、五金件等，同时为增强型材的刚性，超过一定长度的型材空腔内需要添加钢衬（加强筋），这样制成的门户窗，称之为塑钢门窗。

● **常用参数及参数值描述**

类别编码	类别名称	特　征	常用特征值	常用单位
1111	塑钢、塑铝门窗	品种	塑钢门、塑钢窗、塑钢地弹门	m²
		规格	0927、1227	
		结构形式	全玻璃、半玻璃	
		玻璃类型	平板玻璃、磨砂玻璃、彩色玻璃、钢化玻璃、镀膜玻璃、夹层玻璃、夹层镀膜玻璃	
		型号	60 系列、73 系列、75 系列、80 系列、83 系列、85 系列、95 系列、100 系列	
		开启方式	推拉式、平开式、固定式、外开上悬式、竖式百叶窗、外开下悬式、中悬式、折叠式	

注：塑钢门窗在北京常用的几个品牌：海螺、实德、柯梅令、新世界、LG 好佳喜、宝硕、德国维卡等。如果需要，玻璃厚度需要在比例类型中描述出来。

● **参照依据**

GB/T 8478－2008　铝合金门窗

JG/T 140－2005　未增塑聚氯乙烯（PVC-U）塑料窗

GB/T 847－2003 60　86 系列塑钢门窗

1113　塑料门窗

● **类别定义**

采用 U-PVC 塑料型材制作而成的门窗。

● 常用参数及参数值描述

类别编码	类别名称	特 征	常用特征值	常用单位
1113	塑料门窗	品种	UPVC 维卡塑料门、UPVC 维卡塑料窗、UPVC 维卡塑料三轨窗、UPVC 维卡塑料两轨窗	m²
		规格	0927、1227	
		结构形式	全玻璃、半玻璃	
		玻璃类型	平板玻璃、磨砂玻璃、彩色玻璃、钢化玻璃、镀膜玻璃、夹层玻璃、夹层镀膜玻璃	
		型号	AD50、AD58、MD60、MD65	
		开启方式	外平开式、内平开式、大型提升推来式、手摇式外开式	

注：如果需要，玻璃厚度需要在比例类型中描述出来。

● 参照依据

JG/T 140 - 2005　未增塑聚氯乙烯（PVC-U）塑料窗

JG/T 180 - 2005　未增塑聚氯乙烯（PVC-U）塑料门

JG/T 176 - 2005　塑料门窗及型材功能结构尺寸

JG/T 185 - 2006　玻璃纤维增强塑料（玻璃钢）门

JG/T 186 - 2006　玻璃纤维增强塑料（玻璃钢）窗

1115　玻璃钢门窗

● 类别定义

玻璃钢门窗被国际称为继木、钢、铝、塑之后的第五代门窗产品，它既有铝合金的坚固，又有塑钢门窗的保温性，防腐性，更有它自身独特的特性：多彩、美观、时尚，在阳光下照射无膨胀，在冬季寒冷下无收缩，无须金属加强，耐老化，可与建筑物同寿命（大约 50 年）。

● 常用参数及参数值描述

类别编码	类别名称	特 征	常用特征值	常用单位
1115	玻璃钢门窗	品种	玻璃钢窗、玻璃钢门	m²
		规格	0927、1227	
		结构形式	全玻璃、半玻璃	
		玻璃类型	平板玻璃、磨砂玻璃、彩色玻璃、钢化玻璃、镀膜玻璃、夹层玻璃、夹层镀膜玻璃	
		型号	50 系列、58 系列、66 系列、75 系列、82 系列、300 系列、301 系列、325 系列、600 系列、800 系列	
		颜色		
		开启方式	外平开式、内平开式、上下提拉式、平开上悬窗、平开下悬窗	

注：如果需要，玻璃厚度需要在比例类型中描述出来。

● **参照依据**

JG/T 185-2006 玻璃纤维增强塑料（玻璃钢）门

JG/T 186-2006 玻璃纤维增强塑料（玻璃钢）窗

1117 铁艺及其他门窗

● **类别定义**

"铁"＋艺术＝铁艺是金属制品中的精品，广泛应用于我们日常生活中，建设工程中铁艺制品应用比较多的是铁艺围栏；但是我们这类材料所指的是用铁丝、钢丝、钢筋、角钢等钢材制作的铁艺门窗，有的地方叫铁花门窗。

● **常用参数及参数值描述**

类别编码	类别名称	特征	常用特征值	常用单位
1117	铁艺及其他门窗	品种	扁铁花造型防盗窗、铸铁花造型防盗窗、不锈钢花管造型防盗窗、扁铁花造型户内门	m²
		规格	按照实际洞口尺寸描述即可	
		开启方式	平开门、平移门、推拉门	

1119 全玻门、自动门

● **类别定义**

全玻转门是指门扇全为玻璃（有柱而无门框）的旋转门。无框全玻普通门是指没有门框全为玻璃的普通门（如平开门、推拉门等）；有框玻璃是指门外框为不锈钢或铝合金，其余全部是玻璃的门。

自动门：可以将人接近门的动作（或将某种入门授权）识别为开门信号的控制单元，通过驱动系统将门开启，在人离开后再将门自动关闭，并对开启和关闭的过程实现控制的系统。

● **常用参数及参数值描述**

类别编码	类别名称	特征	常用特征值	常用单位
1119	全玻门、自动门	品种	自动三翼旋转门、自动四翼旋转门、手动三翼旋转门、全玻地弹簧平开门、全玻自动感应对开门、自动平移门	m²、套
		规格	按照实际情况自行输入，例如：φ1800mm、φ2000mm、φ2200mm、φ3200mm	
		玻璃类型	8mm厚钢化玻璃、12mm厚钢化镀膜玻璃、10mm厚防弹玻璃	
		材质	不锈钢、铝合金、塑钢、黄铜、水晶、钢质	

注：如果需要，玻璃厚度需要在比例类型中描述出来。

● **参照依据**

JG/T 177-2005 自动门

1121 纱门、纱窗

● **类别定义**

纱门和纱窗是门窗的配套件，实质应算是门窗附件。

● **常用参数及参数值描述**

类别编码	类别名称	特 征	常用特征值	常用单位
1121	纱门、纱窗	品种	隐形纱窗、隐形纱门、普通纱门、普通纱窗	m²
		规格	0927、1227	
		框材质	铝合金、彩板组角、塑钢、玻璃钢、实腹钢	
		开启方式	提升式、推拉式、平开式	

● **参照依据**

JG/T 18-1999 实腹钢纱、门窗检验规则

1123 特种门

● **类别定义**

列举有特殊功能或特殊结构的门窗种类统称。

● **常用参数及参数值描述**

类别编码	类别名称	特 征	常用特征值	常用单位
1123	特种门	品种	钢筋混凝土结构防护密闭门、钢结构防护密闭门、防辐射门、冷库门、专业防盗门	m²、套
		规格	按照实际情况自行输入，例如：1827	
		性能	安全等级：A、安全等级：B、安全等级：C	
		开启方式	单扇平开、双扇平开、推拉、电动、自动	
		表面材料	钢板、彩钢板、不锈钢、铝合金	

● **参照依据**

GB/T 5823-2008 建筑门窗术语

GB 17565-2007 防盗安全门通用技术条件

1125 卷帘、拉闸

● **类别定义**

采用不同材质帘板制成的洞口的防护装置，我们称之为卷帘，一般我们所指的卷帘是指的卷帘门。卷帘具有开启灵活、易于安装、扇面启闭不占使用面积，具有一定的防火、隔声和防盗性能。

● **常用参数及参数值描述**

类别编码	类别名称	特 征	常用特征值	常用单位
1125	卷帘、拉闸	品种	普通卷帘门、格栅卷帘门、防火卷帘门	m²、套
		规格	按照洞口宽度描述	
		性能	防火	
		材质	镀锌钢板、不锈钢、铝合金、彩钢、无机布、彩色涂层钢板、水晶	
		开启方式	手动垂卷、电动垂卷、自动垂卷、电动侧卷、自动侧卷	
		电动机型号	300kg、500kg、600kg、800kg、1000kg、1300kg、1500kg、2000kg	

注：规格一般指的是门洞宽度；

　　品种我们一般是从卷帘构造维度划分的。

● **参照依据**

GB/T 5823-2008 建筑门窗术语

GB 17565-2007 防盗安全门通用技术条件

1126　窗帘

● **类别定义**

窗帘是用布、竹、苇、麻、纱、塑料、金属材料等制作的遮蔽或调节室内光照的挂在窗上的帘子。

● **常用参数及参数值描述**

类别编码	类别名称	特 征	常用特征值	常用单位
1126	窗帘	材质	棉、麻、纱、绸缎、植绒、人造纤维	m²
		功能	平拉式、掀帘式、楣帘式、升降帘（百叶）式、绷窗固定式	
		传动方式	电动、手动	
		形状	矩形、扇形	
		风格	欧式风格、现代简约、英式田园风格	

● **参照依据**

GB 18401-2010　国家纺织产品基本安全技术规范

GB/T 19817-2005　纺织品 装饰用织物

1127　钢楼梯

● **类别定义**

以钢结构形成的楼梯，叫钢楼梯；钢楼梯形式多种多样，但多以其舒展的线条同周围环境空间获得一种形体上的韵律对比。钢楼梯的结构支承体系以楼梯钢斜梁为主要结构构件，楼梯梯段以踏步板为主，其栏杆形式一般采用与楼梯斜梁相平行的斜线形式。

● 常用参数及参数值描述

类别编码	类别名称	特征	常用特征值	常用单位
1127	钢楼梯	品种	Z 字转角、90°转直角形、S 形 360°螺旋式、180°螺旋形	m
		踏板材质	实木、玻璃、钢板	
		踏板形式	直踏步、斜踏步	
		结构形式	单梁、双梁、中柱、脊柱、缩径	

● 参照依据

GB 4053－2009　固定式钢梯及平台安全要求

1129　木楼梯

● 类别定义

实木楼梯，是用实木材质制作的楼梯，实木楼梯具有天然独特的纹理、柔和的色泽、自然温馨、高贵典雅、脚感舒适、冬暖夏凉，并且是纯天然绿色装饰材料；随着家居环保意识的提高，森林资源限砍限伐，木材日益减少，实木楼梯有着升值和收藏的价值，因以上特点和原因实木楼梯在市场上的占有率最高。

● 常用参数及参数值描述

类别编码	类别名称	特征	常用特征值	常用单位
1129	木楼梯	品种	弧形楼梯、L 型直梯、L 型折反梯、旋转楼梯	m、m²
		材质	实木、钢制、玻璃、不锈钢、大理石	
		踏板形式	直踏步、斜踏步	
		结构形式	单梁、双梁、中柱、脊柱、缩径	

1131　铁艺楼梯

● 类别定义

铁艺楼梯以它简约的风格受大众的喜欢，常用于一些临时建筑及防水楼梯中；由于铁艺楼梯易于打造不同的造型构造近年来也被作为室内楼梯使用。

● 常用参数及参数值描述

类别编码	类别名称	特征	常用特征值	常用单位
1131	铁艺楼梯	品种	Z 字转角、90°转直角形、S 形 360°螺旋式、180°螺旋形	m、m²
		踏板材质	实木、钢制、玻璃、不锈钢、大理石	
		踏板形式	直踏步、斜踏步	
		结构形式	单梁、双梁、中柱、脊柱、缩径	

1137 电启动装置

● **类别定义**

电动门窗使用的电动装置统称。

● **常用参数及参数值描述**

类别编码	类别名称	特 征	常用特征值	常用单位
1137	电启动装置	品种	电动开门器、卷闸门电机、电动门控制器、电动开窗机、气动开窗机、电动窗帘遥控装置	套
		规格	按实际情况自行输入	
		启动方式		

12 装饰线条、装饰件、栏杆、扶手及其他

● **类别定义**

除了前面的四大类装饰材料以外，建筑装饰工程上用到的其他零星材料都在此类列举。

此类主要包括各种装饰线条、壁纸和贴墙布、旗杆、装饰字、招牌以及其他装饰件等。

装饰线：定额所称装饰线，系指天棚面或内墙面的抹灰起线，形成突出的棱角，在平面上形成突出的线条。

装饰件区别于两者就是不连续的装饰线、板、其他装饰品叫装饰件。

本章装饰线按功能分为：板条、平线、角线、角花、槽线、欧式装饰线等多种装饰线（板）。其中：

> 板条：指板的正面与背面均为平面而无造型者。
> 平线：指其背面为平面，正面为各种造型的线条。
> 角线：指线条背面为三角形，正面有造型的阴、阳角装饰线条。
> 角花：指呈直角三角形的工艺造型装饰件。
> 槽线：指用于嵌缝的 U 型线条。
> 欧式装饰线：指具有欧式风格的各种装饰线。

● **类别来源**

此类是对没有明确归属的各种零星装饰材料的统一归并。装饰线条的二级分类参考了清单计价和全统装饰定额中有关装饰线条的相关章节。

● **范围描述**

范围	二级子类	说明
装饰线条	1201 木质装饰线条	包含平线、踢脚线、平弧线、压边线等
	1203 金属装饰线条	包含踢脚线、压条、挂镜线等
	1205 石材装饰线条	包含石材挂贴装饰线、踢脚线、石材角线等
	1207 石膏装饰线条	包含角线、平线、花角、灯圈等

158

续表

范围	二级子类	说　明
装饰线条	1209 塑料装饰线条	包含角线、封边线、角线等
	1211 复合材料装饰线条	包含钛金不锈钢覆面踢脚板、石塑防滑地砖踢脚板、玻璃纤维（GRC）装饰柱、镭射塑胶压线条、铝塑压线条等
	1213 玻璃钢装饰线条	包含平线、角线、弧线、花角等
	1215 轻质水泥纤维装饰线条	包含花角、弧线、角线、平线等
	1217 其他装饰线条	包含砂岩装饰线条、缸砖防滑条、其他、金刚砂嵌条、镜面玻璃条等
栏杆、栏板	1221 栏杆、栏板	包含楼梯栏杆、平面栏杆等
扶手	1223 扶手	包含不锈钢扶手、黄铜扶手、石材扶手、木扶手等
其他装饰件	1235 艺术装饰制品	包含花角、柱头、罗马柱、灯圈等
	1237 旗杆	包含不锈钢旗杆、焊管旗杆、无缝管旗杆等
	1239 装饰字	包含铜装饰字、不锈钢装饰字、木装饰字等
	1241 招牌、灯箱	包含铭牌、标牌、柱形灯箱等
	1245 其他装饰材料	包含衬纸、其他、木雕花饰件、橱柜门板新材料、泡沫棒、窗帘、花边等

1201　木质装饰线条

● **类别定义**

木装饰线：（又称木线），由专用机械将各种木材剖析、加工而成，线条细长、木质要求较高，需用"无节木"树材。制作木线的主要树种如：柚木、山毛榉（大多为红榉）、白木、水曲柳、椴木等。细细长长、宽宽窄窄的木线，一般以米论价，椴木线价格最低，其次为水曲柳、白木线条，榉木线条和柚木线条价格较高。

● **常用参数及参数值描述**

类别编码	类别名称	特征	常用特征值	常用单位
1201	木质装饰线条	品种	包角线、踢脚线、压边线、平弧线、外边弧线、内边弧线、平线、单斜线、内角线、装饰柱、板条、角线、角花、圆圈线、木拼花图案、木镜框线、挂镜线	m
		树种	榉木、白木、曲柳、松木、柚木、椴木、枫木	
		规格	宽×厚：60×60、60×15、60×4、50×20、50×15、15×15、40×15、30×4、10×7、13×6、12×12、12×10	
		表面处理	清油、亮光漆、亚光漆、耐磨漆、碳化	

● **参照依据**

GB/T 20446－2006　木线条

1203　金属装饰线条

● **类别定义**

主要指铝合金、不锈钢等金属材料加工成的装饰线条，包括压条、踢脚线、挂镜线等金属装饰线条。

● **常用参数及参数值描述**

类别编码	类别名称	特 征	常用特征值	常用单位
1203	金属装饰线条	品种	腰线、压条、板条、踢脚线、收口条、挂镜线、槽形线条、T形线条、防滑条、分隔条、封角线、包角线	m
		材质	铜、不锈钢、铝、钢、彩钢、铝合金	
		规格（mm）	宽×厚：20×6、15×1.5、60×0.8	
		表面处理	镜面、拉丝、烤漆、钛金、阳极氧化	

● **参照依据**

执行相关金属板标准。

1205 石材装饰线条

● **类别定义**

用石材加工而成的装饰线条叫石材线条；包括石材挂贴装饰线、石材踢脚线、石材角线等。

● **常用参数及参数值描述**

类别编码	类别名称	特 征	常用特征值	常用单位
1205	石材装饰线条	品种	圆弧腰线、踢脚线、弧线、直线、圆弧阴角线	m
		材质	大理石、花岗岩、砂岩、水磨石	
		规格	宽：80、50、200、175、150、120、180、100	
		表面处理	火烧面、抛光面、哑光面、机切面	

● **参照依据**

执行相关石材标准。

1207 石膏装饰线条

● **类别定义**

在墙顶与吊顶配合的一种用石膏围成的小边，粘在墙的一种并能起到美观的作用。石膏线分为角线、平线。目前在家庭装饰中，石膏装饰线已被广泛采用。本类包含以石膏作为主原料的 GRG 石膏装饰线条和 GRC 石膏装饰线条。

● **常用参数及参数值描述**

类别编码	类别名称	特 征	常用特征值	常用单位
1207	石膏装饰线条	品种	灯盘、罗马柱（柱头）、门套、窗套线、平底线、腰线、檐线、弧线、角花、斗拱	m
		材质	石膏、玻璃纤维增强水泥 GRC、GRG	
		规格（mm）	2500×85×76、2600×120×120、2500×40×120、2500×110×90、2500×155×142、2500×185×150、直径 ϕ700、直径 ϕ600	
		表面处理	涂刷乳胶漆、浮雕图案、花纹	

注：规格型号表示根据实际品种进行描述。

● **参照依据**

JC/T 940－2004　玻璃纤维增强水泥（GRC）装饰制品

1209　塑料装饰线条

● **类别定义**

包含 PVC 角线、封边线、阴、阳角线等。

● **常用参数及参数值描述**

类别编码	类别名称	特　征	常用特征值	常用单位
1209	塑料装饰线条	品种	墙面装饰线条、槽线、塑料挂镜线、角线、扣板阴角线、踢脚板、踢脚线、封边线、板条线、扣板阳角线、平线、角花	m
		材质	有机玻璃、PVC、PE	
		规格（mm）	长×宽×厚：5950×20×15	

● **参照依据**

执行相关塑料板材相关标准

1211　复合材料装饰线条

● **类别定义**

由两种或两种以上的材质加工而成的装饰线条材料称为复合材料装饰线条。包含：镭射塑胶压线条、铝塑压线条、镁铝曲板条等。

● **常用参数及参数值描述**

类别编码	类别名称	特　征	常用特征值	常用单位
1211	复合材料装饰线条	品种	踢脚板、压线条	m
		材质	钛金不锈钢覆面、石塑、镭射塑胶、铝塑、镁铝	
		规格（mm）	长40×宽8、高800、高900、直径φ400、长400×宽150、直径φ600、长10×宽8	

● **参照依据**

执行复合板材的相关标准

1213　玻璃钢装饰线条

● **类别定义**

玻璃钢装饰线条包括平线、角线、弧线、花角等以及玻璃钢灯圈、罗马柱头、神台、梁托等装饰件。

● **常用参数及参数值描述**

类别编码	类别名称	特　征	常用特征值	常用单位
1213	玻璃钢装饰线条	品种	神台、罗马柱头、罗马柱、灯圈、放火角、花角、弧线、角线、梁托、平线	m
		规格	长×宽：40×8	

1215 轻质水泥纤维装饰线条

● **类别定义**

是一种用于外墙的轻型装饰线条,属建筑物装饰构件领域,本装饰线条包括芯型内体和保护外层。

● **常用参数及参数值描述**

类别编码	类别名称	特 征	常用特征值	常用单位
1215	轻质水泥纤维装饰线条	品种	花角、弧线、角线、平线、檐口板、腰线板	m
		规格	156×455、300×400、170×605	

● **参照依据**

GB/T 19631—2005 玻璃纤维增强水泥轻质多孔隔墙条板

1217 其他装饰线条

● **类别定义**

包含目前一种比较新兴的保温装饰线条:EPS保温装饰线条以及砂岩装饰线条、缸砖防滑条、金刚砂嵌条、镜面玻璃条等。

EPS装饰线条:是由脱模B2级防火的聚苯乙烯为主体,粘贴耐碱玻纤网格布,加以特殊的粘结外保护层复合而成;品种型号多,如线条、罗马柱、窗套、斗拱等,可以安装在窗的四边,门边,檐角和墙身;使建筑物的外立面更加美观,更为建筑设计师们带来崭新的、别样的创意。适用于安装在外墙EPS、XPS保温的墙体上,既能体现欧式古典、高雅的装饰风格,又能保证主体建筑外墙不出现冷、热桥效应。

● **常用参数及参数值描述**

类别编码	类别名称	特 征	常用特征值	常用单位
1217	其他装饰线条	品种	嵌条、踢脚线、外墙装饰线条	m
		材质	EPS保温线条、砂岩、金刚砂、玻璃	
		规格	长×宽:40×8、500×500	

1221 栏杆、栏板

● **类别定义**

楼梯、桥梁、道路的围护结构包括扶手、栏杆、栏板;这儿的栏杆指的是栏杆的统称,包括楼梯栏杆、桥梁栏杆、道路栏杆;从形式上看,栏杆可分为节间式与连续式两种。前者由立柱,扶手及横挡组成,扶手支撑于立柱上;后者具有连续的扶手,由扶手,栏杆柱及底座组成。栏杆高度一般为0.8~1.2m,栏杆柱的间距一般为1.6~2.7m;一般楼梯扶手高度为900mm,供儿童使用的扶手高600mm。靠梯井一侧水平扶手长度超过500mm时其高度不应小于1000mm。

栏板是栏杆之间起横向连接作用的支撑体。

● **常用参数及参数值描述**

类别编码	类别名称	特　征	常用特征值	常用单位
1221	栏杆、栏板	品种	栏杆、栏板	m²
		规格	ϕ10、ϕ20、ϕ40、ϕ50、900×48×48、1100×80×80、1100×48×35、1050×48×48、900×48×35、900×60×60	
		材质	铝合金、玻璃、不锈钢、钢质、铸铁、钢管、铜管、PVC、花岗石、大理石、松木、硬木、铜、GRC 花瓶式	
		表面处理	镜面、拉丝、烤漆、电镀、阳极氧化	

● **参照依据**

JC/T 940-2004　玻璃纤维增强水泥（GRC）装饰制品

1223　扶手

● **类别定义**

指建筑工程楼梯扶手，包括不同材质、不同形状的扶手；扶手一般用延长米表示。

● **常用参数及参数值描述**

类别编码	类别名称	特　征	常用特征值	常用单位
1223	扶手	品种	铜扶手、钛金扶手、铝合金扶手、硬木扶手、花岗石扶手立柱、松木扶手、松木扶手弯头、松木扶手立柱、硬木扶手弯头、硬木扶手立柱、大理石扶手立柱、大理石扶手弯头、花岗石扶手、花岗石扶手弯头、PVC 塑料扶手、合成木扶手、PVC 塑料扶手弯头、不锈钢扶手、玻璃扶手、铁艺扶手、大理石扶手、钢管扶手	m
		规格（mm）	ϕ75、80×48、ϕ60、100×62、70×48、90×52、80×62、90×62、120×52、80×52、120×60、120×62、105×65、48×48、150×60、500×52、60×35、100×60、60×60、100×52、200×62、150×52、150×62、ϕ50、ϕ40、70×42	
		线条类型	螺旋形、弧形、直形	
		表面处理	镜面、拉丝、烤漆、钛金、火烧面、哑光面	

● **参照依据**

942-1996 楼梯扶手安装工艺标准

1235　艺术装饰制品

● **类别定义**

用作艺术装饰的制品材料，例如：花瓶座、镜框等。

● **常用参数及参数值描述**

类别编码	类别名称	特　征	常用特征值	常用单位
1235	艺术装饰制品	品种	椅套、沙发套、花瓶座、灯圈、柱头	个
		材质	木质、GRC、GRG、石膏、玻璃、琉璃、铁质、砂岩	
		规格	280、150	

● **参照依据**

JC/T 940—2004　玻璃纤维增强水泥（GRC）装饰制品

1237　旗杆

● **类别定义**

指我们普通的升国旗或企业标志的旗杆；旗杆按照旗杆材质及类型分为不锈钢旗杆、无缝钢管旗杆、木旗杆等。

● **常用参数及参数值描述**

类别编码	类别名称	特　征	常用特征值	常用单位
1237	旗杆	品种	木质旗杆、不锈钢锥型无绳旗杆（不含基础）、不锈钢锥型无绳旗杆（含基础）、无缝钢管旗杆、碳钢旗杆、聚合物水泥基复合防水涂料旗杆	个、根
		规格	15m 上段钢管 ϕ108 厚6、下段钢管 ϕ133、15m、12m、5m	

1239　装饰字

● **类别定义**

装饰字也叫"美术字"，按照制作字体材质分为铜装饰字、不锈钢装饰字、铁装饰字（包涂料）、铝合金装饰字、木装饰字、胶合板装饰字等。

● **常用参数及参数值描述**

类别编码	类别名称	特　征	常用特征值	常用单位
1239	装饰字	品种	铜装饰字、铁装饰字（包涂料）、胶合板装饰字、木装饰字、铝合金装饰字、泡沫塑料装饰字、不锈钢装饰字、有机玻璃装饰字、塑料装饰字、自粘字	个、m²
		字体面积（m²）	按照实际输入即可	

1241　招牌、灯箱

● **类别定义**

主要是指一些广告招牌、广告箱体，对于市政路向指引标志牌放入 33 类 3321 "交通（安全）标志"下。

● 常用参数及参数值描述

类别编码	类别名称	特 征	常用特征值	常用单位
1241	招牌、灯箱	品种	铭牌、标牌、柱形灯箱、招牌	个
		结构材料	钛金、钛金标牌、轻钢结构、不锈钢结构、型钢结构、铝合金结构	
		平面材料	不锈钢板、钛金板、有机玻璃板、薄钢板、镀锌薄钢板、彩钢板、钢扣板、铝合金板、铝合金扣板、铝塑复合板、塑料板、不锈钢扣板、木板、玻璃钢板、亚克力板、碳酸聚酯（PC）板、铜	
		箱体形状	弧形、矩形、球形、异形、半球形	
		规格	按照实际尺寸输入	

1245 其他装饰材料

● 类别定义

包含衬纸、其他木雕花饰件、橱柜门板新材料、泡沫棒、花边等。

● 适用范围及类别属性说明

类别编码	类别名称	特 征	常用特征值	常用单位
1245	其他装饰材料	品种	衬纸、雕花饰件	m²
		规格	1.52×30、15♯、8♯、φ200×2、φ150×2、6♯、φ100×2、2440×1220×4mm、30♯、25♯、20♯、18♯、12♯、10♯	

13 涂料及防腐、防水材料

● 类别定义

涂敷于物体表面能干结成膜，具有防护、装饰、防锈、防腐、防水等功能的物质称为涂料；涂料是一个广义概念，是对油漆定义的扩充和修正，但在习惯上，人们仍使用油漆一词。

涂料由主要成膜物质（油料和树脂）、次要成膜物质（颜料和填料）和辅助成膜物质（溶剂、催干剂等）三部分组成。

涂料标准命名为：全名＝颜料或颜色名称＋主要成膜物质名称＋基本名称。如红醇酸磁漆、锌黄酚醛防锈漆等，涂料的基本名称大概有七八十种，如清油、清漆、厚漆、调和漆、磁漆、底漆、腻子、乳胶漆、防锈漆等。

国标中将涂料按主要成膜物质分为17类，各种成膜物质分类编号如下表：

序号	代号	名称	序号	代号	名称
1	Y	油脂	10	X	乙烯树脂
2	T	天然树脂	11	B	丙烯酸树脂
3	F	酚醛树脂	12	Z	聚酯树脂
4	L	沥青	13	H	环氧树脂
5	C	醇酸树脂	14	S	聚氨酯
6	A	氨基树脂	15	W	元素有机聚合物
7	Q	硝基树脂	16	J	橡胶
8	M	纤维酯及醚类	17	E	其他
9	G	过氯乙烯树脂	18		辅助材料

涂料的标准规格编号：主要成膜物质代号＋基本名称代号＋序号；如，C04-2，C 是醇酸树脂漆类的代号，取其名称的汉语拼音首字母；04 是磁漆的代号；2 是序号，表示同类产品的组成、配比和用途不同。

我们按照 GB/T 2705-2003 中的涂料的分类方法以涂料产品的用途为主线并适当辅以主要成膜物分类分为建筑涂料、工业涂料以及辅助涂料类别。

● **类别来源**

来源于国标清单中、全统安装工程的刷油防腐工程、全统装饰工程的防水工程以及涂料的相关国家建材标准。

● **范围描述**

范围	二 级 子 类	说　明
涂料	1301 通用涂料	包含腻子、混油、清油、清漆、厚漆等
	1303 建筑涂料	包含内外墙通用涂料、屋面涂料、顶棚涂料、地面涂料、内墙涂料、外墙涂料、防水涂料、木质漆等
	1305 功能性涂料	包含防火涂料、防锈涂料、防腐涂料、反光涂料、绝缘涂料、保温隔热涂料、防静电涂料、防霉涂料等
	1307 木器涂料	包含溶剂型木器涂料、水性木器涂料、光固化木器涂料等
	1309 金属涂料	包含氟碳金属漆、珍珠漆（珠光漆）、银粉漆、铝粉漆等
	1311 道路、路面涂料	包含马路画线漆、振荡型标线涂料、凹型标线涂料、桥梁底漆、桥梁面漆、冷型道路标线涂料等
	1313 工业设备涂料	包含船舶涂料、机械用涂料、家电用涂料、轻工产品涂料、汽车涂料等
	1315 其他专用涂料	包含电子元器件涂料、军用机械涂料等

续表

范围	二 级 子 类	说 明
防腐防水材料	1321 耐酸砖、板	包含标准型砖、端面楔形砖、侧面楔形砖、平板形砖等
	1331 沥青	包含湖沥青、岩沥青、海底沥青、矿物材料改性沥青、氯丁橡胶沥青、丁基橡胶沥青、再生橡胶沥青等
	1333 防水卷材	包含沥青防水材料、高聚物改性防水卷材和合成高分子防水卷材
	1335 防水密封材料	包含防水油膏、防水胶、防水剂、防水粉等
	1337 止水材料	包含止水带、止水圈、止水环等
	1339 其他防腐/防水材料	
	1341 堵漏、灌浆、补强材料	包含固体灌浆材料、化学灌浆材料

1301 通用涂料

● 类别定义

适用于任何部位的涂料统称，是适用于建筑结构，装饰等总称。包含腻子、面漆、清漆、清漆酸酯、色漆、底漆、磁漆、调和漆等。

● 常用参数及参数值描述

类别编码	类别名称	特 征	常用特征值	常用单位
1301	通用涂料	品种	腻子、面漆、清漆酸酯、色漆、底漆、磁漆、调和漆、清漆	kg
		成膜物质	脂胶、丙烯酸树脂、环氧树脂、氟碳、天然树脂、氨基、硝基、聚氨酯、聚酯、乙烯、石油沥青、环氧、改性油脂、酸酯、酚醛、醇酸、氯化橡胶、乳液	
		成膜光泽度	丝光、哑光、底光、高光、半光、柔光	
		环保等级	E_0、E_1、E_2	

● 参照依据

JG/T 210-2007 建筑内外墙用底漆

1303 建筑涂料

● 类别定义

建筑涂料是提供建筑物装修用的涂料之总称。一般来讲涂覆于建筑内墙、外墙、屋顶、地面等部位所用的涂料称之为建筑涂料。

建筑涂料是由主要成膜物、颜料、填料、溶剂及各种助剂所组成。主要成膜物包括：水溶性树脂、聚合物乳液、溶剂型高分子聚合物、无机硅酸盐类及有机-无机复合类。主要成膜物是涂料中的重要组分，对涂料及涂膜性能起决定性作用。颜料是使涂膜具有一定的遮盖力和色彩，对涂膜的性能有一定的影响。填料是着色颜料达到涂膜所需的遮盖力和色彩后补充涂料中的颜料，同时提高涂膜的某些性能，如耐久性、硬度、光泽、收缩等的同时降低成本。助剂是辅助成膜物质，它改善涂料及涂膜的某些性能，用量小，对涂料性能影响大。溶剂，用于稀释主要成膜物，因成膜物的性质而定，一般包括有机溶剂和水，它在涂料中的作用是调节涂料黏度和固体含量。

● **常用参数及参数值描述**

类别编码	类别名称	特 征	常用特征值	常用单位
1303	建筑涂料	品种	屋面涂料、顶棚涂料、地面涂料、内墙涂料、外墙涂料	kg
		成膜物质	丙烯酸乳胶漆、乙-丙乳胶漆、氯-偏乳胶漆、乙-顺乳胶漆、氯一醋一丙乳胶漆、聚氨酯丙烯酸酯涂料、聚氨酯树脂涂料、丙烯酸树脂涂料、氯化橡胶涂料、聚乙烯醇缩丁醛涂料、苯乙烯焦油涂料、过氯乙烯涂料、环氧树脂地坪漆、聚合物水泥涂料、石灰浆涂料、丙烯酸地坪漆	
		光泽度	半哑、柔光、哑光、无光、高光、半光、丝光、平光	
		合成组分	多组分、单组分、双组分	
		环保等级	E_0、E_1、E_2	

● **参照依据**

GB/T 9757-2001 溶剂型外墙涂料

GB/T 9755-2001 合成树脂乳液外墙涂料

GB/T 9756-2009 合成树脂乳液内墙涂料

JG/T 172-2005 弹性建筑涂料

GB/T 9779-2005 复层建筑涂料

DBJ/T 01-57-2001 建筑外墙弹性涂料应用技术规程

JG/T 26-2002 外墙无机建筑涂料

HG/T 3829-2006 地坪涂料

1305 功能性涂料

● **类别定义**

一般建筑涂料主要的作用是使建筑物具有不同颜色、不同光泽与质感的装饰功能和防止表面碳化、污染并具有耐候性等的保护功能，还有防潮、吸声、明亮等使用功能。除上述性能外，还有其他特殊性能的建筑涂料统称为功能性建筑涂料，例如：

防水涂料：用于防止屋面的雨水渗漏、地面的地下水渗出、墙面的水汽潮湿等的涂料，常用的有 JS 复合防水涂料、聚氨酯防水涂料、APP 型冷胶防水涂料等；

防火涂料：在某些易燃的建筑材料表面涂刷的一种能防止或延缓火势蔓延的涂料，该涂料本身不燃而且涂装后能提高基材耐火能力；一般用于防火门、防火墙、天棚等表面的装饰；

防霉涂料：涂抹在建筑表面后，抑制腐蚀建筑材料的霉菌生产的涂料，最常用的为氯乙烯-偏二氯乙烯共聚物；

隔音涂料：涂刷在建筑物表面，通过吸音达到降低噪音或通过减震达到减少噪音的目的的一种涂料；

防腐涂料：涂膜长期与腐蚀介质接触不会被分解、熔解及破坏，并且具有良好的抵抗液体、气体渗透，有效防止基体被破坏的涂料。主要品种有环氧树脂类、聚氨酯类、乙烯树脂类、呋喃树脂类等；

防臭涂料：分为脱臭、吸臭两类；前者主要由聚乙烯醇、聚丙烯酸盐、硅酸铝等组成，其涂膜有较好的脱臭功能，常用于厕所、医院等。后者含有微孔材料与除臭剂，可有效的吸收空气中的异味，并将异味氧化分解为无臭味气体放出。

此外还有可剥性涂料、多彩涂料、绒面涂料、防脏涂料、杀虫涂料、防火涂料等。

● 常用参数及参数值描述

类别编码	类别名称	特　征	常用特征值	常用单位
1305	功能性涂料	品种	防锈涂料、质感涂料、反光涂料、纳米弹性防水系列、绝缘涂料、防火隔热涂料、保温隔热涂料、防火涂料、防静电涂料、防霉涂料、防潮、防虫涂料、防腐涂料、耐酸涂料，耐擦洗涂料、JS 聚合物水泥基防水涂料、SBS 弹性沥青防水涂料、APP 型冷胶防水涂料	kg
		成膜物质	硅酸盐、乙烯类、氟碳类、酚醛、氯化橡胶、共聚物、阻燃液、聚氨酯类、环氧树脂类、丙烯酸酯类、醇酸	
		合成组分	多组分、单组分、双组分	
		力学性能	Ⅰ类、Ⅱ类	

● 参照依据

JC/T 864 - 2008　聚合物乳液建筑防水涂料

JC/T 674 - 1997　聚氯乙烯弹性防水涂料

JC/T 408 - 2005　水乳型沥青防水涂料

JC/T 852 - 1999　溶剂型橡胶沥青防水涂料

GB 18445 - 2012　水泥基渗透结晶型防水材料

1307　木器涂料

● 类别定义

用于木制品上的一类树脂漆，有聚酯、聚氨酯漆等，可分为水性和油性。按其光泽可分为高光、半哑光、哑光。按其用途可分为家具漆、地板漆等。按其功能可分为不黄变、耐黄变等。按其性质可分为单组分、双组分和三组分。

● 常用参数及参数值描述

类别编码	类别名称	特　征	常用特征值	常用单位
1307	木器涂料	品种	水性木器涂料、溶剂型木器涂料、光固化木器涂料	kg
		成膜物质	氨基、硝基、环氧树脂、虫胶、聚酯、聚氨酯、丙烯酸树脂、醇酸树脂、酚醛	
		基本名称	清油、大漆、调和漆、清漆、磁漆、腻子、底漆、面漆	
		合成组分	多组分、单组分、双组分、三组分	
		光泽度	丝光、半光、高光、柔光、半哑光、哑光	

● 参照依据

无

1309 金属涂料

● 类别定义

金属漆，又叫金属闪光漆，是目前流行的一种汽车面漆；金属漆是用金属粉（如铜粉、铝粉等）作为颜料所配制的一种高档建筑涂料。

金属漆可采用滚涂、喷、刷等工艺按照一定的配比混合后搅拌均匀，施工时使用金属专门稀释剂进行稀释使用。

● 常用参数及参数值描述

类别编码	类别名称	特　征	常用特征值	常用单位
1309	金属涂料	品种	银粉漆、珍珠漆（珠光漆）、铝粉漆、浮雕金属漆、氟碳金属漆	kg
		状态	水性、油性	
		成膜物质	醇酸	

● 参照依据

GB/T 9756-2009　合成树脂乳液内墙涂料

HG 2453-1993　醇酸清漆

HG/T 2592-1994　硝基清漆

HG/T 2593-1994　丙烯酸清漆

1311 道路、路面涂料

● 类别定义

也叫道路标线涂料；用于道路、路面上的涂料统称为道路、路面涂料。常见品种：道路标线涂料、道路画线涂料。

● 常用参数及参数值描述

类别编码	类别名称	特　征	常用特征值	常用单位
1311	道路、路面涂料	品种	马路画线漆、振荡型标线涂料、凹型标线涂料、冷型道路标线涂料、水基型道路标线涂料、无铬无铅型标线涂料	kg
		成膜物质	醇酸、聚氨酯、丙烯酸树脂、环氧树脂、乙烯类等树脂、有机硅、氟碳	
		基本名称	磁漆、中层漆、清漆、底漆	
		合成组分	多组分、单组分、双组分	

● 参照依据

GA/T 298-2001　道路标线涂料

JT/T 712-2008　路面防滑涂料

1313 工业设备涂料

● 类别定义

工业上所用的涂料就是工业涂料。常见品种：汽车涂料，船舶涂料，家电用涂料，轻工产品涂料，机械用涂料，航空涂料，罐头涂料等。

● 常用参数及参数值描述

类别编码	类别名称	特征	常用特征值	常用单位
1313	工业设备涂料	品种	船舶涂料、机械用涂料、家电用涂料、轻工产品涂料、汽车涂料	kg
		成膜物质	无机、乙烯类等树脂、聚氨酯、丙烯酸树脂、环氧树脂、醇酸	

● 参照依据

GB/T 6745-2008　船壳漆

HG/T 3656-1999　钢结构桥梁漆

1315 其他专用涂料

● 类别定义

包含电子元器件涂料、军用机械涂料等。

● 常用参数及参数值描述

类别编码	类别名称	特征	常用特征值	常用单位
1315	其他专用涂料	品种	电子元器件涂料、军用机械涂料	kg
		成膜物质	硅酸盐涂料、醇酸、聚氨酯、丙烯酸树脂、环氧树脂、乙烯类等树脂	

1321 耐酸砖、板

● 类别定义

1. 耐酸砖

1.1　定义：主要是以石英，长石、黏土为主要原料，经高温氧化分解制成的耐腐蚀材料。用于有一定温度要求的耐腐蚀内衬及地面。

1.2　耐酸砖分类：无釉面、单釉面、双釉面。

1.3　耐酸砖标记示范：

耐酸耐温砖 标形 230×113×65 NSW1 JC424：标形长 230mm，宽为 113mm，厚为 65mm 的 NSW1 类、素面耐酸耐温砖。

耐酸耐温砖 平板形 200×200×25 NSW2Y JC424：长宽均为 200mm，厚 25mm 的 NSW2 类釉面耐酸耐温砖（注：Y，表示釉面）。

2. 耐酸板

耐酸板用于防腐、耐酸、耐碱的内衬和地板，其性能与标准砖和小异型砖相同。

● **常用参数及参数值描述**

类别编码	类别名称	特征	常用特征值	常用单位
1321	耐酸砖、板	品种	标准型砖、端面楔形砖、侧面楔形砖、平板形砖	m³
		规格 （长×宽×厚） mm	180×110×30、180×110×35、200×100×15、150×150×20、150×150×15、150×75×25、200×100×20、150×75×20、150×75×15、150×75×10、150×70×10、100×100×10、100×50×10、200×100×25、75×75×10、200×100×30、150×150×25、230×113×65、230×113×113、180×110×20、150×150×30、150×150×35、180×90×20、180×110×10、180×110×15、180×110×25	
		工作面	素面、单釉面、双釉面	

● **参照依据**

GB/T 8488－2008　耐酸砖

JC/T 424－2005　耐酸耐温砖

1331　沥青

● **类别定义**

沥青是有机化合物的复杂混合物，是一种有机胶接材料，具有良好的黏结性、塑性、耐化学侵蚀性和不透水性。沥青主要可以分为煤焦沥青、石油沥青和天然沥青三种。

1. 煤焦沥青：煤焦沥青是炼焦的副产品，即焦油蒸馏后残留在蒸馏釜内的黑色物质。

2. 石油沥青：石油沥青是原油蒸馏后的残渣。根据提炼程度的不同，在常温下呈液体、半固体或固体。

3. 天然沥青：天然沥青储藏在地下，有的形成矿层或在地壳表面堆积。这种沥青大都经过天然蒸发、氧化，一般已不含有任何毒素。

● **常用参数及参数值描述**

类别编码	类别名称	特征	常用特征值	常用单位
1331	沥青	品种	湖沥青、岩沥青、海底沥青、矿物材料改性沥青、氯丁橡胶沥青、丁基橡胶沥青、再生橡胶沥青、合成树脂沥青、煤沥青、木沥青、乳化沥青、石油沥青	kg、t
		用途	建筑用、道路用	
		牌号	200#、30#甲、10#、3#、60#乙、65#、75#、2#、1#、30#乙、100#甲、60#甲、100#乙、140#、180#、AH-50、AH-70、A-60、A-100、AH-90、AH-100、AH-110、AH-140、AH-180	

● **参照依据**

GB/T 494－2010　建筑石油沥青

1333　防水卷材

● **类别定义**

1. 定义：防水工程上常用的是沥青、塑料、橡胶和复合防水卷材；防水卷材包括防水油毡、防水衬垫、防水密封毡等在内，沥青防水卷材通常叫沥青油毡；沥青、塑料、橡胶防水卷材是指以沥青、塑料、橡胶为主要原料制成的卷状材料；复合防水卷材的制作原料是复合材料。

2. 用途：防水卷材是建筑防水材料重要品种之一，在建筑防水工程的实践中起着重要的作用，广泛应用于建筑物地上、地下和其他特殊构筑物的防水，是一种面广量大的防水材料。

3. 标记示例：

3mm 厚砂面聚酯胎Ⅰ型弹性体改性沥青防水卷材：SBS I PY S3

2mm 厚表面材料为非外露使用的聚乙烯膜的自粘橡胶沥青防水卷材：自粘卷材 IPE2

● **常用参数及参数值描述**

类别编码	类别名称	特 征	常用特征值	常用单位
1333	防水卷材	品种	SBS 改性沥青防水卷材、低密度聚乙烯（LDPE）防水卷材、沥青复合胎柔性防水卷材、氯丁橡胶防水卷材、三元丁橡胶防水卷材、PE 防潮膜、APP 改性沥青防水卷材	m²
		胎基材料	聚酯胎（PY）、玻纤胎（G）、玻纤增强聚酯胎（PYG）、长纤聚酯胎、复合铜胎基、铜箔胎基、聚酯纤维网格织物	
		覆面材料	聚乙烯膜（PE）、细砂（S）、矿物粒料（M）、聚乙烯膜（PET）、无膜双面自粘（D）、铝箔（AL）	
		卷材厚度（mm）	0.5、0.6、0.7、0.8、8、5、3.5、4.5、0.9、4.2、4、1.6、3.2、3、2.5、2.1、2、1.5、1.8、0.2、0.3、0.4、1.2、1	
		粘结表面	单面粘合（S）、双面粘合（D）	
		阻根材质	化学阻根剂、复合铜胎基、铜箔胎基	
		防火等级	B1 级、B2 级	
		材料性能	Ⅰ、Ⅱ	

● **参照依据**

GB 12952－2011　聚氯乙烯（PVC）防水卷材

GB 12953－2003　氯化聚乙烯防水卷材

GB/T 14686－2008　石油沥青玻璃纤维胎卷材

GB 18242－2008　弹性体改性沥青防水卷材

GB 18243－2008　塑性体改性沥青防水卷材

GB 18967－2009　改性沥青聚乙烯胎防水卷材

JC/T 645－2012　三元丁橡胶防水卷材

JC/T 684－1997　氯化聚乙烯-橡胶共混防水卷材

JC/T 690－2008　沥青复合胎柔性防水卷材

JC/T 974－2005　道桥用改性沥青防水卷材

JC/T 504－2007　铝箔面石油沥青防水卷材

JC 505－1992　煤沥青纸胎油毡

JC 206－1976　再生胶油毡

JC/T 84－1996　石油沥青玻璃布胎油毡

1335　防水密封材料

● **类别定义**

密封材料就是指能承受接缝位移以达到气密、水密目的而嵌入建筑接缝中的材料称为密封材料。密封材料有金属材料，也有非金属材料，本类我们主要指非金属材料类，包含防水油膏、防水胶、防水剂、防水粉等。

● **常用参数及参数值描述**

类别编码	类别名称	特　征	常用特征值	常用单位
1335	防水密封材料	品种	玛蹄脂、结构密封胶、填缝膏、界面剂、丁基密封胶、聚硫密封胶、耐候密封胶、沥青胶（沥青玛蹄脂）、外防水氯丁酚醛胶、油性嵌缝膏、沥青橡胶改性防水油膏、沥青防水油膏、塑料防水油膏、沥青嵌缝油膏、丁基及聚异丁烯嵌缝膏、聚氨酯密封膏、聚硫密封膏、丙烯酸密封膏、氯磺化聚乙烯建筑密封膏、聚氯乙烯塑料防水油膏，硅酮密封胶、防水堵漏胶、有机硅防水剂	kg、袋、支
		用途	混凝土建筑接缝用、建筑门窗用，密封用、玻璃密封用、玻璃幕墙接缝密封用、石材密封用	
		规格	10kg/桶、25kg/桶、25kg/箱、50kg/桶、15kg/桶、50kg/袋、16kg/桶、20kg/桶	

● **参照依据**

GB 16776－2005　建筑用硅酮结构密封胶

GB/T 14683－2003　硅酮建筑密封胶

JC/T 483－2006　聚硫建筑密封膏

JC/T 482－2003　聚氨酯建筑密封胶

JC/T 882－2001　幕墙玻璃接缝用密封胶

GB/T 23261－2009　石材用建筑密封胶

JC/T 884－2001　彩色涂层钢板用建筑密封胶

JC/T 914－2003　中空玻璃用丁基热熔密封胶

JC/T 484－2006　丙烯酸酯建筑密封胶

JC/T 485－2007　建筑窗用弹性密封剂

1337　止水材料

● **类别定义**

止水材料主要包括止水带和止水环、止水圈、止水针头等，制作止水带的原材料主要有橡胶、塑料等。

止水带分为埋式橡胶止水带、背贴式橡胶止水带。

● 常用参数及参数值描述

类别编码	类别名称	特 征	常用特征值	常用单位
1337	止水材料	品种	止水环、止水带、止水针、止水圈、防水板	m、个
		材质	橡胶、塑料、自粘复合材料、钢边橡胶、紫铜板	
		规格	200×3、200×6、250×6、350×26×7、300×20×8、300×6、350×6、322×26×6、10×6、200×26×5、150×6、330×5、400×4、400×8、350×3、350×2、300×3、300×2、500×10、200×2、20kg/袋	

● 参照依据

JG/T 141-2001 膨润土橡胶遇水膨胀止水条

GB 18173.2-2000 高分子防水材料 第2部分：止水带

GB/T 18173.3-2002 高分子防水材料 第3部分 遇水膨胀橡胶

1339 其他防腐材料

● 类别定义

指以上类别不能包含的防水防腐材料，均归入此类下。

● 常用参数及参数值描述

类别编码	类别名称	特 征	常用特征值	常用单位
1339	其他防腐材料	品种	盲沟、檐沟、天沟	kg
		规格	长×宽	
		材质	HDPE-高密度聚乙烯、橡胶、PVC	

注：规格型号表示根据实际品种执行标准规定描述。

● 参照依据

无

1341 堵漏、灌浆、补强材料

● 类别定义

堵漏材料是以水泥及添加剂经一定工艺加工而成的粉状无机防水堵漏材料。产品根据凝结时间和用途，分为缓凝型（Ⅰ）和速凝型（Ⅱ）两种。适用于隧道、地下建筑和构筑物的防水抗渗工程。

灌浆材料是在压力作用下注入地层、岩石或构筑物的缝隙、孔洞中，达到增加承载能力、防止渗漏及提高构筑物整体性能等效果的流体材料。灌浆材料可分为固粒灌浆材料和化学灌浆材料两大类。

建筑防水工程的渗漏水的主要形式有点、缝和面的渗漏，根据其渗水量又可分为慢渗、快渗、漏水和涌水。因此可根据不同工程的具体渗漏情况，采用不同的堵漏材料加心处理。

◇不包含：

——防水涂料、止水涂料，统一归入本大类的其他二级子类下。

● 常用参数及参数值描述

类别编码	类别名称	特征	常用特征值	常用单位
1341	堵漏、灌浆、补强材料	品种	堵漏材料、灌浆材料、补强材料、防水堵漏材料	kg、t
		材质	橡胶粒、硅藻土、珍珠岩、生贝壳、沥青、棉纤维、玉米芯、纸纤维、云母片、稻壳、玻璃纸、聚氨酯灌浆材料、丙凝、环氧树脂灌浆材料、水泥类灌浆材料	
		规格	按照实际规格记取、堵漏、灌浆材料规格描述存在差异	

14 油品、化工原料及胶粘材料

● 类别定义

此类是列举工业安装上用得较多的油品、化工原料和胶粘材料等。

油品主要是包括燃料油、溶剂油、润滑油、润滑脂等。

化工原料主要是指工程施工和化工设备安装中用到的化工原材料或初级制品。包括无机化工原料、有机化工原料、化工剂类、化工填料树脂等。

胶粘材料是指能把不同材料紧密粘合在一起的物质，建设工程上用到的胶粘材料主要包括胶泥、胶粘剂、胶粘制品等。

● 类别来源

对建设工程上用到的各种油品、化工原料和胶粘材料进行了统一归并，具体各子类参照了相关国家标准。

● 范围描述

范围	二级子类	说明
油品	1401 油料	包含生桐油、熟桐油、亚麻油、梓油、苏子油等
	1403 燃料油	包含汽油、机油、柴油、煤油、重油等
	1405 溶剂油、绝缘油	包含190#洗涤剂油、70#香花溶剂油、90#石油醚、120#橡胶溶剂油、变压器绝缘油、电缆绝缘油等
	1407 润滑油	包含发动机油、齿轮油、液压油、压缩机油、防锈油、冷冻机油、汽轮机油等
	1409 润滑脂、蜡	包含钙基润滑脂、钠基润滑脂、锂基润滑脂、铝基润滑脂、皂基润滑脂等
	1421 树脂	包含酚醛树脂、醇酸树脂、氨氨基树脂、过氯乙烯树脂、聚酰胺树脂、糠醇树脂等
	1423 颜料	包含氧化铁黄、大红粉、耐晒黄（汉沙黄）、酞菁蓝、群青、钛白等

范围	二级子类	说明
化工材料	1431 无机化工原料	包含盐酸、硝酸、硫酸、草酸、冰醋酸、磷酸、硼酸等
	1433 有机化工原料	包含甲醇、乙醇（酒精）、乙二醇（甘醇）、丁醇、丙三醇（甘油）等
	1435 化工剂类	包含催化剂、脱硫剂、清洗剂、着色剂、阻垢剂、稀释剂、固化剂、渗透剂、脱脂剂、显像剂等
	1437 化工填料	包含瓷环、触煤、活性炭、木格子、石英石等
	1439 工业气体	包含氯气、氨气、氢气、乙炔、氧气、氩气、各种民用燃气等
胶粘材料	1441 胶粘剂	包含树脂胶粘剂、橡胶类胶粘剂、无机胶粘剂、其他胶粘剂等
	1443 胶粘制品	包含胶布、铝箔胶条、胶带、单面胶纸、双面胶纸等

1401 油料

● 类别定义

油料是油脂制取工业的原料，油脂工业通常将含油率高于10%的植物性原料称为油料。包含生桐油、熟桐油、亚麻油、梓油、苏子油等。

熟桐油，是用大戟科植物油桐树的种子作为原料，经压榨后，制得生桐油，再将生桐油经高温热炼聚合后，通过精滤所得的涂饰用干性植物油，称为熟桐油，或者明油、光油。

● 适用范围及类别属性说明

类别编码	类别名称	特征	常用特征值	常用单位
1401	油料	品种	生桐油、熟桐油、亚麻油、苏子油、油料、梓油、油麻、防腐木油、天然木腊油	kg、t、桶
		规格	5kg、10kg	

● 参照依据

无

1403 燃料油

● 类别定义

燃料油是指能作为燃料的各种油品。常用的燃料油包括汽油、柴油、煤油、重油等、重油也称渣油、商品渣油。

● 常用参数及参数值描述

类别编码	类别名称	特征	常用特征值	常用单位
1403	燃料油	品种	柴油、重油、煤油、汽油	L、kg、t、桶
		用途	轻柴油、溶剂汽油、车用汽油、航空汽油、工业炉用重油、动力煤油、灯用煤油、航空煤油、车用柴油、重柴油	
		牌号/辛烷值	70、85、90、93、95、20、97、2、200、100、10、1、0、3、30、60、(−35)、(−20)、(−10)、(−50)	

● 参照依据

GB 18351－2010　车用乙醇汽油

GB 19147－2013　车用柴油（Ⅴ）

1405　溶剂油、绝缘油

● 类别定义

溶剂油是五大类石油产品之一、用途十分广泛。用量最大的首推涂料溶剂油（俗称油漆溶剂油），其次有食用油、印刷油墨等溶剂油。

绝缘油主要是指变压器油。

● 常用参数及参数值描述

类别编码	类别名称	特征	常用特征值	常用单位
1405	溶剂油、绝缘油	品种	190♯洗涤剂油、70♯香花溶剂油、90♯石油醚、120♯橡胶溶剂油、200♯油漆溶剂油、260♯特种煤油型、6♯抽提溶剂油、310♯彩色油墨溶剂油、变压器绝缘油、电容器绝缘油、电缆绝缘油、断路器绝缘油	L、kg、t
		类型	低沸点溶剂油、中沸点溶剂油、高沸点溶剂油	
		沸程（℃）	80～120、140～200、60～90	
		黏度级别	GX、DX、BX	

● 参照依据

GB 1922－2006　油漆及清洗用溶剂油

1407　润滑油

● 类别定义

润滑油是用在各种类型机械上以减少摩擦，保护机械及加工件的液体润滑剂，主要起润滑、冷却、防锈、清洁、密封和缓冲等作用。

润滑油一般由基础油和添加剂两部分组成。基础油是润滑油的主要成分，决定着润滑油的基本性质，添加剂则可弥补和改善基础油性能方面的不足，赋予某些新的性能，是润滑油的重要组成部分。

润滑油的种类很多，一般的命名原则是，按需润滑的部位及使用场合进行命名分类。内燃机油、齿轮油、液压油是我们常说的三大类润滑油。

内燃机油：用于发动机润滑，分柴油机油、汽油机油等。

齿轮油：用于汽车齿轮润滑和工业齿轮设备润滑，分汽车齿轮油、工业齿轮油。

液压油：用于汽车液压传动系统及工业液压设备润滑，分抗磨液压油、低温液压油。

压缩机油：用于空气压缩机润滑，分轻负荷压缩机油和重负荷压缩机油。

真空泵油：用于真空泵润滑，分低真空度真空泵油和高真空度真空泵油。

汽轮机油：用于汽轮机组润滑。

防锈油：用于设备与部件的防锈，种类极多。

金属加工油：用于机械加工，如钻孔、衍磨、切削，种类极多。

润滑油的技术指标

黏度指数：油品的黏度随温度变化的程度，同标准油黏度变化的程度对比的相对值叫黏度指数。指数越高，表示受温度影响越小。

闪点：油品在规定条件下，加热到它的蒸汽与周围空气形成混合气，当接触火焰发出闪火时的最低温度。

倾点：指冷却为固态的油品，倾斜放置加温到油品开始移动的最低温度。

SAE（黏度级数）：美国汽车工程师协会（黏度）0W 5W 10W 15W 20W 25W 10 20 30 40 50 60

API 级数：美国石油协会（质量分类）汽油发动机润滑油 SA SB SC SD SE SF SG SH SJ EC；柴油发动机润滑油 CA CB CC CD CE CF CF-4 CG CG-4

齿轮油 SAE 等级 75W 80W 85W 90W 90 140 250 GL-1 GL-2 GL-3 GL-4 GL-5

润滑油上的标号是采用的美国汽车工程师协会（SAE）的机油黏度分类法。这是种黏度等级分类法，将润滑油分成夏季用的高温型、冬季用的低温型和冬夏通用的全天候型。

润滑油的具体分类为冬季用油 6 种，夏季用油 4 种，冬夏通用油 16 种。其中

1. 冬季用油牌号分别为：0W、5W、10W、15W、20W、25W，符号 W 代表冬季是 Winter（冬天）的缩写，W 前的数字越小，低温黏度越小低温流动性越好，适用的最低气温越低；

2. 夏季用油牌号分别为：20、30、40、50，数字越大其黏度越大，适用的最高气温越高；

3. 冬夏通用油牌号分别为：5W/20、5W/30、5W/40、5W/50、10W/20、10W/30、10W/40、10W/50、15W/20、15W/30、15W/40、15W/50、20W/20、20W/30、20W/40、20W/50，代表冬用部分的数字越小，代表夏季部分的数字越大者黏度越高，适用的气温范围越大。

（1）高温型（如 SAE20～SAE50）：数字表示 100℃时的黏度，数字越大黏度越高。

（2）低温型（如 SAE0W～SAE25W）：W 表示仅用于冬天，数字越小黏度越低，低温流动性越好。

（3）全天候型（如 SAE15W/40、10W/40、5W/50）：表示低温时的黏度等级分别符合 SAE15W、10W、5W 的要求、高温时的黏度等级分别符合 SAE40、50 的要求，属于冬夏通用型。

● **常用参数及参数值描述**

类别编码	类别名称	特 征	常用特征值	常用单位
1407	润滑油	品种	柴油机油、汽轮机油、脱水防锈油、薄膜防锈油、车用齿轮油、空气压缩机油、汽油机油、合成压缩机油、螺纹压缩机油、含水液型、合成烃型液压油、矿物型液压油、工业齿轮油	kg、L、t、桶
		SAE 等级	SJ、SH、SG、SF、SE、SD、SC、SB、SA（汽油发动机润滑油）、CE、CF、CF-4、CG-4、CG、RS、CD、CC、CB、CA（柴油发动机润滑油）	

● **参照依据**

GB 11121-2006 汽油机油

GB 11122-2006 柴油机油

GB 11120-2011 涡轮机油

GB/T 16630-2012 冷冻机油

GB/T 11118.1-2011 液压油（L-HL、L-HV、L-HS、L-HG）

GB 13895-1992 重负荷车辆齿轮油（CL-5）

GB 5903-2011 工业闭式齿轮油

GB 12691-1990 空气压缩机油

1409 润滑脂、蜡

● **类别定义**

润滑脂是指具有润滑功能的膏脂状化工产品，与润滑油的区别是，润滑脂常温下为凝固状态。广义上讲，蜡也属于润滑脂的一种。

润滑脂的组成主要是基础油（占70%～90%）、稠化剂和添加剂。其分类通常都是按稠化剂分类，如皂基润滑脂、烃基润滑脂、无机润滑脂和有机润滑脂等。

润滑脂的分类：

1）按被润滑的机械元件分：轴承脂、齿轮脂、链条脂等；

2）按用脂的工业部门分：汽车脂、铁道脂、钢铁用脂等；

3）按使用的温度分：低温脂、普通脂和高温脂等；

4）按应用范围分：多效脂、专用脂和通用脂；

5）按所用的稠化剂分：钠基脂、钙基脂、铝基脂、复合钙基脂、锂基脂、复合铝基脂、复合钡基脂和复合锂基脂，膨润土脂和硅胶脂、聚脲脂等；

6）按基础油分：矿物油脂和合成油脂；

7）按承载性能分：极压脂和普通脂；

8）按稠度分：0006等级：000、00、0、1号适用于集中润滑和齿轮润滑。1、2、3号轴承用，4、5、6砖脂，密封用。

石蜡主要有：白石蜡、黄石蜡、液状石蜡等。

● **常用参数及参数值描述**

类别编码	类别名称	特 征	常用特征值	常用单位
1409	润滑脂、蜡	品种	硅胶润滑脂、复合钙基润滑脂、石蜡、白石蜡、黄石蜡、液状石蜡、地板蜡、润滑蜡、铝钡基润滑脂、铅钡基润滑脂、钙铝基润滑脂、钙钠基润滑脂、烃基润滑脂、皂基润滑脂、铝基润滑脂、锂基润滑脂、聚脲润滑脂	L、kg、t
		用途	轴承润滑脂、电工工具专用润滑脂、减速机润滑脂、密封脂、齿轮润滑脂	
		基础油	硅油、聚泣-烯烃油、酯类油、矿物质油、合成油	

● 参照依据

GB/T 491-2008　钙基润滑脂

GB/T 7324-2010　通用锂基润滑脂

GB/T 7323-2008　极压锂基润滑脂

GB/T 5671-1995　汽车通用锂基润滑脂

1421　树脂

● 类别定义

树脂一般认为是植物组织的正常代谢产物或分泌物，常和挥发油并存于植物的分泌细胞，树脂道或导管中，尤其是多年生木本植物心材部位的导管中。由多种成分组成的混合物，通常为无定型固体，表面微有光泽，质硬而脆，少数为半固体。不溶于水，也不吸水膨胀，易溶于醇，乙醚，氯仿等大多数有机溶剂。加热软化，最后熔融，燃烧时有浓烟，并有特殊的香气或臭气。分为天然树脂和合成树脂两大类。

● 常用参数及参数值描述

类别编码	类别名称	特　征	常用特征值	常用单位
1421	树脂	品种	有机硅树脂、氨基树脂、过氯乙烯树脂、乙烯树脂、酚醛树脂、醇酸树脂、石油树脂、脲醛树脂、ABC 树脂、聚酰胺树脂、糠醛树脂、糠酮树脂	kg、t、桶
		规格	MSP、MSE、MSR	
		树种	云杉、落叶松、银杉、雪松、黄杉	

● 参照依据

GB/T 13659-2008 001×7　强酸性苯乙烯系阳离子交换树脂

DL/T 519-2004　火力发电厂水处理用离子交换树脂验收标准

SH 2605.01-2003　001×7 强酸性苯乙烯系阳离子交换树脂

1423　颜料

● 类别定义

定义：不溶于水、油、溶剂和树脂等介质，且不与介质发生化学反应的有机和无机微细固体物质。具有光学、保护和装饰等作用。

颜料就是能使物体染上颜色的物质。颜料有可溶性的和不可溶性的，有无机的和有机的区别。无机颜料一般是矿物性物质。有机颜料一般取自植物和海洋动物，如茜蓝、藤黄和古罗马从贝类中提炼的紫色。

● 常用参数及参数值描述

类别编码	类别名称	特　征	常用特征值	常用单位
1423	颜料	品种	氧化铁黄、大红粉、甲苯胺红、镉红、锑红、银末、耐晒黄（汉沙黄）、联苯胺黄、铅铬黄（铬黄）、锑黄、锶黄、酞菁蓝、孔雀蓝	kg
		色别	紫色颜料、黄色颜料、蓝色颜料、白色颜料、黑色颜料、绿色颜料、红色颜料	

● **参照依据**

GB/T 1863-2008　氧化铁颜料

GB/T 1706-2006　二氧化钛颜料

GB/T 20785-2006　氧化铬绿颜料

HG/T 2249-1991　氧化铁黄颜料

HG/T 2250-1991　氧化铁黑颜料

HG 2351-1992　镉红颜料

HG/T 2883-1997　大红粉

HG/T 3001-1999　铁蓝颜料

HG/T 3744-2004　云母珠光颜料

1431　无机化工原料

● **类别定义**

常见的无机化工原料主要有无机酸、无机碱、钾、无机氧化物、无机盐等。酸主要包括硫酸、硝酸、盐酸、磷酸、氢氟酸等；碱主要包括氢氧化钠（又称苛性钠、烧碱、纯碱）、氢氧化钾、氢氧化钙等；钾是指金属钾、钾粉等，钾盐是指硝酸钾、磷酸钾等；无机氧化物是指氧化钾、氧化铝、氧化锌、氯化铜、氯化镁、四氯化碳等。

● **常用参数及参数值描述**

类别编码	类别名称	特　征	常用特征值	常用单位
1431	无机化工原料	品种	氧化钙、氯酸钠、硫酸锌、溴化钠、焦磷酸钠、过硼酸钠、三溴化物、硝酸钠、硫化钠、硫酸亚铁、磷酸氢二钠、亚氯酸钠、磷酸二氢钾、磷酸氢二钾、多聚磷酸、硼酸、亚硝酸钠、六偏磷酸钠、氟化钠、氟硅酸钠、三乙醇胺、乙二胺、氯化镁	kg、t
		规格	200目、300目	

● **参照依据**

GB 320-2006　工业用合成盐酸

GB/T 337.1-2002　工业硝酸 浓硝酸

GB/T 538-2006　工业硼酸

GB/T 752-2006　工业氯酸钾

GB/T 1587-2000　工业碳酸钾

1433　有机化工原料

● **类别定义**

有机化工原料是指用来配制其他产品的作为原材料的有机化合物（有机化合物是指以碳氢为主的化合物）。

常见的有机化工原料主要有烷烃及衍生物、烯烃及衍生物、炔烃及衍生物、醇类、酚类、醛类等。

（1）有机酸包括甲酸（蚁酸）、乙二酸（草酸）、冰醋酸（乙酸/无水醋酸）、柠檬酸、脂肪酸、石碳酸（苯酚）等；

（2）苯包括甲苯、二甲苯、动力苯（纯苯）等；

（3）醇包括甲醇、乙醇（酒精）、乙二醇（甘醇）、丁醇、丙三醇（甘油）、缩丁醇（三甲基甲醇）等；

（4）醛主要是指甲醛；酮包括丙酮、环乙酮、环己酮、环烷酸酮等；

（5）醚包括乙醚、乙曲醚、单体聚醚等；胺/铵包括苯胺、乙二胺、乙甲胺、一甲胺、二乙胺等；

（6）烯类包括聚乙烯、过氯乙烯、苯乙烯、三氯乙烯等。

● **常用参数及参数值描述**

类别编码	类别名称	特征	常用特征值	常用单位
1433	有机化工原料	品种	丙酮、环乙酮、环己酮、环烷酸酮、乙醚、乙曲醚、单体聚醚等、丙三醇（甘油）、苯胺、乙二胺、乙甲胺、一甲胺、二乙胺、乙二醇（甘醇）、丁醇、乙醇（酒精）	kg、t
		类型	腈类、烷烃及衍生物、羧酸及衍生物、烯烃及衍生物、醌类、炔烃及衍生物、砜、碳水化合物、芳香烃及衍生物、胺类、醇类、酚类、酸酐、酯类、醚类、醛类、酮类	
		规格		

● **参照依据**

GB 338 - 2011　工业用甲醇

GB/T 339 - 2001　工业用合成苯酚

GB/T 1615 - 2008　工业二硫化碳

GB/T 1626 - 2008　工业用草酸

GB/T 1628 - 2008　工业用冰乙酸

GB/T 2093 - 2011　工业用甲酸

GB/T 2279 - 2008　焦化甲酚

1435　化工剂类

● **类别定义**

包含催化剂、脱硫剂、清洗剂、着色剂、阻垢剂、稀释剂、固化剂、渗透剂、脱脂剂、显像剂等。

● **常用参数及参数值描述**

类别编码	类别名称	特征	常用特征值	常用单位
1435	化工剂类	品种	发气剂、除锈剂、渗透剂、阻垢剂、着色剂、清洗剂、脱硫剂、催化剂、防潮剂、防冻剂、防腐防霉剂、增稠剂、增塑剂、催干剂、光稳定剂、防沉淀剂、防结皮剂、pH值调节剂、漆剂、固化剂、乳化剂、消泡剂	kg、袋、t
		适合成膜物质	聚酯漆、酯胶漆、环氧漆、聚氨酯漆、沥青漆、氨基漆、丙烯酸漆、过氯乙烯漆、硝基漆、醇酸漆	
		催干剂组成物质	钴、混合、铅锰、钴铅、铅、锰、稀土、钴锰	
		规格	黄色粉体、30kg/袋、粉体、50kg/袋、粉体、2kg/包、50kg/袋、淡黄液体、66kg/桶、50kg/袋、40kg/袋、粉体、48kg/袋、25kg/袋、粉体、25kg、红色粉末、30kg/袋、粉体、30kg/袋、红棕色液体、50kg/桶、粉体、40kg/袋	

● **参照依据**

GB/T 27807-2011　聚酯粉末涂料用固化剂

GB 8076-2008　混凝土外加剂

1437　化工填料

● **类别定义**

泛指被填充于其他物质中的物料，在化学工程中，填料指装于填充塔内的惰性固体物料。

在化工产品中，填料又称填充剂，是指用于改善加工性能、制品力学性能并降低成本的固体物质。

散装填料根据结构特点不同，又可分为环形填料、鞍形填料、环鞍形填料及球形填料等。常见的散装填料类型有拉西环、鲍尔环、弧鞍、矩鞍环、阶梯环、共轭环扁环等。

规整填料是按一定的几何构形排列，整齐堆砌的填料。规整填料种类很多，根据其几何结构可分为格栅填料、波纹填料、脉冲填料。

● **常用参数及参数值描述**

类别编码	类别名称	特　征	常用特征值	常用单位
1437	化工填料	品种	金属那特环、金属矩鞍环、金属八四内弧环、陶瓷波纹规整填料、塑料鲍尔环、金属波纹填料、金属拉西环、陶瓷阶梯环、金属阶梯环、陶瓷矩鞍环、陶瓷异鞍环、陶瓷拉西环、陶瓷鲍尔环、金属鲍尔环、塑料花环填料、ZL聚苯颗粒	m^3、kg、t
		填装方式	散装填料、规整填料	
		堆积密度（kg/m³）	119、216、311、312	
		规格	25×12.5×0.5、38×19×0.876、Dg76、Dg50、Dg40	

● **参照依据**

GB/T 18749-2008　耐化学腐蚀陶瓷塔填料技术条件

1439　化工气体

● **类别定义**

工业气体在国家标准《化学品分类和危险性公示通则》GB 13690-2009 中，通常被划为第2类压缩气体和液化气体。这类化学品系指压缩、液化或加压溶解的气体。气体经加压或降低温度，可以使气体分子间的距离大大缩小而被压入钢瓶中，这种气体称为压缩气体（亦称为永久气体，如氧气、氮气、氩气、氢气等）。对压缩气体继续加压，适当降温，压缩气体就会变成液体的，称为液化气体（如液氯、液氨、液体二氧化碳等）。此外，还有一种性质极为不稳定的气体，加压后需溶于溶剂中储存在钢瓶内，这种气体称为溶解气体（如溶解乙炔等）。

这里的工业气体指建筑工程生产过程中用到的各种气体。

工业气体按其化学性质不同，可分为4类：（1）剧毒气体，具有极强毒性，侵入人体能引起中毒甚至死亡。如氯气、氨气等。（2）易燃气体，具有易燃烧性和化学爆炸危险性，并有一定的毒性。如氢气、乙炔等。（3）助燃气体，具有助燃能力，但自身不燃烧，存在扩大火灾的危险性，如氧气等。（4）不燃气体，对人具有窒息性，性质稳定，不燃烧，如氮气、二氧化碳和氩气。

● **常用参数及参数值描述**

类别编码	类别名称	特　征	常用特征值	常用单位
1439	化工气体	品种	二氧化碳、硅烷、一氧化碳、氩气、氮气、氧气、乙炔、氢气、氨气、氯气、丁烷	kg、瓶
		规格	40L	

● **参照依据**

GB/T 6681－2003　气体化工产品采样通则

1441　胶粘剂

● **类别定义**

胶粘剂又称胶粘剂，俗称胶。是能使两个物体表面粘合在一起的物质。

胶粘剂一般都是由多组分物质组成的。除了起基本的粘连作用的物质外，为了满足特定的物理化学性能，尚需加入各种配合剂和改性剂，如固化剂、增韧剂、溶剂、稀释剂、填料及其他有关成分。

分类：胶粘剂的分类方法很多，按粘料化学成分可分为无机胶粘剂和有机胶粘剂两大类，无机胶粘剂主要有各种水泥及金属氧化物凝胶。在建筑装修中应用量相对有机类较少。有机胶粘剂包括天然类胶粘剂（如：淀粉、糊精、植物蛋白、骨胶、鱼胶、松香、生漆、虫胶、沥青质等。这类胶粘剂是人们使用最早的，而现在应用量很少）和合成类胶粘剂（如：树脂型的酚醛树脂、环氧树脂、聚醋酸乙烯酯、聚氨酯、聚乙烯醇缩甲醛等，橡胶型的氯丁橡胶、丁基橡胶、丁苯橡胶等，混合型的环氧—酚醛树脂、酚醛—氯丁橡胶、环氧—聚硫橡胶），合成类胶粘剂是现在建筑装饰装修中应用最广泛，用量最多的胶粘剂。

按固化形式不同可分为：有溶剂挥发型、化学反应型和热熔型三大类；溶剂挥发型是溶剂从粘合面挥发或者被粘物自身吸收溶剂而形成粘合膜、发挥粘合力的一种全溶剂蒸发型胶粘剂。它的固化快慢与环境的温度、湿度，被粘物的疏松程度、含水量，以及加压方法等有关，也即和溶剂挥发速度快慢有关。常用品种有：酚醛树脂、聚醋酸乙烯酯、聚丙烯酸酯、丁苯橡胶、氯丁橡胶胶粘剂。化学反应型胶粘剂是由不可逆的化学变化引起固化而产生粘结力。接配制方法有单组分、双组分甚至三组分等，使用时按要求用量混合。按固化条件有室温固化型，加热固化型等。加热固化型的胶粘剂需加热涂敷了胶粘剂的被粘物以促进化学变化的进行。常用品种有：环氧树脂、酚醛树脂、不饱和聚酯、聚硫橡胶、环氧—酚醛树脂胶粘剂等。热熔型胶粘剂是将固体聚合物加热熔融后粘接，随后冷却固化而发挥粘合力。常用品种有：皮胶、骨胶、沥青质、松香、石蜡、聚苯乙烯、丁基橡胶等。

按胶粘剂的外观形态分类：有溶液型、乳胶型、膏糊型、粉末型、薄膜型和固体型等。大部分胶粘剂是属于溶液型的，即将树脂或橡胶溶解于适当的有机溶剂或水中而成为黏稠的液体而成。由于溶剂或水的蒸发（溶剂挥发型）及化学反应的进行（化学反应型，其不含溶剂）而固化产生粘合力。常用的品种有：酚醛树脂、环氧树脂、聚醋酸乙烯酯、丁苯橡胶等。乳液或乳胶型胶粘剂是将树脂或橡胶在水中分散而成的水分散型的胶粘剂。一般情况下呈现乳状。常用品种有：聚醋酸乙烯、聚丙烯酸酯、氯丁橡胶、硅橡胶等。膏糊型胶粘剂是高度不发挥的，高黏稠的。胶粘剂，主要用于密封。腻子、填隙、密封材料都属于这一类型。常用的有：不饱和聚酯、聚氨酯、醋酸乙烯酯、再生胶、硅橡胶等。粉末胶粘剂属于水溶性的，使用前加溶剂（主要是水）调成糊状或液状，然后使用。常用品种有：淀粉、虫胶、聚醋酸乙烯酯等。膜状胶粘剂是以布、纸、玻璃纤维等为基材，涂敷或吸附胶粘剂后干燥成薄膜状使用，或者直接以胶粘剂与基材形成薄膜材料。膜状胶粘剂有较高的耐热性和粘合强度，常用品种有：环氧一聚酰亚胺、尼龙一环氧、酚醛一聚乙烯醇缩醛等。固体胶粘剂主要是热熔型胶粘剂。

● **常用参数及参数值描述**

类别编码	类别名称	特 征	常用特征值	常用单位
1441	胶粘剂	品种	粘接木材用、粘结石膏砌块、风管用胶、粘接塑料用、瓷砖粘结剂、新老混凝土连接用、万能胶、粘接玻璃用、粘接橡胶用、粘接陶瓷用	kg、瓶
		规格	902、JS-2000、108胶、302、TL、401胶、404胶、409胶、502胶、791胶、801胶、891胶、903胶、4115胶、4116胶、AJ302、401、303、MS-301、MS-202、MS-201、外保温、900、235、ZS-1071、JS-888、107胶	
		成分	硼酸盐、硫酸盐、磷酸盐、硅橡胶	

● **参照依据**

HG/T 2405-2005 乙酸乙烯酯-乙烯共聚乳液

HG/T 2727-2010 聚乙酸乙烯酯乳液木材胶粘剂

HG/T 3319-1983 聚氯乙烯薄膜胶粘剂

JC/T 636-1996 木地板胶粘剂

JC/T 863-2011 高分子防水卷材胶粘剂

JC/T 548-1994 壁纸胶粘剂

LY/T 1601-2011 基聚合物—异氰酸酯木材胶粘剂

LY/T 1206-2008 木工用氯丁橡胶胶粘剂

HG/T 2492-2005 α-氰基丙烯酸乙酯瞬间胶粘剂

1443 胶粘制品

● **类别定义**

本类主要指胶带、胶布和胶纸等胶粘制品类材料。

胶带是指带状的胶粘制品。

胶布、胶是用来粘贴的布形或纸形制品。

● **常用参数及参数值描述**

类别编码	类别名称	特 征	常用特征值	常用单位
1443	胶粘制品	品种	胶布、铝箔胶条、胶带、单面胶纸、接缝纤维带、接缝纸带、双面胶纸、胶水	kg、m、瓶
		基材	海绵、塑料、石棉	
		规格	20mm×5m	

15 绝热（保温）、耐火材料

● **类别定义**

绝热材料：是指用于建筑围护或者热工设备、阻抗热流传递的材料或者材料复合体，既包括保温材料，也包括保冷材料；

绝热材料是保温（隔热）、保冷材料的总称。绝热材料一方面满足了建筑空间或热工设备的热环境，另一方面也节约了能源。

（1）保温材料：指建筑物的围护结构在冬季为防止室内向室外传热、从而使室内保持适当温度的能力；

（2）隔热材料：指围护结构在夏季隔离太阳辐射热和室外高温的影响，从而使其内表面温度保持适当温度的能力。

绝热材料按照状态分为：纤维状、微孔状、起泡状、层状四大类；按材料硬度和形状可分为硬质材料、软质材料、半硬质材料、散棉无形材料和散状材料。

附表：主要绝热材料分类及品种

纤维状	无机	天然	石棉、海泡石、坡缕石
		人造	矿棉、玻璃棉、硅酸、铅纤维、氧化铝纤维、氧化锆纤维、莫来石纤维、碳纤维、纸纤维
	有机	天然	木纤维、草纤维
微孔状	无机	天然	硅藻土
		人造	硅酸钙绝热制品、硅酸盐绝热涂料及制品、反射涂料
气泡状	无机	人造	膨胀珍珠岩、膨胀蛭石、泡沫石棉、泡沫玻璃、泡沫硅、粉煤灰微状、玻璃微状
	有机	天然	软木
		人造	泡沫塑料、泡沫橡胶、橡塑制品、柔性橡塑保温材料
层状	金属	人造	铝箔

耐火材料：也称耐热材料，是指耐火温度不低于 1580° 的无机非金属材料，耐火材料的应用广泛，常作为现代工业炉抵抗高温的材料。耐火材料大部分是用天然石为原料加工制造的，如耐火黏土、钒土、硅石、菱镁矿、白云石等。

根据外部形态不同，耐火材料分为定型耐火材料、不定型耐火材料、纤维耐火材料。

定型耐火材料——具有一定规则外形的耐火材料，如耐火砖、耐火板、耐火管；耐火砖材按国标可分为：标型制品（230×114×65，如砖号 Tz-3）、普型制品（如 Tz-1，Tz-6 等）、异型制品、特型制品。砖的品种都是按国标中的规格或牌号来分的。

不定型耐火材料——没有一定规则外形的耐火材料，如耐火混凝土、可塑料、捣打料、喷涂料等。

纤维耐火材料——纤维状耐高温的耐火保温材料，如陶瓷纤维、矿渣纤维、石棉纤维等。

◇不包含

—— 耐火混凝土材料，放入04类水泥、砂石砖瓦及混凝土类别下

● **类别来源**

绝热材料来源于定额编制的室内、室外管道、工业管道中的保温章节；耐火材料来源于清单及全统安装专业中的炉窑砌筑工程中的耐火专用材料，耐火材料的一些骨料也可以作为绝热材料使用，例如：硅藻土硅酸钙；二级类别参照相应的建材及建工标准调整。

● **范围描述**

范围	二 级 子 类	说 明
绝热材料	1501 石棉及其制品	包括石棉以及石棉加工的制品材料，石棉板、管壳、瓦块、带、绳、线、毡、布等
	1503 岩棉及其制品	包括岩棉以及岩棉加工的制品材料，石棉板、管壳、瓦块、带、绳、线、毡、布等
	1505 矿渣棉及其制品	同样矿棉制品也包含矿渣棉、矿渣棉板、矿渣棉管壳、矿棉瓦块、矿渣棉毡等
	1507 玻璃棉及其制品	包含玻璃棉板、带、毡以及其他玻璃棉制品
	1509 膨胀珍珠岩及其制品	包含膨胀珍珠岩、膨胀珍珠岩板、珍珠岩管壳、珍珠岩瓦块、珍珠岩粉、珍珠岩砂浆等
	1511 膨胀蛭石及其制品	包含膨胀蛭石颗粒状材料以及一些制品材料：水泥蛭石保温板、保温管、水玻璃蛭石保温板、管等
	1513 泡沫橡胶（塑料）及其制品	包括不同材质的泡沫橡胶塑料及制品
	1515 泡沫玻璃及其制品	包括不同材质的泡沫玻璃及制品
	1517 复合硅酸盐绝热材料	主要产品硅酸盐板、硅酸盐管壳和硅酸盐毡等
	1519 硅藻土及其制品	包括不同防火等级的硅藻土隔热砖
	1521 电伴热带/缆	
	1523 其他绝热材料	棉席被类制品等
耐火砖	1531 黏土质耐火砖	包含黏土质耐火砖、黏土质隔热耐火砖、高炉用黏土质耐火砖、热风炉用黏土质耐火砖、玻璃窑用黏土质耐火砖、玻璃窑用黏土质耐碱砖
	1533 硅质耐火砖	包含硅砖、焦炉用硅砖、玻璃窑用硅砖、炼钢平炉炉顶用硅砖、半硅砖、硅质隔热耐火砖
	1535 铝质耐火砖	包含高铝砖、高炉用高铝砖、热风炉高铝砖、高铝质隔热耐火砖、电炉炉顶高铝砖、磷酸盐结合高铝砖
	1539 镁质耐火砖	包含镁砖、镁碳砖、电熔镁碳砖、树脂结合镁碳砖、镁硅砖、镁铝砖、镁铬砖
	1541 刚玉砖	包括烧结刚玉砖、电熔刚玉砖
	1543 其他耐火砖	包含石英砖、缸砖、焦油白云石砖等

范围	二 级 子 类	说 明
其他耐火绝热材料	1551 耐火泥、砂、石	包含黏土质耐火泥、高铝质耐火泥、镁质耐火泥等；耐火砂包括电熔氧化锆砂、镁砂、莫来石砂、刚玉砂等；耐火石包括白云石、焦宝石、菱镁石、锆英石等
	1553 不定形耐火材料	包含耐火浇筑料、捣打料、可塑料、喷涂料等
	1555 耐火纤维及其制品	包含耐火纤维、纤维棉、纤维毡、纤维板、纤维壳等
	1557 耐火粉、骨料	主要是指一些耐火的骨料材料，例如：高岭土、硅藻土硅酸钙、氧化铝、硅石粉等
	1559 其他耐火材料	主要是指一些耐火填料

1501 石棉及其制品

● 类别定义

石棉是一种非金属矿产品，纤维细而坚韧，有白色、灰色、褐色和绿色等品种；石棉具有耐火、耐热、耐酸碱、隔声、隔热、绝缘等特性；经常作为绝热材料使用。石棉是指石棉散状材料和石棉绝热制品的原材料；石棉绝热制品是指以石棉为主要原料而制成的绝热制品，如石棉板、石棉毡、石棉管壳、石棉线、绳等。

● 常用参数及参数值描述

类别编码	类别名称	特 征	常用特征值	常用单位
1501	石棉及其制品	品种	石棉布、石棉带、石棉绳、石棉板、石棉管壳、石棉毡、石棉网	kg、m²、片、张
		规格	石棉纸描述厚度、石棉方绳描述边长，石棉绳描述直径，石棉管壳描述外径	
		密度（kg/m³）	600、800、1400	

注：规格具体视品种不同确定；对于板材需要描述长、宽、厚，则在进行规格描述时综合考虑；对于管壳还需要描述外径（内径）尺寸。

● 参照依据

GB/T 3985-2008 石棉橡胶板

1503 岩棉及其制品

● 类别定义

岩棉主要以玄武岩为主要原料，经溶化后用压缩空气喷吹或离心法制成的无机纤维材料，具有质轻、导热系数小、吸声性好、不燃、化学稳定性好的特点；是应用广泛的隔热保温材料。

岩棉按成分可分为：玄武岩棉、沥青火山岩棉、水玻璃火山岩棉等。

● 常用参数及参数值描述

类别编码	类别名称	特 征	常用特征值	常用单位
1503	岩棉及其制品	品种	岩棉板、岩面条、岩棉素毡、岩棉管壳、岩棉	kg、m²、片、张
		规格	根据不同的岩棉制品，规格描述不同，例如岩棉管壳规格一般描述管壳厚度 30mm、40mm、50mm	
		密度（kg/m³）	80、90、100、120、130、150	

注：规格具体视品种不同确定；对于板材需要描述长、宽、厚，则在进行规格描述时综合考虑；对于管壳还需要描述外径（内径）尺寸。

● 参照依据

GB/T 11835-2007 绝热用岩棉、矿渣棉及其制品

GB/T 19686-2005 建筑用岩棉、矿渣棉绝热制品

1505 矿渣棉及其制品

● 类别定义

由熔融矿渣制成的矿物棉称为矿渣棉，是无机隔热保温材料，具有质轻、导热系数低、不燃、防蛀、价廉、耐腐蚀、化学稳定性强、吸声性能好等优点；矿棉制品包含矿渣棉板、矿渣棉管壳、矿棉瓦块等。

● 常用参数及参数值描述

类别编码	类别名称	特 征	常用特征值	常用单位
1505	矿渣棉及其制品	品种	矿渣棉板、矿渣棉毡、矿渣棉管壳、矿渣棉	kg/m²
		规格	根据不同的岩、矿棉制品，规格描述不同，例如岩棉管壳规格一般描述管壳厚度 50mm、75mm、100mm、120mm	
		密度（kg/m³）	100、130、150、200	
		阻燃等级	HB、V-2、V-1、V-0	

注：规格具体视品种不同确定；对于板材需要描述长、宽、厚，则在进行规格描述时综合考虑；对于管壳还需要描述外径（内径）尺寸。

● 参照依据

GB/T 11835-2007 绝热用岩棉、矿渣棉及其制品

GB/T 19686-2005 建筑用岩棉、矿渣棉绝热制品

1507 玻璃棉及其制品

● 类别定义

玻璃棉是玻璃纤维的统称；是以形成玻璃的硅酸盐矿物为主要原料，同时添加一定的熟料，经熔融、成纤并同时施加一定量的有机黏结剂而制成的棉状纤维；属于玻璃类无机纤维，按纤维直径分为绝热玻璃棉和超细玻璃棉两类。

● 常用参数及参数值描述

类别编码	类别名称	特 征	常用特征值	常用单位
1507	玻璃棉及其制品	品种	玻璃棉板、玻璃棉毡、玻璃棉管壳、玻璃棉、玻璃布、玻璃纤维布	kg、m²
		规格	根据不同的玻璃棉制品，规格描述不同，例如岩棉管壳规格一般描述管壳厚度 50mm、75mm、100mm、120mm	
		密度（kg/m³）	100、130、150、200	
		阻燃等级	HB、V－2、V－1、V－0	

注：规格具体视品种不同确定；对于板材需要描述长、宽、厚，则在进行规格描述时综合考虑；对于管壳还需要描述外径（内径）尺寸。

● 参照依据

GB/T 13350－2008 绝热用玻璃棉及其制品

1509 膨胀珍珠岩及其制品

● 类别定义

膨胀珍珠岩是一种白色、灰白色的粒状物料，是以珍珠岩矿石为原料，经过破碎、分级、预热、高温烧结而成的一种轻质、隔热、耐酸碱、吸湿性小、无毒、不燃等特点，是一种物美价廉的隔热保温材料。

膨胀珍珠岩制品：膨胀珍珠岩是用不同的胶结剂加水辅助材料经过搅拌、干燥而制成的具有各种形状和性能的制品。根据胶结材料的不同，有水泥膨胀珍珠岩制品、水玻璃珍珠岩制品、沥青膨胀珍珠岩制品、磷酸盐膨胀珍珠岩制品。

● 常用参数及参数值描述

类别编码	类别名称	特 征	常用特征值	常用单位
1509	膨胀珍珠岩及其制品	品种	有水泥膨胀珍珠岩板、水玻璃珍珠岩块、沥青膨胀珍珠岩块、磷酸盐膨胀珍珠岩块	kg、m²
		规格	根据不同的珍珠岩制品，规格描述不同，例如管壳厚度40mm、50mm、80mm	
		密度（kg/m³）	200、250、350	

注：规格具体视品种不同确定；对于板材需要描述长、宽、厚，则在进行规格描述时综合考虑；对于管壳还需要描述外径（内径）尺寸。

● 参照依据

GB/T 10303－2001 膨胀珍珠岩绝热制品

1511 膨胀蛭石及其制品

● 类别定义

蛭石是一种片状云母的矿物破碎后经高温烧制，体积膨大 15～25 倍，形成许多许多薄片组成的膨胀蛭石颗粒。膨胀蛭石也可与水泥、水玻璃等胶凝材料配合，制成砖、板、管壳等用于围护结构及管道保温。

● **常用参数及参数值描述**

类别编码	类别名称	特征	常用特征值	常用单位
1511	膨胀蛭石及其制品	品种	水泥膨胀蛭石板、膨胀蛭石、水泥膨胀蛭石、水玻璃膨胀蛭石、石棉硅藻土蛭石制品、耐火黏土蛭石制品	kg、m²
		规格	根据不同的膨胀蛭石制品，规格描述不同，例如管壳厚度 50mm、75mm、100mm、120mm	
		密度（kg/m³）	150、180	

注：规格具体视品种不同确定；对于板材需要描述长、宽、厚，则在进行规格描述时综合考虑；对于管壳还需要描述外径（内径）尺寸。

● **参照依据**

JC/T 441-2009　膨胀蛭石

1513　泡沫橡胶（塑料）及其制品

● **类别定义**

也叫多孔塑料。以树脂为主要原料制成的内部具有无数微孔的塑料。质轻、绝热、吸音、防震、耐腐蚀。有软质和硬质之分。广泛用做绝热、隔声、包装材料及制车船壳体等。

泡沫塑料的制品很多，均以各种不同的树脂为基料，加入一定剂量的发泡剂、催化剂、稳定剂等辅助材料，经加热发制成的质轻、隔热、吸声、防震材料；包括聚氯乙烯泡沫塑料、聚苯乙烯泡沫塑料、聚乙烯泡沫塑料等，制品包括板材、片材、线材、带材等。

● **常用参数及参数值描述**

类别编码	类别名称	特征	常用特征值	常用单位
1513	泡沫橡胶（塑料）及其制品	品种	EPE 聚乙烯泡沫塑料、聚苯乙烯泡沫塑料、聚氯乙烯泡沫塑料、聚乙烯泡沫塑料板、聚乙烯泡沫塑料管壳、聚氨酯泡沫塑料、脲醛泡沫塑料	kg、m²
		规格	根据不同的制品，规格描述不同，例如板材规格一般描述板材厚度 10mm、20mm、25mm	
		密度（kg/m³）	21、34、41、45、51、60	

注：规格具体视品种不同确定；对于板材需要描述长、宽、厚，则在进行规格描述时综合考虑；对于管壳还需要描述外径（内径）尺寸。

● **参照依据**

GB/T 10801.1-2002　绝热用模塑聚苯乙烯泡沫塑料

GB/T 10801.2-2002　绝热用挤塑聚苯乙烯泡沫塑料

GB/T 10802-2006　通用软质聚醚型聚氨酯泡沫塑料

1515　泡沫玻璃及其制品

● **类别定义**

泡沫玻璃是一种以玻璃为主要原料，加入适量发泡剂，通过高温隧道窑炉加热焙烧和退火冷却加工处理后制得，具有均匀的独立密闭气隙结构的新型无机绝热材料。

● **常用参数及参数值描述**

类别编码	类别名称	特征	常用特征值	常用单位
1515	泡沫玻璃及其制品	品种	泡沫玻璃板、泡沫玻璃瓦块	kg、m²
		规格	根据不同的制品，规格描述不同，例如板材规格一般描述管壳厚度10mm、20mm、25mm	
		密度（kg/m³）	140、160、180、200	

注：规格具体视品种不同确定；对于板材需要描述长、宽、厚，则在进行规格描述时综合考虑；对于管壳还需要描述外径（内径）尺寸。

● **参照依据**

JC/T 647－2005　泡沫玻璃绝热制品

1517　复合硅酸盐绝热材料及制品

● **类别定义**

复合硅酸盐保温隔热材料是近年来研制开发的新型高效节能材料，是选用含镁、铝轻质多孔海泡石颗粒及多种纤维状物材料，辅以化学助剂和复合黏结料生产出来的，其产品有成型板材和液态涂料，液态涂料我们在11大类中说明。

凡由化学成分二氧化硅、氧化钙、三氧化铁、氧化镁等组成的无机类矿物材料均可为硅酸盐材料。但是可用来制作绝热材料的硅酸盐类主要是硅酸钙和硅酸铝。

微孔硅酸钙是一种新型的保温材料，其特点是导热系数小、密度小、强度高、使用温度高，主要性能比常用的水泥珍珠岩制品和水泥蛭石制品好，是最理想的隔热保温材料之一。

● **常用参数及参数值描述**

类别编码	类别名称	特征	常用特征值	常用单位
1517	复合硅酸盐绝热材料及制品	品种	复合硅酸盐毡、复合硅酸盐管、复合硅酸盐软质板	kg、m²
		规格	根据不同的制品，规格描述不同，例如板材规格一般描述管壳厚度10mm、20mm、25mm	
		密度（kg/m³）	30、50、60、80、100、150	

注：规格具体视品种不同确定；对于板材需要描述长、宽、厚，则在进行规格描述时综合考虑；对于管壳还需要描述外径（内径）尺寸。

● **参照依据**

JC/T 990－2006　复合硅酸盐绝热制品

1519　硅藻土及其制品

● **类别定义**

硅藻土是矿产隔热材料，呈黄灰色或绿灰色，是藻类有机物腐败后经地壳变迁而生成的，主要成分为70％～85％的非晶体二氧化硅和少量黏土杂质，硅藻土的气孔率可达85％，具有良好的隔热性质，且可塑性好，成型后强度较高，其溶化温度在1000～1200℃范围内。

硅藻土砖是在硅藻土中加入添加物经成型烘干，并在温度850～900℃烧成，体积密度小、气孔率大，耐火度可达 1280℃，常用的尺寸有：250×123×65 和 230×113×65 两种。

● **常用参数及参数值描述**

类别编码	类别名称	特　征	常用特征值	常用单位
1519	硅藻土及其制品	品种	硅藻土熟料粉、硅藻土石棉灰、硅藻土保温管壳、硅藻土保温板块、硅藻土隔热砖	t、m³
		规格	不同品种制品描述的规格尺寸存在差异，如硅藻土规格一般描述：250×123×65、230×113×65	
		密度	400、500、600、680、700	
		牌号	GG-0.4、GG-0.5a、GG-0.5b、GG-0.6、GG-0.7	
		耐火级别	甲级、乙级、丙级	

● **参照依据**

GB/T 3996－1983　硅藻土隔热制品

1521　电伴热带/缆

● **类别定义**

电伴热带/缆：是由导电聚合物和两根平行金属导线及绝缘护层构成。其特点是导电聚合物具有很高的正温度系数特性，且互相并联，能随被加热体系的温度变化自动调节输出功率，自动限制加热的温度，可以任意截短或在一定范围内接长使用，并允许多次交叉重叠而无高温热点及烧毁之虑。

示例：DBRZ-25-220-J 代表低温窄型，标称功率 25W/m，额定电压 220V，基本型结构的普通自限温伴热带。

● **常用参数及参数值描述**

类别编码	类别名称	特　征	常用特征值	常用单位
1521	电伴热带/缆	品种	低温通用型电伴热带、低温宽型电伴热带、中温通用性电伴热带、中温宽型电伴热带、高温通用型电伴热带、高温宽型电伴热带、采暖自控温电伴热带	m、根
		管道直径	150、200	
		电压等级	110V、220V、380V、600V	
		标称功率（W/m）	10、15、17、18.5、20、25、30、45、50、60	
		结构形式	基本型（J）、基本防腐型（J2）、屏蔽防爆型（P）、屏蔽防腐型（P2）、防爆防护型（PF）、防爆防腐型（PF2）	
		铜芯导线	7×0.32、7×0.42、7×0.50、19×0.32	
		导电塑料层	普通 PTC、阻燃 PTC、含氟 PTC	
		绝缘层	改良性聚烯烃、阻燃聚烯烃、含氟聚烯烃、全氟材料	
		护套层	改良性聚烯烃、阻燃聚烯烃、含氟聚烯烃、全氟材料、蓝色聚氯乙烯（PVC）	

● **参照依据**

GB/T 19835－2005　自限温伴热带

1523 其他绝热材料

● **类别定义**

指以上类别中没有包含的绝热材料，均放入此类下；例如：硅酸铝、聚氨酯、海泡石等。

1531 黏土质耐火砖

● **类别定义**

黏土质耐火砖是指以黏土为主要材料制成的主要用于炉窑砌筑工程上的耐火砖，不同于以黏土为主要材料烧制的砌砖。N-1、GN-41、NG-0.4 等都是耐火砖的规格牌号，每个规格牌号下对应有各种不同的砖号（标型、普型、异型、特型制品）。

耐火材料以黏土质耐火砖用途最广，可以用于整齐锅炉、煤气发生炉、高炉、各种热处理炉和加热炉。

● **常用参数及参数值描述**

类别编码	类别名称	特 征	常用特征值	常用单位
1531	黏土质耐火砖	规格	230mm×114mm×100mm、230mm×114mm×75mm、230mm×114mm×65mm、230mm×114mm×40mm	m³、块
		分型	标型、普型、异型、特型制品	
		牌号	N-1、N-2a、N-2b、N-3a、N-3b、N-5、N-6	
		耐火度	1580、1670、1690、1710、1730、1750、1770、1790	

● **参照依据**

YB/T 5106－2009 黏土质耐火砖

GB/T 2992.1－2011 耐火砖形状尺寸 第1部分：通用砖

GB/T 16763－2012 定形隔热耐火制品分类

1533 硅质耐火砖

● **类别定义**

包含硅砖及硅质隔热耐火砖；

硅砖：主要由磷石英、方石英以及少量残余石英和玻璃相组成的酸性耐火材料。

硅质隔热耐火砖：又称硅质隔热砖，采用细碎的硅石做原料，其临界粒度通常不超过1mm，而其中小于0.5mm的颗粒不少于90％。在配料中加入易燃物质或采用气体发生法形成多孔结构，经烧成而制得。

● **常用参数及参数值描述**

类别编码	类别名称	特 征	常用特征值	常用单位
1533	硅质耐火砖	品种	硅砖、硅质隔热耐火砖	m³、块
		规格	230mm×114mm×100mm、230mm×114mm×75mm、230mm×114mm×65mm、230mm×114mm×40mm	
		分型	标型、普型、异型、特型制品	
		牌号	GZ-93、GZ-94、JG-93、BG-94、QG-0.4、QG-0.6、QG-0.8	
		耐火度	1580、1670、1690、1710、1730、1750、1770、1790	

● **参照依据**

GB/T 2992.1-2011 耐火砖形状尺寸 第1部分：通用砖

GB/T 16763-2012 定形隔热耐火制品分类

GB/T 17105-2008 铝硅系致密定形耐火制品分类

1535 铝质耐火砖

● **类别定义**

高铝砖：氧化铝含量在48%以上的一种中性耐火材料。由矾土或其他氧化铝含量较高的原料经成型和煅烧而成。热稳定性高，耐火度在1770℃以上。抗渣性较好。用于砌筑炼钢电炉、玻璃熔炉、水泥回转炉等的衬里。

高铝质隔热耐火砖：又称高铝隔热砖（high-aluminium heat insulating brick）。氧化铝含量在48%以上、主要由莫来石和玻璃相或刚玉共同组成的轻质耐火材料；通常采用高铝矾土熟料加少量黏土，经磨细后用气体发生法或泡沫法以泥浆形式浇筑、成型，经1300～1500℃烧成。有时也可用工业氧化铝代替部分矾土熟料。

● **常用参数及参数值描述**

类别编码	类别名称	特 征	常用特征值	常用单位
1535	铝质耐火砖	品种	高铝砖、高铝质隔热耐火砖	m³、块
		规格	230×150×75、345×150×75、230×115×75、345×115×75	
		分型	标型、普型、异型、特型制品	
		牌号	LZ-48、LZ-55、LZ-65、LZ-75、GL-48、GL-55、GL-65、RL-48	
		耐火度	1580、1670、1690、1710、1730、1750、1770、1790	

● **参照依据**

GB/T 2992.1-2011 耐火砖形状尺寸 第1部分：通用砖

GB/T 16763-2012 定形隔热耐火制品分类

GB/T 17105-2008 铝硅系致密定形耐火制品分类

1539 镁质耐火砖

● **类别定义**

包含镁砖、镁炭砖、镁硅砖、镁铝砖、镁铬砖等。

镁砖：氧化镁含量在90%以上、以方镁石为主晶相的碱性耐火材料；主要用于炼钢碱性平炉、电炉炉底和炉墙，氧气转炉的永久衬，有色金属冶炼炉，高温隧道窑，煅烧镁砖和水泥回转窑内衬，加热炉的炉底和炉墙，玻璃窑蓄热室格子砖等。

镁硅砖：又称高硅镁砖，以方镁石为主晶相、镁橄榄石（$2MgO \cdot SiO_2$）为第二晶相（作为主要结合相）的镁质耐火材料。

镁铝砖：用镁砂和少量工业氧化铝或矾土为原料烧制而成的一种碱性耐火材料。热稳定性比镁砖好，耐火度在1580℃以上。能耐碱性熔渣的侵蚀；主要用于炼钢平炉和电炉的炉顶、高温隧道窑、大型水泥回转窑和有色金属冶炼炉等。

镁铬砖：以方镁石和镁铬尖晶石为主晶相的碱性耐火制品。可在氧化气氛中1600～1800℃烧成，也可用水玻璃或镁盐溶液等化学结合剂制成不烧砖。

● **常用参数及参数值描述**

类别编码	类别名称	特 征	常用特征值	常用单位
1539	镁质耐火砖	品种	镁砖、镁炭砖、镁硅砖、镁铝砖、镁铬砖	m³、块
		规格	230×150×75、345×150×75、230×115×75、345×115×75	
		分型	标型、普型、异型、特型制品	
		牌号	MZ-87、MZ-89、MT-12A、MT-12B、MT-12C、MGZ-82、ML-80	
		耐火度	1580、1670、1690、1710、1730、1750、1770、1790	

● **参照依据**

GB/T 2992.1-2011 耐火砖形状尺寸 第1部分：通用砖

GB/T 16763-2012 定形隔热耐火制品分类

GB/T 17105-2008 铝硅系致密定形耐火制品分类

1541 刚玉砖

● **类别定义**

氧化铝的含量大于90%、以刚玉为主晶相的耐火材料制品。很高的常温耐压强度（可达340MPa）。高的荷重软化开始温度（大于1700℃）。很好的化学稳定性，对酸性或碱性渣、金属以及玻璃液等均有较强的抵抗能力。热震稳定性与其组织结构有关，致密制品的耐侵蚀性能良好，但热震稳定性较差。

分为烧结刚玉砖和电熔刚玉砖两种。可分别用烧结氧化铝和电熔刚玉做原料或 Al_2O_3/SiO_2 比高的矾土熟料与烧结氧化铝配合，采用烧结法制成。也可用磷酸或其他黏结剂制成不烧刚玉砖。主要用于炼铁高炉和高炉热风炉、炼钢炉外精炼炉、滑动水器、玻璃熔窑以及石油化工工业炉等。

● **常用参数及参数值描述**

类别编码	类别名称	特 征	常用特征值	常用单位
1541	刚玉砖	品种	烧结刚玉砖、电熔刚玉砖	m³、块
		分型	标型、普型、异型、特型制品	
		规格	230×115×65、230×57×65	

● **参照依据**

GB/T 2478-2008 普通磨料 棕刚玉

GB/T 2479-2008 普通磨料 白刚玉

YB/T 4134-2005 微孔刚玉砖

1543 其他耐火砖

● **类别定义**

以上类别中不能包含的耐火砖，均放入此类下。

● **常用参数及参数值描述**

类别编码	类别名称	特 征	常用特征值	常用单位
1543	其他耐火砖	品种	白云石耐火砖	m³、块
		分型	标型、普型、异型、特型制品	
		规格	230×115×65、230×57×65	

● **参照依据**

GB/T 2992.1－2011 耐火砖形状尺寸 第 1 部分：通用砖

GB/T 16763－2012 定形隔热耐火制品分类

1551 耐火泥、砂、石

● **类别定义**

耐火泥：又称火泥或接缝料，用作耐火制品气体的砌缝材料，按照材质分为黏土质、高铝质、硅质耐火泥等。

● **常用参数及参数值描述**

类别编码	类别名称	特征	常用特征值	常用单位
1551	耐火泥、砂、石	品种	耐火泥、耐火砂、耐火石	m^3、kg
		材质	黏土质、高铝质、硅质、镁质	
		耐火度（≥℃）	1580、1670、1690、1710、1730	
		规格	粒径	

● **参照依据**

GB 201－2000 铝酸盐水泥

1553 不定形耐火材料

● **类别定义**

不定形耐火材料是由耐火骨料（粒状）、掺合料（粉状）和胶结料（或另掺外加剂），按一定比例配制而成的能长期承受高温作用的特种混凝土，也称耐火混凝土；常用的胶结料有水泥、水玻璃、磷酸等。

耐火浇注料按主要配制成分可分为：黏土质耐火浇注料、高铝质耐火浇注料、刚玉质耐火浇注料、莫来石质耐火浇注料等；耐火捣打料和耐火可塑料等的主要配制成分也类似。

● **常用参数及参数值描述**

类别编码	类别名称	特征	常用特征值	常用单位
1553	不定形耐火材料	品种	耐火浇注料、耐火捣打料、耐磨耐火可塑料	m^3、kg
		材质	莫来石、刚玉质、黏土质、高铝质、硅质、镁质	
		耐火度（≥℃）	1580、1670、1690、1710、1730	
		规格	50kg	

● **参照依据**

YB/T 5083－1997 黏土质和高铝质致密耐火浇注料

JC/T 498－2013 高强度耐火浇注料

JC/T 499－2013 钢纤维增强耐火浇注料

JC/T 708－2013 耐碱耐火浇注料

JC/T 807－2013 轻质耐碱浇注料

1555 耐火纤维及其制品

● **类别定义**

耐火纤维主要是指散状纤维材料，包括耐火陶瓷纤维、硅酸铝纤维、普碳钢纤维、不锈钢纤维、含铬纤维棉、玻璃纤维等。

耐火纤维制品的种类主要有耐火纤维毡、耐火纤维板、耐火纤维管壳、耐火纤维预制块、耐火纤维绳、纤维玻璃棉等。

● **常用参数及参数值描述**

类别编码	类别名称	特　　征	常用特征值	常用单位
1555	耐火纤维及其制品	品种	耐火纤维	m³、kg
		材质	氧化锆、氧化铝、莫来石质、硅酸铝质、高铝	
		耐火度（≥℃）	1580、1670、1690、1710、1730	
		规格	50kg	

● **参照依据**

GB/T 3003－2006　耐火材料　陶瓷纤维及制品

1557　耐火粉、骨料

● **类别定义**

耐火骨料起骨架作用，用量较多，能显著影响耐火混凝土的高温性能；耐火粉料（也称掺合料）起填充空隙、改善施工和易性和提高密度的作用。

耐火骨料按粒径分为粗骨料（5mm以上）和细骨料（0.5～5mm），粒径0.5mm以下为粉料，耐火粉料一般要求粒径小于0.088mm的含量大于70%。耐火骨料和耐火粉料都有生料和熟料之分。

黏土骨料有轻质和重质之分；矾土骨料包括一矾、二矾、三矾骨料等。矾土粉包括一矾、二矾、三矾粉料等。

● **常用参数及参数值描述**

类别编码	类别名称	特　　征	常用特征值	常用单位
1557	耐火粉、骨料	品种	生料粉、熟料粉	m³、kg
		材质	高岭土、硅藻土、氧化铝、刚玉粉、高铝粉、黏土粉	
		耐火度（≥℃）	1580、1670、1690、1710、1730	
		规格（粒径）	5mm以上、0.5～5mm、0.5mm以下	

● **参照依据**

YB/T 5179－2005　高铝矾土熟料

YB/T 5207－2005　硬质黏土熟料

1559　其他耐火材料

● **类别定义**

列举零散耐火材料和一些不常用的耐火材料，包含白云石砖、碳砖、石墨砖等。

16　吸声、抗辐射及无损探伤材料

● **类别定义**

吸声材料：主要用于控制和调整室内的混响时间，消除回声，以改善室内的听闻条件；用于降低喧闹场所的噪声，以改善生活环境和劳动条件（见吸声降噪）；还广泛用于降低通风空调管道的噪声。吸声材料按其物理性能和吸声方式可分为多孔性吸声材料和共振吸声结构两大类。

抗辐射材料指材料本身具有抗紫外线破坏能力的纤维或含有抗紫外线添加剂的纤维材料。

不包含

——不以吸声为主的装饰板材

——一些具有简单防护的劳保用具

● **类别来源**

近几年来国家一直在提倡节能环保，所以对于新材料、新工艺的创新，一直是国家所提倡的；目前在建筑装饰材料中，吸声、抗辐射材料要求逐渐在建筑工程中被提出并且被应用，把此类单独列为一大类，也是基于最基础的需要。

● **范围描述**

范围	二级子类	说明
吸声材料	1601 木质吸音板	包含GPC吸声板、GPC布艺吸声装饰板、木丝吸音板等
	1602 软木及其制品	包含软木砖、软木板、软木管壳等
	1603 复合吸音板	包含矿棉吸音板、岩棉吸音板、聚氨酯纤维吸音板等
	1605 隔声棉	包含丁基橡胶止振隔声棉、平静阻尼隔声吸音棉等
	1607 空间吸声体	包含不同骨架材质、护面体为不同面料的空间吸声体
防护材料	1609 表面防护材料	包含防撞材料、防辐射材料等
无损探伤材料	1611 无损探伤材料	包含干法黑磁粉、干法白磁粉、湿法黑磁粉、湿法红磁粉等
防辐射材料	1613 防辐射材料	包含镀金属织物材料、金属纤维精纺织物材料、多离子织物面料材料等

1601 木质吸音板

● **类别定义**

木质吸音板是根据声学原理精制加工而成，由饰面、芯材和吸音薄毡组成。木质吸音板分槽木吸音板和孔木吸音板两种。

● **常用参数及参数值描述**

类别编码	类别名称	特征	常用特征值	常用单位
1601	木质吸音板	品种	GPC吸声板、GPC布艺吸声装饰板、木丝吸音板	m²
		饰面材质	三聚氰胺饰面、木皮烤漆、贴防火板、金属板	
		规格（长×宽）	2440mm×128mm×12mm、2440mm×197mm×12mm	
		颜色	樱桃木、沙比利、枫木、黑（红）胡桃、红白影、红白桦、麦哥利、泰柚	
		甲醛释放量	0.3mg/L、0.4mg/L、0.5mg/L	
		声学系数	0.94aw	
		芯材	高密度、中密度	

● **参照依据**

GB/T 19367－2009　人造板的尺寸测定

GB/T 15104－2006　装饰单板贴面人造板

1602　软木及其制品

● **类别定义**

软木俗称木栓、栓皮、是植物木栓层发达的树种的外皮产物；软木生成的制品材料常用的有软木板（卷材）、软木管壳、软木砖以及软木橡胶制品类等。

● **常用参数及参数值描述**

类别编码	类别名称	特　征	常用特征值	常用单位
1602	软木及其制品	品种	软木板、软木管壳、文化墙	m²
		规格	950×640×1、950×640×2	
		材质	水松木	
		表观密度（kg/m³）	220、230、240、260	

● **参照依据**

ISO 633—2007　软木·词汇

ISO 1216—1998　软木板·分级·分类和包装

1603　复合吸音板

● **类别定义**

采用多种不同的材料的组合，以无机材料为主要材料，通过添加导电瓷土粉、导电云母粉等导电材料、增强纤维等材料，采用无机胶粘剂粘合，自然固化的方法而成的特殊板材，再在其表面复合多种不同的装饰材料，可以提供三聚氰胺高压装饰层压板（俗称防火装饰板）、天然木皮、金属等多种材料，装饰效果完美，可满足不同装饰环境从而形成不同的装饰效果。

常用包括矿棉吸音板、岩棉吸音板、聚氨酯纤维吸音板、金属吸音板、陶铝装饰吸音板等。

● **常用参数及参数值描述**

类别编码	类别名称	特　征	常用特征值	常用单位
1603	复合吸音板	品种	矿棉吸音板、岩棉吸音板、聚氨酯纤维吸音板、金属吸音板、陶铝装饰吸音板	m²
		规格（长×宽）	1220×2420×50、1220×2440×75	
		甲醛释放量	0.3mg/L、0.4mg/L、0.5mg/L	
		声学系数	0.94aw	
		密度（kg/m³）	495	
		芯材	高密度、中密度	

● **参照依据**

GB/T 19367－2009　人造板的尺寸测定

GB/T 15104－2006　装饰单板贴面人造板

GB/T 16731－1997 建筑吸声产品的吸声性能分级

1605 隔声棉

● **类别定义**

隔声棉是通过对橡胶的变性处理，使其物性与化性极大改变，生产中添加多种规格的辅剂并采用了国际先进的氮气填充发泡成型技术，使隔声性能和防水性能极大提高。

● **常用参数及参数值描述**

类别编码	类别名称	特 征	常用特征值	常用单位
1605	隔声棉	品种	丁基橡胶止振隔声棉、平静阻尼隔声吸音棉	m²
		规格	1220×2420×10、1220×2440×12	

● **参照依据**

GB/T 25998－2010 矿物棉装饰吸声板

1607 空间吸声体

● **类别定义**

一种分散悬挂于建筑空间上部，用以降低室内噪声或改善室内音质的吸声构件。

它与一般的吸声结构的区别在于它不是与顶棚、墙体等结合组成的吸声体结构，而是自成体系，对于不同的使用条件、环境，其吸声特性也不同，由于其有效的吸声面积是由三维结构构成，比普通的二维结构的吸声材料的有效吸声面积大得多，有较宽的吸声频带，能充分发挥材料的吸声作用。常见的空间吸声体由骨架、护面层和吸声填料构成。材料的选择应视空间吸声体的大小、刚度和装修要求而定。

● **常用参数及参数值描述**

类别编码	类别名称	特 征	常用特征值	常用单位
1607	空间吸声体	骨架材质	木材、角钢、薄壁型钢	m²
		有效吸音量（降噪效果）	5～8分贝、8～10分贝、10～12分贝	
		护面体	塑料窗纱、塑料网、钢丝网、薄钢板穿孔板、铝板穿孔板、塑料板穿孔板	
		吸声填料	超细玻璃棉外包玻璃纤维布	
		填充密度	25～30kg/m³	

● **参照依据**

GB/T 16731－2010 建筑吸声产品的吸声性能分级

1609 表面防护材料

● **类别定义**

指保护劳动者在生产过程中的人身安全与健康所必备的一种防御性装备或材料，对于减少职业危害起着相当重要的作用。

防护材料常用的有防护装备及一些常用的防护材料。

◇不包含：

——防护门、防护涂料、防护网，遇到时分别执行其他类别对应二级子类描述。

● **常用参数及参数值描述**

类别编码	类别名称	特 征	常用特征值	常用单位
1609	表面防护材料	品种	防撞材料、防辐射材料	m², t
		材质	铅板、硫酸钡、阻燃面料、防水透气面料、耐火纤维	
		适用产品	防护服、防护面罩	
		防护等级	IPX1、IPX2、IPX3、IPX4	

● **参照依据**

GB 4208－2008　外壳防护等级

1611　无损探伤材料

● **类别定义**

无损探伤，是在不损坏工件或原材料工作状态下的前提下，对被检验部件的表面和内部质量进行检查的一种测试手段，采用探伤所使用的材料我们称之为无损探伤材料。

常用的无损探伤方法有：X 光射线探伤、超声波探伤、磁粉探伤、渗透探伤、涡流探伤、γ 射线探伤、荧光探伤、着色探伤等。

● **常用参数及参数值描述**

类别编码	类别名称	特征	常用特征值	常用单位
1611	无损探伤材料	品种	干法黑磁粉、干法白磁粉、湿法黑磁粉、湿法红磁粉、湿法白磁粉、荧光磁粉、反差增强剂、分散剂、D1 型试片	kg、m²、片
		规格	320 目	

● **参照依据**

JB/T 6063－2006　无损检测　磁粉检测用材料

1613　防辐射材料

● **类别定义**

能将来与之四面八方的电磁波进行吸收，然后转换为热量再释放到空气中的材料，我们称之为防辐射材料。

防辐射材料，目前可分为三种

1. 涂层面料，这种面料已经被淘汰，一般价格很低，不过防护一个月基本失效。

2. 金属纤维类的，是最成熟，分为金属丝，以添香为代表，金属纤维或超细金属纤维，这种质量最好。

3. 银纤维的，也就是把金属抽成细丝，在面料内部形成网状结构，这种防辐射服的优点是透气性好、可洗涤，屏蔽效果不会降低，对人体无任何副作用；目前这种材料也是市面上应用比较广的，是一种防辐射性能比较好的材料。

● **常用参数及参数值描述**

类别编码	类别名称	特 征	常用特征值	常用单位
1613	防辐射材料	品种	镀金属织物材料、金属纤维精纺织物材料、多离子织物面料材料	m²
		屏蔽效能	65dB、55dB、78dB	

● **参照依据**

GB/T 22583－2009　防辐射针织品

17 管材

● **类别定义**

这里的管材是指建设工程中所用到的管材，包括输送流体用管，气体用管、装饰用管等。管材分类方法很多，按材质分有金属管，非金属管（塑料管，橡胶管，水泥、混凝土管，玻璃管等），复合管（钢塑复合管，铝塑复合管等）；按用途分有给水管，排水管，排污管，燃气管，雨水管，装饰管等；按管材生产方法，可分为热轧管，冷轧管，冷拔管，挤压管等。

一般来说管材的规格表示方法：

1. 水煤气输送钢管（镀锌或非镀锌）、铸铁管等管材，规格以公称直径 DN 表示；

2. 无缝钢管、钢板卷管（卷焊钢管、螺旋埋弧焊管、螺旋高频焊管）、铜管、不锈钢管等管材，规格以外径×壁厚表示；如：D159×6；

3. 钢筋混凝土（或混凝土）管、陶土管、耐酸陶瓷管等管材，管径宜以内径 d 表示；如 d230，d380；

4. 塑料管材，规格用 De（公称外径）×e（公称壁厚）表示。

◇不包含

——电气套管，放置到 26 电气线路敷设材料二级类别下

——保温管壳（预制保温管），放置到 13 类别耐火及绝热材料

● **类别来源**

来源于清单安装专业、全统安装专业的《工业管道工程》、《采暖、给排水、燃气工程》《消防工程》中用材料以及实际的市场材料的补充。具体二级子类参考了相关的建材标准。

● **范围描述**

范围	二级子类	说 明
金属管材	1701 焊接钢管	包括直缝焊接钢管、卷焊钢管、螺旋焊管、不锈钢焊管、合金焊接钢管
	1703 镀锌钢管	热镀锌普通管、热镀锌加厚管、电镀锌普通管、电镀锌加厚管
	1705 不锈钢管	包括不锈钢焊接管及不锈钢无缝管
	1707 无缝钢管	包括热轧无缝钢管、热轧锅炉无缝钢管、冷轧无缝钢管、不锈钢无缝管等
	1709 异型钢管	包括方钢管、矩形钢、椭圆形、三角形、梯形钢管等
	1711 铸铁管	包括灰口铸铁管、球墨铸铁管等
	1713 铝管	包括纯铝管、铝板卷管、铝合金管
	1715 铜管、铜合金管	包括紫铜管、铜板卷管、黄铜管、青铜管、包塑/塑覆铜管、包胶铜管
	1717 铅管	包含纯铅管、合金铅管
	1719 金属软管	不锈钢金属软管、碳钢金属软管、镀锌金属软管、包塑金属软管
	1721 金属波纹管	包括碳钢波纹管、不锈钢波纹管、青铜波纹管

范围	二级子类	说　明
衬里管	1723 衬里管	包括衬胶钢管、衬塑（PP、PE、PVC）钢管、衬铅钢管和衬搪瓷钢管等
非金属管材	1725 塑料管	包括 PVC-U 管、PE 管、PP-R 管、PE-X 管、PB 管、ABS 管、PVC 管、CPVC 管、HDPE 管等
	1727 橡胶管	包括普通橡胶管、耐热管、耐油管、耐酸管等
	1728 复合管	
混凝土管	1729 混凝土管	包含钢筋混凝土管，预应力混凝土管等
其他管材	1731 其他管材	包括陶土管、玻璃钢管、钛管等

1701　焊接钢管

● 类别定义

焊接钢管也叫有缝钢管，焊接钢管是指用钢带或钢板弯曲变形为圆形、方形等形状后再焊接成的、表面有接缝的钢管；焊接钢管采用的坯料是钢板或带钢。

一般焊管用来输送低压流体，用 Q195A、Q215A、Q235A 钢制造，焊接钢管有带螺纹和不带螺纹两种供货。焊接钢管一般只能承受低压（加厚的焊接钢管可承受中压）。

● 常用参数及参数值描述

类别编码	类别名称	特　征	常用特征值	常用单位
1701	焊接钢管	轧制方式	热轧，冷轧	t
		牌号	20♯、35♯、45♯、Q235B、Q345B、16Mn、27SiMn、12Cr1MoV、40Cr、10CrMo910、15CrMo、35CrMo、A335P22	
		公称直径	DN8、DN10、DN15、DN20、DN25、DN32、DN40、DN50、DN65、DN80	
		壁厚	2.0、2.25、2.75、3.25、3.5、3.75、4、4.5	
		焊接方式	电弧焊、高频焊、低频电阻焊、气焊	
		定尺长度	6m、8m、10m、12m	

注：如果不标注焊缝，则默认直缝，不标注材质，默认是普碳。对于直缝钢管的通常的焊接形式为电弧焊，螺旋缝焊缝形式为埋弧焊，也有高频焊接形式。

● 参照依据

GB/T 13793-2008　直缝电焊钢管

YB 4102-2000　低中压锅炉用电焊钢管

GB/T 3091-2008　低压流体输送用焊接钢管

1703　镀锌钢管

● 类别定义

镀锌钢管由于在工程中很常用，且品种多，所以单列一个类别。为提高钢管的耐腐蚀性能，对一般钢管进行镀锌。镀锌钢管分热镀锌和电镀锌两种，热镀锌镀锌层厚，电镀锌成本低，一般材质有用08、10、15、20或者Q195～Q235的钢带制作成的，为了防腐蚀，有的进行渗铝处理。镀锌钢管的简要标记示例：镀锌钢管Q235A-D25×2×6000。

● **常用参数及参数值描述**

类别编码	类别名称	特 征	常用特征值	常用单位
1703	镀锌钢管	轧制方式	热轧、冷轧	t
		材质	Q215A；Q215B；Q235A；Q235B	
		外径	10、13.5、17、21.3、26.8、33.5、42.3、48、60、75.5、88.5、114、140、165	
		公称直径	DN6、DN8、DN10、DN15、DN20、DN25、DN32、DN40、DN50、DN65、DN80、DN100、DN125、DN150	
		壁厚	2、2.75、3.5、3.15、3.4、4.25、5.15、4、5、5.25、4.25、7、7.5	

注：$W = C \times [0.02466 \times (D-S) \times S]$

式中：W——镀锌管每米重量：kg/m

C——镀锌管比黑铁管增加的重量系数

D——黑铁管的外径

S——黑铁管的壁厚

● **参照依据**

GB/T 3091-2008 低压流体输送用焊接钢管

1705 不锈钢管

● **类别定义**

不锈钢管是一种中空的长条圆形钢材，主要广泛用于石油、化工、医疗、食品、轻工、机械仪表等工业输送管道以及机械结构部件等。另外，在折弯、抗扭强度相同时，重量较轻，所以也广泛用于制造机械零件和工程结构。也常用作生产各种常规武器、枪管、炮弹等。

标记示例：0Crl8Ni9 159×3.0×6000

● **常用参数及参数值描述**

类别编码	类别名称	特 征	常用特征值	常用单位
1705	不锈钢管	轧制方式	热轧、冷拔	t、根、m
		材质	0Cr13、1Cr17、00Cr19Ni11、1Cr18Ni9、0Cr18Ni11Nb、06Cr19Ni10、022Cr19Ni10、06Cr19Ni110Ti、00Cr17、0Cr18Ni11Nb、06Cr17Ni12Mo2	
		外径	8、12、14、16、18、20、22、25、28、30、32、36、38、40、45、48、57、76、89、102、108、114、133、159、219、273、325、377、400、426、450、475、500、508、529、550、600、630	
		壁厚	0.3、0.4、0.5、0.6、0.8、1.0、1.2、1.4、1.5、1.8、2.0、2.2、2.5、2.8、3.0、3.2、3.5、3.6、4.0、4.2、4.6、4.8、5.0、5.5、6.0、8.0、10、12、14、16	
		焊缝形式	直缝、螺旋缝管	

● **参照依据**

GB/T 12771 - 2008　流体输送用不锈钢焊接钢管

GB/T 14976 - 2012　流体输送用不锈钢无缝钢管

GB/T 12770 - 2012　机械结构用不锈钢焊接钢管

1707　无缝钢管

● **类别定义**

无缝钢管是一种具有中空截面、周边没有接缝的圆形管材，大量用作输送流体的管道，如输送石油、天然气、煤气、水及某些固体物料的管道等。

◇不包含

—— 不锈钢无缝钢管，放置到 1705 不锈钢管类别下

—— 复合无缝钢管，放置到 1723 衬里管类别下

● **常用参数及参数值描述圆管以外其他截面尺寸管材，均放入 1709 异形管类别下**

类别编码	类别名称	特　征	常用特征值	常用单位
1707	无缝钢管	轧制方式	热轧、冷轧	t
		材质	10♯、20♯、30♯、35♯、45♯、16Mn、5MnV、40Cr、30CrMnSi、45Mn2、40MnB	
		外径	89、108、114、133、273	
		壁厚	5、5.5、6、7、8、9、10、11、12、14、15、16、20、28、32、36、40、55、60	
		连接方式	螺纹连接、焊接	
		镀锌方式	热镀锌、电镀锌	

注：材质与品种有关，外径同样与热轧、冷轧以及材质有关系，壁厚与外径有关系。

无缝钢管尺寸规格表，详见下表进行查询：

外径 (mm)	壁厚（mm）										
	2.5	3	3.5	4	4.5	5	5.5	6	6.5	7	7.5
	理论重量（kg/m）										
32	1.82	2.15	2.46	2.76	3.05	3.33	3.59	3.85	4.09	4.32	4.53
38	2.19	2.59	2.98	3.35	3.72	4.07	4.41	4.74	5.05	5.35	5.64
42	2.44	2.89	3.35	3.75	4.16	4.56	4.95	5.33	5.69	6.04	6.38
45	2.62	3.11	3.58	4.04	4.49	4.93	5.36	5.77	6.17	6.56	6.94
50	2.93	3.48	4.01	4.54	5.05	5.55	6.04	6.51	6.97	7.42	7.86
54	—	3.77	4.36	4.93	5.49	6.04	6.58	7.1	7.61	8.11	8.6

续表

外径 （mm）	壁厚（mm）										
	2.5	3	3.5	4	4.5	5	5.5	6	6.5	7	7.5
	理论重量（kg/m）										
57	—	4	4.62	5.23	5.83	6.41	6.99	7.55	8.1	8.63	9.16
60	—	4.22	4.88	5.52	6.16	6.78	7.39	7.99	8.58	9.15	9.71
63.5	—	4.48	5.18	5.87	6.55	7.21	7.87	8.51	9.14	9.75	10.36
68	—	4.81	5.57	6.31	7.05	7.77	8.48	9.17	9.86	10.53	11.19
70	—	4.96	5.74	6.51	7.27	8.01	8.75	9.47	10.18	10.88	11.56
73	—	5.18	6	6.81	7.6	8.38	9.16	9.91	10.66	11.39	12.11
76	—	5.4	6.26	7.1	7.93	8.75	9.56	10.36	11.14	11.91	12.67
83	—	—	6.86	7.79	8.71	9.62	10.51	11.39	12.26	13.12	13.96
89	—	—	7.38	8.38	9.38	10.36	11.33	12.28	13.22	14.16	15.07
95	—	—	7.9	8.98	10.04	11.1	12.14	13.17	14.19	15.19	16.18
102	—	—	8.5	9.67	10.82	11.96	13.09	14.21	15.31	16.4	17.48
108	—	—	—	10.26	11.49	12.7	13.9	15.09	16.27	17.44	18.59
114	—	—	—	10.85	12.15	13.44	14.72	15.98	17.23	18.47	19.7
121	—	—	—	11.54	12.93	14.3	15.67	17.02	18.35	19.68	20.99
127	—	—	—	12.13	13.59	15.04	16.48	17.9	19.32	20.72	22.1
133	—	—	—	12.73	14.26	15.78	17.29	18.79	20.28	21.75	23.21
140	—	—	—	—	15.04	16.65	18.24	19.83	21.4	22.96	24.51
146	—	—	—	—	15.7	17.39	19.06	20.72	22.36	24	25.62
152	—	—	—	—	16.37	18.13	19.87	21.6	23.32	25.03	26.73
159	—	—	—	—	17.15	18.99	20.82	22.64	24.45	26.24	28.02
168	—	—	—	—	—	20.1	22.04	23.97	25.89	27.79	29.69
180	—	—	—	—	—	21.59	23.7	25.75	27.7	29.87	31.91
194	—	—	—	—	—	23.31	25.6	27.82	30	32.28	34.5
203	—	—	—	—	—	—	—	29.14	31.5	33.83	36.16
219	—	—	—	—	—	—	—	31.52	34.06	36.6	39.12
245	—	—	—	—	—	—	—	—	38.23	41.09	43.85
273	—	—	—	—	—	—	—	—	42.64	45.92	49.1
299	—	—	—	—	—	—	—	—	—	—	53.91

● **参照依据**

GB/T 8162 - 2008　结构用无缝钢管

GB/T 8163 - 2008　输送流体用无缝钢管

GB 3087 - 2008　低中压锅炉用无缝钢管

GB 5310 - 2008　高压锅炉用无缝钢管

1709　异型钢管

● **类别定义**

异型钢管是除了圆管以外的其他截面形状钢管的总称；管材按断面形状分类：圆形钢管、方形钢管、椭圆形钢管、三角形钢管、六角形钢管、菱形钢管、八角形钢管、半圆形钢管、不等边六角形钢管、五瓣梅花形钢管、双凸形钢管、双凹形钢管、瓜子形钢管、圆锥形钢管、波纹形钢管。

异型管规格示例：20 钢边长为 50mm，短边为 40mm，壁厚 3mm，其标记示例：20 钢 D-2 50×40×3

● **常用参数及参数值描述**

类别编码	类别名称	特征	常用特征值	常用单位
1709	异型钢管	轧制方式	冷弯、冷拔、热轧	t
		材质	普通碳素钢、优质碳素钢、合金钢、不锈钢	
		牌号	10 钢、20 钢、35 钢、45 钢、Q195 钢、Q215 钢、Q235 钢	
		规格	具体参见注	

注：对于规格尺寸，不同的异型管表示存在差异，

方形管规格：B（边长）×B（边长）×e（壁厚）

矩形管规格：A（长边）×B（短边）×e（壁厚）

平椭圆形管：A（长边）×B（短边）×e（壁厚）

● **参照依据**

GB/T 3094 - 2012　冷拔异型钢管

1711　铸铁管

● **类别定义**

铸铁管是由生铁制成。按其所用的材质不同可分为：灰口铁管、球墨铸铁管及高硅铁管。铸铁管多用于给水、排水和煤气等管道工程。

给水铸铁管公称直径从 $DN75$～$DN1500$，铸铁管的接头通常有承插式、法兰式和柔性接口三种。给水铸铁管按制造材质不同分为给水灰口铸铁管和给水球墨铸铁管两种。给水球墨铸铁管按接口方式不同分为 K 型机械式柔性接口管和 T 型承插式柔性接口管。

排水铸铁管多用普通铸铁，经砂箱手工浇注而成。常用有承插管（A 型）、双承管（B 型），有效长度可依需求做成 500、1000、1500、2000mm 几种规格。

新型柔性接口机制铸铁排水管，目前国际上通用的无承口管箍式直管和管件，按其接口形式分为 A 型柔性接口（法兰压盖连接）和 W 型柔性接口（管箍连接）两种，简称 A

型和 W 型。

● **常用参数及参数值描述**

类别编码	类别名称	特 征	常用特征值	常用单位
1711	铸铁管	材质	球墨铸铁给水管、砂型灰口铸铁给水管、灰口连续铸铁给水管、离心灰口铸铁排水管、离心连续铸铁排水管、离心砂型铸铁排水管、球墨铸铁排水管	t
		公称直径	DN60、DN75、DN100、DN125、DN150、DN200、DN250、DN300、DN350、DN400、DN450、DN500、DN600、DN700、DN800、DN900、DN1000、DN1100、DN1200、DN1350、DN1500、DN1800、DN2000、DN2200	
		壁厚	4.5、5、5.5、6、6.1、6.3、6.8、7.2、7.5、7.7、8、8.1、8.8、9、9.2、9.5、9.9	
		接口形式	N1 型、S 型、A 型柔性接口（承插式）、B 型（双承管）、W 型无承口（卡箍式）、法兰式、T 型、K 型、X 型、承口管带法兰（电管甲）、承口管带法兰（电管乙）	
		内防腐层	水泥砂浆、环氧陶瓷、环氧煤沥青、环氧树脂漆、环氧树脂粉末、聚氨酯、聚乙烯	
		有效长度	500、1000、1500、1830、2000、3000、4000、5000、5500、6000	
		压力等级	P 级、G 级、LA 级、A 级、B 级、K8、K9、K10、K12	

注：铸铁管组成要素主要包括品种、用途、材质、公称直径、质量标准等等。

● **参照依据**

ASTM A861-04 高硅铁管和配件
CJ/T 177-2002 建筑排水用卡箍式铸铁管及管件
GB/T 12772-2008 排水用柔性接口铸铁管、管件及附件
CJ/T 178-2013 建筑排水用柔性接口承插式铸铁管及管件

1713 铝管

● **类别定义**

有色金属的一种，铝管也可分为无缝铝管和有缝铝管两种。有缝铝管通常称作焊接铝管，有缝铝管包括普通焊接铝管、铝板卷管；无缝铝管的加工工艺有挤制、拉制等；用来制作无缝铝管的铝材主要有 LY11/12、LD2、LF3/5/11、L1、L2 等。按照截面形状分，还可以分为方管、圆管、花纹管、异型管等。

示例标记：LF21 合金制造的半冷作硬化状态，外径为 25mm、壁厚为 1.0mm、长度

为 4000mm 定尺的铝焊接管标记为：LF21Y2 $\phi25\times1.0\times4000$

● 常用参数及参数值描述

类别编码	类别名称	特征	常用特征值	常用单位
1713	铝管	轧制方式	热挤压、冷拉	t、m
		牌号	L1，L2，L3，L4，L5，L5-1，L6，LF21，LF2	
		截面尺寸：矩形、圆形、正方形	$\phi25\times5$ $\phi28\times6$ $\phi32\times6$	
		规格	20×20、25×25 等	

注：规格：如果是圆管，则表示外径，如果是方管，则表示边长×边长；对于圆管一般供应商报价是规则描述为：外径×壁厚表示。

1715 铜管、铜合金管

● 类别定义

铜管又称紫铜管。有色金属管的一种；铜管也可分为无缝铜管和有缝铜管两种。有缝铜管通常称作焊接铜管，包括普通焊接铜管、铜板卷管。无缝铜管的加工工艺有挤制、拉制等；同样，这里的铜包括纯铜和铜合金，用来制作无缝铜管的铜材主要有 T2、T3、TP1、TU1、H96、HSn62-1、HSn70-1、QSn4-0.3、QAl9-2 等；

1. 铜管是以铜为主要原料的有色金属管，按材质不同分为：紫铜管、青铜管和黄铜管三大类。紫铜管主要由 T2、T3、TUP（脱氧铜）制造；黄铜管主要由 H62、H68 等制造，制造方法有拉制和挤制。

紫铜管按有无包覆材料分，有裸铜管和铜覆塑冷水管及紫铜覆塑热水管（管外壁覆有热挤塑料覆层，用以保护铜管和管道保温），建筑给水中采用紫铜管。国标 GB/T 18033－2007 按壁厚不同分为：A，B，C 三种型号的铜管，其中 A 型管为厚壁型，适用于较高压力用途；B 型管适用于一般用途；C 型管为薄壁铜管。

2. 铜管的连接方式有 3 种基本类型：螺纹连接、钎焊承插连接和卡箍式机械挤压连接，也可延伸为法兰式、沟槽式、承插式、插接式、压接式。

● 常用参数及参数值描述

类别编码	类别名称	特征	常用特征值	常用单位
1715	铜管、铜合金管	牌号	Hpb59-1、Hpb59-3、H62、H65、T2、T3	t、m
		状态	拉制、挤制	
		截面尺寸	圆形、矩形、正方形	
		规格	$\phi15\times1.0$、$\phi15\times1.2$、$\phi22\times1.2$、$\phi22\times1.5$	

注：如果是圆管，则表示外径，如果是方管，则表示边长×边长。

● 参照依据

GB/T 16866－2006 铜及铜合金无缝管材外形尺寸及允许偏差

GB/T 8891-2000 铜及铜合金散热扁管

Q/JMJSJ001022-2008 铜管标准

1717 铅管

● **类别定义**

铅管包括纯铅管和合金铅管；纯铅管也称软铅管，合金铅管也称硬铅管。

铅管的示例标记：铅管 Pb4 10×4（内径×壁厚）。

● **常用参数及参数值描述**

类别编码	类别名称	特征	常用特征值	常用单位
1717	铅管	品种	纯铅管、铅合金管	t、m
		牌号	Pb4	
		规格	5、6、8、10、13、16、20、25、30、35、38、40、45、50、55、60	
		壁厚	2、3、4、5、6、7、8、9、10、12	

注：规格描述如果是圆管，则表示外径，如果是方管，则表示边长×边长。

● **参照依据**

GB/T 1472-2005 铅及铅锑合金管

1719 金属软管

● **类别定义**

金属波纹管的一种；金属软管是工程技术中重要的连接构件，用于柔性连接。金属软管主要由柔性体、网体（网套）和各种不同形式的接头结合而成；金属软管的柔性体一般由波纹柔性管组成。金属软管的网套由不锈钢丝（不锈钢带材）编制而成，既有增加金属软管压力，又有保护波纹管的作用。金属软管的接头形式款式多样，可根据工程实际情况选型。

● **常用参数及参数值描述**

类别编码	类别名称	特征	常用特征值	常用单位
1719	金属软管	品种	碳钢金属软管、镀锌金属软管、包塑金属软管、不锈钢金属软管	t、m、根
		规格	10mm、15mm、20mm、25mm、32mm、40mm、50mm、65mm、80mm、100mm	
		材质	SUS304、1Cr18Ni9Ti、SUS316	
		接头形式	内螺纹接头、焊接活接头、油任接头、外螺纹接头、配焊接过渡接头、配内螺纹过渡接头、球型接头、榫槽接头	

注：规格指的是通径

● **参照依据**

YB/T 5306-2006 P3 型镀锌金属软管

YB/T 5307-2006 15.S 型钎焊不锈钢金属软管

1721 金属波纹管

● **类别定义**

金属波纹管是外形呈波纹状的金属管材。用于温度变化大而频繁的地方。波纹管的波形主要有两种，一种是螺旋形波纹管，另一种是环形波纹管。环形波纹管由无缝管材或焊接管材轧制而成，通常长度较短。环形波纹管的特点是弹性好、刚度小。

一种挠性、薄壁、有横向波纹的管壳零件叫波纹管；金属波纹管的种类主要有金属波纹管、波纹膨胀节和金属波纹软管三种；波纹软管我们在 1219 金属软管中已经考虑。

● **常用参数及参数值描述**

类别编码	类别名称	特　征	常用特征值	常用单位
1721	金属波纹管	品种	碳钢预应力波纹管、不锈钢预应力波纹管、不锈钢金属波纹管、黄铜波纹管、锡青铜波纹管、铍青铜波纹管	m、件
		牌号	SUS304、SUS316、SUS316L、1Cr18Ni9Ti、H80、QSn6.5～0.1、QBe2	
		外径	20mm、22mm、25mm、28mm、31mm、32mm、33mm、38mm、38mm、39.5mm、40mm	
		内径	65mm、80mm、100mm、125mm、150mm、175mm、200mm、250mm、300mm、350mm、400mm	
		壁厚	0.6、0.8、1.0、2.0	
		波纹数	12、13、14、15、16、18、19、21	
		有效长度	600、800、1000	

注：品种中已经包含材质属性。

● **参照依据**

GB/T 12777 - 2008　金属波纹管膨胀节通用技术条件

1723　衬里管

● **类别定义**

衬里管一般是在碳钢管的内壁，衬上耐腐蚀的材料，以增强其防腐蚀性能。这里的衬里钢管是指已预先衬好的成品钢管，利用过盈技术将基管（碳钢管、铝管）与内衬紧密贴合，综合两种管材的优点，避免了各自的缺点，使复合管呈现最佳状态，降低生产成本和使用成本。

衬里管示例：SP-CR（PE-RT）-DN100 表示公称通径为 100mm，热水用内衬耐热聚乙烯复合钢管。

● **常用参数及参数值描述**

类别编码	类别名称	特　征	常用特征值	常用单位
1723	衬里管	材质	衬塑不锈钢管、涂塑镀锌钢管、内外涂塑钢管、衬塑镀锌钢管、衬胶镀锌钢管、衬陶瓷镀锌钢管、衬塑铝合金管、衬不锈镀锌钢管、衬塑复合钢管	m、根、t
		规格	10、15、20、25、32、40、50、65、80、100、125、150、200、250、300	
		壁厚	2、2.5、2.8、3.2、3.5、3.8、4、4.5、5、6、7、8	
		衬塑、涂层材料	PVC 聚氯乙烯、PE 聚乙烯、PVC-U 硬聚氯乙烯、PP 聚丙烯、PEX 交联聚乙烯、CPV-C 氯化聚氯乙烯、聚酯、EP 环氧树脂、PE-RT 耐热聚乙烯	

注：外径与公称通径 DN 的对应表需要查找衬塑钢管的尺寸规格对照表；一般规格指公称通径，用 DN 表示。

● **参照依据**

CJ/T 136 - 2007　给水衬塑复合钢管

CJ/T 120-2008 给水涂塑复合钢管

1725 塑料管

● **类别定义**

塑料管是合成树脂加添加剂经熔融成型加工而成的制品。

1. 按材质分有硬质聚氯乙烯管（UPVC）、聚乙烯管（PE）、交联聚乙烯管（XPE）、聚丙烯管（PP）、三型聚丙烯管（PP-R）等。

2. 按用途分有排水管、给水管（冷水、热水）、排水管、煤气管、雨水管等。

3. 按管的结构形式分有实壁管、芯层发泡管、双壁波纹管、单壁波纹管、径向加筋管、螺旋缠绕管等。

塑料管常用的参数有：材质、用途、结构形式、外径、壁厚、管系（压力等级）。

4. 各种材质的塑料管道种类及应用选定表：

种类	用途	市政给水	市政排水	建筑给水	建筑排水	室外燃气	热水采暖	雨水管	穿线管	排污管
PVC	UPVC	√	√	√	√	—	—	√	—	—
	CPVC	√	—	√	—	—	√	—	—	√
	径向加筋管	—	√	—	√	—	—	—	—	—
	螺旋缠绕管	—	√	—	—	—	—	—	—	—
	芯层发泡管	—	—	—	—	—	—	√	—	—
	螺旋消声管	—	—	—	√	—	—	—	—	—
	双壁波纹管	√	√	—	—	—	—	—	—	—
	单壁波纹管	—	—	—	—	—	—	—	√	—
PE	HDPE	√	—	—	—	√	—	—	—	—
	MDPE	—	—	—	—	√	—	—	—	—
	LDPE	—	—	—	—	√	—	—	—	—
	双壁波纹管	—	√	—	—	—	—	—	—	—
	螺旋缠绕管	—	√	—	—	—	—	—	—	—
PE-X		—	—	√	—	—	√	—	√	√
PP-R		—	—	√	—	—	√	—	√	√
PB		—	—	√	—	—	√	—	—	√
ABS		—	—	√	—	—	—	—	—	—
RPM		√	—	—	—	—	—	—	—	—
PAP		—	—	√	—	—	√	√	√	√
SP		—	—	—	√	—	—	—	—	—

♣ **1725.1 UPVC 硬聚氯乙烯管**

UPVC 管又称硬 PVC 塑料管，它是氯乙烯单体经聚合反应而制成的无定形热塑性树脂加一定的添加剂（如稳定剂、润滑剂、填充剂等）组成。UPVC 根据结构形式不同，又分为：螺旋消声管、芯层发泡管、径向加筋管、螺旋缠绕管、双壁波纹管和单壁波纹管。UPVC 管主要用于城市供水、城市排水，建筑给水和建筑排水管道。

1. UPVC 螺旋消声管

螺旋消声管是在管内壁有几条起导流作用螺旋肋，达到降低噪声目的，主要应用于建筑排水。

2. UPVC 芯层发泡管

芯层发泡管是采用三层共挤出工艺生产的内外两层与普通 UPVC 相同，中间是比重

0、7～0.9 低发泡层的一种新型管材。单位长度的管材可减少约 17％UPVC 用量，同时改善了管材的绝热和隔声性能，主要应用于排水管及护套管。

3. UPVC 径向加筋管

聚氯乙烯径向加筋管是采用特殊模具和成型工艺生产的 UPVC 塑料管，其特点是减薄了管壁厚度，同时还提高了管子承受外压荷载的能力，管外壁上带有径向加强筋，起到了提高管材环向刚度和耐外压强度的作用。此种管材在相同外荷载能力下，比普通 UP-VC 管可节约 30％左右的材料，主要用于城市排水。

4. UPVC 螺旋缠绕管

螺旋缠绕管是带有"T"形肋的 UPVC 塑料板材卷制而成，板材之间由快速嵌接的自锁机构锁定。在自锁机构中加入胶粘剂粘合。这种制管技术的最大特点，是可以在现场按工程需要卷制成不同直径的管道，管径可从 $\phi150\sim\phi2600$mm。适用于城市排水、农业灌溉、输水工程和通信工程等。

5. UPVC 双壁波纹管

聚氯乙烯波纹管管壁纵截面由两层结构组成，外层为波纹状，内层光滑，这种管材比普通 UPVC 管节省 40％原料，并且有较好的承受外荷载能力，主要用于室外埋地排水管道、通信电缆套管和农用排水管。

PVC-U 给水管道相关规定：

- PVC-U 给水管道所示的压力均表示为公称压力，给水管材的公称压力规定为：0.6MPa、0.8MPa、1.0MPa、1.25MPa、1.6MPa 等 5 种；GB/T 10002 规定管材规格尺寸。

- 同等规格管材的公称压力的大小一般以管材的壁厚来划分。

- 国家标准规定的 PVC-U 给水管道的规格尺寸均为公称外径，用"De"表示。

- 国标 PVC-U 管道与传统的国标管道公称直径之间的对应关系：ϕ20-DN15，ϕ25-DN20，ϕ32-DN25，ϕ40-32，ϕ50-DN40，ϕ63-DN50，ϕ75-DN65，ϕ90-DN80，ϕ110-DNl00，ϕ160-DN150 等。

- PVC-U 给水管道的接口方式一般有三种方式：橡胶圈接口、胶水粘接口、法兰连接口。

♣ 1725.2 PVC 软聚氯乙烯管

PVC，全名为 Polyvinyl Chloride（聚氯乙烯），是一种合成材料，主要成分为聚氯乙烯，另外加入其他成分（抗老化剂、改性剂等）来增强其耐热性，韧性，延展性等；主要用于电气穿线，通信密闭电缆系统及流体输送，有透明和半透明两种。

软聚氯乙烯管（流体输送用）在常温下可用于输送某些适宜的流体的管材，管内径 3～10mm，使用压力为 0.25MPa～内径 12～50mm，使用压力为 0.2MPa。液体输送用软管名称用 LS 表示，规格用 $d\times\delta$ 表示（d 为内径，δ 为壁厚）；常用连接方式：热熔焊接，内插其他管材连接。

♣ 1725.3 CPVC 氯化聚氯乙烯管

CPVC 是 PVC 的氯化产物，即 PVC 的氯化改性。PVC 树脂是生产 CPVC 树脂的主要原料，它必须是疏松状而不能选用紧密状；是由含氯量高达 66％的所谓过氯乙烯树脂加工而得到的一种耐热性好的塑料管材。

氯化聚氯乙烯管主要应用领域：1）建筑用空调系统、饮用水管道系统、地下水排入管道、游泳池及温泉管道；2）工业管道系统；3）食品加工处理管道系统；4）给水及污水厂管道系统；5）农业灌溉。

氯化聚氯乙烯管材不同用途特点：

1. 工业用氯化聚氯乙烯（CPVC）管材，可应用于化工行业中输送带有一定温度的腐蚀性介质。主要性能符合国际标准 ISO/DIS 15493-1，维卡软化点温度≥110℃；

2. 冷热水用氯化聚氯乙烯（CPVC）管材，可应用于建筑行业中输送生活用冷热水，采暖等。主要性能符合国际标准 ISO/DIS 15877-2.2，维卡软化点温度≥110℃；

3. 埋地式高压电力电缆用氯化聚氯乙烯（CPVC）套管，可应用于电力工业中埋地高压电力电缆的保护管，主要性能符合国家标准 QB/T 2479-2005，维卡软化点温度为≥93℃。

♣ 1725.4 PE 聚乙烯管

聚乙烯也是一种热塑性塑料，可多次加工成型；聚乙烯管按其密度不同分为低密度聚乙烯管（LDPE），中密度聚乙烯管（MDPE）和高密度聚乙烯管（HDPE），低密度聚乙烯管的柔性、伸长率、耐冲击性能较好，尤其是耐化学稳定性和抗高频绝缘性能良好，主要用于农村改水工程和农用排灌管道。HDPE 管具有较高的强度和刚度；MDPE 管除了有 HDPE 管的耐压强度外，还具有良好的柔性和抗蠕变性能；在国外 HDPE 和 MDPE 管被广泛用作城市燃气管道、城市供水管道。目前，国内的 HDPE 管和 MDPE 管主要用作城市燃气管道，少量用作城市供水管道，LDPE 管大量用作农用排灌管道。

根据聚乙烯管的长期静液压强度（MRS），国际上将聚乙烯管材料分为 PE32、PE40、PE63、PE80 和 PE100 五个等级。目前国际上使用量最大的管材树脂的 MRS 值为 8.0MPa（PE80 级），而 MRS 值为 10MPa（PE100 级）的管材树脂已开发成功，这种树脂采用双峰分布、乙烯共聚技术，在提高长期静液压强度的同时，也提高了耐慢速裂纹增长和耐快速开裂扩展性能，并具有良好的加工性，为提高管网输送压力、增大管道口径、扩大管道应用范围创造了条件。

聚乙烯管道连接方式：聚乙烯在温度 190℃～240℃ 之间将被熔化，利用这一特性，将管材（或管件）两熔化的部分充分接触，并保持适当压力，冷却后两者便可牢固地融为一体。因此，PE 管的连接方式与 UPVC 管不同，通常采用电热熔连接及热熔对接两种方式。

♣ 1725.5 HDPE 高密度聚乙烯管

聚合物（polymer），又可称为高分子或巨分子（macromolecules），也是一般所俗称的塑料（plastics）或树脂（resin）。所谓塑料，其实它是合成树脂中的一种，形状跟天然树脂中的松树脂相似，但因又经过化学的力量来合成，而被称之为塑料。

按照结构形式分为：HDPE 增强中空壁缠绕管、HDPE 增强壁缠绕波纹管、HDPE 双壁波纹管、HDPE 实壁管。按照用途分为排水、给水、燃气、顶管等。

♣ 1725.6 PE-X 交联聚乙烯给水管

交联聚乙烯是通过化学方法或物理方法将聚乙烯分子的平面链状结构改变为三维网状结构，使其具有优良的理化性能。交联聚乙烯管制造通常有化学交联和物理交联两种方法，其中化学交联又分一步法和二步法两种。一步法是聚乙烯原料中加入催化剂（硅烷、过氧化物）、抗氧剂，在挤出机挤出过程中进行交联，生产出交联聚乙烯管；二步法是先制造出交联聚乙烯 A、B 料，然后挤出交联聚乙烯管。物理交联方法，通常是用电子射线或钴 60-γ 射线交联方法，聚乙烯原料通过传统方法生产成管材，然后通过电子加速器发出电子射线或钴 60-γ 射线照射聚乙烯管，激发聚乙烯分子链发生改变，产生交联反应，生产出交联聚乙烯管。交联聚乙烯管多为小口径管道，主要应用于建筑室内冷、热水的供应。

应用领域：1）建筑工程或市政工程中的冷热水管道、饮用水管道；2）地面采暖系统用管或常规取暖系统用管；3）石油、化工行业流体输送管道；4）食品工业中流体的输送；5）制冷系统管道；6）纯水系统管道；7）地埋式煤气管道。

♣ 1725.7 PP-R 三型聚丙烯管

聚丙烯可分为均聚丙烯和共聚聚丙烯，共聚聚丙烯又分为分嵌段共聚聚丙烯（PPC）和无规共聚聚丙烯（PP-R）无规共聚聚丙烯，又称三型聚丙烯，是主链上无规则地分布着丙烯及其他共聚单体链段的共聚物。无规共聚聚丙烯管是欧洲新近开发出来的新型塑料管道产品，PP-R 原料属聚烯烃，其分子中仅有碳、氢元素，无毒性、卫生性能可靠。聚丙烯冷热水管分 PP-H、PP-B、PP-R 三种。

PP-R 管除具有一般塑料管材质量轻、强度好、耐腐蚀、使用寿命长等优点外，还有以下特点：

1. 无毒卫生；

2. 耐热保温：PP-R 管维卡软化点为 131.3℃，最高使用温度为 95℃，长期使用温度为 70℃；其导热系数为 0.21W/m·℃，仅为钢管的 1/200，具有较好的保温性能；

3. 连接安装简单可靠：PP-R 管具有良好的热熔焊接性能，管材与管件连接部位的强度大于管材本身的强度，无须考虑在长期使用过程中连接处是否会渗漏；

4. 弹性好、防冻裂：PP-R 材料优良的弹性使得管材和管件可防冻胀的液体一起膨胀，从而不会被冻胀的液体胀裂；

5. 环保性能好；

6. 线膨胀系数较大；

7. 抗紫外线性能差：在阳光的长期直接照射下容易老化。

从综合性能上来讲，PP-R 管是目前性价比较高的管材，所以成为家装水管改造的首选材料。

♣ 1725.8 PB 聚丁烯管

聚丁烯是一种高分子惰性聚合物，聚丁烯管具有耐高温、耐寒冻的特点，化学稳定性好，可塑性强，无味、无毒，有多种连接方式（热粘接式接头焊接、热螺旋式现场焊接、机械夹紧式连接），是理想的小口径供水管道新型管材。

聚丁烯管（PB）除具有一般塑料管卫生性能好、质量轻、安装简便、寿命长等优点外，还具有以下特点：

1. 耐热：热变形温度高，耐热性能好，90℃热水可长期使用；

2. 抗冻：脆化温度低（-30℃），在-20℃以内结冰不会冻裂；

3. 柔软性好：弯曲半径仅为 R12；

4. 隔温性好；

5. 绝缘性能较好；

6. 耐腐蚀（易为热而浓的氧化性酸所侵蚀）；

7. 环保、经济：废弃物可重复使用，燃烧不产生有害气体。

应用领域：1）用于各种热水管：住宅热水、温泉引水、温室热水、道路及机场融雪等热水管；2）工业用管；3）输气管道；4）用于采矿、化工和发电等工业部门输送磨蚀性和腐蚀性的热物料。

♣ 1725.9 ABS 丙烯腈-丁二烯-苯乙烯共聚物管

ABS 树脂是在聚苯乙烯树脂改性的基础上发展起来的三元共聚物，ABS 树脂是由丙烯腈-丁二烯-苯乙烯三种元素组元组成。其中 A 代表丙烯腈，B 代表丁二烯，S 代表苯乙烯。ABS 管是一种新型的耐腐蚀管道，它在一定的温度范围内具有良好的抗冲击强度和表面硬度，综合性能好，易于成型和机械加工，表面还可镀铬。由于它兼有 PVC 管的耐腐蚀性能和金属管道的力学性能，不仅用于纯水系统而且也适用于电镀、化工、石油、环保等行业输送腐蚀性液体之用。

ABS 管的特点：

1. 具有良好的冲击强度，是 PVC 管的 5～6 倍；并能承受较高的工作压力，约为 PVC 管的 4 倍；

2. 化学性能稳定：无毒无味，能耐酸、碱，且用于食品工业也无毒、无味；

3. 使用温度范围广：使用温度范围为 -40℃～80℃；

4. 质轻、阻力小；ABS 管质轻，为 PVC 的 0.8 倍，制品内外壁光滑，阻力小；

5. 管道连接方便，密封性好；

6. 颜色适宜，为浅象牙色，给人以淡雅、清洁之感。

ABS 管的主要应用领域：1）建筑给排水领域；2）各种工业管路系统；3）环保排污及水处理系统；4）冷冻空调和冷却水循环系统。

另外还有 AS：丙烯腈-苯乙烯管、PS 管等。

● 常用参数及参数值描述

类别编码	类别名称	特 征	常用特征值	常用单位
1725	塑料管	材质	UPVC 硬聚氯乙烯管、PVC 软聚氯乙烯管、CPVC 氯化聚氯乙烯管、PE 聚乙烯管、HDPE 高密度聚乙烯管、PE-X 交联聚乙烯管、PP-R 三型聚丙烯管、PB 聚丁烯管、ABS 丙烯腈-丁二烯-苯乙烯共聚物管	m、根
		外径	$De20$、$De25$、$De32$、$De40$、$De50$、$De63$、$De75$、$De90$、$De110$、$De125$、$De140$、$De160$、$De180$……	
		壁厚	1.6、1.9、2.0、2.4、3.0、3.7、3.8	
		材料等级	PE63、PE80、PE100、PE150	
		管系（环钢度）	S4、S5、S6.3、S10、S16、S16.7、S20、S25	
		用途	给水（冷、热水）、给水（冷水）、给水（热水）、给水（饮用水）、排水、穿线管	
		公称压力	0.6MPa、0.8MPa、1.0MPa、1.25MPa、1.6MPa	

● **参照依据**

GB/T 10002.1－2006　给水用硬聚氯乙烯（PVC-U）管材

ISO4422－2－1996　给水用硬聚氯乙烯（PVC-U）管材国际标准

YD/T 841－2008　地下通信管道用塑料管

GB/T 18991－2003　冷热水系统用热塑性塑料管材和管件

QB/T 1929－2006　埋地给水用聚丙烯（PP）管材

GB/T 5836.1－2006　建筑排水用硬聚氯乙烯（PVC-U）管材

QB/T 2480－20000　建筑用硬聚氯乙烯（PVC-U）雨落水管材及管件

GB/T 16800－2008　排水用芯层发泡硬聚氯乙烯（PVC-U）管材

1727　橡胶管

● **类别定义**

橡胶管的品种主要有：钢丝缠绕高压橡胶管（A 型和 B 型）、纤维编织高压橡胶管、夹布输水胶管、夹布输油胶管、夹布空气胶管（又称气压管）、夹布输酸碱胶管、蒸汽胶管、橡胶软管等。

橡胶管的规格属性是按其管内径来分的，对于不同的橡胶管品种，其型号规格的具体标记不一样，但都应标明内径。

● **常用参数及参数值描述**

类别编码	类别名称	特征	常用特征值	常用单位
1727	橡胶管	品种	夹布空气胶管、夹布输水胶管、夹布喷砂胶管、夹布输油胶管、蒸汽胶管、橡胶软管、纤维编织橡胶管	kg、m
		内径	6、8、10、13、16、19、20、225、32、38、51、64	
		夹布层数	3、4、5、6、7	

● **参照依据**

GB/T 1186－2007　压缩空气用织物增强橡胶软管

GB/T 3683－2011　橡胶软管及软管组合件油基或水基流体适用的钢丝编织增强液压型规范

HG/T 3036－2009　饱和蒸汽用橡胶软管及软管组合规范

1728　复合管

● **类别定义**

复合管是由两种或两种以上的材料在不改变各自化学性能的前提下按一定工艺合成一起的管子，是以焊接金属管为中间层，内外层均为不同材质的塑料管，采用专用的热熔胶，通过挤出成型方法复合而成的一种管体。

根据金属的材料可分为钢塑、铝塑复合管、不锈钢塑料复合管、不锈钢复合管等。

♣ **1728.1　PSP 钢塑复合管**

是以焊接钢管为中间层，内外层为聚乙烯塑料，采用专用热熔胶，通过挤出成型方法复合而成的一种管体。

钢塑复合管按照承压等级分为普通钢塑复合管、加强型钢塑复合管。

♣ 1728.2 PAP 铝塑复合管

是以焊接铝为中间层，内外层为聚乙烯塑料，采用专用热熔胶，通过挤出成型方法复合而成的一种管体。

铝塑复合管按照复合材料分为 PAP 聚乙烯型、XPAP 交联聚乙烯型；铝塑复合管主要用于建筑生活冷热水、室内地面和散热器供暖系统，空调送回水管等。

♣ 1728.3 PP-R 塑铝稳态复合管

PP-R 塑铝稳态管是一种由 PP-R 管与合金铝层组成的复合管，德国称为 PP-R 稳态复合管、PP-R 增强管或 PP-R 包铝管。

♣ 1728.4 PP-R 不锈钢复合管

PP-R 不锈钢复合管是以拉毛的食品级不锈钢管为内层，外层采用进口北欧化工 RA130EPP-R 原料，中间层采用具有良好粘合性的热熔胶经特殊工艺复合而成的新型管材。

PP-R 不锈钢复合管可用于北方水暖、气暖等高温供暖，家庭装潢冷热水管；医院、宾馆、办公室、学校等民用建筑给排水系统；食物、化工、电子等工业管网；纯净水及矿泉水等饮用水生产系统管网；空调设备用管；住宅取暖管；雨水管网；工厂用压缩空气管网；喷泉、游泳池管网；太阳能设施的管网；农业、园林管网；高压供水等要求较高的管道输送系统。

♣ 1728.5 不锈钢塑料复合管

不锈钢塑料复合管是一种由外层不锈钢、内层塑料和中间胶粘剂层在特殊工艺下复合而成的新型管材。与其他现有的管材比较，它具有外观豪华光亮、坚硬耐磨、不燃烧、抗酸碱腐蚀；内壁不结水垢，保温隔热，无毒无味，无污染，不老化等特点。并可再生利用，因此是一种十分理想的镀锌钢管和塑料管的替代产品。适用于建筑给水系统，采暖系统，热水系统，中水系统，直饮水系统，空调循环水系统，工业输配水管路以及食品，医药，卫生，化工，农业灌溉等领域。常用规格有外径 16～160mm。

♣ 1728.6 不锈钢碳素复合管

是一种新型复合材料产品。它是由不锈钢带与碳素钢带分别成型、焊接、定径，并使不锈钢带包覆在碳素钢管外表面处，使两种材质的钢管形成一个完整、紧密包覆、无间隙的双层钢管。外层不锈钢作为装饰保护层，抗腐蚀能力强，洁净、光亮，内层碳素钢作为承受外载荷的主体。

♣ 1728.7 钢骨架聚氯乙烯塑料复合管

是以进口管材级高密度聚乙烯为基体，以优质低碳钢丝网为增强相，在挤出生产线上连续成型的新型双面防腐压力管道。它克服了钢管耐压不耐腐，塑料管耐腐不耐压，钢衬塑管、铝塑管易脱层，玻璃钢管对施工条件要求苛刻等缺点，使用寿命长达 50 年。产品规格及适用范围：

规格在 $DN50～DN600$mm 共计 14 种规格的钢骨架聚乙烯塑料复合管产品，广泛应用于：燃气、化工、油田、给排水、矿山、粉尘输送等领域。产品连接：主要采用电熔与法兰两种方式连接。

♣ 1728.8 双金属复合管

双金属复合管是一种新型耐磨管道，直管外层采用普通钢管，通过离心成型工艺形成高铬铸铁。内衬复合而成。弯管外壁采用热煨弯头，内层浇注高铬铸铁。该管道较传统使用的耐磨合金铸铁、耐磨合金铸钢、钢-陶复合管及铸石管相比，有诸多的优点。

● 常用参数及参数值描述

类别编码	类别名称	特征	常用特征值	常用单位
1728	复合管	品种	PSP 钢塑复合管、PAP 铝塑复合管、PP-R 塑铝稳态复合管、PP-R 不锈钢复合管、SNP 不锈钢塑料复合管、不锈钢碳素复合管、钢骨架聚氯乙烯塑料复合管	t、m、根
		类型	普通型、加强型、PAP 聚乙烯型、XPAP 交联聚乙烯型、PE 聚乙烯型、PE-RT 耐热聚乙烯型、PEX 交联聚乙烯型、PVC-U 硬聚氯乙烯型	
		规格	外径或公称直径，不同品种的材料对应的规格按照实际标准要求描述	
		壁厚	与外径有关，具体的参照具体标准管材规格表执行描述	
		压力等级	0.5MPa、0.8MPa、1.0MPa、1.25MPa、2.0MPa、2.5MPa	
		用途	冷水型、热水型、燃气用、工业用、给水用、燃气用	

注：类型：一般指复合管的内外层的只要材质类型及管的性能类型两个维度属性；

规格：表示外径或公称直径，不同品种的材料对应的规格按照实际标准要求描述。

● 参照依据

CJ/T 183-2008　钢塑复合压力管

CJ/T 108-1999　铝塑复合压力管（搭接焊）

CJ/T 184-2003　不锈钢塑料复合管

GB/T 18704-2008　结构用不锈钢复合管

YB/T 5363-2006　装饰用焊接不锈钢管

GJ/T 123-2004　给水用钢骨架聚乙烯塑料复合管

1729　混凝土管

● 类别定义

混凝土管又名水泥排水管。混凝土管按有无钢筋分为混凝土管（CP）和钢筋混凝土管（RCP），管之间连接方式分为柔性接口管和刚性接口管，柔性接口管按接口形式分为承插口管、企口管、钢承口管和双插口管。刚性接口管按接口形式分为平口管、承插口管、企口管和双插口管。

● 常用参数及参数值描述

类别编码	类别名称	特征	常用特征值	常用单位
1729	混凝土管	品种	自应力钢筋混凝土管（SPCP）、预应力钢筋混凝土管（PCP）、预应力钢筒混凝土内衬式管（PCCPL）	m³
		规格	内径×壁厚×长度	
		接口形式	承插口管、企口管、钢承口管、双插口管、平口管	
		分级	Ⅰ、Ⅱ、Ⅲ、Ⅳ、Ⅴ	

● 参照依据

GB/T 11836-2009　混凝土和钢筋混凝土排水管

1731 其他管材

● **类别定义**

以上没有包含的其他管材，因为剩余的这些管材在建设工程过程中不是很常用，所以单独列为一类，其属性统一进行考虑描述，对于其他管中相对常用的管做简单介绍。

编织管：

编织管是指由金属或非金属材料编织而成的各种管材，如纤维编织管、尼龙丝编织管、钢丝编织管、铜编织管、硅橡胶玻纤编织管等；工程上常把编织管俗称为蛇皮管。

玻璃钢管：

● **适用范围及类别属性说明**

类别编码	类别名称	特征	常用特征值	常用单位
1731	其他管材	材质	钛管、玻璃钢管、水泥管、陶土管	t、m
		规格		
		壁厚		
		牌号		
		接口形式	对于水泥、混凝土管：承插口管、企口管、钢承口管、双插口管、平口管	
		长度		
		刚度	SN1250 SN2500 SN3750 SN5000 SN7500	

注：1 规格说明：对于玻璃钢管指公称直径；

2 对于水泥管、陶土管指的是内径；

3 用户在使用产品报价时的规格为：实际的规格×壁厚表示；

4 刚度属性用于玻璃钢管；

5 包含水泥电线杆。

● **参照依据**

GB/T 3625－2007　换热器及冷凝器用钛及钛合金管

GB/T 2882－2005　镍及镍合金管

ASTM C700－02　超强度及标准强度的多孔陶土管规格【国际标准】

GB 5696－2006　预应力混凝土管

GB 4084－1999　自应力混凝土输水管

GB/T 11836－2009　混凝土和钢筋混凝土排水管

18 管件及管道用器材

● **类别定义**

管道中除管道用钢管外，还要用到各种管配件：管道拐弯时用弯头、管道变径时用大小头，分叉时要用三通，管道接头与接头连接时要用法兰，为达到开启输送介质的目的还要用各种阀门，为减少热膨胀及冷缩或频繁振动对管道系统造成的影响，还需要用膨胀节，此外，在管路上，还有与各种仪器表相连接的各种接头、堵头，我们习惯把这些除直管以外的配件统称之为管配件。不过习惯地，我们将弯头、三通、直通、管帽及各种管接头称为管件，同时将阀门、法兰、膨胀节、管道支架分别称呼分类。

我们把阀门、法兰及管件分别设置，阀门详见 19 大类，法兰详见 20 大类。

管件的种类很多，按材质可分为钢制管件，铸铁管件，铜管件，非金属管件（塑料管件、橡胶管件、玻璃钢管件、混凝土管件），非金属复合管件等；按结构形式可分为弯头、异径接头、三通、四通、管帽和管堵等。

钢制管件是工程上最常用的管件，按成材质可分为碳钢管件、不锈钢管件和合金钢管件（铝合金管件、铜合金管件）三大类。

◇不包含

——专用管件，如仪表专用管件，放入 2459 类别下。

● 类别来源

类别来源于清单及全统安装定额中工业管道工程，给排水、采暖、燃气工程相关章节，并补充了一些市场上常用产品。具体二级子类确定参考了相关的国家及建材标准。

● 范围描述

范围	二级子类	说 明
金属管件	1801 铸铁管件	包括外螺纹接头、内螺纹接头、活接头、弯头、三通、管堵、管帽、直通等
	1803 钢管管件	包括弯头、大小头、三通、四通、异径管等
	1805 不锈钢管件	包括弯头、直通、三通、四通等
	1807 铜、铜合金管件	包括直通、三通、四通、接头、补芯、管堵、卡子、管箍等
非金属管件	1809 塑料管件	包括管堵、管箍、直通、三通、四通、弯头、地漏、活接、大小头、管夹、管帽、变径圈、接头等
	1811 钢塑复合管件	包括外接头（直通）、异径外接头（直通）、内接头（外螺纹直通）、异径内接头（外螺纹直通）、等径三通、异径三通、外螺纹三通等
	1813 铝塑复合复件	包含三通、四通、弯头、接头等
	1815 管接头	包含铸铁管管接头，塑料管管接头、钢管管接头等
其他管件	1817 阻火器	包括波纹阻火器、管道阻火器、网型（圆片型）阻火器等
	1819 过滤器	包含 Y 形过滤器、锥形过滤器等
	1821 补偿器及软接头	包含填料式补偿器、套筒式补偿器等
	1823 视镜	直通管道对夹型视镜、管道型视镜、管道对夹型视镜、四通单压型视镜、浮球型视镜、压力容器带径视镜
	1825 管卡、管箍	包括直通、三通、四通、补芯、弯头、大小头、活接头、管堵、外接头、六角内接头等
	1827 管道支架、吊架	包括承重支吊架、限制性支吊架、防振支架等
	1829 套管	包括柔性套管、刚性套管、热缩套管、绝缘套管等
	1831 其他管件	包括托钩、管码、膨胀塞等

1801 铸铁管件

● 类别定义

铸铁管件适用于输送水及煤气用的承插连接和法兰连接的管路。铸铁可分为白口（白玛钢）铸铁、灰（黑玛钢）铸铁、球墨铸铁。

◇不包含

——套管，单独在 1829 套管类别列表中说明

——卫生洁具用的一些管件用品，例如：地漏，均放入 0307 类别下。

● 常用参数及参数值描述

类别编码	类别名称	特征	常用特征值	常用单位
1801	铸铁管件	品种	外接头(直通)、异径外接头(直通)、内接头(外螺纹直通)、异径内接头(外螺纹直通)	个、套
		规格	等径直通 20(3/4″) 25(1″)、32(1～1/4″)、40(1～1/2″)、50(2″)、65(2～1/2″)······ 异径直通 32×25 40×25、40×32、50×25、50×32 50×40······ 45°双承弯管 125(5″) 150(6″)、200(8″)、250(10″) 300(12″)······	
		接口形式	T型(滑入式)、K型(机械式)、NⅡ型(机械式)、SⅡ型(机械式)、N1型(法兰式)、NⅡ型(法兰式)、SⅡ型(法兰式)、A型柔性接口(承插式)、W型无承口(卡箍式)	
		壁厚	K9、K10、K11、K12、K14、TA级、TB级	
		材质	灰口铸铁、球墨铸铁	

注：规格按照管件对应尺寸分别列项，如上描述。

● 参照依据

GB/T 9440-2010　可锻铸铁件

GB/T 14383-2008　锻制承插焊和螺纹管件

GB/T 3420-2008　灰口铸铁管件

GB T 13295-2008　水及燃气管道用球墨铸铁管、管件及附件

GB/T 26081-2010　污水用球墨铸铁管、管件和附件

GB/T 12772-2008　排水用柔性接口铸铁管、管件及附件

1803　钢管管件

● 类别定义

一般大口径的管都是由钢板焊接而成，我们称之为钢板卷管，对应的管件为钢板卷管管件，按照结构形式常用的有：接头、弯头、异径接头、三通、四通、管帽和管堵等。

◇不包含

——套管，单独在 1829 套管类别列表中说明

● 常用参数及参数值描述

类别编码	类别名称	特征	常用特征值	常用单位
1803	钢管管件	品种	弯头、三通、四通、异径管、管接头、透气帽	个、套
		规格	同 1801 规格表示方法	
		接口形式	焊接式、螺纹式、锥螺纹式、活接式、沟槽式	
		壁厚	0.6mm、0.8mm、1mm、1.2mm、1.5mm	
		材质	普碳、合金钢	

注：Q295～Q460 为低合金高强度结构钢的牌号；
　　Q195～Q275 为碳素结构钢的牌号。

● 参照依据

GB/T 13401-2005　钢板制对焊管件

GB/T 17185－2012　钢制法兰管件

GB/T 12459－2005　钢制对焊无缝管件

1805　不锈钢管件

● 类别定义

用于区别于铸铁、钢制管件，不锈钢管件是应用最多的管件，按照结构形式不锈钢管件包含直通，三通，四通，弯头，地漏，活接，大小头，管夹，管帽，变径圈，接头等。

◇不包含

——套管，单独在 1829 套管类别列表中说明

● 常用参数及参数值描述

类别编码	类别名称	特征	常用特征值	常用单位
1805	不锈钢管件	品种	外接头（直通）、异径外接头（直通）、内接头（外螺纹直通）、异径内接头（外螺纹直通）、带直管直通	个、套
		规格	同 1801 规格表示方法	
		接口形式	焊接式、螺纹式、锥螺纹式、活接式、沟槽式	
		壁厚	0.6mm、0.8mm、1mm、1.2mm、1.5mm	
		材质	201、304、316、316L	

注：不锈钢管重量计算公式：（外径-壁厚）×壁厚×0.02491＝kg/m

● 参照依据

GB/T 19228.2－2011　不锈钢卡压式管件组件　第 2 部分：连接用薄壁不锈钢管

GB/T 12771－2008　流体输送用不锈钢焊接钢管

1807　铜、铜合金管件

● 类别定义

铜管件也是常用的管件之一，区别于其他材质的管件；包含等径三通接头、铜管 45°弯头、铜管 90°弯头、铜管异径接头、铜管套管接头、铜管管帽等。

铜管件适用于冷水、热水、制冷、供热（≤135℃高温水）、燃气、医用气体等管路系统，其他管路亦可参照使用。

◇不包含

——套管，单独在 1829 套管类别列表中说明

● 常用参数及参数值描述

类别编码	类别名称	特征	常用特征值	常用单位
1807	铜、铜合金管件	品种	外接头（直通）、异径外接头（直通）、内接头（外螺纹直通）、异径内接头（外螺纹直通）、带直管直通	个、套
		规格	同 1801 规格（外径 De）表示方法	
		接口形式	焊接式、卡套式	
		壁厚	0.7、0.9、1.0、1.2、1.5、2.0、2.5、3.4、4.0、5.0、6.0、8.0	
		材质	紫铜、黄铜	

● **参照依据**

GB/T 18033-2007　无缝铜水管和铜气管

CJ/T 117-2000　建筑用铜管管件（承插式）

1809　塑料管件

● **类别定义**

连接塑料管之间的材料叫塑料管件，塑料管件的所有的材料属性同管材，管件按照结构形式分为：弯头、异径接头、三通、四通、管帽和管堵等。

◇不包含

——套管，单独在1829套管类别列表中说明

● **常用参数及参数值描述**

类别编码	类别名称	特征	常用特征值	常用单位
1809	塑料管件	品种	直接头（直通）、异径直接头（直通）、外螺纹直接头、内螺纹直接头、内螺纹带不锈钢箍直接头	个、套
		规格	同1801规格（外径 De）表示方法	
		接口形式	粘胶、热熔、电熔、法兰、螺纹、焊接式、沟槽式	
		壁厚		
		材质	PB、PE、PP-R、PP-H、PP-B、PE-RT、PVC-U、PVC-C	
		管件端口	双承（承一承）、双平（平一平）、承插（承一插）、平承（平一承）、平插（平一插）、三承（承一承一承）、三平（平一平一平）	

● **参照依据**

ASTM D 3350-2002　聚乙烯塑料管及其配件

1811　钢塑复合管件

● **类别定义**

与管材中的复合管材对应。复合管件同样也是按照结构形式分为接头、三通、管帽等。

◇不包含

——套管，单独在1829套管类别列表中说明

● **常用参数及参数值描述**

类别编码	类别名称	特征	常用特征值	常用单位
1811	钢塑复合管件	品种	外接头（直通）、异径外接头（直通）、内接头（外螺纹直通）、异径内接头（外螺纹直通）、等径三通、异径三通、外螺纹三通	个、套
		内衬材质	聚乙烯（PE）、耐热聚乙烯（PE-RT）、交联聚乙烯（PE-X）	
		规格	同1801规格（外径 De）表示方法：20、25、32、50、65、80、100、125、150、200、250、300	
		接口形式	焊接式、螺纹式、卡压式	

● 参照依据

HG/T 3707－2012 工业用孔网钢骨架聚乙烯复合管件

DL/T 935－2005 钢塑复合管和管件

CJ/T 189－2007 钢丝网骨架塑料（聚乙烯）复合管材及管件

CJ/T 253－2007 钢塑复合压力管用管件

1813 铝塑复合管件

● 类别定义

中间层为铝管，内外层为聚乙烯或交联聚乙烯，层间为热熔胶黏合而成的多层管。铝塑复合管是最早替代铸铁管的供水管，其基本构成应为五层，即由内而外依次为塑料、热熔胶、铝合金、热熔胶、塑料。

● 常用参数及参数值描述

类别编码	类别名称	特征	常用特征值	常用单位
1813	铝塑复合管件	品种	外接头（直通）、异径外接头（直通）、内接头（外螺纹直通）、异径内接头（外螺纹直通）、等径三通、异径三通、外螺纹三通	个、套
		材质	PE/AL/PE、PE/AL/PEX、PEX/AL/PEX	
		规格	同1801规格（外径 De）表示方法：20、25、32、50、65、80、100、125、150、200、250、300	
		接口形式	焊接式、螺纹式、卡压式	

● 参照依据

CJ/T 108－1999 铝塑复合压力管（搭接焊）

1815 管接头

● 类别定义

是液压系统中连接管路或将管路装在液压元件上的零件，这是一种在流体通路中能装拆的连接件的总称，包含不同材质的管件，包含直通接头、三通接头、弯头、堵头等，但是这些管件都已经包含在各自不同材质的管件类别下，所以本类主要包含管接头零部件组成的整体材料。

● 常用参数及参数值描述

类别编码	类别名称	特征	常用特征值	常用单位
1815	管接头	材质	铸铁管、PVC-U管、铝塑管、钢管、镀锌焊接钢管	套
		用途	室内排水、室内给水、站类、室内雨水、室内燃气、室外燃气	
		规格	15mm、20mm、25mm、32mm、40mm、50mm、65mm	
		接口形式	卡套式、卡箍式、内外螺纹、焊接式、承插焊式、扩口式、法兰式	

1817 阻火器

● 类别定义

标准名称叫丝网阻火器（又名防火器），是用来阻止可燃气体和易燃液体蒸气火焰蔓延和防止回火而引起爆炸的安全设备。

罐用阻火器是安装在石油储罐上的重要安全设备。其允许可燃、易爆气体通过，阻止火星进入油罐。适用于储存闪点低于 28℃的甲类油品和闪点低于 60℃的乙类油品，如汽油、甲苯、煤油、轻柴油、原油等立式储罐上，一般与呼吸阀配套使用。

● 常用参数及参数值描述

类别编码	类别名称	特征	常用特征值	常用单位
1817	阻火器	品种	波纹阻火器、管道阻火器、网型（圆片型）阻火器	个
		规格	DN50、DN80、DN100、DN150、DN200、DN250	
		壳体材质	碳钢、铝合金、不锈钢、灰铸铁、铸铝	
		公称压力	0.6MPa、1.6MPa、2.5MPa	
		结构形式	通风罩式、法兰式	
		密封面形式	平面、突面	
		防爆级别	BS5501、Ⅱa、Ⅱb、Ⅱc	

注：规格指的是公称直径。

● 参照依据

SY/T 0512－1996　石油储罐阻火器

1819　过滤器

● 类别定义

过滤器是输送介质管道上不可缺少的一种装置，通常安装在减压阀、泄压阀、定水位阀或其他设备的进口端，用来消除介质中的杂质，以保护阀门及设备的正常使用。

● 常用参数及参数值描述

类别编码	类别名称	特征	常用特征值	常用单位
1819	过滤器	品种	Y型过滤器、锥型过滤器、袋式过滤器	个
		公称直径	15、20、25、32、40、50、65、80、100、125	
		接口形式	螺纹连接、法兰连接、焊接	
		过滤器代号	Ⅰ、Ⅲ、Ⅳ、Ⅴ、Ⅵ、Ⅷ、Ⅶ	
		公称压力	0.6MPa、1.6MPa、2.5MPa	
		滤网规格	40目、100目、200目、300目	
		本体材质	碳钢、不锈钢、可锻铸铁、ABS、PP、UPVC	
		滤网材质	碳钢、不锈钢、可锻铸铁、铜、PP、PVC、尼龙网	

● 参照依据

GB/T 14382－2008　管道用三通过滤器

1821　补偿器及软接头

● 类别定义

补偿器习惯上也叫膨胀节，伸缩节，软连接；由构成其工作主体的波纹管（一种弹性元件）和端管、支架、法兰、导管等附件组成。属于一种补偿元件；按照功能划分为波纹管补偿器、填料式补偿器、套筒式补偿器。

软接头又叫作橡胶管软接头，橡胶接头，橡胶软接头，可曲绕接头，高压橡胶接头，橡胶减振器等，软接头是用于金属管道之间起挠性连接作用的中空管；按连接方式分松套法兰式、固定法兰式和螺纹式3种。

● 常用参数及参数值描述

类别编码	类别名称	特征	常用特征值	常用单位
1821	补偿器及软接头	品种	波纹管补偿器、填料式补偿器、套筒式补偿器	个
		公称直径	50、65、80、100、125、150、200	
		公称压力	0.6MPa、1.0MPa、1.6MPa、2.5MPa	
		结构形式	轴向型内压式、轴向型外压式、轴向型复式、直埋式、小拉杆横向型、大拉杆横向型、角向型、直管压力平衡式、曲管压力平衡式、旁通压力平衡式、内外压力平衡式	
		波数	4、6、8、9、12、16、24、36	
		接口形式	焊接式、法兰式、螺纹连接	

● 参照依据

GB/T 15700-2008 聚四氟乙烯波纹补偿器

1823 视镜

● 类别定义

视镜也称窥视镜，多用于液体管路上观察流体流动情况，视镜是工业管道装置上主要附件之一，在石油、化工、医药、食品等工业生产装置的管道中，视镜能随时观察管道中液体、气体、蒸汽等介质流动及反应情况，起到监视生产、避免生产过程中事故发生的作用。

按结构种类：直通玻璃板式、三通玻璃板式和直通玻璃管式等。

● 常用参数及参数值描述

类别编码	类别名称	特征	常用特征值	常用单位
1823	视镜	类型	直通管道对夹型视镜、管道型视镜、管道对夹型视镜、四通单压型视镜、浮球型视镜、压力容器带径视镜	个
		公称直径	DN20、DN25、DN40、DN50、DN65、DN80、DN100、DN125	
		壳体材质	碳钢、铝合金、不锈钢、灰铸铁、铸铝	
		公称压力	0.6MPa、1.6MPa、2.5MPa	
		接口形式	螺纹连接、法兰连接	

注：规格指的是公称直径。

● 参照依据

HG/T 2144-2012 搪玻璃设备 视镜

HG/T 3206-2009 石墨管道视镜

1825 管卡、管箍

● 类别定义

又称管卡子、管卡箍等。管卡是指固定管道用的各种卡子。常用的 U 型管卡，单立管卡，双立管卡。

◇不包含

——模板用管卡

● 常用参数及参数值描述

类别编码	类别名称	特征	常用特征值	常用单位
1825	管卡、管箍	品种	单立管卡、双立管卡、U 型管卡	个
		规格	DN20、DN25、DN40、DN50、DN65	
		材质	碳钢、铝合金、不锈钢、铸铁、铜、塑料、镀锌钢	

注：规格指的是公称直径。

● 参照依据

GB/T 5836.2－2006 建筑排水用硬聚氯乙烯（PVC-U）管件

1827 管道支架、吊架

● 类别定义

用以支撑和固定管道的各种支、吊架；按用途：承重支吊架（刚性支吊架，可调刚性支吊架，可变弹簧支吊架，恒力弹簧支吊架）；限制性支吊架（固定支架，限位支架，导向支架）；防振支架（减振器，阻尼器）。

● 常用参数及参数值描述

类别编码	类别名称	特征	常用特征值	常用单位
1827	管道支架、吊架	品种	承重支吊架、限制性支吊架、防振支架	个
		类型	刚性支吊架、可调刚性支吊架、可变弹簧支吊架、恒力弹簧支吊架、组合型碟簧支吊架（承重支吊架）；固定支架、限位支架、导向支架（限制性支吊架）；减振器、阻尼器（防振支架）	
		适应荷载范围	200～210000N、21000～2500000N	
		热位移量	40mm、45mm、80mm、90mm、120mm、135mm	

注：规格指的是公称直径。

● 参照依据

GB/T 5836.2－2006 建筑排水用硬聚氯乙烯（PVC-U）管件

1829 套管

● 类别定义

指管道穿过建筑物（穿楼板、穿墙、穿壁等）时所用到的起保护或密封作用的管道附件。按照结构形式套管可分为柔性套管、刚性套管；按照材质，套管分为钢质套管、铁质套管、塑料套管等。

● **常用参数及参数值描述**

类别编码	类别名称	特 征	常用特征值	常用单位
1829	套管	品种	柔性套管、刚性套管、热缩套管、绝缘套管	个
		规格	127、139.7、177.8	
		壁厚（mm）	7.52、7.72、8.05、9.19	
		管件连接方式	焊接式、卡套式、螺纹式	
		材质	钢质、玻璃纤维、PVC、UPVC、PE、硅胶、硅树脂纤维	
		总长度	200mm、300mm、400mm、500mm	

注：规格指的是公称直径。

● **参照依据**

QB/T 2479 - 2005　埋地式高压电力电缆用氯化聚氯乙烯（PVC-C）套管

GB/T 12944 - 2011　高压穿墙瓷套管

1831　其他管件

● **类别定义**

主要指一些零星的管件材料，包含管码、托钩等。

● **常用参数及参数值描述**

类别编码	类别名称	特 征	常用特征值	常用单位
1831	其他管件	品种	托钩、管码、膨胀塞	个
		规格	按照实际	
		材质	钢质	

● **参照依据**

无

19　阀门

● **类别定义**

阀门是用以控制流体流量、压力和流向的装置。具有导流、截止、调节、节流、止回、分流或溢流卸压等功能。被控制的流体可以是液体、气体、气液混合体或固液混合体。阀门的控制功能是依靠驱动机构或流体驱使启闭件升降、滑移、旋摆或回转以改变流道面积的大小来实现的。

二级分类是根据阀门的通用类型进行划分的，分为截止阀，闸阀，球阀，蝶阀，止回阀，安全阀，调节阀，节流阀，疏水阀，排污阀，柱塞阀，旋塞阀，隔膜阀等，其他新型阀门或未归类的阀门均放置在其他阀门。

由于阀门种类繁杂，为了制造和使用方便，国家对阀门产品型号的编制方法做了统一规定。阀门产品的型号是由七个单元组成，用来表明阀门类别、驱动种类、连接和结构形式、密封面或衬里材料、公称压力及阀体材料。

阀门型号的组成由七个单元顺序组成（见下表）

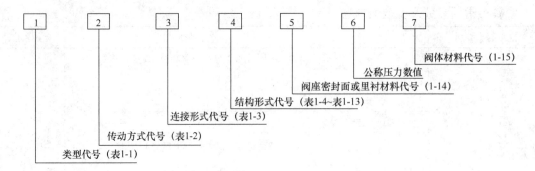

1. 阀门的类型代号，按表 1-1 的规定。

表 1-1

阀门类型	代 号	阀门类型	代 号	阀门类型	代 号
闸阀	Z	球阀	Q	疏水阀	S
截止阀	J	旋塞阀	X	安全阀	A
节流阀	L	液面指示器	M	减压阀	Y
隔膜阀	G	止回阀	H		
柱塞阀	U	碟阀	D		

2. 传动方式代号用阿拉伯数字表示，按表 1-2 的规定。

表 1－2

传动方式	代 号	传动方式	代 号
电磁阀	0	伞齿轮	5
电磁-液动	1	气动	6
电-液动	2	液动	7
涡轮	3	气-液动	8
正齿轮	4	电动	9

注：①手轮、手柄和扳手传动以及安全阀、减压阀、疏水阀省略本代号。

②对于气动或液动：常开式用 6K、7K 表示；常闭式用 6B、7B 表示；气动带手动用 6S 表示。防爆电动用"9B"表示。

3. 连接形式代号用阿拉伯数字表示，按表 1-3 的规定。

表 1-3

连接形式	代 号	连接形式	代 号
内螺纹	1	对夹	7
外螺纹	2	卡箍	8
法兰	4	卡套	9
焊接	6		

注：焊接包括对焊和承插焊。

4. 结构形式代号用阿拉伯数字按表 1-4 至表 1-13 规定。

表 1-4

闸阀结构形式				代 号
明杆	楔式	弹性闸板		0
		刚性	单闸板	1
			双闸板	2
	平行式		单闸板	3
			双闸板	4
暗杆楔式			单闸板	5
			双闸板	6

表 1-5

截止阀和节流阀结构形式		代 号
直通式		1
角式		4
直流式		5
平衡	直通式	6
	角式	7

表 1-6

球阀结构形式			代 号
浮动	直通式		1
	L形	三通式	4
	T形		5
固定	直通式		7

表 1-7

蝶阀结构形式	代 号
杠杆式	0
垂直板式	1
斜板式	3

表 1-8

隔膜阀结构形式	代 号
屋脊式	1
截止式	3
闸板式	7

表 1-9

旋塞阀结构形式		代 号
填料	直通式	3
	T形三通式	4
	四通式	5
油封	直通式	7
	T形三通式	8

表 1-10

止回阀和底阀结构形式		代 号
升降	直通式	1
	立式	2
旋启	单瓣式	4
	多瓣式	5
	双瓣式	6

表 1-11

安全阀结构形式				代 号
弹簧	封闭	带散热片	全启式	0
		微启式		1
		全启式		2
	不封闭	带扳手	全启式	4
			双弹簧微启式	3
			微启式	7
			全启式	8
		带控制机构	微启式	5
			全启式	6
杠杆	单杠杆		全启式	2
			角形微启式	5
	双杠杆		全启式	4
先导式（脉冲式）				9

注：杠杆式安全阀在类型代号前加"G"汉语拼音字母。

表 1-12

减压阀结构形式	代 号
薄膜式	1
弹簧薄膜式	2
活塞式	3
波纹管式	4
杠杆式	5

表 1-13

疏水阀结构形式	代 号
浮球式	1
钟形浮子式	5
脉冲式	8
热动力式	9

5. 阀座密封面或衬里材料代号用汉语拼音字母表示，按表 1-14 的规定。

表 1-14

阀座密封面或衬里材料	代 号	阀座密封面或衬里材料	代 号
铜合金	T	渗氮钢	D
橡胶	X	硬质合金	Y
尼龙塑料	N	衬胶	J
氟塑料	F	衬铅	Q
巴氏合金	B	搪瓷	C
合金钢	H	渗硼钢	P

注：由阀体直接加工的阀座密封面材料代号用"W"表示；当阀座和阀瓣（闸板）密封面材料不同时，用低硬度材料代号表示（隔膜阀除外）。

6. 阀体材料代号用汉语拼音字母表示，按表 1-15 的规定。

表 1-15

阀体材料	代 号	阀体材料	代 号
HT25-47	Z	Cr5Mo	I
KT30-6	K	1Cr18Ni9Ti	P
QT40-15	Q	Cr18Ni12Mo2Ti	R
H62	T	12CrMoV	V
ZG25	C		

注：PN≤1.0MPa 的灰铸铁阀体和 PN≥2.5MPa 的碳素钢阀体，省略本代号。

◇不包含

——卫生洁具用阀门,归入 21 大类洁具及燃气器具下

——通风空调用阀门,归入 22 大类水暖及通风空调器材下

● 类别来源

阀门的种类繁多,此类包括各种通用阀门和一些专用阀门。其他特殊阀门,如仪表用阀、液压控制管路系统用阀,各种化工机械设备本体用阀等,均不在此类别进行介绍。具体二级子类确定参考了相关的国家标准及行业标准。主要参考《电力工程材料手册(阀门)》篇。

● 范围描述

类别编码	类别名称	说　　　　明
19	阀门	包含民用及工业管道的通用类阀门
1901	截止阀	包含法兰截止阀、螺纹截止阀、焊接截止阀、卡套截止阀等
1903	闸阀	包含法兰闸阀、螺纹闸阀、焊接闸阀等
1905	球阀	包含法兰球阀、螺纹球阀、焊接球阀等
1907	蝶阀	包含法兰蝶阀、螺纹蝶阀、对夹蝶阀等
1909	止回阀	包含法兰止回阀、螺纹止回阀、缓闭止回阀等
1911	安全阀	包含螺纹安全阀、法兰安全阀、集流管安全阀等
1913	调节阀	包含法兰调节阀、螺纹调节阀、焊接调节阀等
1915	节流阀	包含法兰节流阀、螺纹节流阀、焊接节流阀、卡套节流阀等
1917	疏水阀	包含法兰疏水阀、螺纹疏水阀、热静力型疏水阀、热动力型疏水阀等
1919	排污阀	包含法兰排污阀、螺纹排污阀等
1921	柱塞阀	包含法兰柱塞阀、螺纹柱塞阀等
1923	旋塞阀	包含法兰旋塞阀、螺纹旋塞阀等
1925	隔膜阀	包含法兰隔膜阀、螺纹隔膜阀等
1927	减压阀	包含法兰减压阀、螺纹减压阀等
1928	电磁阀	包含真空电磁阀、液用电磁阀、消防电磁阀等
1929	减温减压阀	包含法兰减温减压阀、焊接减温减压阀等
1931	给水分配阀	包含法兰给水分配阀、焊接给水分配阀等
1933	水位控制阀	包含液压水位控制阀、角式消声水位控制阀等
1935	平衡阀	包含静态水力平衡阀、自力式流量控制阀、自力式压差控制阀、动态平衡两通阀等
1937	浮球阀	包含法兰浮球阀、螺纹浮球阀、隔膜式遥控浮球阀、活塞式遥控浮球阀等
1938	塑料阀门	包含塑料闸阀、塑料球阀、塑料截止阀等
1939	陶瓷阀门	包含陶瓷截止阀、陶瓷止回阀、陶瓷球阀等
1941	其他阀门及阀门部件	包含自动排气阀、防污隔断阀等

1901　截止阀

● 类别定义

截止阀是指启闭件(阀瓣)由阀杆带动沿阀座(密封面)轴线作升降运动的阀门;常用的截止阀包括:法兰截止阀、螺纹截止阀、焊接截止阀、卡套截止阀等。

分类:按材质可分为铜、不锈钢、铸铁、碳钢截止阀;按结构形式可分为直通式、直流式和角式,直通式是最常见的结构,但其流体阻力最大;直流式的阻力最小,多用于含

固体颗粒或黏度大的流体；角式阀体多用于锻造，适用于较小口径、较高压力的管道。

● **常用参数及参数值描述**

类别编码	类别名称	特征	常用特征值	常用单位
1901	截止阀	品种	内螺纹截止阀、外螺纹截止阀、法兰截止阀、焊接截止阀、卡箍截止阀、卡套截止阀	个
		传动方式	手动、电磁动 0、正齿轮 4、伞齿轮 5、气动 6、气动带手动 6S、液动 7、电动 9、电动防爆 9B	
		结构形式	直通式、角式、直流式、平衡直通式、平衡角式	
		阀体材质	Z 灰铸铁、K 可锻铸铁、Q 球墨铸铁、T 铜合金、C 碳素钢、I 铬钼耐热钢、L 铝合金	
		公称通径	15 20 25 32 40 50 65 80 100 125	
		公称压力	1MPa 1.6MPa 2.5MPa 4MPa 6.4MPa 10MPa	
		性能	普通、消防	
		适用介质	水、蒸汽、天然气、煤气、污水	

注：品种一般是结合阀体类型及连接方式两个维度考虑的。

● **参照依据**

GB/T 12233－2006　通用阀门 铁制截止阀与升降式止回阀

GB/T 309－2008　船用内螺纹青铜截止阀

GB/T 584－2008　船用法兰铸钢截止阀

GB/T 26478－2011　氨用截止阀和升降式止回阀

1903　闸阀

● **类别定义**

闸阀是指启闭件（闸板）由阀杆带动沿阀座密封面作升降运动的阀门。

一般按照连接形式分为螺纹闸阀，焊接闸阀，法兰闸阀，对夹闸阀等。

● **常用参数及参数值描述**

类别编码	类别名称	特征	常用特征值	常用单位
1903	闸阀	品种	内螺纹闸阀、外螺纹闸阀、法兰闸阀、焊接闸阀、对夹闸阀、卡箍（沟槽式）闸阀	个
		传动方式	手动、电磁动 0、正齿轮 4、伞齿轮 5、气动 6、气动带手动 6S、液动 7、电动 9、电动防爆 9B	
		结构形式	明杆楔式弹性闸板、明杆楔式刚性单闸板、明杆楔式刚性双闸板、明杆平行式刚性单闸板	
		阀体材质	Z 灰铸铁、K 可锻铸铁、Q 球墨铸铁、T 铜合金、C 碳素钢、I 铬钼耐热钢、L 铝合金	
		公称通径	15 20 25 32 40 50 65 80 100 125	
		公称压力	1MPa 1.6MPa 2.5MPa 4MPa 6.4MPa 10MPa	
		性能	普通、消防	
		适用介质	水、蒸汽、天然气、煤气、污水	

注：品种一般是结合阀体类型及连接方式两个维度考虑的。

● **参照依据**

GB/T 24925－2010 低温阀门 技术条件

GB 12234－2007 石油、天然气工业用螺柱连接阀盖的钢制闸阀

GB/T 12232－2005 通用阀门法兰连接铁制闸阀

1905 球阀

● **类别定义**

球阀是指用带圆形通孔的球体作为启闭件,球体随阀杆转动,以实现启闭动作的阀门。球阀按其通道位置可分为直通式,三通式和直角式。后两种球阀用于分配介质与改变介质的流向。

● **常用参数及参数值描述**

类别编码	类别名称	特 征	常用特征值	常用单位
1905	球阀	品种	气动球阀、电动球阀、液动球阀、气液动球阀、电液动球阀、涡轮传动球阀	个
		传动方式	手动、电磁动 0、正齿轮 4、伞齿轮 5、气动 6、气动带手动 6S、液动 7、电动 9、电动防爆 9B	
		结构形式	浮动直通式、浮动三通式 L 型、浮动三通式 T 型、固定直通式	
		阀体材质	Z 灰铸铁、K 可锻铸铁、Q 球墨铸铁、T 铜合金、C 碳素钢、I 铬钼耐热钢、L 铝合金	
		公称通径	15 20 25 32 40 50 65 80 100 125	
		公称压力	1MPa 1.6MPa 2.5MPa 4MPa 6.4MPa 10MPa	
		性能	普通、消防	
		适用介质	水、蒸汽、油品、硝酸、醋酸、氧化性介质、尿素	

注:品种一般是结合阀体类型及驱动方式两个维度考虑的。

球阀的类型代号为 Q。低温球阀前加"D";保温球阀前加"B"。

● **参照依据**

GB/T 12237－2007 石油、石化及相关工业用的钢制球阀

GB/T 8464－2008 铁制和铜制螺纹连接阀门

QB/T 1199－1991 浮球阀

NFE29-354－2003 工业用阀. 铸铁球阀

ANSI/ASSE 1002－1979 厕所冲水箱球阀

ANSI/API 608－2002 对焊和法兰端金属球阀

1907 蝶阀

● **类别定义**

蝶阀是用圆形蝶板作启闭件并随阀杆转动来开启、关闭和调节流体通道的一种阀门。一般蝶阀的表示方式都是按照结构类型及驱动方式进行分类的,常用的有:电动通风蝶阀、气动通风蝶阀、涡轮传动通风蝶阀、手柄操作通风蝶阀、电动对夹式蝶阀。

● 常用参数及参数值描述

类别编码	类别名称	特 征	常用特征值	常用单位
1907	蝶阀	品种	电动通风蝶阀、气动通风蝶阀、涡轮传动通风蝶阀、手柄操作通风蝶阀、电动对夹式蝶阀	个
		传动方式	手动、电磁动 0、正齿轮 4、伞齿轮 5、气动 6、气动带手动 6S、液动 7、电动 9、电动防爆 9B	
		结构形式	杠杆式、垂直板式、斜板式	
		阀体材质	灰铸铁、可锻铸铁、球墨铸铁、铜合金、碳素钢、铬钼耐热钢、铬镍钛耐酸钢	
		公称通径	15 20 25 32 40 50 65 80 100 125	
		公称压力	1MPa 1.6MPa 2.5MPa 4MPa 6.4MPa 10MPa	
		性能	普通、消防	
		适用介质	水、蒸汽、油品、硝酸、醋酸、氧化性介质、尿素	

注：品种一般是结合阀体类型、结构形式及驱动方式三个维度考虑的。

● 参照依据

GB/T 12238－2008　法兰和对夹连接弹性密封蝶阀

1909　止回阀

● 类别定义

止回阀是能自动阻止流体倒流的阀门，也称为逆止阀。

常用止回阀按照连接方式、结构类型及功能综合考虑列项，常用的有：内螺纹止回阀、法兰止回阀、对夹止回阀、限流法兰止回阀、蝶形对夹止回阀、消音止回阀、球型止阀、300X 型缓闭止回阀、HH44X 微阻缓闭止回阀、CVWR 型对夹式静音止回阀。

一些特殊功能的止回阀：

（1）静音式止回阀：静音式止回阀安装于水泵出口处，可在水流倒流前先行快速关闭，避免产生水锤、水击声和破坏型冲击，以达到静音、防止倒流和保护设备的目的。广泛用于给排水、消防、暖通、工业等系统。

（2）CVWR 型对夹式静音止回阀：可安装于水泵出口处，能避免产生水锤、水击声和破坏性冲击，达到防止逆流和保护设备的目的。广泛用于给排水、消防、建筑、暖通、工业系统。

（3）HQ41X 型滑道滚球式止回阀：滑道滚球式止回阀，采用橡胶包皮滚动球为阀瓣，在介质的作用下，可在阀体的整体式滑道上作上下滚动，从而打开或关闭阀门，密封性能好，消声式关闭，不产生水锤。阀体采用全水流通道，流量大，阻力小，水龙头损失比旋启式小 50%，水平或垂直安装均可，可用于冷水、热水、工业及生活污水管网，更适合潜水排污泵，介质温度 0～80℃。

（4）300X 型缓闭止回阀：又称逆止阀，其作用是防止管路中的介质倒流。启闭件靠介质流动和力量自行开启或关闭，以防止介质倒流。300X 型缓闭止回阀是安装在高层建筑给水系统以及其他给水系统的水泵出口处、防止介质倒流、水锤及水击现象的智能型阀门。

● 常用参数及参数值描述

类别编码	类别名称	特 征	常用特征值	常用单位
1909	止回阀	品种	内螺纹止回阀、法兰止回阀、对夹止回阀、限流法兰止回阀、蝶形对夹止回阀、消音止回阀、球型止回阀、300X 型缓闭止回阀、HH44X 微阻缓闭止回阀	个
		传动方式	手动、电磁动 0、正齿轮 4、伞齿轮 5、气动 6、气动带手动 6S、液动 7、电动 9、电动防爆 9B	
		结构形式	升降直通式、升降立式、旋启单瓣式、旋启多瓣式、旋启双瓣式	
		阀体材质	碳钢、低温钢、双相钢（F51/F53）、钛合金、铝青铜、因科镍尔（INCONEL625）、SS304、SS304L、SS316、SS316L；铬钼钢、蒙乃尔（400/500）、20＃合金，哈氏合金	
		公称通径	15 20 25 32 40 50 65 80 100 125	
		公称压力	1MPa 1.6MPa 2.5MPa 4MPa 6.4MPa 10MPa	
		性能	普通、消防	
		适用介质	水、蒸汽、油品、硝酸、醋酸、强氧化性介质及尿素	

● 参照依据

GB/T 588-2009 船用法兰青铜截止止回阀

GB/T 26478-2011 氨用截止阀和升降式止回阀

GB/T 591-2008 船用法兰铸铁截止止回阀

GB/T 21387-2008 轴流式止回阀

1911 安全阀

● 类别定义

安全阀是指为了防止设备和容器内异常状况下压力过高引起爆炸而设置的安全装置。它的功能是：当容器内压力超过某一定值时，依靠介质自身的压力自动开启阀门，迅速排出一定数量的介质。当容器内的压力降到允许值时，阀又自动关闭，使容器内压力始终低于允许压力的上限，自动防止因超压而可能出现的事故，所以安全阀又被称为压力容器的最终保护装置。

一般按照连接方式及结构形式划分为：弹簧微启封闭式安全阀、弹簧全启式安全阀、弹簧中启式安全阀等。

● 常用参数及参数值描述

类别编码	类别名称	特 征	常用特征值	常用单位
1911	安全阀	品种	弹簧微启式外螺纹安全阀、带手柄弹簧全启式安全阀、弹簧中启式安全阀、先导式安全阀、弹簧双联式安全阀	个
		传动方式	手动、电磁动 0、正齿轮 4、伞齿轮 5、气动 6、气动带手动 6S、液动 7、电动 9、电动防爆 9B	

续表

类别编码	类别名称	特 征	常用特征值	常用单位
1911	安全阀	结构形式	弹簧式封闭带散热片全启式、弹簧式封闭微启式、弹簧式封闭全启式、弹簧式封闭带扳手全启式、弹簧式不封闭带扳手双弹簧微启式	个
		阀体材质	铜合金、合金钢、橡胶、氟塑料、灰铸铁、衬胶 、硬质合金 、衬铅	
		公称通径	DN4 DN6 DN10 DN15 DN20 DN32	
		公称压力	0.1MPa 1.0MPa 1.6MPa 2.5MPa 6MPa 10MPa 25MPa	
		性能	普通、消防	
		适用介质	氧气、氮气、氩气、空气	

注：品种一般按照结构形式及连接方式综合考虑的。

● **参照依据**

GB/T 12241-2005　安全阀一般要求

GB/T 21384-2008　电热水器用安全阀

1913　调节阀

● **类别定义**

调节阀是用于自动控制管路或设备中介质的某一条件，如压力、温度、流量等，在工作过程中保持不变的一类阀门，它利用调节装置，自动地改变流过调节阀的介质参数。

一般按照传动方式和功能进行划分，常用的有：气动低温双座调节阀、气动低温单座调节阀、电子式电动角形高压调节阀、电子式电动单座调节阀。

◇不包含

——空调用调节阀，单独列项归入 2253 下

● **常用参数及参数值描述**

类别编码	类别名称	特 征	常用特征值	常用单位
1913	调节阀	品种	气动低温双座调节阀、气动低温单座调节阀、电子式电动角形高压调节阀、电子式电动单座调节阀	个
		传动方式	手动、电磁动 0、正齿轮 4、伞齿轮 5、气动 6、气动带手动 6S、液动 7、电动 9、电动防爆 9B	
		结构形式	0 回转套筒式、1 升降多级 Z 型柱塞式、2 升降单级针叶式、4 升降单级柱塞式、5 升降单级 Z 型柱塞式、6 升降单级闸板式、7 升降单级套筒式、8 升降多级套筒式、9 升降多级套筒式	
		阀体材质	铜合金、合金钢、橡胶、氟塑料、灰铸铁、衬胶 、硬质合金 、衬铅	
		公称通径	DN4 DN6 DN10 DN15 DN20 DN32	
		公称压力	0.1MPa 1.0MPa 1.6MPa 2.5MPa 6MPa 10MPa 25MPa	
		性能	普通、消防	
		适用介质	氧气、氮气、氩气、空气	

● **参照依据**

GB/T 4213-2008　气动调节阀

1915　节流阀

● **类别定义**

节流阀是通过改变流道截面以控制流体的压力及流量的阀门，属于调节阀类，但由于它的结构限制，没有调节阀的调节特性，故不能代替调节阀使用。

分类：节流阀通常按通道方式可分为直通式和角式两种。

● **常用参数及参数值描述**

类别编码	类别名称	特　征	常用特征值	常用单位
1915	节流阀	品种	内螺纹节流阀、外螺纹节流阀、法兰节流阀、焊接节流阀、卡套节流阀	个
		传动方式	手动、电磁动 0、正齿轮 4、伞齿轮 5、气动 6、气动带手动 6S、液动 7、电动 9、电动防爆 9B	
		结构形式	直通式、角式、直流式、平衡直通式、平衡角式	
		阀体材质	铜合金、合金钢、橡胶、氟塑料、灰铸铁、衬胶、硬质合金、衬铅	
		公称通径	DN40 DN50 DN65 DN80	
		公称压力	16MPa 20MPa 25MPa 35MPa 45MPa	
		性能	普通、消防	
		适用介质	水、油品、天然气	

● **参照依据**

GB/T 13927-2008　工业阀门压力试验

1917　疏水阀

● **类别定义**

疏水阀是用于蒸汽管网及设备中，能自动排出凝结水、空气及其他不凝结气体，并且阻止蒸汽泄漏的阀门，也称为阻汽排水阀。

疏水阀按原理可分为机械型（机械型又可分为自由浮球式、自由半浮球式、杠杆浮球式、倒吊桶式等）、热静力型（热静力型又可分为膜盒式、波纹管式、双金属片式）、热动力型（圆盘式、脉冲式、孔板式）三种。

● **常用参数及参数值描述**

类别编码	类别名称	特　征	常用特征值	常用单位
1917	疏水阀	品种	机械型疏水阀、热静力型疏水阀、热动力型疏水阀	个
		传动方式	手动、电磁动 0、正齿轮 1、伞齿轮 5、气动 6、气动带手动 6S、液动 7、电动 9、电动防爆 9B	
		结构形式	机械型疏水阀有自由浮球式、自由半浮球式、杠杆浮球式、倒吊桶式、组合式过热蒸汽疏水阀等；热静力型疏水阀有膜盒式、波纹管式、双金属片式；热动力型疏水阀有热动力式（圆盘式）、脉冲式、孔板式；	

续表

类别编码	类别名称	特 征	常用特征值	常用单位
1917	疏水阀	阀体材质	铜合金、合金钢、橡胶、氟塑料、灰铸铁、衬胶、硬质合金、衬铅	个
		公称通径	DN15、DN20、DN25、DN32、DN40、DN50、DN65、DN80、DN100	
		公称压力	0.4MPa、0.6MPa、1MPa、1.6MPa、2.5MPa	
		性能	普通、消防	
		适用介质	水、蒸汽、油品	

● **参照依据**

GB/T 12247－1989　蒸汽疏水阀 分类

GB/T 12250－2005　蒸汽疏水阀 术语、标志、结构长度

GB/T 22654－2008　蒸汽疏水阀 技术条件

1919 排污阀

● **类别定义**

快速排污阀主要用于低压、中压、工业锅炉或电站锅炉的定期排污。该阀体是由中法兰螺栓连接，支管两端为法兰连接，底部由法兰连接，便于拆修；阀瓣靠齿轮齿条上下运动，达到快速排污目的；密封面由铁基铬镍堆焊而成，耐磨、抗擦伤性好；该阀门应垂直安装在管道上。

多通排污阀 $PN \leqslant 20MPa$ 高压锅炉的定期排污，可以五个通道同时排污，也可以一个通道排污。阀体与阀盖采用夹箍式连接，结构紧凑，拆卸方便，便于安装，支管为焊接连接；采用压力自紧式密封结构，密封圈由成型的石棉盘根制成，介质压力越高、密封性越好；介质由支管流入向下排污；阀瓣为活塞式结构，并进行渗硼处理。耐腐蚀，抗冲击。使用寿命长。多通排污阀必须垂直安装在水平管道上；将管道清洗干净后，才可安装阀门。

● **常用参数及参数值描述**

类别编码	类别名称	特 征	常用特征值	常用单位
1919	排污阀	品种	自动排污阀、手动排污阀、截止型排污阀、排污球阀、角式排泥阀	个
		传动方式	手动、电磁动 0、正齿轮 4、伞齿轮 5、气动 6、气动带手动 6S、液动 7、电动 9、电动防爆 9B	
		结构形式	1 液面连续截止型直通式、2 液面连续截止型角式、5 液底间断截止型直流式、6 液底间断截止型直通式、7 液底间断截止型角式、8 液底间断浮动闸板直通式	
		阀体材质	铜、铸铁、铸钢、碳钢、WCB、WC6、WC9、20♯、25♯、锻钢、A105、F11、F22、不锈钢、304、304L、316、316L、铬钼钢	
		公称通径	DN15、DN20、DN25、DN32、DN40、DN50、DN65、DN80、DN100	
		公称压力	0.4MPa、0.6MPa、1MPa、1.6MPa、2.5MPa	
		性能	普通、消防	
		适用介质	油、水、蒸汽、气体、油品、硝酸类腐蚀性介质、醋酸类腐蚀性介质	

● **参照依据**

GB/T 26145-2010 排污阀

1921 柱塞阀

● **类别定义**

柱塞阀是由阀体、阀盖、阀杆、柱塞、密封圈等零件组成；当手轮旋转时通过阀杆带动柱塞在导向套中间上下往复运动来完成阀门的开启和关闭功能。

分类：按连接形式分为螺纹柱塞阀和法兰柱塞阀。

● **常用参数及参数值描述**

类别编码	类别名称	特 征	常用特征值	常用单位
1921	柱塞阀	品种	内螺纹柱塞阀、法兰柱塞阀	个
		传动方式	6 汽动、9 电动、手动	
		结构形式	1 直通式、4 角式、5 直流式、6 平衡直通式、7 平衡角式	
		阀体材质	碳钢、低温碳钢、3.5% 镍钢、2.25 铬、5% 铬、0.5%钼、9%铬 1%钼、12%铬钢、16 不锈钢	
		公称通径	DN15、DN20、DN25、DN32、DN40、DN50、DN65、DN80、DN100	
		公称压力	0.4MPa、0.6MPa、1MPa、1.6MPa、2.5MPa	
		性能	普通、消防	
		适用介质	蒸气、水、油、空气、煤气、氨	

● **参照依据**

GB/T 13927-2008 工业阀门压力试验

1923 旋塞阀

● **类别定义**

旋塞阀是指用带孔的塞体作为启闭件，塞体随阀杆转动，以实现启闭动作的阀门。

分类：按连接形式分为螺纹旋塞阀和法兰旋塞阀。

旋塞阀的启闭件是一个有孔的圆柱体，绕垂直于通道的轴线旋转，从而达到启闭通道的目的。旋塞阀主要供开启和关闭管道和设备介质之用。

旋塞阀一般按通道形式分，可分为直通式、三通式和四通式三种。

● **常用参数及参数值描述**

类别编码	类别名称	特 征	常用特征值	常用单位
1923	旋塞阀	品种	常规油润滑旋塞阀、压力平衡式旋塞阀、双密闭提升式旋塞阀、硬密闭提升式旋塞阀、三通式旋塞阀、四通式旋塞阀	个
		传动方式	6 汽动、9 电动、手动	
		结构形式	3 填料直通式、4 填料 T 形三通式、5 填料四通式、7 油封直通式、8 油封 T 形三通式	
		阀体材质	灰铸铁、可锻铸铁、球墨铸铁、铜合金、碳素钢、铬钼耐热钢、铬镍钛耐酸钢	
		公称通径	DN15、DN20、DN25、DN32、DN40、DN50、DN65、DN80、DN100	
		公称压力	0.4MPa、0.6MPa、1MPa、1.6MPa、2.5MPa	
		性能	普通、消防	
		适用介质	煤气、天然气、液化石油气、水、水蒸气	

● **参照依据**

GB/T 12240-2008 铁制旋塞阀

1925 隔膜阀

● **类别定义**

隔膜阀是一种特殊形式的截断阀，其内部结构与其他阀门的主要区别在于无填料函，其启闭件是一块采用强度较高或耐磨的材料制成的隔膜，它将阀体内腔与阀盖内腔隔开，使阀体、阀瓣、阀杆不受介质腐蚀、不会产生介质外流。

隔膜阀按结构形式可分为：屋式、直流式、截止式、直通式、闸板式和直角式六种。

● **常用参数及参数值描述**

类别编码	类别名称	特 征	常用特征值	常用单位
1925	隔膜阀	品种	G1 内螺纹隔膜阀、G4 法兰隔膜阀	个
		传动方式	6 汽动、9 电动、手动	
		结构形式	1 屋式、2 直流式、3 截止式、4 直通式、7 闸板式、8 直角式	
		阀体材质	Z 灰铸铁、K 可锻铸铁、Q 球墨铸铁、T 铜合金、G 高硅铁、A 钛及钛合金、L 铝合金	
		公称通径	DN15、DN20、DN25、DN32、DN40、DN50、DN65、DN80、DN100	
		公称压力	1MPa、1.6MPa、2.5MPa、4MPa、6.4MPa	
		性能	普通、消防	
		适用介质	煤气、天然气、液化石油气、水、水蒸气	

● **参照依据**

GB/T 12239-2008 通用阀门 金属隔膜阀

1927 减压阀

● **类别定义**

减压阀是调节阀的一种，它是通过启闭件的节流，将进口压力降至某一需要的出口压力，并能在进口压力及流量变动时，利用介质本身的能量保持出口压力基本不变的阀门。

常用的减压阀按连接形式分为螺纹减压阀和法兰减压阀；按结构形式分为薄膜式、弹簧式、活塞式、波纹管式和杠杆式五种；按作用形式分为：比例式和定压式；按动作原理分为直接作用式减压阀和先导式减压阀。

◇不包含

——减温减压阀，单独列项归入 1929 下

● **常用参数及参数值描述**

类别编码	类别名称	特 征	常用特征值	常用单位
1927	减压阀	品种	Y1 内螺纹减压阀、Y4 法兰减压阀	个
		动作原理	直接作用式、先导式，不选默认手动	
		结构形式	1 薄膜式、2 弹簧薄膜式、3 活塞式、4 波纹管式、5 杠杆式	

续表

类别编码	类别名称	特 征	常用特征值	常用单位
1927	减压阀	阀体材质	Z 灰铸铁、K 可锻铸铁、Q 球墨铸铁、T 铜合金、G 高硅铁、A 钛及钛合金、L 铝合金	个
		公称通径	DN65、DN80、DN100、DN125、DN150、DN200、DN250、DN300、DN350、DN400、DN450、DN500	
		公称压力	1.0MPa、1.6MPa、2.5MPa 减压阀	
		性能	普通、消防	
		适用介质	煤气、天然气、液化石油气、水、水蒸气	

● 参照依据

GB/T 12246-2006 先导式减压阀

1928 电磁阀

● 类别定义

电磁阀是用来控制流体的自动化基础元件，属于执行器；并不限于液压，气动。电磁阀用于控制液压流动方向，工厂的机械装置一般都由液压钢控制，所以就会用到电磁阀。

电磁阀按照工作原理分为：直动式电磁阀、分布直动式电磁阀、先导式电磁阀。

● 常用参数及参数值描述

类别编码	类别名称	特 征	常用特征值	常用单位
1928	电磁阀	品种	ZCZP 系列电磁阀、ZCT 系列电磁阀、ZQDF 蒸汽液用电磁阀、ZQDF 真空电磁阀、ZHP 高压电磁阀、ZCS 水用电磁阀、ZCM 煤气电磁阀	个
		公称通径	DN25、DN32、DN40、DN50、DN60、DN80、DN125、DN175、DN200、DN250、DN300	
		公称压力	0.4MPa、0.6MPa、1MPa、1.6MPa、2.5MPa	
		阀体材质	Z 灰铸铁、K 可锻铸铁、Q 球墨铸铁、T 铜合金、C 碳素钢、I 铬钼耐热钢、P 铬镍钛耐酸钢、R 铬镍钼钛耐酸钢	
		工作原理	分布直动式、直动式、先导式	
		连接方式	螺纹连接、法兰连接	

● 参照依据

GB/T 25362-2010 汽油机电磁阀式喷油器总成技术条件

GB 3836.1-2010 爆炸性环境 第1部分：设备通用要求

1929 减温减压阀

● 类别定义

减温减压阀是采用控制阀体内的启闭件的开度来调节介质的流量，将介质的压力降低，同时借助阀后压力的作用调节启闭件的开度，使阀后压力保持在一定范围内，并在阀体内或阀后喷入冷却水，将介质的温度降低，这种阀门称为减压减温阀。

● 常用参数及参数值描述

类别编码	类别名称	特 征	常用特征值	常用单位
1929	减温减压阀	品种		个
		公称通径	DN25、DN32、DN40、DN50、DN60、DN80、DN125、DN175、DN200、DN250、DN300	
		公称压力	1.0MPa、1.6MPa、2.5MPa	
		阀体材质	Z 灰铸铁、K 可锻铸铁、Q 球墨铸铁、T 铜合金、C 碳素钢、I 铬钼耐热钢、P 铬镍钛耐酸钢、R 铬镍钼钛耐酸钢	
		密封面材料	T 铜合金、D 渗氮钢、X 橡胶 、Y 硬质合金 、N 尼龙塑料 、J 衬胶、F 氟塑料、Q 衬铅	
		传动方式	6 气动、9 电动、手动	
		结构形式	1 薄膜式、2 弹簧薄膜式、3 活塞式、4 波纹管式、5 杠杆式	

● 参照依据

GB/T 10868-2005 电站减温减压阀

1931 给水分配阀

● 类别定义

用于减温减压装置中喷水减温管道系统，作调节喷水量及回流量之用。

● 常用参数及参数值描述

类别编码	类别名称	特 征	常用特征值	常用单位
1931	给水分配阀	品种	F4 法兰给水分配阀、F6 焊接给水分配阀	个
		公称通径	DN20、DN32、DN50、DN80、DN100、DN125、DN175、DN200、DN225	
		公称压力	10MPa、20MPa、25MPa、32MPa	
		阀体材质	Z 灰铸铁、K 可锻铸铁、Q 球墨铸铁、T 铜合金、C 碳素钢	
		密封面材料	T 铜合金、D 渗氮钢、X 橡胶 、Y 硬质合金 、N 尼龙塑料 、J 衬胶 、F 氟塑料、Q 衬铅	
		传动方式	6 汽动、7 液动、9 电动	
		结构形式	1 柱塞式、2 回转式、3 旁通式	

● 参照依据

GB/10868-2005 电站减温减压阀

1933 水位控制阀

● 类别定义

水位控制阀又名液压水位控制阀。液压水位控制阀具有自动开启关闭管路以控制水位的功能，适用于工矿企业、民用建筑中各种水塔（池）自动供水系统，并可作常压锅炉循环供水控制阀。

● **常用参数及参数值描述**

类别编码	类别名称	特 征	常用特征值	常用单位
1933	水位控制阀	品种	角式消声水位控制阀、液压水位控制阀	个
		公称通径	DN40、DN50、DN65、DN80、DN100、DN125、DN150、DN200、DN250、DN300、DN350	
		公称压力	1MPa、1.6MPa、2.5MPa	
		阀体材质	Z 灰铸铁、K 可锻铸铁、Q 球墨铸铁	
		密封面材料	W 由阀体材料直接加工、T 铜合金、H 合金钢、X 橡胶、Z 灰铸铁	
		适用介质	水、油品、海水、污水	

● **参照依据**

GB 50015‐2003 建筑给水排水设计规范

1935 平衡阀

● **类别定义**

平衡阀是一种特殊功能的阀门，在相应的管道或容器之间安设阀门，用以调节两侧压力的相对平衡，或通过分流的方法达到流量的平衡，该阀门就叫平衡阀。

分动态平衡阀、静态平衡阀。

● **常用参数及参数值描述**

类别编码	类别名称	特 征	常用特征值	常用单位
1935	平衡阀	品种	静态水力平衡阀、自力式流量控制阀、自力式压差控制阀、旁通压差控制阀、动态平衡电动调节阀、动态平衡两通阀	个
		公称通径	DN40、DN50、DN65、DN80、DN100、DN125、DN150、DN200、DN250、DN300、DN350	
		公称压力	1MPa、1.6MPa、2.5MPa	
		阀体材质	Z 灰铸铁、K 可锻铸铁、Q 球墨铸铁	
		密封面材料	W 由阀体材料直接加工、T 铜合金、H 合金钢、X 橡胶、Z 灰铸铁	
		流量范围	$0.1\sim1.5m^3/h$、$0.2\sim2m^3/h$、$0.5\sim4m^3/h$、$1\sim6m^3/h$、$2\sim10m^3/h$、$3\sim15m^3/h$、$5\sim25m^3/h$、$10\sim35m^3/h$、$15\sim50m^3/h$、$20\sim80m^3/h$、$40\sim160m^3/h$、$75\sim300m^3/h$、$100\sim450m^3/h$	

● **参照依据**

GB/T 12221‐2005 金属阀门 结构长度

1937 浮球阀

● **类别定义**

水力控制阀就是水压控制的阀门，它由一个主阀及其附设的导管、导阀、针阀、球阀和压力表等组成。根据使用目的、功能及场所的不同可演变成遥控浮球阀、减压阀、缓闭止回阀、流量控制阀、泄压阀、水力电动控制阀等。水力控制阀分隔膜型和活塞型两类，遥控浮球阀安装在水池、水塔的进水管道中，当水池水位达到预设定水位时，阀门自动关闭；当水位下降时，阀门自动开启补水。

● **常用参数及参数值描述**

类别编码	类别名称	特　征	常用特征值	常用单位
1937	浮球阀	品种	遥控隔膜式浮球阀、遥控活塞式浮球阀、电磁遥控浮球阀、法兰浮球阀、螺纹浮球阀	个
		公称通径	DN50、DN65、DN80、DN100、DN125、DN150、DN200、DN250、DN300、DN350、DN400、DN450、DN500、DN600、DN700、DN800、DN900、DN1000	
		公称压力	1MPa、1.6MPa、2.5MPa	
		阀体材质	Z灰铸铁、K可锻铸铁、Q球墨铸铁、不锈钢	
		传动方式	隔膜式、活塞式	

● **参照依据**

QB/T 1199－1991　浮球阀

1938　塑料阀门

● **类别定义**

按照阀体材质，阀门分为金属材料阀门、非金属材料阀门，我们前面按照功能分类的阀门主要是指金属材料的阀门，对于非金属阀门因为阀门的参数表示方式存在一些差异，所以单独列项为塑料阀门、陶瓷阀门、搪瓷阀门、玻璃钢阀门等。

● **常用参数及参数值描述**

类别编码	类别名称	特　征	常用特征值	常用单位
1938	塑料阀门	品种	球阀、蝶阀、止回阀、隔膜阀、闸阀、截止阀	个
		公称通径	DN15、DN20、DN25、DN32、DN40、DN50、DN65、DN80、DN100	
		公称压力	1MPa、1.6MPa、2.5MPa	
		阀体材质	PVC、ABS、UPVC、FR-PP、PP-R、PVC-C、PB、PE、PVDF、PVC	
		密封圈材质	合成橡胶、尼龙、聚四氟乙烯、铸铁、合金等	
		结构形式	两通、三通、多通	

● **参照依据**

ISO 15493：2003 工业用塑料管道系统—ABS、PVC-U 和 PVC-C—管材和管件系统规范—第一部分：公制系列

ISO 15494：2003 工业用塑料管道系统—PB、PE 和 PP—管材和管件系统规范—第一部分：公制系列

1939 陶瓷阀门

● **类别定义**

金属阀门受限于材料性能，不能适应越来越高的磨损、强腐蚀等恶劣条件的需求；而陶瓷的高强度、高硬度、耐腐蚀、导电、绝缘以及在磁、电、光、声、生物工程各方面具有特殊的功能。

● **常用参数及参数值描述**

类别编码	类别名称	特 征	常用特征值	常用单位
1939	陶瓷阀门	品种	陶瓷截止阀、陶瓷止回阀、陶瓷球阀	个
		公称通径	DN50、DN65、DN80、DN100、DN125、DN150、DN200、DN250、DN300、DN350、DN400、DN450、DN500、DN600、DN700、DN800、DN900、DN1000	
		公称压力	1MPa、1.6MPa、2.5MPa	
		阀体材质	二氧化硅	
		密封圈材质	合成橡胶、尼龙、聚四氟乙烯、铸铁、合金等	
		适用介质	泥浆、泥渣、煤浆、矿浆、污水、液体	

● **参照依据**

JB/T 10529-2005 陶瓷密封阀门 技术条件

1941 其他阀门及阀门部件

● **类别定义**

以上阀门没有包含的，在这里列项说明。

20 法兰及其垫片

● **类别定义**

法兰是管道工程中的一种连接件，法兰主要用于管道的连接。就是把两个管道、管件或器材，先各自固定在一个法兰盘上，两个法兰盘之间，加上法兰垫，用螺栓紧固在一起，完成了连接。有的管件和器材已经自带法兰盘，也是属于法兰连接。凡是在两个平面在周边使用螺栓连接同时封闭的连接零件，一般都称为"法兰"。

按照材质，法兰可分为钢制法兰，铸铁法兰，不锈钢法兰，铜法兰，塑料法兰等；按与管道的连接方式，有平焊法兰，对焊法兰，承插焊法兰，螺纹法兰。

垫片是指法兰连接时用到的起密封作用的材料；垫片放在两法兰密封面之间，拧紧螺母后，垫片表面上的比压达到一定数值后产生变形，并填满密封面上凹凸不平处，使连接严密不漏；法兰垫片总体上可分为金属垫片、非金属垫片。

垫圈与垫片的区别：垫圈：垫在连接件与螺母之间的零件，一般为扁平形的金属环。垫片：为防止流体泄漏设置在静密封面之间的密封元件。

● **类别来源**

来源于清单及全统定额中的工业管道工程，给排水、采暖、燃气工程中法兰章节及一些实际市场使用材料的补充。法兰及其垫片二级子类的确定参考了相关的国家及建材标准。

● **范围描述**

范围	二级子类	说 明
法兰	2001 钢制法兰	包含平焊法兰、对焊法兰、承插焊法兰、螺纹法兰
	2003 不锈钢法兰	包含平焊法兰、对焊法兰、承插焊法兰、螺纹法兰
	2005 铸铁法兰	包含整体铸铁管法兰、带颈螺纹铸铁管法兰、带颈平焊、带颈承插焊、带颈松套铸铁管法兰
	2007 铜法兰	包含铜合金对焊法兰、铜合金平焊法兰、铜管翻边活动法兰、铜合金整体法兰
	2009 塑料法兰	包含塑料法兰、塑胶法兰、塑料复合法兰
	2011 其他法兰	包含铝、铝合金法兰、铝管翻边活动法兰、玻璃钢法兰、方形法兰、铜合金平焊环松套板式钢法兰、铜合金对焊环松套板式钢法兰
盲板	2021 盲板	包含8字盲板、盲板、配透镜垫的盲板、盲板＋垫环
垫片	2031 金属垫片	包含透镜式金属垫片、金属平垫片、金属波齿垫片、金属包覆垫片等
	2033 非金属垫片	包含平垫片、包覆垫片、透镜垫、齿形组合垫片等
	2035 其他垫片	

参考分类依据：中国法兰网 http://www.flangecn.com/

2001 钢制法兰

● **类别定义**

钢制法兰是管道常用的法兰之一，一般按照接口形式分为平焊钢制法兰、对焊钢制法兰、承插焊钢制法兰等。

● **常用参数及参数值描述**

类别编码	类别名称	特征	常用特征值	常用单位
2001	钢制法兰	品种	板式平焊法兰、带颈平焊法兰、平焊异径法兰、对焊法兰、内螺纹法兰、内螺异径纹法兰、55度锥管内螺纹法兰	个/副
		规格	DN20、DN25、DN32、DN40、DN50、DN65、DN80、DN100、DN125	
		材质	碳钢、合金钢、低合金钢、不锈钢	
		公称压力	0.25MPa、0.6MPa、1.0MPa、1.6MPa、2.5MPa、4.0MPa、6.4MPa、10.0MPa、15.0MPa	
		结构形式	整体法兰、螺纹法兰、对焊法兰、平焊法兰、承插焊法兰、松套法兰	
		密封面形式	无密封面、凸面（RF）、突面-RF、凹面（FM）、凹凸面（MFM）、榫槽面（TG）、全平面（FF）、环连接面（RJ）、榫面-T、槽面-G、凸面-M	

注：规格指的公称通径。

● **参照依据**

GB/T 9112～9124 钢制管法兰（如：GB/T 9112-2010 钢制管法兰 类型与参数）

2003 不锈钢法兰

● 类别定义

不锈钢法兰是一种盘状零件，在管道工程中最为常见，不锈钢法兰都是成对使用的，在管道工程中，不锈钢法兰主要用于管道的连接；按结构形式分，有整体法兰、对焊法兰、活套法兰和螺纹法兰。

● 常用参数及参数值描述

类别编码	类别名称	特征	常用特征值	常用单位
2003	不锈钢法兰	品种	板式平焊法兰、带颈平焊法兰、平焊异径法兰、对焊法兰等	个/副
		规格	DN20、DN25、DN32、DN40、DN50、DN65、DN80、DN100、DN125	
		牌号	0Cr18Ni9、00Cr18Ni9、00Cr17Ni14Mo2、9Cr18	
		公称压力	1.6MPa、2.5MPa、4.0MPa、6.4MPa、10.0MPa、15.0MPa	
		结构形式	整体钛法兰、对焊钛法兰、活套钛法兰和螺纹钛法兰	
		密封面形式	无密封面、凸面（RF）、突面-RF等	

● 参照依据

GB/T 9119-2010 板式平焊钢制管法兰

2005 铸铁法兰

● 类别定义

区别于铸钢法兰，铸铁法兰韧性差、是铸造的。

● 常用参数及参数值描述

类别编码	类别名称	特征	常用特征值	常用单位
2005	铸铁法兰	品种	板式平焊法兰、带颈平焊法兰、平焊异径法兰、对焊法兰、内螺纹法兰、内螺异径纹法兰	个/副
		规格	DN20、DN25、DN32、DN40、DN50、DN65、DN80、DN100、DN125	
		公称压力	1.6MPa、2.5MPa、4.0MPa、6.4MPa、10.0MPa、15.0MPa	
		材质	灰口铸铁、球墨铸铁、可锻铸铁	
		结构形式	整体铸铁管法兰、带颈螺纹铸铁管法兰、带颈平焊、带颈承插焊、带颈松套铸铁管法兰	
		密封面形式	无密封面、凸面（RF）、突面-RF、凹面（FM）、凹凸面（MFM）、榫槽面（TG）、全平面（FF）、环连接面（RJ）、榫面-T、槽面-G、凸面-M	

● 参照依据

GB/T 17241.6-2008 整体铸铁法兰

GB/T 17241.4-1998 带颈平焊和带颈承插焊铸铁管法兰

GB/T 17241.3-1998 带颈螺纹铸铁管法兰

2007 铜法兰

● **类别定义**

区别于其他材质法兰，常见的铜法兰类型有铜合金平焊法兰，铜合金对焊法兰，铜合金板式法兰，铜合金整体法兰和铜管翻边活动法兰。

● **常用参数及参数值描述**

类别编码	类别名称	特征	常用特征值	常用单位
2007	铜法兰	品种	铜合金对焊法兰 、铜合金平焊法兰、铜管翻边活动法兰、铜合金整体法兰	个/副
		规格	DN20、DN25、DN32、DN40、DN50、DN65、DN80、DN100、DN125	
		公称压力	1.6MPa、 2.5MPa、 4.0MPa、 6.4MPa、 10.0MPa、15.0MPa	
		材质	灰口铸铁、球墨铸铁、可锻铸铁	
		结构形式	整体铸铁管法兰、带颈螺纹铸铁管法兰、带颈平焊、带颈承插焊、带颈松套铸铁管法兰	
		密封面形式	无密封面、凸面（RF）、突面-RF、凹面（FM）、凹凸面（MFM）、榫槽面（TG）、全平面（FF）、环连接面（RJ）、榫面-T、槽面-G、凸面-M	

● **参照依据**

GB/T 15530.4-2008 铜合金带颈平焊法兰

GB/T 15530.1-2008 铜合金整体铸造法兰

2009 塑料法兰

● **类别定义**

塑料法兰包括塑料、塑胶材质的法兰，常见的塑料法兰有塑料基本法兰、塑料螺纹法兰等。

● **常用参数及参数值描述**

类别编码	类别名称	特征	常用特征值	常用单位
2009	塑料法兰	品种	整体法兰、螺纹法兰	个/副
		规格	DN20、DN25、DN32、DN40、DN50、DN65、DN80、DN100、DN125	
		材质	PPR、VC-U、PE、CPVC	
		公称压力	1.6MPa、2.5MPa、4.0MPa、6.4MPa、10.0MPa、15.0MPa	
		结构形式	塑料复合法兰、塑料整体法兰	

● **参照依据**

CJ/T 272-2008 给水用抗冲改性聚氯乙烯（PVC-M）管材及管件

2011 其他法兰

● **类别定义**

以上材质不包含的法兰，在这儿列项，一般常用的有铝、铝合金法兰，玻璃钢法兰。

● **常用参数及参数值描述**

类别编码	类别名称	特征	常用特征值	常用单位
2011	其他法兰	品种	整体法兰、螺纹法兰	个/副
		规格	DN20、DN25、DN32、DN40、DN50、DN65、DN80、DN100、DN125	
		材质	铝、玻璃钢、铝合金	
		公称压力	1.6MPa、2.5MPa、4.0MPa、6.4MPa、10.0MPa、15.0MPa	
		结构形式	复合法兰、整体法兰	
		密封面形式	无密封面、凸面（RF）、突面-RF、凹面（FM）、凹凸面（MFM）、榫槽面（TG）、全平面（FF）等	

● **参照依据**

HG/T 3707 - 2012　工业用孔网钢骨架聚乙烯复合管件

DL/T 935 - 2005　钢塑复合管和管件

CJ/T 189 - 2007　钢丝网骨架塑料（聚乙烯）复合管材及管件

CJ/T 253 - 2007　钢塑复合压力管用管件

2021　盲板

● **类别定义**

盲板指插在一对法兰中间，将管道隔开的圆板，用于临时（永久）切断管道内介质的管件，盲板有时也叫插板。

分类：根据法兰密封面的形式分为光滑面盲板、凸面盲板、梯形槽面盲板和8字盲板（形似8字的隔板，8字一半为实心板用于隔断管道，一半为空心在不隔断时使用）。

● **常用参数及参数值描述**

类别编码	类别名称	特征	常用特征值	常用单位
2021	盲板	公称通径	DN32、DN40、DN50、DN65、DN80、DN100、DN125、DN150	套
		材质	碳素钢、合金钢、不锈钢	
		公称压力	1.6MPa、2.5MPa、4.0MPa、6.4MPa、10.0MPa、15.0MPa	
		结构形式	8字形、配透镜垫	
		密封面形式	全平面FF、突面（光滑面）RF、凹凸面FM、双凸面MM、双凹面FF、环连接面RJ、密封面	

● **参照依据**

JB/T 2772 - 2008　阀门零部件　高压盲板

HG/T 21547 - 1993　管道用钢制插板、垫环、8字盲板

GB/T 4450 - 2008　船用盲板钢法兰

2031　金属垫片

● **类别定义**

用钢、铝、铜、镍或蒙乃尔合金等金属制成的垫片。金属垫片常用在高压力等级法兰上，以承受比较高的密封比压。

常见品种有：椭圆形密封垫片，八角形金属垫片，透镜式金属垫片，金属齿形法兰垫片。

● **常用参数及参数值描述**

类别编码	类别名称	特征	常用特征值	常用单位
2031	金属垫片	品种	透镜式金属垫片、金属平垫片、金属波齿垫片、金属包覆垫片、金属环形平垫片、金属齿形组合垫片	个
		公称通径	DN32、DN40、DN50、DN65、DN80、DN100、DN125、DN150	
		垫片厚度	5mm、6mm、7mm、8mm、9mm、10mm、11mm	
		材质	碳钢、柔性石墨、不锈钢	
		公称压力	1.6MPa、2.5MPa、4MPa、6.4MPa、10MPa、16MPa、20MPa、22MPa、32MPa	
		垫片形式	全平面法兰用、凸凹面法兰用、突面法兰用、榫槽面法兰用	

● **参照依据**

SH 3403－1996　管法兰用金属环垫

GB/T 4622.1－2009　缠绕式垫片分类

2033　非金属垫片

● **类别定义**

非金属垫片：用石棉、橡胶、合成树脂等非金属制成的垫片。

● **常用参数及参数值描述**

类别编码	类别名称	特征	常用特征值	常用单位
2033	非金属垫片	品种	平垫片、包覆垫片、透镜垫片、齿形组合垫片	个
		公称通径	DN32、DN40、DN50、DN65、DN80、DN100、DN125、DN150	
		垫片厚度	1.6mm、2.4mm、3mm、3.2mm、4mm、4.5mm、5mm、6mm、8mm、10mm	
		材质	无石棉纤维垫板、合成纤维橡胶、天然橡胶、氯丁橡胶、丁苯橡胶、乙苯橡胶、氟橡胶、聚四氟乙烯	
		公称压力	1.6MPa、2.5MPa、4MPa、6.4MPa、10MPa、16MPa、20MPa、22MPa、32MPa	
		垫片形式	全平面法兰用、凸凹面法兰用、突面法兰用、榫槽面法兰用	

注：包含复合垫片材料。

● **参照依据**

GB/T 9129－2003　管法兰用非金属平垫片技术条件

SH 3402－1996　管法兰用聚四氟乙烯包覆垫片

2035　其他垫片

● **类别定义**

以上材料类别中不能包含的垫片，均放入以下类别中。

● 常用参数及参数值描述

类别编码	类别名称	特征	常用特征值	常用单位
2035	其他垫片	品种	石墨片、复合垫片	个
		材质	玻璃、陶瓷	
		公称通径	DN32、DN40、DN50、DN65、DN80、DN100、DN125、DN150	

● 参照依据

HG/T 20592～20635-2009　钢制管法兰、垫片、紧固件

21　洁具及燃气器具

● 类别定义

洁具是指建筑安装工程中的卫生器具所用材料，包含卫生洗浴器具、生活排泄物收集器具、室内给排水器具、浴室家具、相应的洁具配件等。

燃气器具包含除管、燃气用表外的其他用具，例如调压器、水封、调压箱、气嘴、点火棒、水封（油封）、燃气抽水缸、燃气管道调长器等附件。

● 类别来源

来源于2012新清单、全统定额的卫生洁具、燃气用具、医疗设备及附件章节材料；具体的二级类别参照相关的材料标准编制。

● 范围描述

范围	二级子类	说　明
洁具、洗浴器具	2101　浴缸、浴盘	包含搪瓷浴缸、玻璃钢浴缸、塑料浴缸、陶瓷浴缸、仿瓷浴缸、玛瑙浴缸、亚克力浴缸等
	2103　净身盆、器（妇洗盆）	净身器按洗涤水喷出方式，分直喷式、斜喷式和前后交叉喷洗方式，一般都是陶瓷净身器
	2105　淋浴器	包括普通升档淋浴器、感应淋浴器、铁脚踏淋浴器、铜脚踏淋浴器、双门升降淋浴器
	2107　淋浴间、淋浴屏	包括不同材质、不同形状的整体淋浴房
	2108　蒸汽房、桑拿房	专指浴室内单套安装的蒸汽房、桑拿房
	2109　洗脸盆、洗手盆	包括不同材质、不同类型的整体洗面盆
	2111　洗发盆（洗头槽）	指专用的洗发装置
	2113　洗涤盆、化验盆	包括不同材质、不同规格尺寸的洗涤槽、拖布池等
	2115　大便器	包含全自动陶瓷座式大便器、连体陶瓷座式大便器、分体陶瓷座式大便器、加长连体陶瓷座式大便器、加长分体陶瓷座式大便器、挂墙式陶瓷大便器、陶瓷蹲式大便器
	2117　小便器	小便器分为挂斗式小便器和立式小便器；小便器的制作材料一般是陶瓷
	2119　化妆台、化妆镜	包括不同材质的化妆台
	2121　浴室家具	在卫生间放置物品的器具我们称之为浴室家具，包括边柜、置物架、碗盆柜等

续表

范围	二级子类	说　明
洁具、洗浴器具	2125　卫生器具用水箱	包括陶瓷高水箱、陶瓷低水箱、塑料、铁制自动冲洗水箱等
	2127　卫浴小电器	包括烘手器、干发器等
	2129　喷香机、给皂器、给纸器	包括感应、自动、感应自动、手动等给皂器；喷香机也分为全自动、手动两种
	2131　其他卫生洁具	包括肥皂盘（盒）、手纸盒、带烟灰缸手纸盒、口杯架、毛巾杆单杆、毛巾杆双杆、浴巾架（杆）、浴缸拉手、烟灰缸、衣挂单钩、衣挂双钩、晾衣架、垃圾桶等、坐便盖（盖板）
	2141　盒子卫生间	指整体卫生间
	2143　消毒器、消毒锅	紫外线消毒净化器（分通用型和定时自控型两类）、自洁式消毒器
	2145　饮水器	
燃气用具	2147　厨用隔油器	包括地埋式隔油器、嵌挂式隔油器、悬挂式隔油器
	2151　抽水缸（凝水器）	碳钢、铸铁抽水缸
	2153　调压装置	燃气调压器、调压箱
	2155　燃气管道专用附件	旋塞阀、燃气嘴、点火棒、表托盘
	2157　其他燃气器具	凝水器（铸铁凝水器、钢板凝水器）

2101　浴缸、浴盘

● **类别定义**

浴缸也称浴盆，按制作原材料，可分为搪瓷浴缸（又分为钢板搪瓷浴缸和铸铁搪瓷浴缸）、玻璃钢浴缸、塑料浴缸、陶瓷浴缸、仿瓷浴缸、玛瑙浴缸、亚克力浴缸等。

浴缸的规格表示方法为：长×宽×高。

"亚克力"化学名称叫作"PMMA"属丙烯醇类，俗称"经过特殊处理的有机玻璃"，在应用行业它的原材料一般以颗粒、板材、管材等形式出现。

● **常用参数及参数值描述**

类别编码	类别名称	特征	常用特征值	常用单位
2101	浴缸、浴盘	品种	按照材质划分，包含搪瓷浴缸、玻璃钢浴缸、塑料浴缸、陶瓷浴缸、仿瓷浴缸、玛瑙浴缸、亚克力浴盆缸	个、套
		外形尺寸	长×宽×高：1500×1500×680	
		形状	双裙边、无裙边、联体裙边、船型底座、半圆形、钻石形、方矩形、扇形等	
		功能	普通浴缸、按摩浴缸、冲浪浴缸、冲浪按摩浴缸	
		颜色	纯白、粉牙、粉蓝、粉红、粉绿	

● **参照依据**

GB 6952－2005　卫生陶瓷

JC/T 644－1996　人造玛瑙及人造大理石卫生洁具

QB 2585 - 2007 喷水按摩浴缸

QB/T 2664 - 2004 搪瓷浴缸

JC/T 779 - 2010 玻璃纤维增强塑料浴缸

● **与之关联其他分类列表**

浴缸水龙头、排水管、地漏、淋浴花洒、肥皂架、纸巾盒、毛巾、浴巾架、吹发器、烘手器化妆镜、香波瓶。

2103 净身盆、器（妇洗盆）

● **类别定义**

净身器（盆）又名妇洗器；是专门为女性而设计的洁具产品。净身盆外形与马桶有些相似，但又如脸盆装了龙头喷嘴，有冷热水选择，带有喷洗的供水系统和排水系统，洗涤人体排泄器官的有釉陶瓷质卫生设备；净身器按洗涤水喷出方向，有斜喷式、直喷式、上喷式和前后交叉喷洗方式之分。

● **常用参数及参数值描述**

类别编码	类别名称	特征	常用特征值	常用单位
2103	净身盆、器（妇洗盆）	材质	按照材质划分，一般包含陶瓷净身盆、人造玛瑙净身盆	个、套
		外形尺寸	长×宽×高	
		喷洗方式	后交叉喷洗式、直喷式、斜喷式	
		水龙头孔数	单孔龙头、三孔龙头、四孔龙头	

● **参照依据**

GB 6952 - 2005 卫生陶瓷

JC/T 779 - 2010 玻璃纤维增强塑料浴缸

● **与之关联部品列表**

坐便器、妇洗器龙头、ABS喷枪、角阀、冲洗器。

2105 淋浴器

● **类别定义**

由阀体、密封件、冷热水混合器及开关部分、进水管、出水管、喷头组成的卫生器具称为淋浴器；按照功能分为感应式淋浴器、脚踏式淋浴器等。

● **常用参数及参数值描述**

类别编码	类别名称	特征	常用特征值
2105	淋浴器	品种	按照功能划分为：感应淋浴器、脚踏淋浴器、普通淋浴器、自混式淋浴器、升降式淋浴器等
		连接口径	DN15、DN20、DN32
		材质	铁质、纯铜、不锈钢、塑料
		表面处理	镀铬、镀锌
		出水位置	下出水/喷、顶喷

● **参照依据**

GB 28378 - 2012 淋浴器用水效率限定值及用水效率等级

2107 淋浴间、淋浴屏

● **类别定义**

淋浴房、淋浴屏是指单独的淋浴间,按照功能分为整体淋浴房和简易淋浴房;按照款式分为转角淋浴房、一字形淋浴房、圆弧形淋浴房等。

● **常用参数及参数值描述**

类别编码	类别名称	特征	常用特征值	常用单位
2107	淋浴间、淋浴屏	品种	玻璃淋浴间、钢化玻璃淋浴间、有机玻璃淋浴间、玻璃淋浴屏、钢化玻璃淋浴屏	套
		玻璃厚度	4、5、8、10	
		规格		
		形状	方矩形、圆形、弧形、钻石形、扇形、角形	
		支架材料	铝合金、不锈钢、亚克力、塑钢	
		门扇及其开启方式	单扇平开、双扇平开、单扇对开、双扇对开	

● **参照依据**

GB/T 13095－2008 整体浴室

2108 蒸汽房、桑拿房

● **类别定义**

桑拿房一般由桑拿系统、淋浴系统、理疗按摩系统三个部分组成,桑拿系统主要是通过桑拿房底部的独立蒸汽气孔散发蒸汽并且可以在药盒内放入药物享受药浴以达到保健的目的;理疗按摩系统则主要是通过蒸汽淋浴房壁上的针刺按摩孔出水,用水的压力对人体进行按摩。

● **常用参数及参数值描述**

类别编码	类别名称	特征	常用特征值	常用单位
2108	蒸汽房、桑拿房	品种	单人蒸汽房、单人淋浴蒸汽房、单人泡浴蒸汽房、双人蒸汽房、双人淋浴蒸汽房	套
		平面形状	方矩形、半圆形、圆弧形、长弧形	
		功能	水力按摩、电话接听、音响系统、消毒杀菌	
		外形尺寸		

● **参照依据**

GB/T 13095－2008 整体浴室

2109 洗脸盆、洗手盆

● **类别定义**

洗脸盆又称洗面盆,按制作原材料,可分为陶瓷洗脸盆、大理石洗脸盆、玛瑙洗脸盆、仿瓷洗脸盆等;陶瓷洗脸盆比较常用,品种也多,按结构形式,陶瓷洗脸盆又可细分为柱式、台式和其他式三种。

洗手盆:专供洗手用的小型有釉陶瓷质卫生设备。

● 常用参数及参数值描述

类别编码	类别名称	特征	常用特征值	常用单位
2109	洗脸盆、洗手盆	品种	洗手盆、洗脸盆	套
		材质	陶瓷、大理石、亚克力、玛瑙、仿瓷、玻璃、玻璃钢	
		结构形式	柱式、半柱式、挂柱式、挂式、台上式、台式、半入台式、台下式、台上碗式	
		规格	长×宽×高：575×425×215	
		颜色或表面图案	乳白色、米黄色	

● 参照依据

GB 6952－2005 卫生陶瓷

2111 洗发盆（洗头槽）

● 类别定义

洗发盆：具有软管喷头和毛发滤网，前缘带有头枕凹槽，供人仰卧洗发用的盥洗器具。

● 常用参数及参数值描述

类别编码	类别名称	特征	常用特征值	常用单位
2111	洗发盆（洗头槽）	品种	洗发盆、洗头槽	套
		材质	陶瓷、大理石、亚克力、玛瑙、仿瓷、玻璃、玻璃钢	
		结构形式	柱式、半柱式、挂柱式、挂式、台上式、台式、半入台式、台下式、台上碗式	
		规格	长×宽×高：575×425×215	
		颜色或表面图案	乳白色、米黄色、红色	

2113 洗涤盆、化验盆

● 类别定义

洗涤盆：用于洗涤器皿、餐具、衣物、食品等物品的平底洗涤器具。包括污水盆、洗涤槽、洗菜盆、洗涤盆等；污水盆（池）：用于洗涤清扫工具、收集和排除污（废）水的洗涤器具。

化验盆（池）：配有化验水龙头和防腐排水水封，用于供给化验用水，收集和排除化验废（污）水的洗涤器具。包括化验槽、化验池、化验盆等。

● 常用参数及参数值描述

类别编码	类别名称	特征	常用特征值	常用单位
2113	洗涤盆、化验盆	品种	洗涤槽、洗涤盆、化验槽	套
		材质	陶瓷、大理石、亚克力、玛瑙、仿瓷、玻璃、玻璃钢、不锈钢	
		结构形式	单槽、双槽、三槽	
		规格	长×宽×高：740×445×200	
		颜色或表面图案	乳白色、米黄色、红色	

● **参照依据**

GB 6952－2005　卫生陶瓷

2115　大便器

● **类别定义**

大便器分为蹲式和坐式大便器；蹲式大便器又称蹲厕，坐式大便器又称坐厕、马桶、抽水马桶等，坐式大便器有虹吸式、冲落式、漩涡式等几种。大便器的制作材料一般为陶瓷，也有人造石材和搪瓷做的大便器。

坐便器按排污方式可分为

A. 冲落式

B. 虹吸冲落式

C. 虹吸喷射式

D. 虹吸漩涡式

冲落式：利用水流的冲力排污。通常池壁较陡，池心存水面积较小。这是一种比较传统的产品，制造工艺简单，价格便宜，用水量小是它的一大优点，缺点是排污时噪声较大。

虹吸冲落式：是第二代坐便器，内有一个完整的管道，形状呈侧倒状的"S"。它利用给水时的水位差促进虹吸作用将污物排走。由于不借水力排污，所以池壁坡度较缓，池底也扩大了存水面积，噪音问题有所改善。

虹吸喷射式：是虹吸式坐便器的改造型，它增设喷射附道，增大水流冲力，加快排污速度，池内存水面积较大，存水深度也有所限制，在减低气味、防止溅水方面有良好的效果，而且射流是在水下进行的，非但没有增加噪声，反而使噪声问题有所改善。

虹吸漩涡式：它的结构与其他虹吸式基本相似，只是供水管道设于便池下部，并通入池底，为了适应管道的设计要求，在成型工艺上水箱与便器合为一体，它最大的优点是利用了漩涡和虹吸两种作用：漩涡能产生强大的向心力，将污物迅速卷入漩涡中，又随虹吸的生成排走污物，冲水过程既迅速又彻底，而且气味小，噪声低。

● **常用参数及参数值描述**

类别编码	类别名称	特征	常用特征值	常用单位
2115	大便器	品种	座式大便器、蹲式大便器、脚踏式大便器	套
		材质	陶瓷、大理石、亚克力、玛瑙、仿瓷、玻璃、玻璃钢、不锈钢	
		结构形式	连体式、分体式、带水箱	
		容量	5l、6l、8l	
		排污方式	冲落式、虹吸冲落式、虹吸喷射式、虹吸漩涡式	
		坑距（mm）	200、254、305、130、400	

● **参照依据**

GB 6952－2005　卫生陶瓷

2117　小便器

● **类别定义**

小便器：专供男性小便用的有釉陶瓷质卫生设备。分为斗式小便器、立式小便器、挂式小便器、壁挂式小便器；小便器的制作材料一般是陶瓷。

● **常用参数及参数值描述**

类别编码	类别名称	特征	常用特征值	常用单位
2117	小便器	材质	陶瓷、大理石、亚克力、玛瑙、仿瓷、玻璃、玻璃钢、不锈钢	套
		结构形式	斗式、落地式、壁挂式	
		规格	外形尺寸：315×400×645	
		排污方式	冲落式、虹吸冲落式、虹吸喷射式、虹吸漩涡式	

● **参照依据**

GB 6952 - 2005　卫生陶瓷

GB 28377 - 2012　小便器用水效率限定值及用水效率等级

2119　化妆台、化妆镜

● **类别定义**

化妆台（梳妆台），一般带化妆镜，同时具备了主柜、台面盆组合的浴室家具。

● **常用参数及参数值描述**

类别编码	类别名称	特征	常用特征值	常用单位
2119	化妆台、化妆镜	品种	普通式（带镜）、洗发式（带镜）	套
		材质	陶瓷、大理石、亚克力、玛瑙、仿瓷、玻璃、玻璃钢、不锈钢	
		规格	外形尺寸	
		结构形式	台上盆、台下盆、柜盆、台盆	

2121　浴室家具

● **类别定义**

在卫生间放置物品的器具我们称之为浴室家具，包括边柜、置物架、梳妆梳洗台、置物台架等。其中梳妆梳洗台在 2119 类别下已经单独列项。

● **常用参数及参数值描述**

类别编码	类别名称	特征	常用特征值	常用单位
2121	浴室家具	品种	主柜、边柜、吊柜	套
		材质	PVC、陶瓷、大理石、亚克力、玛瑙、仿瓷、玻璃、玻璃钢、不锈钢	
		规格	外形尺寸	
		结构形式	柜体式、置物架/层板、镜框式	

2125　卫生器具用水箱

● **类别定义**

卫生器具用水箱是用来存贮冲洗用的水，包括陶瓷高水箱、陶瓷低水箱、铁制自动冲洗水箱等。

● **常用参数及参数值描述**

类别编码	类别名称	特征	常用特征值	常用单位
2125	卫生器具用水箱	品种	低位水箱、高位水箱（瓷高水箱）	套
		材质	陶瓷、钢制	
		结构形式	壁挂式、坐装式	
		规格	外形尺寸	

● **参照依据**

GB 6952-2005　卫生陶瓷

2127　卫浴小电器

● **类别定义**

卫浴相关小电器用品的统称，包括烘手器、浴霸、暖风机、吹风机等。

烘手器：用来快速烘干双手水分的机器叫烘手器，一般安装在公共场所的卫生间出口便利的位置。

浴霸：用于浴室内的加热电器，而今，浴霸已然成了现代家庭的一件常备电器。它升温快、升温效果好，而且取暖范围大，无须预热，瞬间可升温到 23℃。

● **常用参数及参数值描述**

类别编码	类别名称	特征	常用特征值	常用单位
2127	卫浴小电器	品种	烘手器、浴霸、暖风机、吹风机	台
		规格	245×162×263	
		外壳材质	不锈钢、塑料	
		功率（w）		
		感应距离（m）		

● **参照依据**

GB/T 22769-2008　浴室电加热器具（浴霸）

2129　喷香机、给皂器、给纸器

● **类别定义**

喷香机：是一种适应现代人的生活习惯而设计的，能制造出卫生健康对人体没有任何副作用的清新自动喷香设备；按照工作原理分为数字喷香机和感光喷香机。

给皂器：有时也称给皂机，一般安装在公共场所的卫生间洗手盆旁边，方便行人使用。

给纸器：卫生间放置手纸的装饰盒，分为手工及自动两种。

● **常用参数及参数值描述**

类别编码	类别名称	特征	常用特征值	常用单位
2129	喷香机、给皂器、给纸器	品种	定时自动喷香机、感应喷香机、手动给皂器、自动感应给皂器、厕所给纸器	个
		规格	147×68×94	
		材质	塑料、不锈钢、陶瓷	
		总容量（ml）	0.8	

2131 其他卫生洁具
● 类别定义

指卫浴用品的其他一些小的零星器具，包含：肥皂盒、牙刷架、毛巾杆、浴巾架灯。

● 常用参数及参数值描述

类别编码	类别名称	特征	常用特征值	常用单位
2131	其他卫生洁具	品种	肥皂盘（盒）、带扶手的肥皂盘（盒）、带烟灰缸手纸盒、牙刷口杯架、牙刷玻璃杯架、毛巾杆单杆、毛巾杆双杆、毛巾环、浴巾架（杆）	个
		规格	长×宽×高：227×115×227	
		材质	塑料、不锈钢	

2141 盒子卫生间
● 类别定义

盒子卫生间根据其构造及安装方式的不同，可分为组装式整体盒子卫生间、组装式半整体盒子卫生间及半整体盒子卫生间三类。适用于旅游建筑、饭店和住宅建筑及宾馆、饭店、高级招待所等卫生间的更新改造。

● 常用参数及参数值描述

类别编码	类别名称	特征	常用特征值	常用单位
2141	盒子卫生间	结构形式	整体吊装式、拼装式、半壳体式、单一式、复合式	套
		材质	彩钢板、木质、铝合金	
		规格	1100×1400×2600	

● 参照依据

GB/T 11977-2008 住宅卫生间功能及尺寸系列

2143 消毒器、消毒锅
● 类别定义

消毒：是指杀死病原微生物、但不一定能杀死细菌芽孢的方法；通常用化学的方法来达到消毒的作用。用于消毒的化学药物叫作消毒剂。

消毒的方法有：物理方法，化学方法及生物方法，但生物方法利用生物因子去除病原体，作用缓慢，而且灭菌不彻底，一般不用于传染疫源地消毒，故消毒主要应用物理及化学方法。一般我们公共场所使用的消毒方法是物理方法中最常用的，采用消毒设备进行消毒，常用的消毒设备有消毒器、消毒柜、消毒锅等。

● **常用参数及参数值描述**

类别编码	类别名称	特征	常用特征值	常用单位
2143	消毒器、消毒锅	消毒方式	感应式消毒、空气、紫外线、臭氧式	台
		结构形式	壁挂式、移动式	
		规格	230×150×375	
		消毒容积	300、600、900	

2145 饮水器

● **类别定义**

饮水器或叫饮水机，是能够制备或给付温水、热水和（或）冷水的器具，能基本满足人们日常的饮水、泡茶、冲咖啡、即食食品以及调制冷饮等各种需要。

● **常用参数及参数值描述**

类别编码	类别名称	特征	常用特征值	常用单位
2145	饮水器	结构形式	立式、台式	台
		规格	1950×350×950	
		功率	1kW 、3kW	
		辅助功能	带消毒柜、带储藏柜、带冰柜、只有制热功能、只有制冷功能	
		水胆容量	10L、15L、18L、20L、25L	

● **参照依据**

GB/T 22090-2008 冷热饮水机

2147 厨用隔油器

● **类别定义**

厨用隔油器由三个槽组成。当厨房排水流入第一槽时，杂物框将其中的固体杂物（菜叶等）截流除去。进入第二槽后，利用密度差使油水分离。废水沿斜管向下流动，进入第三槽后从溢流堰流出，再经出水管收集排出。水中的油珠则沿斜管的上表集聚向上流动，浮在隔油池的槽内，然后用集油管汇集排除，或人工排除。包括地埋式隔油器、嵌挂式隔油器、悬挂式隔油器。

● **常用参数及参数值描述**

类别编码	类别名称	特征	常用特征值	常用单位
2147	厨用隔油器	结构形式	地埋式、嵌挂式、悬挂式	个
		规格	400×350、500×400、700×400、800×500、1000×500	
		容许流入水量	50L、70L、95L、135L、205L	
		槽数	2个、3个、4个	

● 参照依据

厨用隔油器　国家标准图集《03R401-2》《91SB4-1》《91SB2-1》

橱用隔油器－华北地区标准图集《91SB2》

2151　抽水缸（凝水器）

● 类别定义

抽水缸：亦称排水器，是为了排除燃气管道中的冷凝水和天然气管道中的轻质油而设置的燃气管道附属设备；以制造集水器的材料来区分铸铁抽水缸或碳钢抽水缸。

● 常用参数及参数值描述

类别编码	类别名称	特征	常用特征值	常用单位
2151	抽水缸（凝水器）	品种	碳钢抽水缸、铸铁抽水缸	个
		规格	D89、D108、D159、D219、D273、D325	

2153　调压装置

● 类别定义

主要包括燃气调压器和调压箱。

燃气调压器（gas pressure regulator）是指通过自动改变经调节阀的燃气流量而使出口燃气保持规定压力的设备。通常分为直接作用式和间接作用式两种。

● 常用参数及参数值描述

类别编码	类别名称	特征	常用特征值	常用单位
2153	调压装置	品种	燃气调压装置、燃气调压器	套、个
		通径	撬式、柜式、箱式	
		结构形式	25、40、50、65、80、100	

2155　燃气管道专用附件

● 类别定义

指燃气管道专用附件，主要指点火棒，接头，支撑圈，全胶软管，燃气嘴，拖钩，表托盘、水气联动阀等。

不包括燃气用管、管件。

● 常用参数及参数值描述

类别编码	类别名称	特征	常用特征值	常用单位
2155	燃气管道专用附件	品种	点火棒，接头，支撑圈，全胶软管，燃气嘴，拖钩，表托盘、孔板、取压孔、测温孔、取样口、水气联动阀	个
		规格	$\phi20$、$\phi50$、$\phi14$、$\phi15$、$\phi11$	

● 参照依据

GB/T 13295-2008　水及燃气管道用球墨铸铁管、管件和附件

DB44/T 402.9-2007　家用燃气快速热水器水气联动阀

2157　其他燃气器具

● 类别定义

指以上没有包含的燃气用具，例如：热水器。

● 常用参数及参数值描述

类别编码	类别名称	特征	常用特征值	常用单位
2157	其他燃气器具	品种	液化石油气燃气热水器、天然气热水器、人工煤气热水器	套
		排气方式	烟道式（D），强制式（Q），平衡式（P），强制平衡式（G）	
		型号	热水型 JS、供暖型 JN，热水供暖型 JL	
		额定热负荷	21kW	
		额定热水产率	10L/min	

22 水暖及通风空调器材

● 类别定义

采暖材料主要是指《给排水、采暖、燃气工程》所用的材料，包含供暖器具散热器以及其配件、小型容器等；采暖散热器的类型按材质分为：铸铁、钢制、铜铝、铝制、塑料散热器和电散热器，每种散热器又根据其外形的不同分为柱型、翼型、辐射型和对流型等。

通风空调主要指《通风空调工程》所用的材料，主要包含：风管、调节阀、风口、风帽及罩类、消声器等材料。并参考了建设部《关于工程建设设备与材料划分的规定》（通风空调部分）。

◇不包含

——空调器、空调机组、通风机、除尘设备、冷却塔、冷热水机组设备，放入相应的设备类别下

——泵类设备及其他一些水暖设备统一放入单独的设备类别下

● 类别来源

来源于清单、全统安装定额的《给排水、采暖、燃气工程》、《通风空调工程》章节的材料以及实际市场报价材料的补充，目前在很多办公楼、商场等公用场合，中央空调已经取代了独立的采暖功能，但是目前很多住宅楼仍旧是采用散热器采暖，所以两类材料在使用上没有严格的区分。材料二级类别参考相关的材料标准编制。

● 范围描述

范围	二级子类	说　明
散热器及配件	2201 铸铁散热器	长翼型铸铁散热器、柱翼型铸铁散热器、圆翼型铸铁散热器、柱型铸铁散热器
	2203 钢制散热器	闭式钢制散热器、单板-板式钢制散热器、双板-板式钢制散热器、壁板式钢制散热器、柱式钢制散热器、管式钢制散热器
	2205 铝制散热器	柱式铝制散热器、串片式铝制散热器、闭式对流串片式铝制散热器
	2207 铜及复合散热器	铜铝复合散热器
	2209 其他散热器	铜管铝片散热器
	2211 散热器专用配件	包括散热器对丝、丝堵、补芯、胶垫、托钩、排气阀

续表

范围	二级子类	说　　明
采暖材料	2221 集气罐	卧式集气罐、立式集气罐
	2223 集热器	液体集热器、空气集热器
	2225 除污器	立式直通除污器、卧式直通除污器、卧式角通除污器、自动、手动排污过滤器（ZPG）
	2227 膨胀水箱	
	2229 水锤吸纳器	
	2231 汽水集配器	
	2233 其他采暖材料	炉钩、放风、软化水嘴、直气门、钥匙八字气门、冷风门、跑风门、气泡回水盒、注水器、验水门、表旋塞等
通风、空调材料	2241 风口	包括百叶分口、隔栅风口、圆盘形风口、条形风口、孔板风口等
	2243 散流器	方形、圆形、矩形、流线型、线槽等散流器
	2245 风管、风道	包括碳钢风管、镀锌钢板风管、镀锌铁皮风管、玻璃钢风管、铝箔风管、聚氨酯、酚醛泡沫风管等，按照截面形式分为矩形、圆形、柔性风管
	2247 风帽	包括伞形、球形、圆锥形、筒型风帽
	2249 罩类	包含防护罩、防雨罩、排气罩、通风罩、防火罩、采光罩等
	2251 风口过滤器、过滤网	金属过滤网、铝合金过滤网、尼龙过滤网、玻璃钢过滤网、光触媒过滤网等，按照层数分为单层、双层、多层过滤网
	2253 调节阀	防烟防火阀、风管防火阀、排烟防火阀、排烟阀、对开多叶调节阀、密闭式对开多叶调节阀、风管三通调节阀、蝶阀、风管止回阀、余压阀、插板阀、压差旁通阀、密闭阀等
	2255 消声器	但究其消声机理分为六种主要的类型，即阻性消声器、抗性消声器、阻抗复合式消声器、微穿孔板消声器、小孔消声器和有源消声器、短壁消声弯头、直角消声弯头、消声弯头（超细玻璃棉）
	2257 减振器	
	2259 静压箱	
	2261 其他通风空调材料	有机、无机防火涂料

2201　铸铁散热器

● 类别定义

指铸铁暖气片；铸铁散热器在我国生产的历史最长。到 20 世纪 80 年代前一直是垄断散热器市场的唯一品种。铸铁散热器分为标准、非标准；标准散热器指：长翼型铸铁散热器、圆翼型铸铁散热器、柱型铸铁散热器、柱翼型铸铁散热器；长翼型铸铁散热器也叫柱翼型铸铁散热器；方翼型散热器又叫板翼型散热器；二柱散热器又称 M132 散热器，是柱型散热器的一种。

● **常用参数及参数值描述**

类别编码	类别名称	特征	常用特征值	常用单位
2201	铸铁散热器	品种	柱型铸铁散热器、圆翼型铸铁散热器、铸铁散热器、板翼型铸铁散热器、铸铁弯肋型散热器、辐射对流柱翼型铸铁散热器、长翼型铸铁散热器、铸铁挂式散热器、柱翼型铸铁散热器	片、组
		型号	长翼型40型、柱翼800型、椭四柱460型、椭四柱660型、柱翼两柱700型、TSB2008、椭四柱760型、锥柱翼750型、椭柱650型、椭柱750型、椭柱翼650型、柱翼480型、柱翼600、柱翼400、四柱780型、四柱745型	
		同侧进出口中心距（mm）	760、300、360、470、500、570、600、642、700、1360	
		工作压力（MPa）	0.8、0.4、0.9、0.5、0.6、1.0	
		用途	中片、足片	
		内表面加工方式	普通、无砂片	
		规格	1000×50×520、1000×50×624、560×100×56、760×143×60、400×100×70、745×100×45、360×100×56、600×100×70、1000×50×416、745×120×60、1000×117×416、1000×117×624、682×143×60、700×100×70	

● **参照依据**

JG/T 3012.2-1998　采暖散热器钢制翅片管对流散热器

GB 19913-2005　铸铁采暖散热器

JG 3-2002　采暖散热器灰铸铁柱型散热器

JG 4-2002　采暖散热器灰铸铁翼型散热器

JG/T 5-1999　灰铸铁圆翼型散热器

2203　钢制散热器

● **类别定义**

钢制散热器与铸铁散热器相比具有金属耗量少、耐压强度高、外形美观整洁、体积小、占地少、易于布置等优点，但易受腐蚀，使用寿命短，多用于高层建筑和高温水采暖系统中，不能用于蒸汽采暖系统，也不宜用于湿度较大的采暖房间内。

钢制散热器的主要形式有闭式钢串片散热器、板式散热器和钢制柱式散热器等。

（1）钢制柱型散热器：是仿效灰铸铁散热器形状制成的，钢材强度高，因而可承受强大的压力，广泛应用于高层建筑室内采暖。

（2）光排管散热器：是在施工现场用无缝钢管或焊接钢管组对焊而成，具有取材方便，强度高的优点。

● **常用参数及参数值描述**

类别编码	类别名称	特征	常用特征值	常用单位
2203	钢制散热器	品种	闭式钢串片对流散热器、钢制板型散热器、钢制柱型散热器、扁管型散热器、光面管（排管）散热器、高频焊 螺旋绕片对流散热管、装饰性钢制散热器	片、组
		型号	3 柱式 3300、三柱型（钢弧管）、2 柱式 2026、2 柱式 2030、双排、单排、2 柱式 2200、3 柱式 3071、2 柱式 2180、2 柱式 2150、2 柱式 2120、2 柱式 2100、2 柱式 2096、2 柱式 2090、2 柱式 2075	
		用途	足片、中片	
		同侧进出口中心距	1000、800、400、420、500、700、330、300、90、1500、1400、1200、1100、900、206	
		工作压力（MPa）	1.0、1.2、0.6、1.5、0.7、0.8	
		数量/组	4、6、8、10	
		规格	400×400、400×600、400×800、400×1000、400×1200、400×1400、400×1600、400×1800	

● **参照依据**

JG/T 3012.1-1994 采暖散热器钢制闭式串片散热器

JG/T 3012.2-1998 采暖散热器钢制翅片管对流散热器

JG/T 1-1999 钢制柱型散热器

JG 2-2007 钢制板型散热器

JG/T 148-2002 钢管散热器

2205 铝制散热器

● **类别定义**

铝制散热器主要有高压铸铝和拉伸铝合金焊接两种。

铝合金散热器是近年来我国工程技术人员在总结吸收国内外经验的基础上，潜心开发的一种新型、高效散热器。其造型美观大方，线条流畅，占地面积小，富有装饰性；其质量约为铸铁散热器的十分之一，便于运输安装；其金属热强度高，约为铸铁散热器的六倍；节省能源，采用内防腐处理技术。

● **常用参数及参数值描述**

类别编码	类别名称	特征	常用特征值	常用单位
2205	铝制散热器	品种	高压铸铝散热器、铝型材焊接散热器	片、组
		型号	Ⅰ型、Ⅱ型	
		工作压力（MPa）	10、20	
		同侧出口中心距	400、600、1600	
		规格	300×1000、400×1200	

● **参照依据**

JG 143-2002 采暖散热器铝制柱翼型散热器

2207　铜及复合散热器

● **类别定义**

主要包括铜铝复合散热器，钢铝复合散热器。

铜铝复合散热器特点：1）重量轻，造型美观；2）焊接质量好，承压能力强；3）耐腐蚀性能强；4）以铝材作为散热部件，密度小，体积小，易成型；5）使用寿命长。

● **常用参数及参数值描述**

类别编码	类别名称	特征	常用特征值	常用单位
2207	铜及复合散热器	品种	钢铝复合柱型散热器、铜管 L 型绕铝翅片散热器、铜管铝串片散热器、不锈钢铝柱型散热器、铜铝复合柱型散热器、铜铝串片管对流散热器、铜铝复合柱翼型散热器、铜铝翅片管对流散热器	片、组
		型号	串片管根数 3、串片管根数 2、串片管根数 1、翅片管根数 2、翅片管根数 4、串片管根数 4	
		同侧出口中心距	100、800、900、1000、1100、1200、1300、1400、1500、1600、1700、1800、1900、2000、80、180、300、400、500、600、700	
		工作压力（MPa）	1.2、1.4、1.0、1.6	
		规格	680×100×34、长度 2000、长度 1900、长度 1800、长度 1700、长度 1600、长度 1500、长度 1400、长度 1300、长度 500×110/串片管根数 3、670×70×58	

● **参照依据**

JG 221-2007　铜管对流散热器

2209　其他散热器

● **类别定义**

列举以上未涵盖以及市场上新出现的散热器。例如：电采暖散热器：电采暖散热器品种很多，有移动式单位电散热器，也有带温控器的踢脚板式对流电散热器，有电热膜辐射供暖，将电阻电热体贴于有单面保温的硬质板面上，可以贴在顶板、侧墙、踢脚板等处。

电热地板辐射供暖：是将电热电缆敷设于地板中。电热散热器的主要特点是控制方便，有可能在不需要供暖时的关断，可节省运行费用。施工简单，对外部的能源要求简单。

● **常用参数及参数值描述**

类别编码	类别名称	特征	常用特征值	常用单位
2209	其他散热器	品种	移动式单位电散热器、带温控器的踢脚板式对流电散热器、电热膜辐射供暖	套、台
		外形尺寸	800×450、600×450	
		同侧进出口中心距		

2211 散热器专用配件

● 类别定义

主要包括散热器对丝、丝堵、补芯、胶垫、托钩、排气阀。

● 常用参数及参数值描述

类别编码	类别名称	特征	常用特征值	常用单位
2211	散热器专用配件	品种	托钩、补芯、翻边扣盖、散热器专用管接头、地板采暖分水器、温控阀、直眼扣盖、圆管片头、普通扣盖、胶垫、丝堵、对丝、小圆门扣盖、排气阀、边钩	个
		材质	铜、铝、钢制、塑料	
		规格	$1''F \times 1216 \times 1''F \times 8$ 路、$1''F \times 1620 \times 1''F \times 7$ 路、$1''F \times 1620 \times 1''F \times 5$ 路、DN25、DN20、$1''F \times 1620 \times 1''F \times 4$ 路、$1''F \times 1620 \times 1''F \times 3$ 路、DN15，DN32，DN40	

2221 集气罐

● 类别定义

集气罐用以聚集和排除水系统中空气的装置。一般是用直径 $\phi100\sim250$ 的钢管焊制而成的，分为立式和卧式两种。

集气罐一般设于系统供水干管末端的最高处，供水干管应向集气罐方向设上升坡度以使管中水流方向与空气气泡的浮升方向一致，以有利于空气聚集到集气罐的上部，定期排除。当系统充水时，应打开排气阀，直至有水从管中流出时方可关闭排气阀。系统运行期间，应定期打开排气阀排除空气。

● 常用参数及参数值描述

类别编码	类别名称	特征	常用特征值	常用单位
2221	集气罐	品种	立式集气罐、卧式集气罐	个
		公称直径	250、100、150、200	
		压力	0.8	

● 参照依据

94T903 集气罐制作及安装

2223 集热器

● 类别定义

用以聚集热量的材料或器具。现在应用较多的是太阳能集热器，最常见的太阳能集热器是非聚光式平板型集热器。

● 常用参数及参数值描述

类别编码	类别名称	特征	常用特征值	常用单位
2223	集热器	品种	平板式集热器、全玻璃真空管式集热器、太阳能集热器	组、套
		规格	$1 \times 2m^2$	
		集热面积	$1.77m^2$	

● **参照依据**

GB/T 17581-2007　真空管型太阳能集热器

2225　除污器

● **类别定义**

除污器：水系统中，用以清除掺杂在循环水中的污杂物质的装置。站内除污器一般较大，安装于汽动加热器之前或回水管道上，以防止杂物流入加热器。站外入户井处的除污器一般较小，常安装于供水管上，有的系统安装，有的系统不安装，其作用是防止杂物进入用户的散热器中。一般热力站中常用的除污器形式为立式直通式除污器。

● **常用参数及参数值描述**

类别编码	类别名称	特征	常用特征值	常用单位
2225	除污器	品种	卧式直通除污器、立式直通除污器、Y型除污器、旋流式除污器、卧式角通除污器	个
		公称直径	200、32、50、65、80、100、125、450、350、25、400、40、300、250、150	
		过滤孔径范围	$\phi3\sim\phi10$，$\phi4\sim\phi10$	

● **参照依据**

03R402　除污器

2227　膨胀水箱

● **类别定义**

膨胀水箱是热水采暖系统和中央空调水路系统中的重要部件，它的作用是收容和补偿系统中水的胀缩量。一般都将膨胀水箱设在系统的最高点，通常都接在循环水泵（中央空调冷冻水循环水泵）吸水口附近的回水干管上。

● **常用参数及参数值描述**

类别编码	类别名称	特征	常用特征值	常用单位
2227	膨胀水箱	材质	不锈钢、钢制	个
		公称容积（m³）	4.95、0.5、0.85、30、1.56、2.6、3.61、9.23	
		规格	900×900×900mm、$\phi2000$mm、$\phi1400$mm、$\phi1600$mm	

● **参照依据**

T905　[图集]方形膨胀水箱

2229　水锤吸纳器

● **类别定义**

水锤吸纳器是一种用于消除管线中因多种原因造成的水锤冲击波，保护管道及设备不受破坏的装置。适用于工矿、企业、高层建筑、电站等各类给排水系统中，利用活塞上腔室中空气的胀缩，使突发的冲击波得到缓冲而缓解了力度，最大程度地避免因巨大的水锤冲力造成的设备损坏。

● **常用参数及参数值描述**

类别编码	类别名称	特征	常用特征值	常用单位
2229	水锤吸纳器	品种	隔膜气囊式水锤吸纳器、活塞气囊式水锤吸纳器	个
		公称压力（MPa）	3.75、2.5、1.6、2.4	
		公称通径（mm）	40、15、50、65、80、200、250、300、125、25、20、100、150	
		连接形式	法兰连接，螺纹连接	

● **参照依据**

CJ/T 300－2013　建筑给水水锤吸纳器

2231　汽水集配器

● **类别定义**

既可用于热水，蒸汽系统，也称"分汽缸"，也可用于空调采暖供水系统的集水器。筒体直径最大为 1000mm。

● **常用参数及参数值描述**

类别编码	类别名称	特征	常用特征值	常用单位
2231	汽水集配器	介质类型	氧气、压缩空气、氮气、热水、蒸汽	台
		缸体直径	200、600、500、300、250、400、150	
		蒸汽压力	0.5、0.05、0.4、0.3、0.2、0.6、0.7、0.1	

● **参照依据**

05K232　分（集）水器　分气缸

2233　其他采暖材料

● **类别定义**

主要包括炉钩、放风、软化水嘴、直汽门、钥匙八字气门、冷风门、跑风门、气泡回水盒、注水器、验水门、表旋塞等材料。

2241　风口

● **类别定义**

风口：装在通风道侧面或支管末端用于送风、排风和回风的孔口或装置的统称。

主要包括百叶分口、隔栅风口、圆盘形风口、条形风口、孔板风口等。一般情况下，风口型号表示方法：用途代号＋分类代号＋规格代号例如：FC－FS 360×360 表示规格为 360×360 方形散流器送风口。

根据 JG/T 14－2010 编制的风口分类代号表如下：

风口分类代号表

序号	分数	风口名称	代号	用途
1	百叶风口	单层百叶风口	DB	送风、回风、排风
2		双层百叶风口	SB	侧送风
3		连动百叶风口	LB	送风
4		固定斜百叶风口	XB	送风
5		地面固定斜百叶风口	DXB	下送风

序号	分数	风口名称	代号	用　途
6	散流器	方形散流器	FS	顶送风
7		矩形散流器	JS	顶送风
8		圆形散流器	YS	顶送风
9		圆盘散流器	PS	顶送风
10		圆形斜片散流器	YXS	顶送风
11		圆环形散流器	YBS	顶送风
12		自力式变流型散流器	ZS	顶送风
13		地面散流器	DS	下送风
14	喷口	球形喷口	QP	大空间、远程送风
15		简形喷口	TP	大空间、远程送风
16	漩流风口	可调叶片旋流风口	XL	大空间、顶送风
17		阶梯旋流风口	JXL	下部、侧送风
18	条缝风口	直片条缝风口	ZTF	送风、回风
19		双槽条缝风口	STF	顶送风
20		活叶条缝风口	HTF	顶送风
21	格栅风口	制壁格栅风口	GS	回风
22		可开启侧壁格栅风口	KGS	回风
23	专用风口	自垂百叶风口	CB	排风、送风
24		遮光百叶风口	ZB	暗至通风口
25		防雨百叶风口	FB	外墙进、排风口
26		门铰式回风口	MJ	有净化要求的回风
27		风机盘管加新风风口	FX	侧送风
28		置换送风风口	ZH	置换通风
29		定风向可调风量回风口	DT	回风
30		高效过滤器送风口	GX	洁净室顶送风
31		矩形网式回风口	WB	回风
32		三面网式回风口	SWB	回风
33		活动篦板式回风口	BB	回风、排风
34		单面送排风口	DM	侧送风、侧排风
35		双面送排风口	LM	侧送风、侧排风
36		矩形风管插板式风口	JC	送风、排风
37		圆形风管插板式风口	YC	送风、排风
38		旋转送风口	XZ	上侧送风
39		地上旋转送风口	DXZ	下侧送风
40		单面矩形送风口	DJ	侧送风
41		双面矩形送风口	SJ	侧送风
42		三面送风口	SM	侧送风
43		地上三面送风口	DSM	下送风

● 常用参数及参数值描述

类别编码	类别名称	特征	常用特征值	常用单位
2241	风口	品种	圆形自垂百叶风口、蛋格式风口、圆盘形送风口、孔板风口、条形风口、铝合金旋流风口、球形喷流风口、圆形固定扩散出风口	个
		规格	500×320、1400×340、1000×420、190×620、190×490、800×300、500×500、630×320、190×390、190×310、190×240、190×190、190×110、180×180、150×620、150×490、150×390、150×310	
		材质	钢制、木质、不锈钢、铝合金	
		表面处理	喷塑、不喷塑	
		风量（m³/h）	255、55、85、105、170、220、270、340、425、510、680、765、850、1020、1190、1530	
		附件	调节板、过滤网（尼龙）、过滤网、调节阀、导流片	

● 参照依据

10K121　风口选用与安装

JG/T 14-2010　通风空调风口

2243　散流器

● 类别定义

由一些固定或可调叶片构成的，能够形成下吹、扩散气流的圆形、方形或矩形风口；散流器分方形、矩形、圆形、条形、线形散流器；方形、矩形一般装在吊顶上，用作送风口气流型属贴附（平送）型。也可做风口使用。

● 常用参数及参数值描述

类别编码	类别名称	特征	常用特征值	常用单位
2243	散流器	品种	圆形散流器、矩形散流器、圆盘散流器、流线型散流器、条缝散流器、条形斜叶片散流器、条形直叶片散流器、圆环形散流器、方形散流器	个
		材质	不锈钢、铝合金	
		规格	400、120、600×600、600×540、600×500、600×480、600×450、600×420、540×540、540×500、540×480、540×450、540×420、540×400、500×500	
		风量（m³/h）	90、100、130、230、232、363、410、512、645、712、930、1180、1267、1458、1655、2095、2587	
		叶片层数	2、3、4、5、6、7、8、9	

● 参照依据

10K121　风口选用与安装

JG/T 14-2010 通风空调风口

2245　风管、风道

● 类别定义

通风风管：是输送空气的管道，包括送风管和排风管；按其常见的截面形状，风管可分为圆形风管和矩形风管（包括方形），柔性软风管没有固定的截面形状。常用来制作风管的材料主要有薄钢板、不锈钢板、铝板、塑料板、玻璃钢板、复合材料板等。金属板制作风管及部件，可采用咬口铆接、螺栓连接、焊接等连接方式。

风道：由砖、混凝土、炉渣石膏板等建筑材料制成的通风管道。

● **常用参数及参数值描述**

类别编码	类别名称	特征	常用特征值	常用单位
2245	风管、风道	品种	直形板风管、矩形风管、矩形风道、螺旋圆风管、螺旋式椭圆形风管	个
		材质	镀锌铁皮、铝箔、无机玻璃钢、玻璃钢、塑料、玻镁复合、不锈钢板、酚醛复合、聚氨酯、酚醛泡沫	
		规格	$\phi950×1$、$\phi500×0.8$、$\phi500×1.2$、$\phi500×1$、$\phi550×0.5$、$\phi550×0.6$、$\phi550×0.8$、$\phi550×1.2$	

● **参照依据**

JG/T 14－2010　通风空调风口

2247　风帽

● **类别定义**

主要包括伞形、球形、圆锥形、筒形风帽等。

圆伞形风帽：装在系统排风口处用于防雨的伞状外罩，用于一般机械通风系统，适配管口直径为 200～1250mm 计 17 种；圆锥形风帽：沿内外锥形体的环状空间垂直向上排风的风帽，用于除尘系统及非腐蚀性有毒系统，适配管口直径为 200～1250mm 计 17 种；筒形风帽：用于自然排风的避风风帽，适配管口直径为 200～1000mm 计 9 种；球形风帽适用于自然通风系统。

● **常用参数及参数值描述**

类别编码	类别名称	特征	常用特征值	常用单位
2247	风帽	品种	伞形风帽、球形风帽、蘑菇形风帽、筒形风帽、圆锥形风帽、球形风帽	个
		规格	$\phi100×0.6mm$、$\phi100×0.5mm$、$\phi300$、$\phi600×0.8mm$、$\phi250$、$\phi200$、$\phi150$、$\phi120$、$\phi100$	
		材质	碳钢、玻璃钢、钢制、塑料	
		重量（kg）	10、12、15、18、22、25、27、50、5、7、4、9	

● **参照依据**

95K150－2　伞形风帽

96T609　圆伞形风帽

2249　罩类

● **类别定义**

这里的罩类主要包含防护罩、防雨罩、排气罩、通风罩、防火罩、采光罩等。

● 常用参数及参数值描述

类别编码	类别名称	特征	常用特征值	常用单位
2249	罩类	品种	ABS吸烟罩、上下吸式圆形回转罩、下吸式侧吸罩、上吸式侧吸罩、采光罩、防火罩	套、个
		材质	不锈钢、塑料	
		规格	150×150、180×180、320×320	

● 参照依据

96K110－2　皮带防护罩

96K110－3　电动机防雨罩

2251　风口过滤器、过滤网

● 类别定义

风口过滤器用于回风口之后,对室内回风进行有效的过滤,其结构美观,阻力小,重量轻,除尘效率高,防火、防潮、寿命小、易清洗;过滤网按材质分有铝合金、尼龙网、玻璃钢过滤网等。

● 常用参数及参数值描述

类别编码	类别名称	特征	常用特征值	常用单位
2251	风口过滤器、过滤网	品种	过滤网、过滤器	个、m²
		材质	尼龙、不锈钢、铝合金	
		规格	100×300、350×500、250×600、250×500、250×300、200×500、200×400、200×300	
		额定风量(m³/h)	1900、550、1200、1000、850、1500、250	

2253　调节阀

● 类别定义

主要包括防火阀、排烟阀、对开多叶调节阀、密闭式对开多叶调节阀、风管三通调节阀、蝶阀、风管止回阀、余压阀、插板阀、压差旁通阀、密闭阀等材料。

风口调节阀是为了调节风口或散流器的流量而设置的一种可调节的对开、对合式风闸。防火阀包括重力式防火阀和防火调节阀、防烟防火调节阀,防火风口等。

排烟阀主要包括普通排烟阀、排烟防火阀、板式排烟口等。

● 常用参数及参数值描述

类别编码	类别名称	特征	常用特征值	常用单位
2253	调节阀	品种	对开多叶风量调节阀、密闭式对开多叶风量调节阀、圆形风管防火阀、矩形风管防火阀、防烟防火阀、矩形防烟、防火调节阀、矩形风口调节阀、矩形风管止回阀	个
		规格	600×600、1250×800、1600×1000、300×300、200×200、ϕ100、ϕ120、ϕ140、ϕ160、ϕ180、ϕ200、ϕ220	
		材质	铸铁、铝合金、钢制、不锈钢、铜	

2255 消声器

● **类别定义**

空气动力设备（如鼓风机、空压机）的气流通道上或进、排气系统中的降低噪声的装置。消声器能够阻挡声波的传播，允许气流通过，是控制噪声的有效工具。消声器的种类很多，但究其消声机理，又可以把它们分为六种主要的类型，即阻性消声器、抗性消声器、阻抗复合式消声器、微穿孔板消声器、小孔消声器和有源消声器。阻性消声器是利用辐射在气流通道内的多孔吸声材料，吸收声能，降低噪音而起到消声作用。

● **常用参数及参数值描述**

类别编码	类别名称	特征	常用特征值	常用单位
2255	消声器	品种	抗性消声器、阻性消声器、电子消声器、排气喷流消声器、微穿孔板消声器、阻抗复合消声器	个
		规格	1000×1000、1000×600×1600、800×600×1600、800×500×1600、2000×1250、2000×1000、2000×800	
		材质	卡普隆纤维管、聚氨酯泡沫塑料管、镀锌钢板、矿棉管	

● **参照依据**

97K130-1　ZP 型片式消声器

2257 减振器

● **类别定义**

我们指应用于汽车、船舶、机械、航空、桥梁、地轨、能源、化工等方面的减振器；减振器是利用气压或液压缓冲弹簧产生的余振作用的装置。

弹簧减振器：适用于仪器仪表、精密机械的低频隔振，并起到缓冲作用；

橡胶减振器：主要用于空压机、柴油机、汽油机等动力机械作为减振元件，以保护机体正常工作和取得良好的周围环境。安装方便、性能可靠、规格齐全、可选性强。减振降噪效果明显。

● **常用参数及参数值描述**

类别编码	类别名称	特征	常用特征值	常用单位
2257	减振器	品种	金属减振器、橡胶减振器、弹簧减振器、减振垫	套
		规格	100mm×450LBS、100mm×750LBS、125mm×750LBS、125mm×1000LBS、125mm×1500LBS、135mm×750LBS、135mm×1000LBS、135mm×1500LBS	
		型号	YDSD型、BJT-Ⅰ型、BJT-Ⅱ型、CJT-Ⅰ、YDS-Ⅰ型、YDS-Ⅱ型	
		弹性刚度（kg/cm）	42、45、50	

● **参照依据**

JB/T 8132-1999　弹簧减振器

GB/T 14654-2008　弹性阻尼簧片减振器

2259 静压箱

● **类别定义**

静压箱：静压箱又称稳压室，连接送风口的大空间箱体。是送风系统减少动压、增加静压、稳定气流和减少气流振动的一种必要的配件。静压箱的主要作用就是稳压、降噪；静压箱内的风速不大于 2.5m/s，根据风量、风速就可以确定静压箱的容积，静箱一般是定做的。宽度方向不宜小于 500mm。通常静压箱的尺寸比室内机略小即可。

● **常用参数及参数值描述**

类别编码	类别名称	特征	常用特征值	常用单位
2259	静压箱	品种	消声静压箱	个
		规格	2600×1800×700、1800×1700×700、1800×800×1000、1800×1400×700、2000×1400×1000	
		材质	铝合金、不锈钢、镀锌钢板	

● **参照依据**

91SB6-1 通风与空调工程

2261 其他通风空调材料

● **类别定义**

主要包括扩散孔板等材料。

23 消防器材

● **类别定义**

消防器材是用来预防火灾和扑救火灾的专用器材。常见的消防器材有灭火器、消火栓、灭火系统、消防报警装置。如：烟感器，探测器等等。

● **类别来源**

来源于清单安装专业、全统安装定额中《消防工程》材料；二级类别参照相关的消防材料标准进行编制。

● **范围描述**

范围	二级子类	说明
消防器材	2301 灭火器	包含泡沫灭火器、干粉灭火器、二氧化碳灭火器、酸碱灭火器、六氟丙烷灭火器等
	2303 消火栓	包含室外地上消火栓（SS 型）、室外地下消火栓（SA 型）、消火栓钥匙、室内消火栓（SN 型）等
	2305 消防水泵接合器	包含地上式、地下式和墙壁式消防水泵接合器
	2307 消防箱、柜	包含木制消火栓箱、玻璃钢消防箱、铝合金消防箱、铁质消防箱、钢质消防箱、铝合金消防柜、钢质消防柜等
	2311 泡沫发生器、比例混合器	包含空气泡沫产生器、中倍数泡沫发生器、管线式比例混合器、环泵式比例混合器、平衡压力式比例混合器、低倍数泡沫发生器、高倍数泡沫发生器等
	2313 水流指示器	包含螺纹式水流指示器、法兰式水流指示器等
	2315 灭火剂	包含干粉灭火剂、泡沫灭火剂、卤代烷灭火剂等
	2317 灭火散材	包含灭火毯、防火枕、防火圈、防火包、防火堵料等

续表

范围	二级子类	说　明
消防器材	2319　消防水枪	包含直流水枪、开花水枪、喷雾水枪
	2321　消防喷头	包含水幕喷头、泡沫喷头、水雾喷头、开式喷头等
	2323　软管卷盘、水龙带及接口	包含水带接口、异径接口、管牙接口、吸水管接口等
	2325　灭火装置专用阀门	包含选择阀、分配阀、报警阀、监控阀、雨淋阀等
	2327　分水器、集水器、滤水器	包含集水器、滤水器、二分水器、三分水器、四分水器等
	2329　隔膜式气压水罐	包含立式隔膜气压水罐、卧式隔膜气压水罐等
	2331　消防工具	包含消防斧、消火栓试压器、消防软梯、抢险锹等
	2337　探测器	包含感烟、感温、感光、可燃气体火灾探测器
	2339　火灾报警、警报及消防联动控制装置	包含雨淋报警阀、湿式报警阀、干式报警阀、可燃气体报警器、声光报警器、火灾报警联动控制器等
	2340　现场模块	包含监视模块、控制模块、直控模块、输入/输出模块、切换模块等
	2341　其他报警器材	包含消防闪灯、放气指示灯、讯响器、消防警铃等
	2343　消防通信广播器材	包含消防报警专用的通信器材和广播器材
	2345　其他消防器材专用配件	包含探头底座、键盘抽屉、CRT 面板、总线驱动器、编码中继器等

2301　灭火器

● 类别定义

灭火器是一种可由人力移动的轻便灭火器具。它能在其内部压力作用下将所充装的灭火剂喷出，用来扑灭火灾。灭火器的种类很多，按其移动方式可分为：手提式和推车式；按驱动灭火剂的动力来源可分为：贮气瓶式、贮压式、化学反应式；按所充装的灭火剂则又可分为：泡沫、干粉、二氧化碳、酸碱、清水、六氟丙烷灭火器。

● 常用参数及参数值描述

类别编码	类别名称	特征	常用特征值	常用单位
2301	灭火器	充装灭火剂	干粉灭火器、碳酸氢钠干粉灭火器、清水灭火器、ABC 干粉灭火器、泡沫灭火器、磷酸铵盐干粉灭火器、卤代烷 1211 灭火器、二氧化碳灭火器、卤代型 1301 灭火器	个
		移动方式	B 背负式、Z 舟车式、手轮式、手提式、T 推车式、Z 鸭嘴式	
		灭火级别	5A、90B、120B、12B、10B、65B、45B、35B、20B、18B、14B、7B、5B、2B、27A、21A、43B、13A、21B、34B、8A、1B、4B、8B	
		灭火剂量	0.5kg、10kg、24kg、4L、35L、8L、45L、1L、120L、70L、65kg、30kg、45kg、5kg、6kg、4kg、3kg、2kg、7kg、1kg、0.4kg、8kg、25kg、35kg、20kg、100L、90L、65L、40L、30L、28L、25L、20L、12L、9L、7L、6L、5L、3L、2L、100kg、70kg、50kg、40kg	
		外形尺寸（长×宽×高）mm	195×120×654、276×160×814、560×490×1390、560×490×1240、528×500×1040、465×520×1000、371×708×1370、340×170×579	

● **参照依据**

GB 4351.1－2005 手提式灭火器 第1部分：性能和结构要求

GB 8109－2005 推车式灭火器

2303 消火栓

● **类别定义**

消火栓是设置在消防给水管网上的消防供水装置，由阀、出水口和壳体等组成。消火栓按其水压可分为低压式和高压式两种；按其设置条件分为室内式和室外地上式、室外地下式两种。

● **常用参数及参数值描述**

类别编码	类别名称	特征	常用特征值	常用单位
2303	消火栓	品种	室外地上消火栓（SS型）、室外地下消火栓（SA型）、消火栓钥匙、室内消火栓（SN型）	个
		公称直径	60、150、100、80、65、50、40、32、25	
		接口形式	进：法兰式 出：内扣式、进：管螺纹 出：内扣式四角、六角、进：承插式 出：内扣式	
		公称压力（MPa）	1.5、1、1.6	
		外形尺寸	175×114×205、188×140×182、1.5m、1m、158×100×190、168×120×165	

● **参照依据**

GB 3445－2005 室内消火栓

2305 消防水泵接合器

● **类别定义**

消防水泵接合器是消防车和机动泵向建筑物内消防给水系统输送消防用水或其他液体灭火剂的连接器具。它由法兰接管、弯管、止回阀、放水阀、安全阀、闸阀、消防接口、本体等部件组成。型号有地上式、地下式、墙壁式、多用式。

● **常用参数及参数值描述**

类别编码	类别名称	特征	常用特征值	常用单位
2305	消防水泵接合器	出口公称直径	80、65、150、100	个
		接口形式	KWS80（2个）、KWS65（2个）	
		安装形式	B—墙壁式、D—多用式、S—地下式、X—地上式	
		压力等级（MPa）	1、1.6	

● **参照依据**

GB 3446－2013 消防水泵接合器

99S203 消防水泵接合器安装

2307 消防箱、柜

● **类别定义**

消防箱、柜是将室内消火栓、消防水带、水枪及相关电气装置（消防泵启动、控制按钮）集装于一体具有给水、灭火、控制、报警等功能的箱状固定式消防装置。按照安装方式分为：明装式、安装式、半明装式。

● 常用参数及参数值描述

类别编码	类别名称	特征	常用特征值	常用单位
2307	消防箱、柜	品种	消防控制柜、单栓消火栓箱（带卷盘）双栓消火栓箱、双门双栓简易箱、灭火器箱、消火栓箱、单栓消火栓箱、水带箱	个
		材质	铝合金框镶玻璃型、钢框镶玻璃型全钢式、不锈钢	
		箱体尺寸	长×宽×高：1000×700×200、800×650×200、800×650×320、800×650×240、1200×750×200	
		箱门形式	J—带检修门式、前开门 FJ—带防火检修门式、H—前后开门式	

● 参照依据

GB 14561-2003　消火栓箱

2311　泡沫发生器、比例混合器

● 类别定义

泡沫发生装置：能将水与泡沫液按比例形成的泡沫混合液产生泡沫的设备。泡沫灭火系统按发泡倍数分类为：低倍数泡沫灭火系统，发泡倍数低于 20 倍；中倍数泡沫灭火系统，发泡倍数 20～200 倍；高倍数泡沫灭火系统，发泡倍数 200～1000 倍。

泡沫比例混合装置：是将水与泡沫液按比例混合，并向泡沫产生（发生）设备和喷射设备提供泡沫混合液的设备。常见的比例混合器有：压力式比例混合器、管线式比例混合器、环泵式比例混合器和平衡压力式比例混合器。固定式消防泵组由泵动力装置比例混合器等在同一底座上组装的成套设备组成。

● 常用参数及参数值描述

类别编码	类别名称	特征	常用特征值	常用单位
2311	泡沫发生器、比例混合器	品种	空气泡沫产生器、中倍数泡沫发生器、管线式比例混合器、环泵式比例混合器、平衡压力式比例混合器、低倍数泡沫发生器、高倍数泡沫发生器、压力式比例混合器	个
		干管通经（mm）	25、65、80、100、150、200、250	
		混合液流量（L/min）	4、5、8、16、24、32、200、400、600、800	
		泡沫发生量（L）	30、50、100、150	
		泡沫液贮罐公称容积（m³）	0.6、1、1.5、2、3、4、5.5、6.5、7.6、11	

● 参照依据

GB 50151-2010　泡沫灭火系统设计规范

GB 50338-2003　固定消防炮灭火系统设计规范

2313　水流指示器

● **类别定义**

水流指示器是一种由管网内水流作用启动、能发出电信号的组件，一般安装在系统各分区的配水干管或配水管上，可将水流动的信号转换为电信号，对系统实施监控，报警的作用。该水流指示器是由本体，微动开关，桨板，法兰（或螺纹）三通等组成。

● **常用参数及参数值描述**

类别编码	类别名称	特征	常用特征值	常用单位
2313	水流指示器	品种	螺纹式水流指示器、卡箍式水流指示器、对夹式水流指示器、焊接式水流指示器、马鞍式水流指示器、法兰式水流指示器、水流指示器	个
		公称直径（mm）	150、50、65、60、25、32、40、80、100、125、200	
		公称压力（MPa）	0.14、1.2、1.6	
		外形尺寸（长×宽）mm	190×265、200×325、210×365、180×245	

注：规格包含公称压力、外形尺寸。

● **参照依据**

GB 5135.7-2003 自动喷水灭火系统 第7部分：水流指示器

2315 灭火剂

● **类别定义**

能够有效地在燃烧区破坏燃烧条件，达到抑制燃烧或中止燃烧的物质，称作灭火剂。

灭火剂的种类较多，常用的灭火剂有水、泡沫、二氧化碳、干粉、卤代烷灭火剂等。

● **常用参数及参数值描述**

类别编码	类别名称	特征	常用特征值	常用单位
2315	灭火剂	品种	卤代烷灭火剂、二氧化碳灭火剂、泡沫灭火剂、清水灭火剂、干粉灭火剂	kg
		规格（kg）	50、200、25、40、600、1200、20	
		发泡倍数	≥6、≥6.3、≥6.8、≥7.2、≥7.4、≥7.8、≥5	
		包装形式	塑料包装桶、钢瓶、编织袋	

● **参照依据**

GB 4066.2-2004 干粉灭火剂 第2部分：ABC干粉灭火剂

GB 15308-2006 泡沫灭火剂

GB/T 4396-2005 二氧化碳灭火剂

GB 20128-2006 惰性气体灭火剂

GB 4066.1-2004 干粉灭火剂 第1部分：BC干粉灭火剂

GB 4065-1983 二氟一氯一溴甲烷灭火剂

2317 灭火散材

● **类别定义**

灭火散材主要包括灭火毯、防火枕、防火圈、防火包和防火堵料等。

灭火毯主要采用难燃性纤维织物，经特殊工艺处理后加工而成，具有紧密的组织结构和耐高温性，能很好地阻止燃烧或隔离燃烧。

阻火包又称防火包，防火枕。

有机防火堵料俗称防火泥，该产品遇火后表面迅速形成坚实的炭层，阻火、隔烟效果十分显著。

● 常用参数及参数值描述

类别编码	类别名称	特征	常用特征值	常用单位
2317	灭火散材	品种	防火圈、防火枕（阻火密封包）、防火板、防火堵料、防火包（阻火包）、阻燃剂	m²、个
		规格	1000×1000、$\phi160$、$\phi200$、$\phi100$、$\phi75$、$\phi50$、20kg/桶、1.2m×2.4m×6mm、$\phi35\sim\phi100$、500G	
		性能	耐火极限、腐蚀性、耐跌落性、耐水性、耐碱性、其他	
		比重（kg/m³）	0.36×1000、1.68×1000、0.35×1000	

2319 消防水枪

● 类别定义

消防水枪是一种增加水流速度、提高射程、改变水流形式的射水灭火消防专用工具。目前我国生产的水枪按其射流形状不同，可分为直流水枪、开花直流两用水枪、喷雾水枪和带架水枪。

直流水枪是用来喷射密集水流的水枪。其水流射程较远，由一定的冲击口、枪管和喷嘴组成。有些直流水枪枪管上装有开关，可以在使用中随时启闭，或在一定范围内控制流量大小。开花直流两用水枪可以喷射密集水流。也可喷射伞形开花水流，其构造特点是设有两个控制阀：直流调节阀，控制直流射流；开花调节阀，控制开花射流。两种水流可同时喷射，操作简单。可用来扑救室内火灾或掩护消防人员进入浓烟烈火的火场。

喷雾水枪是在直流水枪的枪口上安装一只双级离心喷雾头，使水流在离心力作用下，将压力水变成水雾。喷雾水枪喷出的雾状水流，适用于扑救油类火灾及油浸式变压器、多油式断路器等电气设备火灾。

开花直流水枪是一种可以喷射充实水流，也可以喷射伞形开花水流的水枪。

● 常用参数及参数值描述

类别编码	类别名称	特征	常用特征值	常用单位
2319	消防水枪	品种	开关水枪、直流水枪、多用水枪、带架水枪、喷雾水枪	支
		射程（m）	11、28、25、22、14、32、36	
		重量（kg）	0.93、1.32、0.72	
		流量（L/min）	900、200、140、300、450、315	
		公称压力（MPa）	0.9、0.35、0.3	
		公称直径	50、19、13、100、16、65	

● **参照依据**

GB 8181－2005 消防水枪

2321 消防喷头

● **类别定义**

消防喷淋头主要有玻璃球洒水喷头、隐蔽型喷头、快速响应早期抑制喷头、水幕喷头、水雾喷头。

消防洒水喷头：在热的作用下，按预定的温度范围自行启动，或根据火灾信号由控制设备启动，并按设计的洒水形状和流量洒水灭火的喷头。

消防水雾喷头通常同雨淋报警阀、火灾探测器等组成水雾喷淋系统，广泛用于大型化工厂的液化储罐设备，发电厂的变压器设备，以及石油类、易燃液体、电气设备的厂房和仓库。对上述场所起防护冷却、控制火情、扑灭火灾的作用。

● **常用参数及参数值描述**

类别编码	类别名称	特征	常用特征值	常用单位
2321	消防喷头	品种	隐蔽型喷头、水雾喷头、玻璃球洒水喷头、早期抑制喷头、快速反应喷头、易熔合金喷头、开式喷头、高速喷雾器	套、个
		公称直径	65、8、25、12、10、20、15、50	
		压力等级（MPa）	0.35、1.2、0.1	
		流量（L/min）	220、100、80、63、50、200、160、150、40、125、30、230	
		流量特性系数 K	53.5、52、43、40、33.7、28、26.5、21.5、16	

● **参照依据**

GB 5135.1－2003 自动喷水灭火系统第1部分：洒水喷头

2323 软管卷盘、水龙带及接口

● **类别定义**

消防软管卷盘是由阀门，输入管路、卷盘，软管喷枪等组成的并能在迅速展开软管的过程中喷射灭火剂的灭火器具，适用于商场、宾馆、仓库及高、低层公共建筑物内，具有操作方便，使用灵活，使没有受过训练的人员能实施灭火自救等优点，适宜于扑救室内初起火灾。

消防水带是连接消防车泵或消火栓与水枪等喷射装置的输水管线，它具有一定的耐压强度，不漏水、使用轻便，耐磨和多次重复使用的性能。水带的长度一般为20米，在水带的两端还必须装上一副水带接口，以便互相连接。

水带接口用于水带与水带，消防车，消火栓，水枪之间连接，以便输送水或泡沫混合液进行灭火。它由本体，密封圈座，橡胶密封圈和挡圈等零部件组成，密封圈上有沟槽，用来扎水带。

● **常用参数及参数值描述**

类别编码	类别名称	特征	常用特征值	常用单位
2323	软管卷盘、水龙带及接口	品种	固定水带接口、异径水带接口、管牙水带接口、水带接口、7551 型涂塑水带（有衬里消防水带）、7102 型涂塑水带（有衬里消防水带）、衬胶水带（有衬里消防水带）	m
		公称直径（mm）	DN50、DN100、DN65/DN80、DN50/DN80、DN50/DN65、DN40/DN65	
		压力等级（MPa）	1.3、1.6、1、0.8、0.6、0.35	
		材质	橡塑、合金铝、氧化铝	
		外形尺寸	55×59、55×43、55×64、83×55、83×67.5、98×55、98×67.5、111×5	

● **参照依据**

GB 15090-2005　消防软管卷盘

GB 6246-2011　消防水带

2325　灭火装置专用阀门

● **类别定义**

选择阀是气体灭火装置的系统组件，有螺纹和法兰两种连接类型。

选择阀又称释放阀、分配阀。选择阀用于组合分配系统中，安装在集流管与主管道之间，控制 CO_2 灭火剂流向发生火灾的保护区域。

● **常用参数及参数值描述**

类别编码	类别名称	特征	常用特征值	常用单位
2325	灭火装置专用阀门	品种	螺纹分配阀、法兰选择阀、螺纹选择阀、液体单向阀、安全泄压阀、气体单向阀	个
		公称直径	125、80、65、50、40、32、25、150、100	
		压力等级	1.0、1.2、1.5	
		材质	灰铸铁、球墨铸铁、不锈钢	
		外形尺寸	按实计取	

● **参照依据**

GB/T 795-2008　卤代烷灭火系统及零部件

2327　分水器、集水器、滤水器

● **类别定义**

分水器：是从消防车供水管路的干线上分出若干股支线水带的连接器材，本身带有开关，可以节省开启和关闭水流所需的时间，及时保证现场供水。分水器是将一路进水通过一个容器分为几路输出的设备，而集水器是将二股水流汇集成一股水流的器材。单向阀控制水流只准流入，不准流出；

滤水器装置于吸水管末端；可以防止吸水管和水泵被杂草和淤泥堵塞，保证水泵正常吸水；滤水器上的阀门可以防止吸水管内的水倒流，以免水泵在停止后复用时重新引水。

● **常用参数及参数值描述**

类别编码	类别名称	特征	常用特征值	常用单位
2327	分水器、集水器、滤水器	品种	集水器、二分水器、四分水器、滤水器、三分水器	个
		型号	150、进口：65、出口：65×65、125、进口：100、出口：65、进口：65、出口：65×50；进口：80、出口：65×65×65	
		压力等级（MPa）	2.5、1.6、1.0	

● **参照依据**

GA 12‐1991 集水器性能要求和试验方法

2329 隔膜式气压水罐

● **类别定义**

隔膜式气压水罐广泛应用于中央空调循环水稳压，蒸水供应膨胀系统，采暖系统循环水补水稳压，消防给水系统补水稳压，变频给水稳压，锅炉补水，气压式给水等场合。

一般生活供水所用压力罐压力等级分为 1.0MPa，1.6MPa 和 2.5MPa。

● **常用参数及参数值描述**

类别编码	类别名称	特征	常用特征值	常用单位
2329	隔膜式气压水罐	品种	立式隔膜气压水罐、卧式隔膜气压水罐	台
		公称压力（MPa）	1.6、1.5、0.6、1.0	
		罐体直径（mm）	400、600、800、1000、1200、1400、1600、1800、2000、2200、2400	
		总容积（m³）	0.11、0.15、0.32、0.35、0.37、0.76、0.84、0.86、1.41、1.44、1.56、2.37、2.5、2.58、3.4、3.61、3.64、4.6、5.26、5.5、6.1、8.12、8.64	
		调节容积（m³）	0.05、0.11、0.26、0.52、0.8、1.1、1.7、2.85	

● **参照依据**

GB 50015‐2003 建筑给水排水设计规范

2331 消防工具

● **类别定义**

消防工具主要有消防斧、消火栓试压器、消防软梯、抢险锹等。

1. 消防斧：消防斧分两种，一种是供消防员随身携带的手斧，另一种是放置在消防车器材箱内的大斧。大斧重量约 5kg，斧柄长 80cm 左右，有斧尖的叫尖斧，没有斧尖的叫平斧。消防斧主要供消防员在火场上破拆建筑物结构时，使用可以劈砍门、窗、锁链和其他阻碍物。

2. 消防钩：主要供消防员在火场上拆除危险建筑结构物时使用，如戳穿屋顶、破拆天花板、板壁、草棚及其他可燃物，训练有素的消防员也可以利用消防钩来登高，向高处传递消防器材，探测天然水源的深度等，消防钩一种叫尖型钩，由钩尖、弯钩和木（竹）柄制成，另一种叫爪型钩，由双爪钩和木（竹）柄组成。一般长度在 2～3m 左右。重量轻，使用方便。

287

3. 铁锹：按重量分 2、4、5、7kg 四种，铁锹主要供消防员在火场上破拆地板、天花板和金属、建筑结构用，还可以用它撬开门窗和地下消火栓井盖。

4. 绝缘电剪：绝缘电剪长度约 50～60cm，上端是宽大结实的剪刀，剪把上包有绝缘皮或硬电木，能耐 3000V 的高压电。它主要供消防员在火场上切断电源时使用，可以剪断直径 5mm 左右的电线。

5. 机动锯：机动锯可以帮助消防员快速地锯断需要破拆的房屋构件，机动锯分圆盘形和带条形两种。机动圆盘锯用动力驱动一个像砂轮似的钢锯，即便是钢筋水泥的房屋结构件，也可切断。机动带形锯只适宜于锯断、木材房屋构件，即使是一根直径一尺的木质梁柱也可以用它锯断。

6. 气割机：气体切割机由气割枪、皮管和分别灌装压缩氧气和压缩乙炔气的两个小钢瓶组成。整套气割机灵巧轻便，一个消防员即可背起，完成在火场上切割钢铁构件的任务。

7. 氧气呼吸器：一般分为两类：一类是隔绝式呼吸器，另一类是过滤式呼吸器，隔绝式呼吸器能使佩戴者的呼吸器官完全与外界空气隔绝。靠呼吸器中的氧气或压缩空气进行呼吸，可以在任何有毒气体中工作，因而使用范围较广。

8. 正压式空气呼吸器、钢瓶：整套装备具有体积小巧，携带方便，佩戴舒适，操作简便，性能稳定的特点，是消防指挥员亲临火灾现场指挥和遇有紧急情况撤离时的理想呼吸保护装备，有斜挎式、背负式两种，气瓶工作压力一般为 30MPa，使用时间约20min～60min。

9. 消防腰带：一般由棉纶织带、金属部件组成，特性是耐磨、阻燃、工作拉力大，一般重量为 0.6kg 左右。

10. 消防战斗服：分上衣、下裤分体式和连体式，具有阻燃、隔热、防水透气、舒适为一体，以轻便灵活的特点成为最普通的防护服装，适用于灭火战斗时，所用的面料都为阻燃面料。

11. 隔热服：一般防辐射热温度为 900℃ 以上，主要由铝箔防火布、舒适里子布制作，由头盔、上衣、下裤、手套、脚套组成。

12. 防火衣：主要用于穿越火区或长时间近火作业，可瞬间接触火焰，一般防火衣耐火焰温度为 900℃，防辐射热温度 1000℃，主要用铝箔防火布，耐火隔热毡及舒适里子布制作，并配有镀金安全视镜。

13. 防护胶靴：具有防砸、防割、防穿刺、阻燃、隔热、耐电压、耐油、防滑、耐酸碱等特点。

14. 防毒面具：能有效地滤除一氧化碳、氢化氰等有毒气体和烟雾，并有阻燃隔热功能，能保护使用者不受烟和有毒气体伤害死亡。

15. 安全绳：逃生必备品，具有耐拉力强、分量轻、经久耐用、使用简单等优点，主要用麻、尼龙、丙纶长丝、聚乙烯制作。

16. 消防软梯：消防软梯标准规格 $\phi20\times330\times370$ 其特点可随意地固定，直接悬挂，经久耐用，轻质高强，安全适用。是高空作业、垂直上下替代繁杂手架之最佳理想的登高工具。

● **常用参数及参数值描述**

类别编码	类别名称	特征	常用特征值	常用单位
2331	消防工具	品种	消防软梯、安全绳、防毒面具、消防头盔、正压式空气呼吸器、防火手套、救生气垫、高楼救生缓降器、氧气呼吸器、气割机、机动锯、绝缘电剪、消防铁锹、消防钩、消防尖斧、消防平斧、斧套、消防钩、消防铲、消防桶、消防应急包、警戒带、防化眼镜、消防胶靴、防火衣、隔热服、消防战斗服、消防腰带、扩音器、喊话器、消防器材架、防爆毯、防火帽、灭火毯	台、个
		规格	21m、24m、27m、30m、33m、36m、42m、45m、48m、51m、54m	

● **参照依据**

GA 138-2010 消防斧

2337 探测器

● **类别定义**

专指火灾用探测器：火灾探测器是能对火灾参数（烟、温、光、火焰、可燃气体浓度）产生响应，并可自动生成火灾报警信号的器件。

按照响应火灾参数不同分为：感烟火灾探测器、感温火灾探测器、感光火灾探测器、可燃气体火灾探测器、复合火灾探测器等。

感烟火灾探测器：同于探测火灾初期的烟雾并发出火灾报警信号的火灾探测器。

感温火灾探测器：对一定警戒范围的温度进行监测的探测器。

感光火灾探测器：通过检测火焰中的红外线、紫外光来探测火灾发生的探测器。

可燃气体火灾探测器：利用对可燃气体敏感的元件来探测可燃气体的浓度，当可燃气体超过限度时则报警。

复合火灾探测器：具有两种以上功能的探测器，例如：感烟、感温探测器、感烟感光探测器等。

● **常用参数及参数值描述**

类别编码	类别名称	特征	常用特征值	常用单位
2337	探测器	结构形式	点型火灾探测器、线型火灾探测器	个
		响应火灾参数类别	感烟、感温、感光、可燃气体、复合型	
		工作电压（V）	DC24、DC15～35、DC8.5～30、DC18～26、DC15～32	
		规格	600×600×1845、200×150、360×250×65	

● **参照依据**

GB 15322-2003 可燃气体探测器
GB 4715-2005 点型感烟火灾探测器
GB 16280-2005 线型感温火灾探测器

2339 火灾报警、警报及消防联动控制装置

● **类别定义**

火灾报警装置：用于接收、显示和传递火灾报警信号，并能发出控制信号的装置叫火

灾报警装置；火灾报警控制器是其中最基本的一种，是火灾自动报警系统中的核心组成部分，具备为火灾探测器供电、接收、显示和传送火灾报警信号，对自动消防设备发出控制信号的功能。另外还包括：湿式报警装置、干式报警装置、电动雨淋报警装置、预作用报警装置等。

火灾警报装置：用以发出声、光火灾警报信号的装置。

消防联动控制：当接收到来自触发器件的火灾报警信号时，能自动或手动启动相关消防设备及显示其状态的设备，称之为消防联动控制。

● 常用参数及参数值描述

类别编码	类别名称	特征	常用特征值	常用单位
2339	火灾报警、警报及消防联动控制装置	品种	杠杆式雨淋报警阀、湿式报警阀、预作用报警阀、干式报警阀、隔膜式雨淋报警阀、蝶阀式雨淋报警阀、雨淋阀装置、可燃气体报警器、火灾警报装置	台
		公称通径（mm）	250、150、200、65、80、50、40、125、100、32、25	
		公称压力（MPa）	0.14、1.2、1.6	
		连接形式	螺纹连接、法兰连接	
		阀体高度（mm）	366、410、270、247、480、346	
		规格	980×310×455、460×280×265、460×280×230、460×320×285、850×500×422、920×750×527、460×280×200、1085×360×540	

● 参照依据

GB 5135.5－2003 自动喷水灭火系统 第5部分：雨淋报警阀

GB 5135.2－2003 自动喷水灭火系统 第2部分：湿式报警阀、延迟器、水力警铃

2340 现场模块

● 类别定义

消防模块也是火灾自动报警系统中的重要组成部分。模块大致可以分为输入模块，输出模块，输入输出模块，隔离模块，中继模块，切换模块，多线控制模块等类型。

● 常用参数及参数值描述

类别编码	类别名称	特征	常用特征值	常用单位
2340	现场模块	品种	短路隔离器、手动报警按钮、监视模块、控制模块、直控模块、输出模块、输入/输出模块、输入模块、编码消火栓报警按钮（带电话插孔）、切换模块	个
		工作电压（V）	220、DC24、DC15～30	
		电流	动作电流≤25mA、监视电流≤0.5mA、动作电流≤3.5mA、静态≤0.5mA、报警≤3.5mA	
		线制	与控制器采用两总线、有极性连接、与直接控制盘四总线连接、两总线、有极性	
		编码方式	二进制八位拨码开关编码	
		外形尺寸	92×92×48、120×82×40、89×89×48、89×89×47	

2341 其他报警器材

● 类别定义

主要包括气体指示灯、报警显示器。气体指示灯：可与各类控制器配套使用，安装在出入口的上方，当气体灭火装置被触发释放时，释放显示灯会自动闪烁，并发出"嘀.嘀…"的声音提示。

● 常用参数及参数值描述

类别编码	类别名称	特征	常用特征值	常用单位
2341	其他报警器材	品种	消防闪灯、放气指示灯、讯响器、消防警铃、气体灭火盘、数码管火警显示器、热敏打印机、集流管、集热板、减压孔板、试验容器、消防电源、集热罩	套、个
		规格	800×2000×600	

2343 消防通信广播器材

● 类别定义

消防通信广播器材是火灾报警联动控制系统的配套产品之一，包含多线制对讲电话系统、消防专用功率放大器、消防广播扬声器、广播录放盘等。

● 常用参数及参数值描述

类别编码	类别名称	特征	常用特征值	常用单位
2343	消防通信广播器材	品种	总线电话插孔、火警电话分机、总线制消防电话主机、多线消防电话分机、火警通信盘（电话盘）、吸顶式组合扬声器、消防广播系统、消防广播分配盘、消防广播录放盘、手提式电话分机、总线消防广播柜、消防电话插口	套、个
		容量	40门、64门、56门、48门、20门、16门	
		工作电压（V）	AC 220V、50Hz/DC 24V	
		工作电流（A）	≤2.0、≤0.5	
		额定功率（W）	500、300、150、250、125	
		频率范围	300～3400Hz、125～6300Hz	
		外形尺寸	133（3U标准）×482.6×320	

2345 其他消防器材专用配件

● 类别定义

主要包括喷头装饰盘、减压孔板，及以上未罗列的消防器材和以后市场可能出现的新型消防器材。喷头装饰盘同洒水喷头配套使用，装饰盘在喷头和天花板之间，使喷头安装位置美观大方；减压孔板主要工作原理是通过限流来降低管网压力的。

● 常用参数及参数值描述

类别编码	类别名称	特征	常用特征值	常用单位
2345	其他消防器材专用配件	品种	智能型探测器用底座、探头底座、通用底座、键盘抽屉、琴台式机柜、CRT 面板、编码紧急启停按钮、立式控制柜、总线驱动器、总线防离器、编码中继器、手持编码器、监视中继器、联动中继器、火报中继器、警铃中继器、四路气体灭火控制器、主机电源、喷头装饰盘、装饰盘、手动报警按钮、消火栓按钮、地址码编程器、终端盒、编码消火栓报警按钮、消防报警备用电源	套、个
		规格	DN15、DN20、DN25、DN32、DN40、DN50、DN65、DN80、DN100、DN125、DN150、DN200、DN300、DN285、DN395、D120、D135、D155、D185、D210、270L、155L、90L、40L、	

24 仪表及自动化控制

● 类别定义

按照我国国民经济行业分类标准，仪器仪表大行业包括仪器仪表及计量器具等 20 多个专业类别，即：工业自动化仪表、电工仪器仪表、光学仪表、计时仪表、分析仪表、衡器、电子测量仪表等。

本类主要涉及房屋建筑安装工程过程中经常使用的各类仪器仪表及仪器仪表配件器材。

◇ 不包含

---- 房屋建筑安装工程建造过程中不涉及的仪器仪表在本标准中不考虑，请参见相关标准执行

---- 工程检测仪表台班类，放入 98 大类下

● 类别来源

来源于工程量清单、全统安装定额安装专业的《自动化控制及仪表安装工程》以及给排水燃气工程中的水表、燃气用表及其他专业的仪表器材，具体的二级分类参见具体的材料标准。

● 范围描述

范围	二级子类		说　　明
过程检测仪表	2401	水表	包含 LXS 型旋翼湿式水表、LXL 型水平螺翼式水表、IC 卡智能水表等
	2403	燃气表	包含 IC 卡智能预付费燃气表、非接触式 IC 智能燃气表、IC 卡抄表式燃气表、膜式燃气表、直读式远传燃气表等
	2404	电度表	包含单项电度表、三项电度表、单项付费电度表等
	2405	热量表	组合机械式热量表、整体机械式热量表、IC 卡智能冷热量表
	2406	综合计费仪表	

续表

范围	二级子类	说　明
过程检测仪表	2407　电工测量仪表	单项电度表、三项电度表、单项预付费电度表、三项预付费电度表、直流电压表、交流电压表、直流电流表、交流电流表、电阻表、单相功率表、三相功率表、三相功率因数表、频率表、导电表、电阻
	2409　温度测量仪表	膨胀式温度计（如玻璃水银温度计）、压力式温度计、电阻式温度计、热电式温度计、光电式温度计、辐射式高温计等几种类型
	2411　压力仪表	主要有液柱式压力计（如U形管压力计）、弹性式压力计（如弹簧管/波纹管压力计、膜盒压力计等）、压力核验仪、电气式压力计、真空计等几种类型。压力计也称压力表
	2413　差压、流量仪表	主要有速度式流量计（如涡轮流量计）、容积式流量计（如椭圆齿轮流量计）、差压式流量计、恒压降式流量计（如转子流量计）、动压式流量计（如毕托管流量计）、电气式流量计（如电磁流量计）等几种类型
	2415　节流装置	流量测量仪表中的差压流量计的测量部分，由节流件、取压装置和前后直管段组成
	2417　物位检测仪表	包括液位计、物位计
	2419　显示仪表	记录仪、电子显示仪
集中检测仪表	2423　过程分析仪表	主要有电化学式分析仪（如电导式气体分析仪、电磁浓度计等）、热学式分析仪、磁导式分析仪、红外线分析仪、水质分析仪等
	2424　机械量仪表	测厚仪、热膨胀检测仪、扰度检测仪、转速检测仪、转动检测仪、称重传感器、电子皮带秤、数字程中显示仪、智能程中显示仪、实物标定仪、链码标定、挂码标定
	2425　物性检测仪表	温度分析仪、密度、比重测定仪表、水分计
	2427　气象环保检测仪表	风向检测仪、风速检测仪、雨量检测仪、日照检测仪、飘尘检测仪、有害气体检测仪、噪音计
过程控制仪表	2429　过程控制仪表器件	变送单元仪表、显示单元仪表、调节单元仪表、计算单元仪表、转换单元仪表、给定单元仪表、辅助单元仪表、盘装仪表、基地式调节仪表
集中监视与控制装置	2431　集中监视与控制装置	安全检测装置、顺序控制装置、信号报警装置、数据采集及巡回检测报警装置、交通信号灯控制装置
工业计算机器材	2433　工业计算机器材	包含通用计算机柜、编组柜、组件柜、激光台式打印机、激光柜式打印机、喷墨打印机、普通打印机等
仪表配件	2459　仪表专用管件	仪表接头、连接管、水表接头、水表管等
	2461　仪表专用套管	温度计套管
	2463　仪表专用阀门	
	2467　仪表专用垫片	水表垫
	2469　其他仪表及自控器材	

注：整体分类情况参照《国民经济行业仪器仪表分类标准》。

2401 水表

● **类别定义**

水表：在额定工作条件下用于连续测量、记忆和显示流经测量传感器的水体积的计量仪表。水表最常用的有旋翼式和螺翼式两种。

水表按安装方向通常分为水平安装水表和立式安装水表（又称立式表），是指安装时其流向平行或垂直于水平面的水表，在水表的度盘上用"H"代表水平安装、用"V"代表垂直安装；按介质的温度可分为冷水水表和热水水表，水温 30℃ 是其分界线。

（1）冷水水表

介质下限温度为 0℃、上限温度为 30℃ 的水表。

（2）热水水表

介质下限温度为 30℃、上限为 90℃ 或 130℃ 或 180℃ 的水表。

★ 水表产品型号的组成一般如下：

第一节用大写汉语拼音字母表示，其中第一位是产品所属的大类，即水表归属的流量仪表类别，用"L"表示，第二位是产品所属的小类，即水表，用"X"表示，第三、四位表示该产品的工作原理、结构、功能、特点等。详细规定见下表

代　号	名　称	备　注
LX	水表	第1位L代表流量计，第2位代表水表
LXS□	旋翼式水表	第3位S代表旋翼式
LXL□	水平螺翼式水表	第3位L代表水平螺翼式
LXR□	垂直螺翼式水表	第3位R代表垂直螺翼式
LXF□	复式水表（组合式）水表	第3位F代表复式
LXD□	定量水表	第3位D代表定量
R	热水水表	第4位R代表热水
L	立式水表	第4位L代表立式
N	正逆流水表	第4位N代表正逆流
G	干式水表	第4位G代表干式
Y	液封水表	第4位Y代表液封
C	可拆卸式水表	第4位C代表可拆卸式

第二节用阿拉伯数字和字母表示，反映水表的公称口径、指示装置形式和产品的设计顺序号（旋翼式水表）等。设计顺序号中：

A 代表基型、七位指针、组合叶轮、标度 1L；

B 代表组合叶轮、8 位指针、最小检定分度 1L；

C 代表整体叶轮、8 位指针、最小检定分度 0.1L；

E 代表整体叶轮、4 位指针 4 位字轮组合式计数器、最小检定分度 0.1L。其中 A 型表是原统一设计水表第一次改进设计型，现已列入淘汰产品，不再生产。

说明：基型水表在行业中又俗称"七位指针水表"。

型号举例：

LXS-15C 表示公称口径为 15mm、第三次改进设计（整体叶轮、8 位指针）的旋翼式水表；

LXL-80 表示公称口径 80mm 的水平螺翼式水表；

LXSL-20E 表示公称口径 20mm 的旋翼式立式水表。

● **常用参数及参数值描述**

类别编码	类别名称	特征	常用特征值	常用单位
2401	水表	品种	旋翼式湿式水表、旋翼式干式水表、旋翼式液封水表、螺翼式湿式水表、螺翼式干式水表、螺翼式液封水表、翼轮复式水表、IC 卡抄表式水表、IC 卡预付费水表、IC 卡智能直饮水表、远程控制性水表、红外预付费水表、载波网络水表、N-BUS 网络水表、非接触式 IC 卡智能水表、容积式水表、涡轮式水表、旋转活塞式水表、同轴式水表、复式组合式水表	个
		介质形式	热水、冷水	
		计量等级	A 级、B 级、C 级、D 级	
		壳体材质	不锈钢、铜、铁、塑料、聚苯醚（PPO）、灰铸铁、球墨铸铁、铜、塑料、锌合金、铝合金	
		公称直径（DN）	500、450、400、350、300、250、200、125、100、80、65、75、15、25、20、50、150、32、40、600	
		公称流量 Q_n（m^3/h）	3.5、15、40、50、55、60、80、20、600、100、400、250、200、150、2.5、1.5、10、30	
		外形尺寸（mm）	190×93×147、165×92×100	
		安装方式	水平、垂直	

● **参照依据**

GB/T 778.1-2007　封闭满管道中水流量的测量饮用冷水水表和热水水表　第 1 部分：规范

JB/T 9236-1999　工业自动化仪表 产品型号编制原则

JJG 162-2009　冷水水表检定规程

CJ/T 133-2012　IC 卡冷水水表

CJ/T 224－2012　电子远传水表

JJG 686－2006　热水表检定规程

2403　燃气表

● **类别定义**

煤气表是一种气体流量计，又称燃气表，是列入国家强检目录的强制检定计量器具。燃气表按照用途分为民用燃气表、公商用燃气表、工业用罗茨燃气表；按照结构形式分为IC卡智能预付费燃气表、非接触式IC智能燃气表、IC卡抄表式燃气表、膜式燃气表、直读式远传燃气表等。

● **常用参数及参数值描述**

类别编码	类别名称	特征	常用特征值	常用单位
2403	燃气表	品种	直读无线远传燃气表、IC卡智能预付费燃气表、非接触式IC智能燃气表、直读有线远传燃气表、IC卡抄表式燃气表、膜式燃气表	个、块
		壳体材质	钢、铝、铁	
		公称直径（DN）	100、32、125、65、40、80、50、600、500、450、400、350、300、250、200、25	
		最大工作压力（MPa）	0.07、1.6、0.035、0.02、0.175、0.01、0.05	
		公称流量 Q_n（m³/h）	57、40、34、25、20、16、10、6、4、3、2.5、1.6、1.2、200、300、160、100、65、2、1.5、500、1000	
		外形尺寸（mm）	218×168×99、224×205×169	
		用途	工业用罗茨表、民用燃气表、公商燃气表	

● **参照依据**

GB/T 6968－2011　膜式燃气表

CJ/T 112－2008　IC卡膜式燃气表

GB/T 21391－2008　用气体涡轮流量计测量天然气流量

GB/T 21446－2008　用标准孔板流量计测量天然气流量

GB/T 18604－2001　用气体超声流量计测量天然气流量

2404　电度表

● **类别定义**

电度表（俗称电表），用来测量电能的仪表；每个家庭用电量的计量工具；电度表按其使用的电路可分为直流电度表和交流电度表，交流电度表按其电路进表相线又可分为：单相电度表、三相三线电度表和三相四线电度表，一般家庭使用的是单相电度表，大别墅和大用电住户也有使用三相四线电度表，工业用户使用三相三线和三相四线电度表。

● **常用参数及参数值描述**

类别编码	类别名称	特征	常用特征值	常用单位
2404	电度表	品种	无功电度表、多功能电度表、射频卡电度表、复费率电度表、预付费电度表、投币电度表、磁卡电度表、电卡电度表	只、块
		类型	单相电子式、三相四线制、三相三线制、红外单相式、红外三相式、单相、单相载波式、三相载波式、三相四线电子式、单相机械式、三相三线机械式、三相四线机械式	
		准确度等级	0.2S、0.5S、2.0 级、0.01、0.05、0.2 级	
		基本电流(A)	5(30)A、80、100、2.5(30)、1.5(6)、2.5(40)、2.5(10)、3(6)、3(12)、20(80)A、30(100)A、15(60)、10(80)、10(60)、60、5(40)、2.5(20)、40、20、6、16(60)、5(50)A、10、5(20)、10(40)A	
		参比电压(V)	3×380	
		壳体材质	钢、塑料、不锈钢	
		外形尺寸	224×205×169	

● **参照依据**

GB/T 15282-1994 无功电度表

GB/T 17215.323-2008 交流电测量设备特殊要求 第 23 部分：静止式无功电能表（2 级和 3 级）

GB/T 17215.322 交流电测量设备 特殊要求 第 22 部分：静止式有功电能表（0.2s 级和 0.5s 级）

2405 热量表

● **类别定义**

热量表是用于测量及显示水流经热交换系统所释放或吸收热量的仪表，热量表是安装在热交换回路的入口或出口，用以对采暖设施中的热耗进行准确计量及收费控制的智能型热量表。热量表一般是由流量计、温度传感器和计算器组成的成套件，主要用于计量以水、汽为媒介的热交换系统释放或吸收的热量，其既可用于分户计量的采暖供热系统，也可用于空调制冷系统等。

● **常用参数及参数值描述**

类别编码	类别名称	特征	常用特征值	常用单位
2405	热量表	品种	FS 系列非接触 IC 卡智能热量表、计时型 IC 卡热量表、接触式 IC 卡热量表、IC 卡热量表、普通型冷热兼用表、智能卡式热计量表、法兰热量表、普通机械式热量表、整体机械式热量表、远传型热量表、远传型冷热量表、超声波热量表	只、块
		连接方式	螺纹连接、法兰连接、焊接	
		公称直径（DN）	250、40、20、150、80、125、65、300、350、50、400、100、15、25、200、600、32、500	
		常用流量 Q_n（m³/h）	40、1.5、2.5、3.5、10、15、20、30、50、55、60、80、100、150、200、250、400、600	
		公称压力 P_N（MPa）	2.5、1.6	
		外形尺寸（mm）	130×78×108、110×78×108、130×83×120	
		壳体材质	铝、黄铜、不锈钢、钢	

● **参照依据**

CJ 128-2007 热量表

2406 综合计费仪表

● **类别定义**

本类定位是综合测量仪表类，指具备一种或多种功能的仪表。

● **常用参数及参数值描述**

类别编码	类别名称	特征	常用特征值	常用单位
2406	综合计费仪表	品种	多功能测量仪表	只、块
		公称直径 DN（mm）	500、25、100、80、65、300、50、40、32、600、125、150、200、400、20、15	
		外形尺寸（mm）	130×78×108、110×78×108、130×83×120	

2407 电工测量仪表

● **类别定义**

利用电工学手段测量电量或磁量的仪器仪表称为电工测量仪表。电工测量仪表的种类繁多。在铁道信号专业实际应用中，最常见的是测量基本电量（电流，电压等）和电路中主要元件的参数（电阻、电感、电容）的仪表。

电工仪表按所用测量方法的不同，可分为两大类。

1. 指示仪表类

在测量过程中不需要度量器直接与被测量进行比较，而能由仪表预先刻度好的读数装置指示出被测量数值的仪表称指示仪表。如指针式电流表、电压表等都是指示仪表（利用电子计数器读数的仪表归于电子仪表类）。指示仪表具有制造容易、成本较低、使用方便等优点，因此在实际工作中得到广泛运用。

2. 校量仪表类

在测量过程中将被测量与已知标准量（度量器）进行比较从而确定被测量大小的仪表称为校量仪表。例如用天平测物体质量时，将物体与砝码的量进行比较，从而测定物体质量；在电工测量中，例如用标准元件（电阻、电感、电容）与被测元件进行比较而确定被测元件参数的电桥等即属于校量仪表。很显然，这类仪表必须与度量器直接配合使用才能进行测量。

电压表：是测量电压的一种仪器直接测量电路和两端的电压。

电流表：又称安培表；电流表是测量电路中电流大小的工具。

电阻表：一种电学用仪表，可以测量电阻的阻值，用时并联在电阻两端。

● **常用参数及参数值描述**

类别编码	类别名称	特征	常用特征值	常用单位
2407	电工测量仪表	品种	（电阻表）兆欧表、万用表、电流表、电压表、功率表、导电表	只、块
		准确度等级	5、0.1、1.5、1、2.5、0.5、0.2	
		显示形式	数字显示、指针显示	
		壳体材质	塑料、不锈钢、合金	
		量程	1uΩ、20uΩ、2A、100mA、5A【电压、电流、功率存在差异】	
		外形尺寸（mm）	150×220×230	

● **参照依据**

JJG 366 - 2004 接地电阻表检定规程

JJG 598 - 1989 直流数字电流表试行检定规程

2409 温度测量仪表

● **类别定义**

温度仪表是测量物体冷热程度的工业自动化仪表；按测量方式，温度仪表可分为接触式和非接触式两大类。按作用原理分为（1）压力表式温度计；（2）玻璃管液体温度计；（3）双金属温度计；（4）热电阻温度计；（5）热电偶温度计；（6）辐射高温计。

● **常用参数及参数值描述**

类别编码	类别名称	特征	常用特征值	常用单位
2409	温度测量仪表	品种	电接点压力式温度计、电阻式温度计、双金属温度计、玻璃管液体温度计、热电偶式温度计、压力式温度计、光电比色辐射感温式温度计、热电式温度计、一体化温度变送器、留点棒式温度计、红外测温仪	支、个
		结构形式	多点多对式、直形、90°角形、吹气式、耐磨式、表面温度计、油罐平均温度及室内固定式、135°角形、双支、普通、带轻重辅助装置、带轻型辅助装置、液体压力式、蒸汽压力式、气体压力式、轴向安装、径向安装	
		精度等级	2、0.5、2.5、1.5、1	
		壳体材质	聚丙烯（PP）、塑料	
		公称直径 DN（mm）	400、300、20、15、100、150、500、60、125、200	
		规格	插入长度 1250mm、温度范围 0～400℃、温度范围 0～360℃、温度范围 0～300℃、压力范围 0～4.0MPa、尾部长度 20m、尾部长度 15m、尾部长度 10m、插入长度 400mm、温度范围 0～150℃、温度范围 0～500℃、插入长度 150mm、插入长度 200mm、插入长度 300mm 插入长度 350mm、插入长度 500mm、插入长度 2000mm、插入长度 1750mm、插入长度 750mm、插入长度 1000mm、尾部长度 5m、温度范围 0～250℃、温度范围 0～200℃、温度范围 0～100℃、插入长度 100mm、插入长度 250mm、插入长度 75mm、温度范围 0～50℃	

● **参照依据**

JJG 310 - 2002 压力式温度计检定规程

2411 压力仪表

● **类别定义**

用来测量流体压力的仪表，也称之为压力计或压力表。压力仪表主要有液柱式压力计（如 U 形管压力计）、弹性式压力计（如弹簧管/波纹管压力计、膜盒压力计等）、压力核验仪、电气式压力计、真空计等几种类型。

膜式微压计：以膜盒或挠性膜片为弹性传感元件的压力表称为膜式微压计。因量程范围较小，热电厂多用于测量送风系统、制粉系统及炉膛和尾部烟道的压力和负压等。

● **常用参数及参数值描述**

类别编码	类别名称	特征	常用特征值	常用单位
2411	压力仪表	品种	YZ 型真空压力表、应变式压力传感器、Y 型一般压力表、Z 型真空表、YX 型一般电接点压力表、YXC 型磁助式电接点压力表、YXN 型耐振电接点压力表、液柱式 U 形单管压力计、活塞式静重 U 形多管压力计、应变式远传双波纹筒差压计、平面法兰式隔膜隔片压力表、加长型法兰式膜盒微压表、就地指示式弹性式膜盒微压表、光电编码压力表、压力核验仪、弹簧管压力表、电容式压力变送器、电阻远传压力表	支、个
		结构形式	直杆/软管型、Ⅲ型、Ⅰ型、Ⅱ型、Ⅳ型	
		精度等级	1.5 级、4.0 级、2.5 级、1.0 级	
		表壳公称直径 DN（mm）	M14×1.5、250、150、40、60、100、200	
		测量范围（MPa）	0～4、0～2.5、0～2.4、0～0.9、0～1、−0.1～0.3、−0.1～1.5、0～1.6、0～1.5、−0.1～2.4、−0.1～0.5、0～0.15、−0.1～0.9、0～0.16、−0.1～0.15、0～0.25、0～0.06、0～0.3、0～100、0～40、0～25、0～16、0～10、0～9、0～6、0～0.6、0～0.1、0～460、0～160、0～60、0～0.4、0～0.5	

● **参照依据**

GB/T 11828.2-2005　水位测量仪器　第 2 部分：压力式水位计

2413 差压、流量仪表

● **类别定义**

流量：流量分瞬时流量和累计流量。瞬时流量就是单位时间内通过管道某一截面的物质数量。累计流量是在某一段时间内流过管道某一截面的流体质量或体积。

热电厂中常用流量计有以下几种：主要有速度式流量计（如涡轮流量计）、容积式流量计（如椭圆齿轮流量计）、差压式流量计、恒压降式流量计（如转子流量计）、动压式流量计（如毕托管流量计）、电气式流量计（如电磁流量计）等几种类型。

● **常用参数及参数值描述**

类别编码	类别名称	特征	常用特征值	常用单位
2413	差压、流量仪表	品种	浮子流量计、金属转子流量计气远传式、电容式差压变送器、智能质量流量计、金属转子流量计电远传式、椭圆齿轮流量计电远传式、椭圆齿轮流量计就地指示式、蒸汽流量计、电容式流量计、匀速管流量计、光电流速测量仪、普通质量流量计、电磁流量计、智能电磁流量计、智能涡轮式流量计、毕托管流量计、玻璃转子流量计、低压损流量计、震荡球流量计、涡轮式流量计、智能涡街流量计、涡街流量计、内藏孔板流量计、冲量式圆盘流量计、金属转子流量计玻璃式、热式质量流量计	支、个
		类型	容积式流量计、超声波流量计、速度式流量计、恒压降式流量计、质量流量计、电气式流量计、差压式流量计、动压式流量计	
		防护等级	IP65、IP68、IP71	
		公称压力（MPa）	16、6.4、2.5、1.6、40、25	
		测量范围（L/h）	液体 16～160、液体 10～100、液体 6～60、气体 400～4000、气体 600～6000、气体 250～2500、气体 160～1600、气体 100～1000、液体 40～400、液体 25～250	
		规格（口径 DN）mm	30、10、15、20、25、32、40、50、65、80、100、125、150、200、250、300、350、400、500、600、700、800、900、1000	

● **参照依据**

GB/T 18940－2003　封闭管道中气体流量的测量　涡轮流量计

2415　节流装置

● **类别定义**

节流件与取压装置、节流件前后直管段、安装法兰等，统称为节流装置。

标准节流装置：所谓标准节流装置，是指有国际建议规范和国家标准的节流装置；它们的结构形式、适用范围、加工尺寸和要求、流量公式系数和误差等，都有统一规定的技术资料。

● **常用参数及参数值描述**

类别编码	类别名称	特征	常用特征值	常用单位
2415	节流装置	流件名称	内藏小孔板、1/4圆弧孔板（喷嘴）、高压透镜孔板、机翼式测风装置、粗铸文丘里管、宽边孔板、文丘里喷嘴、粗焊铁板文丘里管、机加工式文丘里管、双重文丘里管、锥形入口孔板、圆缺孔板、ISA1932喷嘴或八槽喷嘴、偏心孔板、整体小孔板、限流孔板、均速管流量计、双重孔板、标准孔板或八槽孔板、长径喷嘴、端头孔板	m³
		供货方式	带前10D后5D测量管（包括连接法兰和工艺法兰）的成套装置、带前10D后5D测量管（包括连接法兰）的成套装置、带前10D后5D测量管（管端坡口）的成套装置、按石化标准（HG/T 21581-95）带上下游测量管（包括连接法兰和工艺兰）的成套装置、按石化标准（HG/T 21581-95）带上下游测量管（包括连接法兰）的成套装置	
		公称直径 DN（mm）	1000、100、200、300、400、600、50、800	
		取压方式	角接取压（环室）、径距取压、法兰取压、角接取压（钻孔）、特殊取压	

301

● **参照依据**

GB/T 2624-2006 用安装在圆形截面管道中的差压装置测量满管流体流量

2417 物位检测仪表

● **类别定义**

对统称物位的液体或固体的表面位置，以及液-液、液-固等两相介质的分界面进行测量、记录或报警控制的仪表，称物位检测仪表。有测量液位高度的液位计、测量固体物料高度的料位计，我们在此按我们的应用习惯分为接触式和非接触式两大类，目前应用的接触式物位仪表主要包括：重锤式，电容式，差压式、浮球式等。非接触式主要包括：射线式，超声波式，雷达式等。

● **常用参数及参数值描述**

类别编码	类别名称	特征	常用特征值	常用单位
2417	物位检测仪表	品种	脉冲雷达物位仪、超声波物位仪、导波雷达物位仪、电容式物位仪、音叉物位仪、重锤探测物位仪、电阻式物位计、磁浮子液位仪、平板式射频导纳物位计、放射性物位计、光导电子物位计、电容式法兰液位变送器、阻旋式料面讯号器、浮球式液位控制器、超声波液位仪、磁翻板液位仪、雷达液位仪、电容式液位仪、浮筒液位仪、浮球液位仪、瓷质伸缩液位仪、电接触式液位计、插入式液位计、投入式静压液位仪	个
		规格	液位高度<6m、液位高度<4m、标尺长<16m、标尺长<6m、标尺长<1m、液位高度<20m	
		防护等级	IP65、IP68	
		测量范围（m）	0.3~20	

● **参照依据**

GB/T 11923-2008 电离辐射位计

2419 显示仪表

● **类别定义**

指示或记录被测量值的仪表，显示方式有指针、记录、打印及显示屏等方式，具体参见指示仪表和记录仪表。

● **常用参数及参数值描述**

类别编码	类别名称	特征	常用特征值	常用单位
2419	显示仪表	品种	数字显示仪、气动模拟显示仪表、动圈式模拟显示仪表、自动电子模式电位计、DDZ模式记录仪、机械显示仪表、屏幕图像显示仪表、电位差计、大型长图自动平衡记录仪、微机巡回检测仪、电子液晶记录仪、模拟显示仪表、声光式显示仪表、动圈式显示仪表、记录仪	个
		类型	指示仪、有纸记录仪、平衡电桥 带顺序控制器、平衡电桥 带模数转换装置、智能多通道 多功能、四通道固定 热印头、x-y函数记录仪、多通道无纸记录仪、智能多屏幕显示仪、数字显示调节仪、单点数字显示、带PID调节、二位式指示调节、平衡电桥 单点、平衡电桥 多点、平衡电桥 带电动PID调节、平衡电桥 带气动调节器	
		外形尺寸(mm)	96×96、96×48、72×72、160×80、48×48	

● **参照依据**

GB/T 13970－2008 数字仪表基本参数术语

2423 过程分析仪表

● **类别定义**

安装在生产现场，用于对物质成分以及各种物理化学特性进行在线自动分析测量的仪表为过程分析仪表，过程分析是对被测物质进行的定量和定性分析。

按照仪器的工作原理分8类：

◇ 电化学式：电导、电量、电位等

◇ 热学式：热导、热化学、热谱等

◇ 磁式：磁性氧分析仪、核磁共振波谱仪、电子顺磁共振波谱仪

◇ 光学式：吸收式光分析仪、发射式光分析仪

◇ 射线式：X射线分析仪、伽马射线分析仪、同位素分析仪等

◇ 色谱仪：气相色谱仪、液相色谱仪等

◇ 电子光学、离子光学：电子探针、质谱仪、离子探针等

◇ 物性测量仪：水分、黏度计、湿度计、密度计、闪点计等

● **常用参数及参数值描述**

类别编码	类别名称	特征	常用特征值	常用单位
2423	过程分析仪表	品种	水质分析COD、水质分析TOD、磁导式分析仪、射线式分析仪、去极化式分析仪、电化学式分析仪、热学式分析仪、工业气象色谱仪、电子光学分析仪、光电比色分析仪、污泥界面分析仪、污泥浓度界面分析仪	个
		测量原理	X射线分析仪、电子顺磁共振波谱仪、气相色谱仪、红外线分析仪、磁性氧分析仪、离子光学、质谱仪、核磁共振波谱仪、液相色谱仪、硅酸根自动分析仪、浊度分析仪、伽马射线分析仪、电导式气体分析、电导式液体分析、电磁浓度计、流通式pH分析仪、二氧化硫浓度计、可燃气体变送器、沉入式pH分析仪	

● **参照依据**

GB/T 15074－2008 电子探针定量分析方法通则

2424 机械量仪表

● **类别定义**

机械量通常包括各种几何量和力学量，如长度、位移、厚度、转矩、转速、振动和力等。本章主要讨论机组控制中常用的位移、振动和转速三种机械量的测量方法及测量仪表。机械量测量仪表一般由传感器、测量电路、显示（或记录）器和电源组成。

机械量测量仪表可按测量对象和测量原理分类，按测量对象可分为位移测量仪表、厚度测量仪表、转矩测量仪表等。按测量原理位移测量仪表可分为电容式、电感式、光电式、超声波式、射线式等。

● 常用参数及参数值描述

类别编码	类别名称	特征	常用特征值	常用单位
2424	机械量仪表	品种	扰度检测仪、宽度检测仪、电子皮带秤标定、厚度测量仪表、智能称重显示仪、数字称重显示仪、测力仪表、皮带打滑检测、振动检测仪表、皮带跑偏检测、电子皮带秤、转速检测仪表、转矩测量仪表、位移测量仪表、称重传感器、热膨胀检测	个
		类型	电阻式、微波式、电容式、振弦式、电感式、光电式、超声波式、射线式、实物标定、链码标定、挂码标定、霍尔式、压磁式、压电式、磁电式	
		规格	标定重＜8t、挂链重＜200kg、挂链重＜100kg、挂链重＜50kg、挂码重＜100kg、称重 1～10t、单托辊、双托辊、称重 10～1000kg、称重 10～50t、挂码重＜20kg、挂码重＜50kg、挂码重＜80kg、标定重＜50t、标定重＜25t、标定重＜15t、标定重＜5t	

● 参照依据

QB/T 2358－1988　塑料薄膜包装袋热合强度试验方法

2425　物性检测仪表

● 类别定义

用于检测物质性质的仪表，主要检测物质的某些物理特性，如湿度、水分、黏度、浊度、密度、粒度等。

水分测定仪也叫作水分仪、水分测定仪、快速水分测定仪、水分计、水分检测仪、水分测量仪、水分分析仪、含水率检测仪、测水仪、验水仪、测湿仪。

● 常用参数及参数值描述

类别编码	类别名称	特征	常用特征值	常用单位
2425	物性检测仪表	品种	密度和比重测定仪、水质分析仪、pH 计、水分计、黏度测定仪、湿度分析仪、pH/CO$_2$ 分析仪	个
		测量范围		
		外形尺寸	250mm×100mm×300mm	

● 参照依据

无

2427　气象环保检测仪表

● 类别定义

对天气及环保参数情况进行监测的仪表叫气象环保监测仪表，包括风向、风速、日照、雨量、飘尘等的检测。

● 常用参数及参数值描述

类别编码	类别名称	特征	常用特征值	常用单位
2427	气象环保监测仪表	品种	尾气测量仪表、风向、风速测试仪、风向风速记录仪、雨量测量仪表、日照测量仪表、废水测量仪表	个
		测量范围	0~60m/s	
		外形尺寸		

2429 过程控制仪表器件

● **类别定义**

在自动控制系统中，过程检测仪表将被控变量转换成电信号或气压信号后，除了送至显示仪表进行指示和记录外，还需送到控制仪表进行自动控制，从而实现生产过程的自动化，使被控变量达到预期的要求。过程控制仪表是工业生产过程自动化的重要工具。此类仪表分为两大类：模拟式过程控制仪表和数字式过程控制仪表；按能源模拟仪表分为气动控制仪表和电动控制仪表。

按结构形式模拟仪表分为基地式控制仪表、单元组合仪表和组件组装式控制仪表。

1）基地式控制仪表其结构特点是以指示和记录仪表为中心，附加气动部件或电子线路来完成控制任务。因价格低，又能一机多用，故适用于中、小企业和单机自动控制系统。

我国生产的 XCT 系列控制仪表和 TA 系列电子调节器均属基地式控制仪表。

2）单元组合仪表其结构特点是将整套仪表划分为能独立实现一定功能的若干单元，各单元之间采用统一的标准信号，用这些为数不多的单元仪表可以构成多种多样、复杂程度不同的自动检测和控制系统。电动单元组合仪表用 DDZ 表示，气动单元组合仪表用 QDZ 表示。

3）组件组装式控制仪表其结构特点是由一块块功能分离的组件构成成套仪表装置。它一般分为控制箱和操作盘两大部分。

● **常用参数及参数值描述**

类别编码	类别名称	特征	常用特征值	常用单位
2429	过程控制仪表器件	品种	变送单元仪表、显示单元仪表、调节单元仪表、计算单元仪表、转换单元仪表、给定单元仪表、辅助单元仪表	个
		类型	压力式温度变送器、温度变送器、温差变送器、一体化温度变送器、压力变送器、差压变送器、温度变送器、压力变送器、外浮筒液位变送器、内浮筒液位变送器、单法兰液位变送器	
		规格		

2431 集中监视与控制装置

● **类别定义**

包含安全检测装置、顺序控制装置、信号报警装置、数据采集及巡回检测报警装置、交通信号灯控制装置等部分。

● 常用参数及参数值描述

类别编码	类别名称	特征	常用特征值	常用单位
2431	集中监视与控制装置	品种	安全监测装置、顺序控制装置、信号报警装置、数据采集及巡回报警装置	套、个
		类型	火焰监视器、自动点火装置、燃烧安全保护装置、漏油检测装置、高阻检漏装置、逻辑监控装置、气动顺控装置、闪光报警器、智能闪光报警装置、继电线路报警系统	
		规格		

2433 工业计算机器材

● 类别定义

包含工业计算机的硬件设备的安装、管理计算机调试、生产管理计算机系统、过程控制计算机系统的生产数据处理、数据库管理等。

● 常用参数及参数值描述

类别编码	类别名称	特征	常用特征值	常用单位
2433	工业计算机器材	品种	通用计算机柜、编组柜、组件柜、激光台式打印机、激光柜式打印机、喷墨打印机、普通打印机、半自动双机切换装置、手动双机切换装置、服务器、调制解调器	个
		规格		

2459 仪表专用管件

● 类别定义

包含仪表工程用管件和仪表取源部件。

仪表工程用管件，俗称仪表加工件，是仪表自动化工程管路敷设中各种材质管道材料以外的主要配件；常见的仪表工程用管件根据其作用和结构形式不同有这么几大类：管路直通终端或中间接头、弯头、三通、四通、异径管接头、钢制活接头、螺纹短节、丝堵和管帽、盲板、凸台及温度套管等。

所谓仪表取源部件即指"在被测对象上为安装检测元件所设置的专用管件、引出口和连接阀门等元件"。例如：取压时与工艺设备或管道连接用的取压短管及阀门；安装测温元件用的管嘴（凸台）或法兰短管；安装节流装置用的孔板法兰及其直管段等均属于取源部件的范畴。

涉及管道用管件通用性管件，在18类中体现，本类专指仪表专用管件。仪表专用套管详见2461类相关说明。

● 常用参数及参数值描述

类别编码	类别名称	特征	常用特征值	常用单位
2459	仪表专用管件	品种	盲板、仪表用凸台	个
		公称直径	15、20、32	
		材质	钢制、不锈钢、塑料、铜质	
		公称压力(MPa)	1.0、1.6、3.2	

● **参照依据**

GB 50093 - 2013　自动化仪表工程施工及质量验收规范

2461　仪表专用套管

● **类别定义**

套管一般用于双金属温度计等温度仪表的感温元件的外部保护，多为铁，钢质。

● **常用参数及参数值描述**

类别编码	类别名称	特征	常用特征值	常用单位
2461	仪表专用套管	材质	LC陶瓷、钢制、不锈钢	个
		外保护套形式	整体钻孔式、钢管式	
		规格		

2463　仪表专用阀门

● **类别定义**

仪表专用阀门不同于通用阀门。

● **常用参数及参数值描述**

类别编码	类别名称	特征	常用特征值	常用单位
2463	仪表专用阀门	品种	自应力调节阀、截止阀类、三通阀类、节流阀类、切断球阀	个
		阀体材质	1Cr18Ni9Ti、12CrMoV、碳钢	
		公称压力(MPa)	1.5、1.6、4、6.4、10	
		公称直径	DN5、DN6、DN80、DN10、DN15、DN16、DN20	

2467　仪表专用垫片

● **类别定义**

指仪表专用垫片。

● **常用参数及参数值描述**

类别编码	类别名称	特征	常用特征值	常用单位
2467	仪表专用垫片	品种	聚四氟乙烯垫片、金属缠绕垫片	个
		规格		

2469 其他仪表及自控器材

● **类别定义**

以上没有包含的仪器仪表。

● **常用参数及参数值描述**

类别编码	类别名称	特征	常用特征值	常用单位
2469	其他仪表及自控器材	品种		个
		规格		

25 灯具、光源

● **类别定义**

能透光、分配和改变光源分布的器具我们称之为照明灯具；任何形式的灯具都是由光源、灯具组成。

灯具最多的是从外形和功能上来分类的，灯具分为通用灯具、专用灯具。按照功能来分主要由吊灯、壁灯、射灯和落地台灯、路灯、草坪灯、庭院灯、广场灯组成，另外还有一些特殊用途的专用灯具如：医院灯具、厂矿灯具等。

光源：宇宙间的物体有的是发光的有的是不发光的，我们把发光的物体叫作光源。太阳、电灯、燃烧着的蜡烛等都是光源。光也有能量，物理学上指能发出一定波长范围的电磁波（包括可见光与紫外线、红外线和 X 光线等不可见光）的物体。通常指能发出可见光的发光体。凡物体自身能发光者，称作光源，又称发光体，如太阳、恒星、灯以及燃烧着的物质等都是。

光源主要可分为：

（1）热辐射光源，例如，太阳、白炽灯；

（2）气体放电光源，例如，炭精灯、水银灯、荧光灯、霓虹灯等；

（3）激光器是一种新型光源，具有发射方向集中、亮度高、相干性优越和单色性好等特点。

● **类别来源**

来源于国标清单、全统安装定额的电气安装工程、消防工程、园林绿化中的灯具材料；具体二级子类参考了相关的国家建材标准。

● **范围描述**

范围	二 级 子 类	说 明
光源	2501 光源	包含灯泡、灯管
室内灯具	2505 吊灯（装饰花灯）	包含各种造型的装饰性照明效果的吊灯
	2507 吸顶灯	包含单罩、双罩、四罩等多种造型的灯
	2509 壁灯	包含单罩、双罩、三罩等多种造型的壁灯
	2511 筒灯	包含嵌入式、吸顶式横式双管筒灯、横式筒灯、横式单管筒灯、立式筒灯、防雾筒灯、横式单管防雾筒灯、立式防雾筒灯、LED 筒灯、横式双管防雾筒灯、横式防雾筒灯、嵌入式筒灯等

范围	二级子类	说　明
室内灯具	2515 格栅灯（荧光灯盘）	包含嵌入式平面胶片灯盘、吸顶式Ⅴ型反射格栅灯盘、吸顶式Ⅱ型反射格栅灯盘、吸顶式平面胶片灯盘、嵌入式Ⅱ型反射格栅灯盘、嵌入式Ⅴ型反射格栅灯盘等
	2517 射灯	包含导轨式射灯、天花式（点挂式）射灯、吊装式格栅射灯、吸顶式射灯、可调吊杆式射灯、嵌入式射灯、吊杆式射灯、嵌入式格栅射灯等
	2519 台灯、落地灯	包含荧光灯管台灯、螺旋灯头光源台灯、螺旋灯头光源落地灯、荧光灯管落地灯、LED落地灯、太阳能落地灯、LED台灯、太阳能台灯等
	2521 其他室内灯具	包含防水防尘、室内灯具、防水灯等
室外灯具	2525 泛光灯、投光灯	包含泛光灯、投光灯等
	2527 地埋灯	包含荧光灯、LED灯、氙灯、钠灯、金卤灯等
	2529 草坪灯	包含立柱式草坪灯、墙壁式草坪灯、地埋式草坪灯等
	2531 轮廓装饰灯	包含护栏管灯、台阶灯、地砖灯、线条灯、护栏板灯等
	2533 庭院、广场、道路、景观灯	包含庭院灯、景观灯、广场灯、道路灯等
	2535 标志、应急灯	包含分体式应急电源、自发光标志灯、中光强交流脉冲频闪障碍标志灯、安全出口（明装）、应急照明灯、一体式应急电源、脱轨表示器、发光屏指示灯、指示灯、消防应急出口标志灯、河道导航塔灯等
	2537 信号灯	包含机动车道信号灯、人行横道信号灯、非机动车道信号灯、方向指示信号灯等
专用灯具	2541 水下灯	包含支架式水下灯、嵌入式水下灯等
	2543 厂矿、场馆用灯	包含厂矿、场馆用灯等
	2545 医院专用灯	包含病房暗脚灯、病房指示灯、看片灯、牙科光固化灯、手术室无影灯、病房叫号灯、紫外线杀菌灯、生化分析仪器灯、红外线理疗保健灯等
	2547 歌舞厅灯	包含满天星彩灯、彩虹灯、十二头幻影转彩灯、雷达射灯、变色转盘灯、蛇光管、镜面球灯、宇宙灯、迷你满天星彩灯、泡泡发生灯、边界灯等
	2549 隧道灯	包含荧光灯管、LED、高压钠灯、金卤灯等

续表

范围	二级子类	说　明
灯具附件	2551 灯头、灯座、灯罩	包含灯口、灯头、灯座、灯罩、花托杯、灯托等
	2552 荧光灯支架	包含超薄型不锈钢盖电子支架、豪华型单支带罩电感支架、吸顶式支架、超薄型电子支架、豪华型双支带罩电感支架、格栅荧光灯支架、三角荧光灯支架、超薄荧光灯支架、普通带罩荧光灯支架、普通荧光灯支架等
	2553 灯钗、灯伞、灯臂	包含灯钗、双弧灯臂、半弧灯具、灯伞等
	2555 启辉器、镇流器	包含电感镇流器、高压钠灯镇流器、金属卤化灯镇流器、高压汞灯镇流器、荧光灯镇流器、氙气灯安定器等
	2557 专用灯具电源	包含电源适配器、LED灯饰灯具电源、LED灯具、模块电源等
	2559 灯线及附件	包含LED灯线、Hid灯线等
	2561 其他灯具及附件	包含大杠抱箍、吊灯U型环、灯片、镇流器挂板、吊盒、其他、防眩光灯具、T5支架灯具、吊灯夹板、灯箱布、支臂拉杆、镇流器横板、吊链等

2501 光源

● 类别定义

电光源包括两类：一类是热辐射电光源，如白炽灯、卤钨灯等。另一类是气体放电光源，如汞灯、钠灯、氙灯、金属卤化物灯等。

灯泡：是通过用电来加热玻璃壳内的灯丝，使其发光的光源。由灯头、玻璃外壳、灯芯柱、引线、灯丝等部分组成。常用的灯泡一般按照玻璃壳类型分为：透明型、磨砂型、乳白型、反射型和彩色型灯泡等。

灯管：荧光灯管是利用放电而产生的紫外线激发灯管内荧光粉，使其发光的放电灯。它属于一种低气压的汞蒸汽放电灯。金属卤化物灯简称金卤灯，此灯是在高压汞灯的基础上发展起来的，结构与其相似。不同的是放电管中除了汞和稀有气体之外，还加入了金属（钠、铊、锡等）的卤化物。灯通电后放电管内的物质在高温下分解，产生金属蒸汽和汞蒸汽，灯的光辐射由它们放电电离共同激发产生。

● 常用参数及参数值描述

类别编码	类别名称	特征	常用特征值	常用单位
2501	光源	品种	钠灯、碘钨灯、荧光灯、白炽灯、氙灯、太阳能面板、光纤、卤钨灯、卤素灯、溴钨灯、LEC灯、节能灯、紫外线灯	个
		灯管类型	超高压汞灯、彩色瓷料装饰灯泡、内涂装饰灯泡、普通荧光灯、三基色荧光灯、紧凑型荧光灯、低压汞灯、高压汞灯、彩色透明装饰灯泡	
		灯管形状	2Ⅱ、1Ⅱ、6U、8U、12U、蝶形、5U、全螺旋形、半螺旋形、3U、反射形、4U、球形、U形、2U、U、环形、直管、双端直管形、5Ⅱ、4Ⅱ、3Ⅱ	

类别编码	类别名称	特征	常用特征值	常用单位
2501	光源	额定功率（W）	90、15、10、8、6、5、500、450、1500、1000、600、400、350、300、250、200、190、180、170、160、150、140、130、125、120、110、105、100、95、85、80、75、70、65、60、55、50、45、40、38、36、35、32、30、29、28、27、26、25、24、23、22、21、20	个
		额定电压（V）	3、2、4、5、28、2.5、36、6、110、12、220、24、380	
		灯头形式	螺口式 E27、T6、螺口式 E40、插入式 GY6.35、螺口式、插入式 GX5.3、T5、螺口式 E14、F5 草帽或平头、直接引出式、插入式 G8、F8 零状灯头、U 型、螺口式 E11、蜡尾、螺口式 E10、T12	

● **参照依据**

GB/T 1406.1-2008　灯头的型式和尺寸　第 1 部分：螺口式灯头

GB 19043-2013　普通照明用双端荧光灯能效限定值及能效等级

GB 19044-2013　普通照明用自镇流荧光灯能效限定值及能效等级

2505　吊灯（装饰花灯）

● **类别定义**

也称吊挂灯，是用线杆、链或管将灯具悬挂在顶棚上以作整体照明的灯具，多以白炽灯为光源。灯一般距顶端 0.5~1m，有单头和多头之分。

吊灯的种类很多，在用料上多数选择铜、铝、水晶玻璃、彩绘玻璃等，吊灯的造型较多，流线各异，所以有时也叫装饰花灯；吊灯的花样也最多，常用的有欧式烛台吊灯、中式吊灯、水晶吊灯、羊皮纸吊灯、时尚吊灯、锥形罩花灯、尖扁罩花灯、束腰罩花灯、五叉圆球吊灯、玉兰罩花灯、橄榄吊灯等。用于居室的分单头吊灯和多头吊灯两种，前者多用于卧室、餐厅；后者宜装在客厅里。吊灯的安装高度，其最低点应离地面不小于 2.2m。

● **常用参数及参数值描述**

类别编码	类别名称	特征	常用特征值	常用单位
2505	吊灯（装饰花灯）	灯具造型	橄榄罩、四管组合荧光灯、挂片式、双管组合荧光灯、三管组合荧光灯、圆形吊珠（穗）、串棒、蜡烛式、玉兰花（需定做）、光纤吊灯、单管组合荧光灯、圆形挂碗、挂吊蝶（可多管）、串珠（穗）、串棒	套
		吊装方式	吊架式、软线式、吊链式、吊管式、吊杆式	
		规格（灯径）	500、450、400、350、300、900、700、650、600、550、1320、5000、4000、3000、2500、2000、1800、1500、1400、1200、1000、800	
		规格（灯长）	2500、3500、4200、450、350、500、550、600、700、800、850、1000、1100、1200、1400、1500、1600、1700	

续表

类别编码	类别名称	特征	常用特征值	常用单位
2505	吊灯（装饰花灯）	灯罩（片）材质	纺织品、天然皮革、玻璃、人造皮革、水晶玻璃	套
		火数（火）	12、9、7、5、3、48、19、1、36、15	
		灯架材质	铝合金、不锈钢、钢、PC、铸铁、铜合金	
		表面处理	金属涂料、一般涂料、镀金、镀铬、镀铜	
		灯头形式	螺口式E14、螺口式E27	

● 参照依据

GB 7000.201-2008 灯具 第2-1部分：特殊要求 固定式通用灯具

2507 吸顶灯

● 类别定义

又叫天花灯，安装在房间内部，由于灯具上部较平，紧靠屋顶安装，像是吸附在屋顶上，所以称为吸顶灯。光源有普通白灯泡，荧光灯、高强度气体放电灯、吸顶灯按灯具造型划分为：方罩吸顶灯、圆球吸顶灯、尖扁圆吸顶灯、半圆球吸顶灯、半扁球吸顶灯、小长方罩吸顶灯等。

● 常用参数及参数值描述

类别编码	类别名称	特征	常用特征值	常用单位
2507	吸顶灯	灯具造型	方罩吸顶灯、圆球吸顶灯、尖扁圆吸顶灯、半圆球吸顶灯、半扁球吸顶灯、小长方罩吸顶灯	套
		规格（灯径）	350、300、2000、2500、250、1200、3500、4000、4500、102、900、5000、5500、1600、1500、3000、1000、800、600、500、400	
		规格（灯长）	800、7500、4000、3000、2500、2000、1600、1500、1000、700、500、400、110、1200	
		灯罩材质	铝合金、亚克力、玻璃、塑料、水晶玻璃	
		灯头（管）数量	2、5、6、1、7、8、9、10、12、3、4	
		荧光灯管功率（W）	10、18、96、62、13、60、21、150、2、15、20、22、28、30、38、40、32、1100、400、250、55、24、1、3	

● 参照依据

GB/T 7000.201-2008 灯具 第2-1部分：特殊要求 固定式通用灯具

2509 壁灯

● 类别定义

壁灯也称拖架灯，或称墙灯，是安装在墙壁上的一种照明灯具，也是一种装饰设施。壁灯通常距墙面90~400mm，距地面1440~2650mm，一般以白炽灯和荧光灯作为光源。作为宾馆客房和家庭卧室的床头壁灯不受上述距离范围的限制，且可调光和旋转角度，使用十分方便。

● 常用参数及参数值描述

类别编码	类别名称	特征	常用特征值	常用单位
2509	壁灯	灯具造型	蓝苹果型、粉苹果型、矩形、大海豚型、燕子型、辣椒型、小鸡型、企鹅型、猫头鹰型、海螺型、绿叶型、汽车型、海豚型、小鹿型、LED壁灯	套
		规格（灯径）	484、300	
		规格（灯长）	900、340	
		灯罩数	单罩、双罩、三罩	
		灯罩材质	玻璃、水晶玻璃、亚克力、压铸铝、塑料	
		灯架材质	不锈钢、铜合金、钢、铸铁、铝合金	
		表面处理	镀铜、镀铬、镀金、金属涂料、一般涂料	

● **参照依据**

GB 7000.201－2008　灯具　第2-1部分：特殊要求　固定式通用灯具

2511　筒灯

● **类别定义**

筒灯一般是有一个螺口灯头，可以直接装上白炽灯或节能灯的灯具。

筒灯主要由灯框、灯框支架、灯头、灯头铁盒盖、反射罩等组成。灯框：贴于顶棚上，与灯框支架铆接在一起；灯框支架，灯头铁盒盖用螺钉锁在一起，嵌入顶棚内，灯头用 E27 陶瓷灯头带弹片，卡入灯头铁头铁盒盖内。灯框内铆弹片用以卡住反射罩。

● **常用参数及参数值描述**

类别编码	类别名称	特征	常用特征值	常用单位
2511	筒灯	品种	横式双管筒灯、横式筒灯、横式单管筒灯、立式筒灯、防雾筒灯、横式单管防雾筒灯、立式防雾筒灯、LED筒灯、横式双管防雾筒灯、横式防雾筒灯、嵌入式筒灯	套
		灯体材质及成型方式	钣金不锈钢、钣金铝、喷塑、不锈钢、铝型材、覆膜	
		灯头形式	螺口式 E27、螺口式 E19、螺口式 E40、螺口式 E14、2 针插拔管、4 针插拔管	
		筒体形状	圆形、半椭圆形、方形	
		规格	ϕ100（4″）、ϕ75（3″）、ϕ65（2.5″）、ϕ50（2″）、ϕ150（6″）、ϕ200（8″）	
		功率（W）	2×60、2×13、2×18、1×13、2×13、2×18、8、5、3、11、1×11、1×14、9、13、1×18、1×60、2×26	

● **参照依据**

GB 7000.201－2008　灯具　第2-1部分：特殊要求　固定式通用灯具

2515　格栅灯（荧光灯盘）

● **类别定义**

格栅灯盘是一种办公区域的专业照明灯具，为保护工作人员的视力，故增加"格栅"条，具有防眩光、护眼且美观的效果；格栅灯盘一般由底盘、反射罩（格栅）、镇流器、光源组成。通常说的格栅灯盘是指灯体、格栅两部分。经销商报价、出售价一般不含光源。该产品价格组成要素主要包括光源型号及类型、格栅灯盘的材质（灯体、反射灯罩）、镇流器选用、外形尺寸等。

● **常用参数及参数值描述**

类别编码	类别名称	特征	常用特征值	常用单位
2515	格栅灯（荧光灯盘）	品种	嵌入式平面胶片灯盘、吸顶式V型反射格栅灯盘、吸顶式Ⅱ型反射格栅灯盘、吸顶式平面胶片灯盘、嵌入式Ⅱ型反射格栅灯盘、嵌入式V型反射格栅灯盘	套、件
		反射面、透光面材质	铝、不锈钢、亚光（磨砂）铝、镜面铝、波纹铝、乳白有机胶片、珠花有机胶片、棱晶有机胶片、亚光电化铝、喷塑、覆膜	
		灯管规格	T9、T11、T7、T12、T10、T8、T6、T5、T4	
		镇流器形式	电感式、电子式	
		灯管数及功率（灯管数×功率）W	4×30、2×21、3×21、2×14、1×14、1×28、2×28、3×28、4×28、4×36、3×36、2×36、1×36、1×30、2×30、3×30、4×21、4×18、3×18、2×18	
		外形尺寸（长×宽）	600×900、600×600、300×1200、300×900、300×600、185×1200、185×900、185×600、900×1200、900×900、600×1200	

● **参照依据**

GB 7000　灯具

IEC 60598-1：2008　灯具一般安全与要求

2517　射灯

● **类别定义**

射灯是指一种高度聚光的灯具，而且更多意义上属于一种指向性光源。即它的光线照射是具有可指定特定目标的。所以射灯一般是可以转向的。

射灯一般可以分为轨道式、点挂式和内嵌式等多种。射灯一般带有变压器，但也有不带变压器的。

● **常用参数及参数值描述**

类别编码	类别名称	特征	常用特征值	常用单位
2517	射灯	品种	导轨式射灯、天花式（点挂式）射灯、吊装式格栅射灯、吸顶式射灯、可调吊杆式射灯、嵌入式射灯、吊杆式射灯、嵌入式格栅射灯	台
		灯体材质	钣金铝、钣金不锈钢	
		功率（W）	50、150、75、18、100、40、35、10、15、30、20、27	
		光源	卤素灯、LED灯、螺旋灯头光源	
		灯杯	卤素反光灯杯 MR16、GU10、E27、PAR38、卤素反光灯杯 MR11、铝反光灯杯 AR111、铝反光灯杯 AR80、铝反光灯杯 AR70	
		灯头数量	1、4、3、2	

● **参照依据**

GB 7000 灯具

IEC 60598-1：2008 灯具一般安全与要求

2519 台灯、落地灯

● **类别定义**

摆放于室内家具上的灯具我们称之为台灯；直接摆放在地上的灯具我们称之为落地灯。

台灯、落地灯均是我们经常使用的灯具。

落地灯一般由灯罩、支架、底座三部分组成，其造型挺拔、优美。

● **常用参数及参数值描述**

类别编码	类别名称	特征	常用特征值	常用单位
2519	台灯、落地灯	品种	荧光灯管台灯、螺旋灯头光源台灯、螺旋灯头光源落地灯、荧光灯管落地灯、LED 落地灯、太阳能落地灯、LED 台灯、太阳能台灯	台
		灯罩材质	水晶玻璃、玻璃、塑料、人造皮革、纺织品、压铸铝、天然皮革、铝合金、亚克力	
		表面处理	镀金、镀铜、镀铬、喷涂	
		灯架材质	不锈钢、实木、模压复合木材、钢、铸铁、铜合金、铝合金、塑料	
		功率（W）	18、15、12、10、8、6、5、3、20	

● **参照依据**

GB 7000 灯具

IEC 60598-1：2008 灯具一般安全与要求

2521 其他室内灯具

● **类别定义**

指以上没有包含的室内的其他灯具，例如：防水灯、防水、防尘灯。

● **常用参数及参数值描述**

类别编码	类别名称	特征	常用特征值	常用单位
2521	其他室内灯具	品种	防水防尘、室内灯具、防水灯	套
		灯体材质	钣金铝、玻璃与PC、钣金不锈钢	
		外形尺寸（mm）	900、1500、1200、600、60、30	
		功率（W）	10、4、15、30、20、40	

2525 泛光灯、投光灯

● **类别定义**

投光灯：指利用反射器和折射器在限定的立体角内获得高光强的灯具。

泛光灯：指光束发散角大于10°的投光灯；两者没有明显的区分，泛光灯也可被称为投光灯，泛光照明也通常用投光灯来实现。

泛光灯主要由三大部分组成：1. 灯具。包括灯具的外壳、钢化玻璃罩及固定配件。2. 光源。主要是指灯泡。3. 光源电器配件。主要有镇流器、电子触发器及电容。

泛光灯产品价格组成要素：主要包括灯体材质、光源类型、光源功率、电压等级、外形尺寸、钢化玻璃特性及固定配件等。泛光灯和投光灯理论上来讲是归到一类灯具里的，只不过泛光灯的灯具角度比较宽，照射面积宽，投射距离相对较短；投光灯的配光曲线是旋转对称的，光束集中，照明面积较窄，投射距离远。

● **常用参数及参数值描述**

类别编码	类别名称	特征	常用特征值	常用单位
2525	泛光灯、投光灯	品种	泛光灯、投光灯	套
		光源	氙灯、钠灯、金卤灯、LED灯、无极灯	
		功率（W）	400、1800、20、30、40、80、125、600、1500、1000、250、150、5、75、70、50、2000、1、2、3、120、100、60	
		投光角度	中光、窄光、宽光	
		灯头形式	螺口式 E40、灯脚 Rx7S、螺口式 E27	
		灯体材质	压铸铝、铝型材、不锈钢	
		防护等级	IP65	
		额定电压	220V/50Hz	
		LED 灯珠数（粒）	4 粒、6 粒、8 粒	

注：IP 防护等级说明。

IP 防护等级体系

● IP 表示 Ingress Protection（进入防护）

● 等级的第一标记数字如 IP6_ 表示防尘保护等级（6 表示无灰尘进入，参见下表）

● 第二标记数字如 IP_5 表示防水保护等级（5 表示防护水的喷射，参见下表）

防止固体物质入侵 — 第一个数字定义描述		防止液体入侵 — 第二个数字定义描述	
0	无防护。无专门的防护	0	无防护。无专门的防护
1	防护 50mm 直径和更大的固体外来物。防护表面积大的物体比如手（不防护蓄意侵入）	1	防护水滴（垂直落下的水滴）
2	防护 12mm 直径和更大的固体外来物。防护手指或其他长度不超过 80mm 的物体	2	设备倾斜 15° 时，防护水滴。垂直落下的水滴不应引起损害
3	防护 2.5mm 直径和更大的固体外来物。防护直径或厚度超过 2.5mm 的工具、金属线等	3	防护溅出的水。以 60° 角从垂直线两侧溅出的水不应引起损害
4	防护 1.0mm 直径和更大的固体外来物。防护厚度大于 1.0mm 的金属线或条状物	4	防护喷水。当设备倾斜正常位置 15° 时，从任何方向对准设备的喷水不应引起损害
5	防护灰尘。不可能完全阻止灰尘进入，但灰尘进入的数量不会影响设备的正常运行	5	防护射水。从任何方向对准设备的射水不应引起损害

续表

防止固体物质入侵 — 第一个数字定义描述		防止液体入侵 — 第二个数字定义描述	
6	不透灰尘。无灰尘进入	6	防护大浪。大浪或强射水进入设备的水量不应引起损害
		7	防护浸水。在定义的压力和时间下浸入水中时，不应有能引起损害的水量侵入
		8	防护水淹没。在制造商说明的条件下设备可长时间浸入水中

● **参照依据**

无

2527 地埋灯

● **类别定义**

地埋灯在照明领域应用很广泛，由于它是埋在地面供人照明因而得名地埋灯。

地埋灯产品价格组成要素主要包括灯体材质、光源类型、防护等级、光源功率、电压等级、外观规格尺寸、预埋件及配件等。

● **常用参数及参数值描述**

类别编码	类别名称	特征	常用特征值	常用单位
2527	地埋灯	光源	荧光灯、LED灯、氙灯、钠灯、金卤灯	套
		功率（W）	1、70、100、150、250、70/150、5、2、3、36、9、7、6、4、13/15	
		灯体材质	铝型材、覆膜、压铸铝、不锈钢、铸铝灯体外壳、喷塑	
		防护等级	IP67、IP65、IP55	
		LED灯珠数（粒）	8、3、2、1、5、6、9、4	
		规格	ϕ320H175、ϕ245H245、ϕ250H250、ϕ220H180、ϕ185H150、ϕ180H160、ϕ150H160、ϕ250H250、ϕ290H240	
		额定电压	AC220V/50Hz、24V、12V、220V、110V	

注：术语：LED（Lighting Emitting Diode）即发光二极管，是一种半导体固体发光器件。它是利用固体半导体芯片作为发光材料，在半导体中通过载流子发生复合放出过剩的能量而引起光子发射，直接发出红、黄、蓝、绿、青、橙、紫、白色的光。LED照明产品就是利用LED作为光源制造出来的照明器具。LED被称为第四代照明光源或绿色光源，具有节能、环保、寿命长、体积小等特点，可以广泛应用于各种指示、显示、装饰、背光源、普通照明和城市夜景等领域。

● **参照依据**

GB 7000.1-2007 灯具 第1部分：一般要求与试验

IEC 60598-1：2008 灯具一般安全与要求

2529 草坪灯

● **类别定义**

草坪灯用于小径照明，选择性地进行路线标识，并对灌木丛、树木、花草等进行泛光照明，以表达戏剧化的方向效果和颜色效果。

草坪灯形式造型多样，选用时可根据设计或周围环境的搭配等特点进行选用。

一般常用的草坪灯为LED草坪灯，LED草坪灯灯壳采用铝质、不锈钢金属外壳，配以有机玻璃或亚克力等透光性材料，光源采用高亮度LED，发光颜色以及变化效果可根据客户要求具体设计，可实现单色和全彩色等多种变化效果，防护等级IP65。节约能源，普遍消耗功率在1~3W之间。广泛使用于草坪绿地、广场、景观等场所的装饰照明。

● **常用参数及参数值描述**

类别编码	类别名称	特征	常用特征值	常用单位
2529	草坪灯	光源	太阳能、LED灯、金卤灯、荧光灯、灯泡、钠灯	套
		功率（W）	3、100、70、50、18、15、13、5、2、1、150、250、0.35、0.9	
		蓄电池容量（AH）	1200、2.6、3000mAH、1.95、22.1、1.3、18.2、16.9、9.75、3.9	
		灯体材质	不锈钢、压铸铝、钢制、铸铝、铝型材、覆膜	
		防护等级	IP65、IP67	
		灯体高度	800、1200、600	
		LED灯珠数（粒）	12、14、15、4、3、5、6、8、9、10	

注：分为：立柱式草坪灯、墙壁式草坪灯、地埋式草坪灯。

● **参照依据**

GB 7000.1-2007 灯具 第1部分：一般要求与试验

IEC 60598-1：2008 灯具一般安全与要求

2531 轮廓装饰灯

● **类别定义**

轮廓装饰灯包括：地砖灯、台阶灯、护栏板灯、护栏管灯等。

地砖灯：用在庭院或道路上、镶在地砖中的灯叫地砖灯，常用的有LED地砖灯、太阳能地砖灯。

台阶灯：是专门用于室内外楼梯、台阶的新型灯饰。

护栏管灯：护栏专用管灯，常用的为LED护栏管灯。

● **常用参数及参数值描述**

类别编码	类别名称	特征	常用特征值	常用单位
2531	轮廓装饰灯	品种	护栏管灯、台阶灯、地砖灯、线条灯、护栏板灯	套
		光源	节能灯管、冷阴极管、太阳能、高压钠灯、金卤灯、LED	
		功率（W）	2、16、5、4、3、32、1、21	
		灯体材质	塑料、铸铝、不锈钢、仿真石、玻璃、铝合金、塑胶、亚克力	
		灯体尺寸（mm）	45×75、16×28、198×198×60、12×26、10×1000	
		LED灯珠数（粒）	4、3、22、20、18、24、26、28、16、30、32、34、36、5、6、8、9、10、12、14、15	
		防护等级	IP55、IP54、IP65	

● 参照依据

无

2533 庭院、广场、道路、景观灯

● 类别定义

分为柱式、亭式；柱式庭院灯多装在庭院、公园、大型建筑物周围；亭式庭院灯用在草坪、亭台、憩坐旁边。

庭院灯产品价格组成要素主要包括灯体材质、光源类型、光源功率、电压等级、外观规格尺寸、灯体造型、预埋件及配件等。

广场灯用于车站前广场、机场前广场、港口、码头、公共汽车站广场、立交桥、停车场、集合广场、室外体育场等，广场灯应根据广场的形状、面积使用特点来选择。广场灯一般根据灯具造型分为：广场塔灯、六叉广场灯、碘钨反光灯、圆球柱灯、高压钠柱灯等。

● 常用参数及参数值描述

类别编码	类别名称	特征	常用特征值	常用单位
2533	庭院、广场、道路、景观灯	品种	庭院灯、景观灯、广场灯、道路灯	套
		光源	荧光节能灯、钠灯、金卤灯、风能路灯、白炽灯、太阳能、LDE灯、混光灯	
		灯头数及功率（W）	40、20、15、10、80、18、90、120、150、180、200	
		灯高（m）	7、0.55、6、3、2.5、2、3.5、4、4.5、5、12、11、10、9、8、5.5、0.45	
		灯杆材质	铸铁、不锈钢、铝合金、仿真石、高导热合金、钢	
		灯体材质	碳酸聚酯（PC）、亚克力、玻璃、不锈钢、高氧树脂、铝合金、钢	
		防护等级	IP66、IP55、IP65	
		灯头数	8、6、5、4、3、2、1、12、10	
		LED灯珠数（粒）	24、45、180、160、140、9、115、95、30、15、14、16、40、12、10、18、20、22、47、6、8、90	
		蓄电池容量（AH）	400、375、350、340、325、300、290、275、250、225、200、180、175、160、150、140、135、130、125、120、110、100、90、80、75、65、60、55、45、35、25	

● 参照依据

无

2535 标志、应急灯

● 类别定义

用于表示某种作用的标志性灯具叫标志性灯具，包括消防标志性灯具、航空导航灯具、航道灯具等。

航标灯：为保证船舶在夜间安全航行而安装在某些航标上的一类交通灯。它在夜间发

出规定的灯光颜色和闪光频率，达到规定的照射角度和能见距离。航标灯有固定灯标、灯浮标、灯船和灯塔4种。

● **常用参数及参数值描述**

类别编码	类别名称	特征	常用特征值	常用单位
2535	标志、应急灯	品种	分体式应急电源、自发光标志灯、中光强交流脉冲频闪障碍标志灯、安全出口灯（明装）、应急照明灯	套、个
		光源	自发光、场致发光、荧光灯管、金卤灯、高压钠灯、荧光节能灯、白炽灯、硅太阳能、LDE灯	
		功率（W）	50、100、70、58、40、36、32、30、26、22、20、18、13、11、9、8、5、3、105、2	
		灯头数及功率	1×40W、2×5W、2×25W、2×28W/T5、2×40W/T8、3×14W/T5、1×22W、1×14W/T5、1×18W/T8、1×28W/T5、1×40W/T8、2×1W、2×2W、1×8W	
		灯体材质	铁板喷塑、不锈钢、钢、亚克力、玻璃、喷塑面、压铸铝、塑料、铝合金	
		灯具形式	吊挂盒式单面、吸顶灯、双管荧光灯支架、板式双面、板式单面、筒灯、吊挂盒式双面、埋地方形、埋地圆形、双头	
		应急时间（min）	60、90、180、30、120	
		灯头数	3、4、2、1、5	

● **参照依据**

GB 17945－2010 消防应急照明和疏散指示系统

2537 信号灯

● **类别定义**

专指道路交通信号灯、道路交通信号灯是交通安全产品中的一个类别，是为了加强道路交通管理，减少交通事故的发生，提高道路使用效率，改善交通状况的一种重要工具。

交通信号灯由红灯（表示禁止通行）、绿灯（表示允许通行）、黄灯（表示警示）组成。分为：机动车信号灯、非机动车信号灯、人行横道信号灯、车道信号灯、方向指示信号灯、闪光警告信号灯、道路与铁路平面交叉道口信号灯。

● **常用参数及参数值描述**

类别编码	类别名称	特征	常用特征值	常用单位
2537	信号灯	品种	方向指示信号灯、机动车道信号灯、人行横道信号灯、非机动车道信号灯	套
		光源	荧光灯管、金卤灯、高压钠灯、荧光节能灯、白炽灯、硅太阳能、LED灯	
		外形尺寸（mm）	260×295×120、φ400	
		灯体材质	纯黑色铝压铸	
		灯具形式	吸顶灯、双管荧光	
		防护等级	IP68、IP65、IP55	

2541 水下灯

● **类别定义**

是装在水底下面的一种灯具、水下灯一般为 LED 光源；用于大型游泳馆、喷泉、水族馆等场所作水下照明。

● **常用参数及参数值描述**

类别编码	类别名称	特征	常用特征值	常用单位
2541	水下灯	品种	支架式水下灯、嵌入式水下灯	套
		光源	金卤灯、LED 灯、卤素灯	
		额定电压（V）	24、220、36、12	
		防护等级	IP68、IP65、IP55	
		功率（W）	12、275、200、500、300、150、100、80、60、50、40、4、3、2、1、6、9、18	
		LED 灯珠数（粒）	5、4、3、6、8、9、10、12、14、15、16、18、20	

2543 厂矿、场馆用灯

● **类别定义**

专门用于公共的场馆灯具、工厂灯具。

● **常用参数及参数值描述**

类别编码	类别名称	特征	常用特征值	常用单位
2543	厂矿、场馆用灯	规格	ϕ405（16″）、ϕ520、ϕ470、ϕ460（18″）、ϕ450、ϕ430（17″）、ϕ420、ϕ390、ϕ380（15″）、ϕ375、ϕ355（14″）、ϕ335、ϕ510（20″）、ϕ500、8″、5″、ϕ330（13″）、ϕ325、ϕ305（12″）	套
		防护等级	IP65、IP68、IP55、IP54	
		光源	节能荧光灯、LED、高压钠灯、管形氙气灯、碘钨灯、金卤灯、高频无极灯、工厂罩灯，防爆灯，防水防尘灯，安全灯	
		功率（W）	85、100、30、1000、45、120、80、50、65、150、250、35、70、400	
		灯体材质	塑料、PC灯罩、玻璃、铝合金、不锈钢、钢喷塑	
		保护盖材质	有机胶片、玻璃、铝合金	
		悬吊方式	吊链式、吸顶式、吊杆式	

2545 医院专用灯

● **类别定义**

指医院专用灯具，包括病房指示灯、无影灯、杀菌灯等。

手术无影灯用来照明手术部位、以最佳地观察处于切口和体控中不同深度的、小的、对比度低的物体。

● **常用参数及参数值描述**

类别编码	类别名称	特征	常用特征值	常用单位
2545	医院专用灯	品种	病房暗脚灯、病房指示灯、看片灯、牙科光固化灯、手术室无影灯、病房叫号灯、紫外线杀菌灯、生化分析仪器灯、红外线理疗保健灯	套
		光源	卤素灯、节能灯管、金卤灯、高压钠灯	
		功率（W）	100、10、250、150	
		灯体材质	不锈钢、铝合金	
		额定电压（V）	AC220	
		外形尺寸		

● **参照依据**

GB 7000.225　灯具　第 2-25 部分：特殊要求 医院和康复大楼诊所用灯具

2547　歌舞厅灯

● **类别定义**

本类指歌舞厅使用的灯具。

● **常用参数及参数值描述**

类别编码	类别名称	特征	常用特征值	常用单位
2547	歌舞厅灯	造型	满天星彩灯、彩虹灯、十二头幻影转彩灯、雷达射灯、变色转盘灯、蛇光管、镜面球灯、宇宙灯、迷你满天星彩灯、泡泡发生灯、边界灯、歌星灯、雨灯、太阳灯、频闪灯、滚筒灯、飞碟旋转效果灯、卫星旋转效果灯	套
		光源	节能灯管、高压钠灯、金卤灯	
		功率（W）	100、10、250、150	
		灯体材质	铝合金、不锈钢	
		防护等级	IP65、IP68、IP55、IP54	

2549　隧道灯

● **类别定义**

隧道灯：为解决车辆驶入或驶出隧道时亮度的突变使视觉产生的"黑洞效应"或"白洞效应"，用于隧道照明的特殊灯具。

光源一般使用：钠灯，金卤灯，有时还会使用无极灯。

● **常用参数及参数值描述**

类别编码	类别名称	特征	常用特征值	常用单位
2549	隧道灯	光源	荧光灯管、LED、高压钠灯、金卤灯	套
		功率（W）	80、60、70、2×40、3×40、2×28、3×28、2×30、3×30、400、250、175、150、100、2×36、3×36、120	
		灯体材质	不锈钢、高强度 PC 罩、铝合金	
		配光形式	非对称、对称	
		防护等级	IP54、IP65	
		安装方式	吸顶式、长支架壁式、短支架壁式	
		额定电压（V）	220、380	
		外形尺寸（长×宽×高）	422×222×68、330×175×750、330×175×690、330×175×590	

2551 灯头、灯座、灯罩

● **类别定义**

主要是指灯具的一些主要的附件材料。

● **常用参数及参数值描述**

类别编码	类别名称	特征	常用特征值	常用单位
2551	灯头、灯座、灯罩	品种	灯口、灯头、灯座、灯罩、花托杯、灯托、塑料台	个
		结构形式	柱形、小瓷灯口、透明、蘑菇形、大瓷灯口、螺口灯座、反光、插口式灯头、螺口式头、E40、E27、超静带、卡口灯座、插脚式灯头、烛形、球形	
		材质	布衣灯罩、陶瓷、压铸铝、树脂、车铝（氧化）、玻璃灯罩、PC灯罩、塑料灯罩、铸铁	

● **参照依据**

GB 17945－2010 消防应急照明和疏散指示系统。

2552 荧光灯支架

● **类别定义**

灯具专用灯架应用比较广泛；按照形状灯架分为单排灯架，三角桁灯架，四方铝合金灯架，圆形灯架，转角 truss 铝合金灯架等。

● **常用参数及参数值描述**

类别编码	类别名称	特征	常用特征值	常用单位
2552	荧光灯支架	品种	超薄型不锈钢盖电子支架、豪华型单支带罩电感支架、吸顶式支架、超薄型电子支架、豪华型双支带罩电感支架、格栅荧光灯支架、三角荧光灯支架	套
		支架材质	薄钢板、塑料、铝合金	
		镇流器形式	电感式、电子式	

续表

类别编码	类别名称	特征	常用特征值	常用单位
2552	荧光灯支架	灯管数及功率（W）	1×20、2×40、1×40、1×30、2×30、2×20、1×35、1×28、1×21、1×14、1×8、2×28、2×14、1×30、2×36、2×18、1×36、1×18、2×30	套
		灯管规格	T8、T4、T6、T5、T12、T10	
		执行标准	中国、欧洲（欧式）、日本（日式）、英国（英式）	
		灯管数	2、1、3	
		功率（W）	36、26、28、35、40、22、16、18、10、8、6、20、14、21、12、24、30	

2553 灯饺、灯伞、灯臂

● **类别定义**

主要指支撑灯具的附件材料，包含灯支架、灯伞、灯饺、灯臂等。

● **常用参数及参数值描述**

类别编码	类别名称	特征	常用特征值	常用单位
2553	灯饺、灯伞、灯臂	品种	灯饺、双弧灯臂、半弧灯具、灯伞	套
		材质	不锈钢、铸铁、木质、铝合金	
		外形尺寸（mm）	150×5×1950、150×5×3010、150×5×3800、60×4000、50×2700、1223×31×49	

2555 启辉器、镇流器

● **类别定义**

镇流器，又称电感镇流器，它是一个铁芯电感线圈，电感的性质是当线圈中的电流发生变化时，则在线圈中将引起磁通的变化，从而产生感应电动势，其方向与电流的方向相反，因而阻碍着电流变化。

启辉器：在电路中只起控制灯管预热电流的时间和断开电路时使镇流器产生感应电动势的作用。

● **常用参数及参数值描述**

类别编码	类别名称	特征	常用特征值	常用单位
2555	启辉器、镇流器	品种	电感镇流器、高压钠灯镇流器、金属卤化灯镇流器、高压汞灯镇流器、荧光灯镇流器、氙气灯安定器、荧光灯启辉器	套
		额定功率（W）	250、100、70、50、1000、200、150、35、20、30、40、80、125、600、400	
		外形尺寸	240×95×65、132×81×40、144×90×38、200×126×66、75×60×16	
		镇流器形式	电感式、电子式	

● **参照依据**

GB 19510.4 - 2009　灯的控制装置　第4部分：荧光灯用交流电子镇流器的特殊要求

GB/T 15144 - 2009　管形荧光灯用交流电子镇流器　性能要求

2557　专用灯具电源

● **类别定义**

包含开关电源、稳压电源。

开关电源：就是用通过电路控制开关管进行高速的道通与截止。将直流电转化为高频率的交流电提供给变压器进行变压，从而产生所需要的一组或多组电压。

稳压电源：保持输入电压的稳定，保持电源输出的电压是恒定的，这样电脑主机就不容易因为电压不稳损坏了。

● **常用参数及参数值描述**

类别编码	类别名称	特征	常用特征值	常用单位
2557	专用灯具电源	品种	电源适配器、LED灯饰灯具电源、LED灯具、模块电源	台
		规格	12V、8.5A	
		输出电压（V）	220	
		输出电流（mA）	500	

● **参照依据**

GB/T 10261 - 1988　核仪器用高、低压直流稳压电源测试方法

2559　灯线及附件

● **类别定义**

指灯具专用灯线及其附件。

● **常用参数及参数值描述**

类别编码	类别名称	特征	常用特征值	常用单位
2559	灯线及附件	品种	LED灯线、Hid灯线	个
		规格		

2561　其他灯具及附件

● **类别定义**

指一些新型或一些不常用的灯具及附件。例如：镇流器挂板、大杠抱箍等。

● **常用参数及参数值描述**

类别编码	类别名称	特征	常用特征值	常用单位
2561	其他灯具及附件	品种	大杠抱箍、吊灯U型环、灯片、镇流器挂板、吊盒、防眩光灯具、T5支架灯具、吊灯夹板、灯箱布、支臂拉杆、镇流器横板、吊链、控制器	套
		光源	节能灯管、高压钠灯、金卤灯	

续表

类别编码	类别名称	特征	常用特征值	常用单位
2561	其他灯具及附件	外形尺寸（mm）	75×245、60×200、40×90×50、4.5×13×5000、5×150、10×240、8×700、40×4×200、30×4×260、5×162、734×540×150、400×280×90、615×360×90、90×94×67	套
		额定功率（W）	70、50、55	
		防护等级	IP54、IP65	

26 开关、插座

● **类别定义**

在照明线路及系统中用来切断照明器具及光源用的器件，我们称之为照明开关；由控制机构能发出分或者合闸（开或者关）命令的开关，称作控制开关。

插座也是指配电工程上用的插座，插座和插头是配套使用的。单相插座一般用于民用电气工程，三相插座一般用于配电工程。

在电气工程中，开关、插座在应用上都是不分类的，很多开关面板上既有开关、又有插座，并且在很多地方都是配套使用的，故放入一类中比较合适。

◇ **不包含**

——计算机、网络等上的信息插座、接口；统一放入 31 大类下

● **类别来源**

来源于国标清单、全统安装定额的电气安装工程中《开关、插座及按钮》章节相关材料；具体二级子类参照国家及国外相关电气材料标准。

● **范围描述**

范围	二级子类	说明
照明开关	2601 拉线开关	包含单位单极拉线开关、两位双级拉线开关、单位双级拉线开关、两位单极拉线开关等
	2603 扳把开关	包含四联单控扳把开关、单联单控扳把开关、双联单控扳把开关、三联单控扳把开关等
	2605 普通面板开关	包含按钮开关、琴键开关、大跷板开关、带指示器开关、按钮电铃开关等
	2607 调光面板开关	包含微电脑控制调光开关、琴键式调光开关、远红外线遥控调光开关、旋钮式调光开关等
	2609 电子感应开关	包含远红外线感应开关、人体感应开关、光电感应开关、温度感应开关、声光控开关、电磁感应开关、声控开关、触摸式开关、光控开关、按压式开关等
控制开关	2611 调速面板开关	包含塑胶面调速开关、空调风量调节开关（机械式）、电子风量调节开关等
	2613 插卡取电开关	包含光电式（带延时）、光电式（不带延时）、匙牌式（带延时）、匙牌式（不带延时）等

范围	二级子类	说 明
控制开关	2615 门铃、电铃开关	包含电铃开关、按钮式门铃开关、大跷板式门铃开关、触摸式门铃开关、单音门铃、双音门铃、音乐门铃等
	2617 自复位开关	包含自复位按板开关、自复位按钮开关等
	2619 音量调节开关	包含音量调节开关等
	2621 按钮开关	包含一般按钮开关、带灯式按钮开关、旋钮式、钥匙式、旋柄式按钮开关等
	2626 其他控制开关	包含带指示灯空调总开关、中途开关、一位风机调节盘开关、两位风机调节盘开关、空调总开关等
开关面板及附件	2631 面板、边框、盖板	包含各种颜色的开关面板、插座面板、空白面板、面板边框、盖板及其底盒等结构性配件
	2633 开关、插座功能件	包含面板开关、插座里面的各种功能性配件
插座	2641 电源插座	包含扁脚插座、扁圆脚插座、方脚插座等
	2643 刮须插座	包含刮须插座等
插头	2645 电源插头	包含三级、二级扁脚、圆角插头等
附件	2647 电源插座转换器	包含七位三孔插座转换器、二位二孔、二位三孔插座转换器、二位二孔、三位三孔插座转换器、四位二孔插座转换器等
	2649 其他开关	包含点火开关、脚踏开关、转向开关、水银开关、万能转换开关等

注：

(1) 开关术语"位"、"控"、"极"的解释

常有用户在挑选面板开关产品时，对产品名称中的几个术语不甚理解，比如"一位单极开关"、"两位双控开关"等，在购买安装中造成不必要的麻烦。

所谓"位"，又称为"联"，就是指在一个面板上，有几个开关功能模块。"一位"就是有一个开关，"两位"就是有两个开关，能分别控制两个用电设备。

所谓"控"，即一个开关选择性地控制几条电路。如双控开关，以字母 a、b 表示电路，即开关的过程就是接通 a 断开 b，或接通 b 断开 a 的过程。两条线路不会同时开启，也不会同时断开。在家庭中，可以使用两个双控开关，通过一定排线规则，实现在两个地方控制一个电器的功能，而这种功能较多地应用于在客厅、卧室的照明上。

所谓"极"，即一个开关同时控制几条电路。如双极开关，同样以字母 a、b 表示电路，在开关的过程就是同时接通 a、b 两条电路或同时断开 a、b 两条电路的过程。单极开关较为常见，而多级开关一般在家庭中很少使用。

(2) 3C 标志代表了什么

在家庭用电产品上，经常都能看到有个"CCC"标贴，这就是所谓的"3C"标志。

3C 是中国强制认证（"China Compulsory Certification"）的英文缩写简称。这是我国按照世贸有关协议和国际通行规则，依法对涉及人类健康安全、动植物生命安全和健康，以及环境保护和公共安全的产品实行统一的强制性产品认证制度。自 2003 年 5 月 1 日起，列入第一批实施 3C 认证目录内的 19 类 132 种产品如未获得 3C 标志就不能出厂销售、进口和在经营性活动中使用。原实行的"长城"标志和"CCIB"标志将被"3C"标志取代。

作为与安全方面密切相关的家庭用电产品，认清是否有"3C"标志，是避免购买伪劣产品的基本方式，没有"3C"标志的，肯定未进行相关检验和认证，没有安全保障。当然，有些假冒产品也会贴上"3C"标志以鱼目混珠，就需要其他方面的鉴别了。

(3) 86 型、120 型、118 型，三种开关插座外形标准并行

86 型开关插座正面一般为 86mm×86mm 正方形（个别产品因外观设计，大小稍有变化）。在 86 型开关基础上，又派生了 146 型（146mm×86mm）和多位联体安装的开关插座。

120 型开关插座源于日本，目前在中国台湾地区和浙江省最为常见。其正面为 120mm×74mm，呈竖直状的长方形。在 120 型基础上，派生了 120mm×120mm 大面板，以组合更多的功能件。

118 型开关插座是 120 型标准进入中国后，国内厂家在仿制的基础上按中国人习惯进行变化而产生的。其正面也为 120mm×74mm，但横置安装。目前 118 型开关在湖北、重庆两省市最多见。118 型基础上，还有 156mm×74mm，200mm×74mm 两种长板配置，供在需集中控制取电位置安置更多的功能件。

● 参照依据

GB 16915.1－2003　家用和类似用途固定式电气装置的开关　第 1 部分：通用要求

GB 16915.2－2012　家用和类似用途固定式电气装置的开关　第 2-1 部分：电子开关的特殊要求

GB 16915.3－2000　家用和类似用途固定式电气装置的开关　第 2 部分：特殊要求　第 2 节：遥控开关（RCS）

BS 3676－1－1989　家用和类似用途固定式电气设备用开关　第 1 部分：一般要求规范

BS EN 60669－1－2000　家用和类似用途固定电器设备用开关　通用规范

BS EN 60669－2－1－2000　家用和类似用途固定电器用开关　特殊要求　电子开关

2601　拉线开关

● 类别定义

指的是普通照明用的拉线开关；拉线开关有暗式和明式两种，暗式用于暗配管，明式用于明配管或护套线敷设的场所。家庭装潢中，拉线开关局限于卫生间和厨房中使用，其目的是确保湿手操作开关时的安全性。包含单位单极拉线开关、单位双极拉线开关、两位单极拉线开关、两位双极拉线开关等。

● 常用参数及参数值描述

类别编码	类别名称	特征	常用特征值	常用单位
2601	拉线开关	品种	单位单极拉线开关、两位双级拉线开关、单位双级拉线开关、两位单极拉线开关	个
		额定电压（V）	220、125、38、500、250	
		额定电流（A）	6、4、2.5、10	

2603　扳把开关

● 类别定义

扳把开关有明装和暗装两种，这种开关的特点是分、合位置明显，人若无意触碰开关也不会产生误动作。由于振动开关体积大，外形不美观，在家庭装潢中很少采用。包含单联单控扳把开关、双联单控扳把开关、三联单控扳把开关等。

● 常用参数及参数值描述

类别编码	类别名称	特征	常用特征值	常用单位
2603	扳把开关	品种	四联单控扳把开关、单联单控扳把开关、双联单控扳把开关、三联单控扳把开关	套
		额定电压（V）	380、38、220、125	
		额定电流（A）	0、10、16、20、25、6、5、4	

● 参照依据

GB 16915.1－2003　家用和类似用途固定式电气装置的开关　第 1 部分：通用要求

GB 2099.1－2008　家用和类似用途插头插座　第 1 部分：通用要求

2605 普通面板开关

● **类别定义**

板式开关是一种按下会摆动的 on/off 开关，如果开关的一头升起则另一端就是按下的，就像摇摆木马一样。包含大跷板开关、琴键开关、带指示灯（荧光灯）跷板开关等。

● **常用参数及参数值描述**

类别编码	类别名称	特征	常用特征值	常用单位
2605	普通面板开关	品种	琴键式开关、按钮式（指甲）开关、普通面板开关、大跷板式开关	个
		额定电压（V）	250、125	
		额定电流（A）	1、20、16、13、12、10、6	
		开关位数	双联、五联、单联、四联、三联、六联	
		控制电器数	双控、单控	
		外形尺寸	86×86、120×60	
		附带功能	两极加两极带接地插座、带荧光、带保险盒、带指示灯、带两极接地插座、带单联、两极接地插座、带保护门、两极接地插座、带荧光、两极接地插座、带接地插座、带两极插座、带LED指示灯、带荧光、带保护门	

● **参照依据**

GB 16915.1-2003　家用和类似用途固定式电气装置的开关　第2部分：特殊要求
第3节：延时开关

GB 2099.1-2008　家用和类似用途插头插座　第1部分：通用要求

2607 调光面板开关

● **类别定义**

调光开关是通过旋钮使电压变化来调节光源。常见的有普通调光开关、双联调光开关、带开关调光开关、红外线遥控调光开关。

● **常用参数及参数值描述**

类别编码	类别名称	特征	常用特征值	常用单位
2607	调光面板开关	品种	微电脑控制调光开关、琴键式调光开关、远红外线遥控调光开关、旋钮式调光开关	个
		额定电压（V）	8、220、250	
		额定电流（A）	650、400、600、200、100、300、630、500	
		开关位数	单联、双联、三联、四联	
		适用光源	白炽灯、节能荧光灯	
		附带功能	带开关、带LED指示灯、带指示灯、带开关、插座	

● **参照依据**

GB 16915.1-2003　家用和类似用途固定式电气装置的开关　第2部分：特殊要求

第 3 节：延时开关

GB 2099.1-2008　家用和类似用途插头插座　第 1 部分：通用要求

2609　电子感应开关

● **类别定义**

是指人体红外智能感应开关，是一种当有人从红外感应探测区域经过而自动启动的开关。主要包括人体红外感应开关、声控开关、光控开关、声光控开关、光电感应开关等。

● **常用参数及参数值描述**

类别编码	类别名称	特征	常用特征值	常用单位
2609	电子感应开关	品种	远红外线感应开关、人体感应开关、光电感应开关、温度感应开关、声光控开关、电磁感应开关、声控开关、触摸式开关、光控开关、按压式开关	套
		额定电压（V）	250、8、12、24、220	
		额定电流（A）	10、4、16	
		额定功率（W）	600、100、60、400、1000	
		延时时间	1～60 分钟、30～300 秒	
		外形尺寸（长×宽）mm	95×85×70、120×60、86×86	
		附带功能	带指示灯、带延时、带节能灯、带荧光灯、带电铃开关、延时带荧光灯	

● **参照依据**

GB 16915.1-2003　家用和类似用途固定式电气装置的开关　第 2 部分：特殊要求

第 3 节：延时开关

GB 2099.1-2008　家用和类似用途插头插座　第 1 部分：通用要求

2611　调速面板开关

● **类别定义**

调速开关指用来调整电器运转速度的开关。包含普通调速开关、带开关调速开关、带指示器调速开关等。

● **常用参数及参数值描述**

类别编码	类别名称	特征	常用特征值	常用单位
2611	调速面板开关	品种	防潭胶面调速开关、空调风量调节开关（机械式）、电子风量调节开关	个
		额定电压（V）	220、250、110	
		额定电流（A）	500、150、250、100、200、400、300	
		开关位数	三联、单联、四联、双联	
		外形尺寸（长×宽）	120×60、86×86	
		附带功能	带开关、插座、带开关、带指示灯、带 LED 指示灯	

● 参照依据

GB 16915.1-2003　家用和类似用途固定式电气装置的开关　第2部分：特殊要求
第3节：延时开关

GB 2099.1-2008　家用和类似用途插头插座　第1部分：通用要求

2613　插卡取电开关

● 类别定义

插卡取电开关是专门为酒店的节能和安全而设计的。包含光电式（带延时）插卡取电开关、光电式（不带延时）插卡取电开关、匙牌式（带延时）插卡取电开关、匙牌式（不带延时）插卡取电开关等。

● 常用参数及参数值描述

类别编码	类别名称	特征	常用特征值	常用单位
2613	插卡取电开关	品种	匙牌式（不带延时）、光电式（不带延时）、光电式（带延时）、光控式插卡节能开关、机械式、匙牌式（带延时）	套
		外形尺寸（长×宽）	120×60、86×86	
		额定电压（V）	8、220、250	
		额定电流（A）	25、16、10	
		延时时间	1～60分钟	

● 参照依据

GB 16915.1-2003　家用和类似用途固定式电气装置的开关　第2部分：特殊要求
第3节：延时开关

GB 2099.1-2008　家用和类似用途插头插座　第1部分：通用要求

2615　门铃、电铃开关

● 类别定义

门铃主要有感应门铃、电子门铃、可视门铃等；电铃是线圈通电后，吸合软铁芯运动，从而带动铃锤敲击铃皮发出响声。通常是用做防盗铃之类。

● 常用参数及参数值描述

类别编码	类别名称	特征	常用特征值	常用单位
2615	门铃、电铃开关	品种	电铃开关、按钮式门铃开关、大跷板式门铃开关、触摸式门铃开关、单音门铃、双音门铃、音乐门铃	套
		额定电压（V）	220、36、250	
		额定电流（A）	4、20、16、3、10	
		开关位数	双联、单联	
		外形尺寸（长×宽）	86×90、86×86	
		附带功能	带荧光及"请勿打扰、请即清理"双指示、带"请勿打扰"指示、带荧光、带荧光及"请勿打扰"指示、带"请勿打扰、请即清理"双指示	

● **参照依据**

GB 16915.1－2003　家用和类似用途固定式电气装置的开关　第 2 部分：特殊要求
第 3 节：延时开关

GB 17466.1－2008　家用和类似用途固定式电气装置电器附件安装盒和外壳　第 1 部
分：通用要求

2617　自复位开关

● **类别定义**

轻触按钮开关，电源或系统启动或关闭，而后按钮开关自动复位的开关我们称之为自
复位开关。目前多在电风扇、电脑主机、抢答器中使用；复位开关通常用英文表示：re-
set 或 R。

● **常用参数及参数值描述**

类别编码	类别名称	特征	常用特征值	常用单位
2617	自复位开关	品种	自复位按板开关、自复按钮位开关	个
		额定电压（V）	36、250	
		额定电流（A）	10、4、20	
		开关位数	双联、单联、三联	
		控制电器数	单控、双控	
		外形尺寸（长×宽）	120×60、86×86	
		附带功能	带荧光	

● **参照依据**

GB 16915.1－2003　家用和类似用途固定式电气装置的开关　第 2 部分：特殊要求
第 3 节：延时开关

2619　音量调节开关

● **类别定义**

可以通过旋钮的调节闭合来调节音量大小。

● **常用参数及参数值描述**

类别编码	类别名称	特征	常用特征值	常用单位
2619	音量调节开关	品种	音量调节开关	个
		额定电压（V）	110	
		额定电流（A）	1	
		额定功率（W）	3、5	
		外形尺寸（长×宽）	120×60、86×86	

● **参照依据**

GB 16915.1－2003　家用和类似用途固定式电气装置的开关　第 2 部分：特殊要求
第 3 节：延时开关

2621 按钮开关

● **类别定义**

按钮开关是由按钮、传动机构和动、定触点组成。它是通过按钮推动传动机构，使动触点与定触点接通或断开来完成电路换接的。包含一般按钮开关、防水按钮开关。

● **常用参数及参数值描述**

类别编码	类别名称	特征	常用特征值	常用单位
2621	按钮开关	品种	带灯按钮、旋钮、紧停按钮	个
		电源参数	8128A 250V AC、8（8）A 250V AC、12（10）A 250V AC、7A 250V AC、4A 125V AC、10A 250V AC、2A 250V AC、14A 125V AC	
		端子数	4P、2P、3P	
		截面形状	圆形、正方形、矩形、三角形	
		外形尺寸		

● **参照依据**

GB 16915.1-2003 家用和类似用途固定式电气装置的开关 第2部分：特殊要求 第3节：延时开关

2626 其他控制开关

● **类别定义**

指一些不常用的开关，例如：分机盘管调节开关、一位风机调节开关、空调开关等。

● **常用参数及参数值描述**

类别编码	类别名称	特征	常用特征值	常用单位
2626	其他控制开关	品种	带指示灯空调总开关、中途开关、一位风机调节盘开关、两位风机调节盘开关、空调总开关、电子式空调风机开关、机械式空调风机开关、风机盘管调节开关	个
		额定电压（V）	250、220	
		额定电流（A）	30、16	
		外形尺寸	$\phi16$、$\phi20$	

2631 面板、边框、盖板

● **类别定义**

包含单控盖板、双联盖板、三联盖板等空白面板和"请勿打扰"面板、防溅面板等；模块式开关面板，可以与开关模块或插座模块等相配合，组成相应的产品。

"请勿打扰"面板：多用在宾馆、旅馆、招待所，即按下"请勿打扰"键，客房门外"请勿打扰"字幕灯亮，防止访客打扰房客休息的提示面板。

防溅面板：主要有效防止油污、水汽侵入，延长使用寿命，防止因潮湿引起的短路。包含开关防溅面板、插座防溅面板等。

● **常用参数及参数值描述**

类别编码	类别名称	特征	常用特征值	常用单位
2631	面板、边框、盖板	品种	面板框、插座防溅面板、开关防溅面板、开关及"请勿打扰"/"请即清理"指示、带荧光门铃及"请勿打扰"/"请即清理"指示、"请勿打扰"/"请即清理"指示、带荧光门铃开关及"请勿打扰"指示、请勿打扰面板、空白面板、安装面板	个
		面板材质	水晶玻璃、铸铁、钢、塑料、铝合金	
		开关位数	双联四位、六联、五联、四联、三联、双联三位、单联一位、单联三位、单联两位、双联六位、双联五位、单联空白	
		外形尺寸（长×宽）	120×70、75×75、86×86、118×70、146×86	

● **参照依据**

GB 17466－1998 面板暗盒类

2633 开关、插座功能件

● **类别定义**

用于开关、插座的一些起功能作用的器具，我们称之为功能件，包含开关功能件、单相插座功能件、三相插座功能件、门铃开关功能件、风扇开关功能件等。

● **常用参数及参数值描述**

类别编码	类别名称	特征	常用特征值	常用单位
2633	开关、插座功能件	品种	门铃开关功能件、三相插座功能件、风扇开关功能件、单相插座功能件、定时器、插座防溅盒、"请即清理"指示功能件、"请勿打扰"指示功能件、调光开关功能件、多功能插座功能件	个、套
		额定功率（W）	630、1000	
		开关控制电器数	双控、单控	
		插座承接形式	方脚三极、扁脚二极、扁脚三极、圆脚二极、圆脚三极	
		附带功能	带荧光	
		额定电压（V）	250、380、220、110	
		额定电流（A）	30、4、10、12、13、16、20、25	

2641 电源插座

● **类别定义**

常见的单相电源插座有扁脚插座、扁圆脚插座、方脚插座、圆脚插座、带开关插座、带熔丝管插座、带指示灯插座、单项地面插座。

三相插头和插座多用于工业。常用的三相插座、地面插座多用插座等。

● **常用参数及参数值描述**

类别编码	类别名称	特征	常用特征值	常用单位
2641	电源插座	品种	扁脚地面插座、万能插座、圆脚插座、扁脚插座、多用电源插座、三相四线地面插座、三相四线插座、扁圆脚插座	个
		额定电压（V）	380、440、250、110/220、110、120/240、110/240	
		额定电流（A）	15、25、13、20、5、10、16、32、30	
		插座承接形式	一位三极、二．三极、三位二．三．三极、双联二．二极、二极、三联三．三．三极、三极、三位二．二．二极、四联二．二．二．三极	
		附带功能	带开关、带荧光、防溅、带熔丝管、带开关带 LED 指示、带保险盒、带指示灯、带保护门、防溅、带接地插座、带保护门、接地插座、带保护门	
		额定功率（W）	2000、2500	
		外形尺寸（长×宽）	86×86、120×60	

● **参照依据**

GB2099.1-2008 家用和类似用途插头插座 第1部分：通用要求

2643 刮须插座

● **类别定义**

或称须刨插座，一般含在电吹风机上，也存在独立的须刨插座，一般采用110/220伏交流电。

● **常用参数及参数值描述**

类别编码	类别名称	特征	常用特征值	常用单位
2643	刮须插座	品种	刮须插座	个
		外形尺寸（长×宽）	86×86、120×60	
		额定电压（V）	110、240	
		额定电流（A）	10	
		额定功率（W）	800	

● **参照依据**

GB2099.1-2008 家用和类似用途插头插座 第1部分：通用要求

2645 电源插头

● **类别定义**

插头一般在电器里附带，不用在建筑物内安装，但是有一些也独立存在的；电源插头有单项、三项之分。

● **常用参数及参数值描述**

类别编码	类别名称	特征	常用特征值	常用单位
2645	电源插头	品种	三头单相插头、三相五极插头、三相四极插头、三相三极插头、两头单相插头	个
		外形尺寸（长×宽）	120×60、86×86	
		额定电压（V）	440、220、380	
		额定电流（A）	25、30、16、20、32、10、15	
		插口形式	扁圆脚、扁脚、方脚、圆脚	

● 参照依据

GB2099.1-2008　家用和类似用途插头插座　第 1 部分：通用要求

2647　电源插座转换器

● 类别定义

俗称插线板，按照功能分为二位三孔插座转换器、三位三孔插座转换器、四位三孔插座转换器、五位三孔插座转换器、六位三孔插座转换器、七位三孔插座转换器等，按照形状分为船型、飞碟型、柱型等。

● 常用参数及参数值描述

类别编码	类别名称	特征	常用特征值	常用单位
2647	电源插座转换器	品种	七位三孔插座转换器、二位二孔、二位三孔插座转换器、二位二孔、三位三孔插座转换器、四位二孔插座转换器、五位三孔插座转换器、六位三孔插座转换器、三位二孔、一位三孔插座转换器、三位二孔	个
		额定电压（V）	250	
		额定电流（A）	16、10	
		额定功率（W）		
		外形尺寸（长×宽×厚）	203×55×35、199×55×35、284×80×35、242×80×35、200×80×35、160×55×35	

● 参照依据

GB2099.1-2008　家用和类似用途插头插座　第 1 部分：通用要求

2649　其他开关

● 类别定义

指一些不常用的开关，如点火开关、转向开关等。

● 常用参数及参数值描述

类别编码	类别名称	特征	常用特征值	常用单位
2649	其他开关	品种	点火开关、脚踏开关、转向开关、水银开关、万能转换开关	个
		额定电流（A）	15、3	
		端子数	2P、4P、3P	
		外形尺寸（长×宽）	220×200、150×130	

GB2099.1-2008 家用和类似用途插头插座 第1部分：通用要求

27 保险、绝缘及电热材料

● 类别定义

在电流过载时起保护作用的元器件叫保险材料，常用的保险材料包括：保险器、片、盖、带等保险器材、熔断器、断路器、避雷针、避雷器等。

绝缘材料又称电介质，在直流电压作用下，只容许有微小的电流通过。电工常用的绝缘材料按其化学性质不同，可分为无机绝缘材料、有机绝缘材料和混合绝缘材料。常用的无机绝缘材料有：云母、石棉、大理石、瓷器、玻璃、硫黄制作的元器件。有机绝缘材料有：虫胶、树脂、橡胶、棉纱、纸、麻、人造丝等制造的元器件，大多用以制造绝缘漆，绕组导线的被覆绝缘物等。混合绝缘材料为由以上两种材料经过加工制成的各种成型绝缘材料，用作电器的底座、外壳等。

● 类别来源

在电气工程中，保险材料和绝缘材料都是保护电器免受外界因素损害而起保护作用的材料，故放入一类中。

● 范围描述

范围	二级子类	说　明
保险材料	2701 熔断器	包含螺旋式熔断器、密管式熔断器、防爆式熔断器、瓷插式熔断器等
	2703 保险器材	包含保险丝、保险带、保险片、保险盖、保险架等保险材料等
	2705 避雷装置	包含避雷器、避雷针、避雷网等避雷材料等
	2706 接地装置	包含接地器材、地线装置、带状接地极、离子合金接地极、接地引下线、接地母线等
	2707 漏电保护器材	包含 GS251S FIN DZ12LE DZ20LE DZ30LE 系列的保护器以及框架式断路器、塑壳式断路器、漏电保护开关等
绝缘材料	2709 高压绝缘子	包含户内支柱绝缘子、户外支柱绝缘子、复合绝缘子等
	2711 低压绝缘子	包含针式绝缘子、蝶式绝缘子、线轴式绝缘子、拉紧绝缘子、鼓形绝缘子、低压支柱绝缘子、电车线路绝缘子等
	2713 绝缘穿墙套管、瓷套管	包含户内穿墙瓷套管、户外穿墙瓷套管、母线穿墙套管、油纸电容式穿墙套管、复合穿墙套管等
	2715 瓷绝缘散材	包含瓷瓶、瓷夹板、瓷接头、瓷撑板、陶瓷灭弧罩、瓷珠、耐热电瓷环、瓷咀子等
	2717 绝缘布、绝缘带	包含布绝缘胶带、塑料绝缘胶带、涤纶绝缘胶带等
	2719 绝缘板、绝缘箔	包含衬垫云母板、耐高温云母板、电绝缘橡胶板、云母板等
	2721 绝缘管	包含玻璃漆管、玻璃布管、酚醛层压布管、酚醛层压纸管、云母管等
	2723 绝缘棒	包含酚醛层压布棒、层压玻璃布棒、云母棒等
	2725 其余绝缘材料	包含高丽纸、接地线板、青壳纸、磁环、绝缘垫、滤油纸等
	2731 电热材料	包含电炉丝、电阻丝、绕线电阻器、碳合成电阻器、金属膜电阻器、金属氧化膜电阻器等

2701 熔断器

● **类别定义**

当电流超过规定值时，以本身产生的热量使熔体熔断，断开电路的一种电器。常用的熔断器有：螺旋式熔断器 RL、有填料管式熔断器 RT、无填料管式熔断器 RM、有填料封闭管式快速熔断器 RS。

螺旋式熔断器 RL：在熔断管装有石英砂，熔体埋于其中，熔体熔断时，电弧喷向石英砂及其缝隙，可迅速降温而熄灭。为了便于监视，熔断器一端装有色点，不同的颜色表示不同的熔体电流，熔体熔断时，色点跳出，示意熔体已熔断。螺旋式熔断器额定电流为 5～200A，主要用于短路电流大的分支电路或有易燃气体的场所。

有填料管式熔断器 RT：有填料管式熔断器是一种有限流作用的熔断器。由填有石英砂的瓷熔管、触点和镀银铜栅状熔体组成。填料管式熔断器均装在特别的底座上，如带隔离刀闸的底座或以熔断器为隔离刀的底座上，通过手动机构操作。填料管式熔断器额定电流为 50～1000A，主要用于短路电流大的电路或有易燃气体的场所。

无填料管式熔断器 RM：无填料管式熔断器的熔丝管是由纤维物制成。使用的熔体为变截面的锌合金片。熔体熔断时，纤维熔管的部分纤维物因受热而分解，产生高压气体，使电弧很快熄灭。无填料管式熔断器具有结构简单、保护性能好、使用方便等特点，一般均与刀开关组成熔断器刀开关组合使用。

有填料封闭管式快速熔断器 RS：有填料封闭管式快速熔断器是一种快速动作型的熔断器，由熔断管、触点底座、动作指示器和熔体组成。熔体为银质窄截面或网状形式，熔体为一次性使用，不能自行更换。由于其具有快速动作性，一般作为半导体整流元件保护用。

● **适用范围及类别属性说明**

类别编码	类别名称	特征	常用特征值	常用单位
2701	熔断器	品种	有填料管式熔断器 RT、有填料封闭管式快速熔断器 RS、无填料管式熔断器 RM	个
		形状	跌落式熔断器、瓷插式熔断器、贴片式熔断器、裹腹式熔断器、平板式熔断器、插片式熔断器、铡刀式熔断器、尖头管状熔断器、平头管状熔断器、螺旋式熔断器 RL	
		额定电压（V）	110、220、380、500、660	
		熔断器额定电流（A）	63、80、5、160、15、600、125、60、100、200、300、150、480、350、40、30、32、20、16、10、25、500、320、400、250、6、50	
		熔断体额定电流（A）	300、63、250、224、200、160、125、100、80、5、2、4、6、10、16、20、25、32、36、40、50、1000、800、630、500、425、400、355、315	
		适用范围	电器仪表用、机床用、电力用、汽车用	

● **参照依据**

GB/T 15166.3-2008 高压交流熔断器 第3部分：喷射熔断器

GB/T 13539.4-2009 低压熔断器 第4部分：半导体设备保护用熔断体的补充要求

GB 9364.1-1997 小型熔断器 第1部分：小型熔断器定义和小型熔断体通用要求

2703 保险器材

● **类别定义**

保险器材与熔断器相似，都是在电流过载时起保护作用的，包括：保险丝、高压熔断丝、保险带、保险片、保险盖、保险架等保险材料。

保险丝：学名熔丝，是用在低压电气线路上的一种过载熔断器，是用以防止短路和严重过负荷的一种保护装置；保险片和保险带都是用于保险器中的材料；作用相同，外形不同，一种是片状，另一种是带状保险盒是指用来装保险器的盒子；保险丝座是保险器的配件。

● **适用范围及类别属性说明**

类别编码	类别名称	特征	常用特征值	常用单位
2703	保险器材	品种	保险架、保险丝盒、保险盒端子、保险片、保险丝、保险盖、保险带	个
		类型	防雷、型号40、型号30、型号20、低压、高压、型号50	
		公称工作电流	150、2、10、30、6.3、5、4、3.15、0.1、0.2、0.315、0.4、0.5、0.63、2.5、0.8、1、1.6、400	
		公称工作电压	250、300、600、220、500、32、60、125	
		材质	H65Y、PA66、聚碳酸酯、H62Y、镍铬、锡青铜、ABS	

● **参照依据**

GB 3132-1982 保险铅丝

2705 避雷装置

● **类别定义**

壁雷器材包含：避雷器、避雷针、避雷网等避雷材料。

避雷器：又称做电涌保护器，是用来保护由于大气过电压对线路、设备造成的侵害而装的一件保护设备。避雷器主要有碳化硅阀式避雷器、金属氧化物避雷器等类型。

避雷针、消雷装置和避雷网都是避雷器的配件，避雷针比较常用的为三叉式铜质避雷针、球形单针避雷针等。避雷带是指沿屋脊、山墙、通风管道以及平屋顶的边沿等最可能受雷击的地方敷设的导线。当屋顶面积很大时，采用避雷网；避雷网和避雷带宜采用镀锌圆钢或扁钢，应优先选用圆钢，其直径不应小于8mm，扁钢宽度不应小于12mm，厚度不应小于4mm。避雷线适用于长距离高压供电线路的防雷保护。架空避雷线和避雷网宜采用截面积大于35mm^{2}的镀锌钢绞线。

● **适用范围及类别属性说明**

类别编码	类别名称	特征	常用特征值	常用单位
2705	避雷装置	品种	电源防雷插座、电源避雷箱、避震喉、电源引入防雷箱、三相电涌保护器、两级防雷箱、单级防雷箱、信号型避雷器、消雷装置、避雷带、避雷网、避雷针、电源避雷器、天馈线避雷器	套
		类型	控制信号防雷器、防雷插排、电源防雷模块、同轴型信号防雷器、DB型信号防雷器、串联式单相电源防雷箱、三相箱式电源防雷箱（计数器）、三相电源防雷箱、钢管避雷针、三叉式铜质避雷针、球形单针避雷针、低压直流电源防雷器、圆钢避雷针、单相电源防雷箱、离子合金接地极、多合一防雷器	
		额定电压（V）	220、110、24、12、48、20、6、380	

● **参照依据**

GB 11032-2010 交流无间隙金属氧化物避雷器

GB/T 20639-2006 有间隙阀式避雷器人工污秽试验

2706 接地装置

● **类别定义**

接地装置是指埋设在地下的接地电极与由该接地电极到设备之间的连接导线的总称。是由埋入土中的金属接地体（角钢、扁钢、钢管等）和连接用的接地线构成，它被用以实现电气系统与大地相连接的目的。

● **适用范围及类别属性说明**

类别编码	类别名称	特征	常用特征值	常用单位
2706	接地装置	品种	接地器材、地线装置、带状接地极、离子合金接地极、接地引下线、接地母线	套
		接地体材料	角钢、扁钢、钢管、钢筋	
		规格		

2707 漏电保护器材

● **类别定义**

漏电保护器是漏电电流动作保护器的简称，是在规定条件下，当漏电电流达到或超过给定值时能自动断开电路的开关电器或开关组合。

漏电保护器按其保护功能和结构特征可分为：漏电断路器、漏电保护开关、漏电继电器和漏电保护插座。

● **适用范围及类别属性说明**

类别编码	类别名称	特征	常用特征值	常用单位
2707	漏电保护器材	品种	智能型框架式断路器、真空断路器、小型断路器、漏电断路器、塑料外壳断路器、脱扣器、漏电保护插座、漏电继电器、漏电保护开关、塑壳四级漏电断路器	个
		脱扣装置类型	电磁式、电子式	
		额定电流（A）	20、32、40、50、63、4000、3600、3200、2900、2500、2000、1600、1250、1000、800、700、630、500、400	
		额定工作电压（V）	110、220、690、400/380、380、440、240/220	
		额定绝缘电压（V）	500、800	
		额定漏电电流（mA）	50、100、500、300	

注：断路器与漏电断路器区别？断路器用于防止电路存在的过载、短路以及维护线路时切断电源。漏电断路器则是强调严格在规定的时间内如果发生超出规定的电流，机械结构脱扣。从使用意义上来看，断路器用于保护设备以及线路的安全；漏电保护器则强调保护人身以及防止出现火灾上。

● **参照依据**

IEC1008‐1990 家用和类似用途的不带过电流保护剩余电流动作断路器

IEC1009‐1990 家用和类似用途的不带过电流保护剩余电流动作断路器

IEC60947‐2 GB 14048.2 低压断路器

2709 高压绝缘子

● **类别定义**

绝缘子是以瓷和玻璃为绝缘体的一种良好的电瓷绝缘材料，广泛用作输配电线路、照明线路、架空通信线路和高低压变压器、电器中导电部分的绝缘和固定之用。

按额定电压分高压和低压两种，每种又有几个型号，常用的有针式（P）、蝶式（E）、高压悬式（XP）、瓷横担（CD）和瓷拉棒（SJ）等多种型号。

● **适用范围及类别属性说明**

类别编码	类别名称	特征	常用特征值	常用单位
2709	高压绝缘子	名 称	盘形玻璃悬式绝缘子、高压针式绝缘子、户内外胶装结构支柱绝缘子、户内外胶装菱形支柱绝缘子、棒形悬式合成绝缘子、普通盘式悬式瓷绝缘子、户外棒形支柱绝缘子、双层伞耐污悬式绝缘子、高压碟式绝缘子、钟罩型耐污悬式绝缘子	个
		额定电压（kV）	500、10、20、35、66、110、220、330、6	
		强度等级（kN）	4、3.75、5、7.5、8、12.5、20、16、30	
		金属附件地面形状	槽形连接、高圆形 GY、圆形 Y、方形 F、椭圆形 T、球面型、空气动力型、棒型，标准型，耐污型，直流型，地线型	
		额定机械拉伸负载（kN）	100、160、210、300、400、530、70	
		机械破坏荷载（kN）	160、70、80、100、120、210、300、20	

● 参照依据

GB/T 2900.8－2009　电工术语 绝缘子

JB/T 10596－2006　高压线路蝶式绝缘子

2711　低压绝缘子

● 类别定义

低压绝缘子是指只能承受低电压的绝缘子。绝缘子的用途是将电位不同的导电体在机械上相互连接，从而在电气上相互绝缘。绝缘子按结构可分为支持绝缘子、悬式绝缘子、防污型绝缘子和套管绝缘子。架空线路中所用绝缘子，常用的有针式绝缘子、蝶式绝缘子、悬式绝缘子、瓷横担、棒式绝缘子和拉紧绝缘子等

● 适用范围及类别属性说明

类别编码	类别名称	特征	常用特征值	常用单位
2711	低压绝缘子	名称	PD 低压针式绝缘子、支柱绝缘子、ED 低压碟式绝缘子、G 鼓形绝缘子、EX 低压线轴式绝缘子、J 拉紧绝缘子、WX 电车绝缘子	个
		机械破坏强度（kN）	14.7、90、100、4.9、6.8、7.8、9.8、11.7、11.8、19.6、44、45、54、70	
		工频电压-干闪（kV）	30、35、18、4、36、14、5、6、20、16、22	
		工频电压-湿闪（kV）	15、8、7、6、5、2.8、2.5、2、10、9、12	
		安装连接形式	M 木担直脚、T 铁担直脚、W 弯脚	

2713　绝缘穿墙套管、瓷套管

● 类别定义

穿墙套管又叫作穿墙管，防水套管，墙体预埋管；电气材料中的穿墙套管一般是指高压穿墙套管，供配电装置和高压电器中导电部分穿过墙壁或其他隔板时用，并对导电部分起绝缘和支撑作用。

瓷套是指普通的瓷质绝缘套管。

电气材料中的穿墙套管一般是指高压穿墙套管。

● 适用范围及类别属性说明

类别编码	类别名称	特征	常用特征值	常用单位
2713	绝缘穿墙套管、瓷套管	品种	导杆式穿墙瓷套管、直瓷管、母线式穿墙瓷套管、油纸电容式穿墙套管	只、个
		规格	100×145×218	
		额定电压（kV）	35、72、100、20、10、6	
		额定电流（A）	400、630、1000、250、1600、2000、3150、4000	
		污秽等级	一般地区、1 级、2 级、3 级、中等地区、特重污区、重污区	

● **参照依据**

GB/T 12944.2-2011 高压穿墙瓷套管

2715 瓷绝缘散材

● **类别定义**

是指作填充和灌注用的绝缘材料。常用的有瓷瓶、瓷接头、瓷片等。

瓷瓶：一种用瓷或玻璃制成的电器元件，呈椭圆体形、鼓形、圆柱形等。用来固定导体并使这个导体与其他导体绝缘。也称作绝缘子。

瓷接头：一种瓷接头，该瓷接头包括瓷座，瓷座有接线孔、螺钉孔，螺钉位于螺钉孔内，其特征是瓷座还有铜板孔，铜板位于铜板孔内，铜板连接螺钉。

● **适用范围及类别属性说明**

类别编码	类别名称	特征	常用特征值	常用单位
2715	瓷绝缘散材	品种	瓷珠、瓷撑板、瓷接头、瓷夹板、瓷片、瓷瓶、耐热电瓷环、瓷嘴子、硅胶片、陶瓷灭弧罩	个
		类型	热镀单槽夹板、带钉瓷珠、串芯瓷珠、三眼双槽夹板、三眼单槽夹板、热镀双槽夹板、冷镀单槽夹板、单路、双路、1~3回路	
		规格	300×200、40、50、64、76、150×150	

● **参照依据**

B2900.19-82 电工名词术语基本名词术语

2717 绝缘布、绝缘带

● **类别定义**

绝缘布是质地柔软的布状绝缘材料；绝缘纸是有绝缘功能的纸状材料。

● **适用范围及类别属性说明**

类别编码	类别名称	特征	常用特征值	常用单位
2717	绝缘布、绝缘带	品种	pvc硅胶布、电气胶带、黄蜡布带、丝绸绝缘布、铝塑复合带、聚酯薄膜带、绝缘胶布带、黄漆布带、导热绝缘硅胶布、绝缘黑胶布、无纺布带、矽胶导热布	卷、盘
		规格	铝基厚0.1mm、20mm×18mm、20mm×19mm、铝基厚0.15mm、铝基厚0.2mm、宽8~260mm、宽20~80mm、20mm×20m、38×57×15mm、45×80×17mm、45×85×18mm	
		包装方式	150卷/箱、120卷/箱、200卷/箱、400卷/箱、240卷/箱、160卷/箱、100卷/箱	

2719 绝缘板、绝缘箔

● **类别定义**

绝缘板是板状的绝缘材料，与绝缘纸的区别在于厚度和规格的不同，绝缘板比绝缘纸要厚，有各种规格，绝缘纸一般是成卷供应。

绝缘箔是薄膜状的绝缘材料，属于箔类绝缘制品一般不单独使用。绝缘箔与绝缘纸类似，不同之处在于两者的质地和制作材料；绝缘箔也是成卷供应。

● 适用范围及类别属性说明

类别编码	类别名称	特征	常用特征值	常用单位
2719	绝缘板、绝缘箔	品种	衬垫云母板、耐高温云母板、电绝缘橡胶板、云母板、环氧树脂绝缘板、酚醛层压板、石墨板、绝缘箔、DMD复合绝缘箔、环氧树脂绝缘箔	m²
		规格	δ0.5、1220×1020、1000×2000、δ10、δ20、60×40×120、450×300×35、2000×1000×8、2000×1000×10、2000×1000×3、2000×1000×4	

● 参照依据

HG 2949－1999　电绝缘橡胶板

2721　绝缘管

● 类别定义

这里的绝缘管是指除瓷绝缘管（瓷套）以外的各种管状绝缘材料。包含供应酚醛层压布管、云母管、玻璃布管等。

● 适用范围及类别属性说明

类别编码	类别名称	特征	常用特征值	常用单位
2721	绝缘管	品种	环氧酚醛层压玻璃布管、玻璃布管、玻璃漆管、云母管、酚醛层压布管、酚醛层压纸管、无碱玻璃纤维纱编织成管	m
		材质	硅树脂、酚醛树脂、环氧树脂	
		耐温（℃）	A级、E级、180、300、155	
		型号	3640/380	
		耐压（kV）	35	

● 参照依据

JB/T 4037－2007　滚动轴承　酚醛层压布管保持架　技术条件

JC/T 508－1994　热电偶用陶瓷绝缘管

2723　绝缘棒

● 类别定义

绝缘棒是指棒状的绝缘制品，有圆形棒、方棒、矩形棒等类型。

● 适用范围及类别属性说明

类别编码	类别名称	特征	常用特征值	常用单位
2723	绝缘棒	品种	尼龙棒、炭精棒、聚四氟乙烯棒、环氧酚醛玻璃布棒、酚醛棉布棒、云母棒、层压玻璃布棒、酚醛层压布棒、环氧玻璃布棒	kg、根
		型号	3721B、3721、3720、3724、3725、3840、G10、FR4、G11、PTFE、FR5、Nylon、3723	
		规格	φ10	

● 参照依据

GB/T 13398－2008　带电作业用空心绝缘管、泡沫填充绝缘管和实心绝缘棒

2725　其余绝缘材料

● 类别定义

列举零星和不常用的各种绝缘材料。

● 适用范围及类别属性说明

类别编码	类别名称	特征	常用特征值	常用单位
2725	其余绝缘材料	品种	高丽纸、接地线板、青壳纸、磁环、绝缘垫、滤油纸、玻化微珠、塑料手套，塑料雨罩	kg
		规格	δ2mm、30 ～ 90 目、δ0.5mm、δ0.3mm、δ0.2mm、δ0.15mm、40×5×120mm	

2731　电热材料

● 类别定义

包含电炉丝、电阻丝、绕线电阻器、碳合成电阻器、金属膜电阻器、金属氧化膜电阻器等。

● 适用范围及类别属性说明

类别编码	类别名称	特征	常用特征值	常用单位
2731	电热材料	品种	电炉丝、电阻丝、绕线电阻器、碳合成电阻器、金属膜电阻器、金属氧化膜电阻器	根
		材质	Cr20Ni80、Cr15Ni60、GH140、铁铬铝合金、镍铬合金	
		线径（mm）	0.1、0.12、0.15、0.17、0.19、0.21、0.25、0.27	
		使用电压（kV）		
		电阻率（$\Omega\cdot$cm）	1.45×10^{-6}	

28　电线电缆及光纤光缆

● 类别定义

电线电缆是用以传输电能信息和实现电磁能转换的线材产品；包含电力系统用电线电缆及信息传输用电线电缆；电力系统电线电缆包括裸电线、汇流排（母线）、电力电缆分支电缆（取代部分母线）、电磁线、电气装备电线电缆等；信息传输系统包含通信电缆、广播电视电缆、光纤缆、数据电缆、电磁线、电力通信或其他复合电缆等。

（一）电线电缆的应用主要分为三大类：

1. 电力系统

电力系统采用的电线电缆产品主要有架空裸电线、汇流排（母线）、电力电缆（塑料线缆）、油纸力缆（基本被塑料电力电缆代替）、橡套线缆（架空绝缘电缆）、分支电缆

（取代部分母线）、电磁线以及电力设备用电气装备电线电缆等。

2. 信息传输系统

用于信息传输系统的电线电缆主要有市话电缆、电视电缆、电子线缆、射频电缆、光纤缆、数据电缆、电磁线、电力通信或其他复合电缆等。

3. 机械设备、仪器仪表系统

此部分除架空裸电线外几乎其他所有产品均有应用，但主要是电力电缆、电磁线、数据电缆、仪器仪表线缆等。

（二）电线电缆产品主要分为五大类：

1. 裸电线及裸导体制品

本类产品的主要特征是：纯的导体金属，无绝缘及护套层，如钢芯铝绞线、铜铝汇流排、电力机车线等；加工工艺主要是压力加工，如熔炼、压延、拉制、绞合/紧压绞合等；产品主要用在城郊、农村、用户主线、开关柜等。

2. 电力电缆

本类产品主要特征是：在导体外挤（绕）包绝缘层，如架空绝缘电缆，或几芯绞合（对应电力系统的相线、零线和地线），如二芯以上架空绝缘电缆，或再增加护套层，如塑料/橡套电线电缆。主要的工艺技术有拉制、绞合、绝缘挤出（绕包）、成缆、铠装、护层挤出等，各种产品的不同工序组合有一定区别。产品主要用在发、配、输、变、供电线路中的强电电能传输，通过的电流大（几十安至几千安）、电压高（220V 至 500kV 及以上）。

3. 电气装备用电线电缆

该类产品主要特征是：品种规格繁多，应用范围广泛，使用电压在 1kV 及以下较多，面对特殊场合不断衍生新的产品，如耐火线缆、阻燃线缆、低烟无卤/低烟低卤线缆、防白蚁、防老鼠线缆、耐油/耐寒/耐温/耐磨线缆、医用/农用/矿用线缆、薄壁电线等。

4. 通信电缆及光纤

随着近二十多年来，通信行业的飞速发展，产品也有惊人的发展速度。从过去的简单的电话电报线缆发展到几千对的话缆、同轴缆、光缆、数据电缆，甚至组合通信缆等。

该类产品结构尺寸通常较小而均匀，制造精度要求高。

5. 电磁线（绕组线）

主要用于各种电机、仪器仪表等。

● **类别来源**

来源于清单及全统安装定额中的电气设备安装，通信设备及线路工程相关章节。具体二级分类参考了相关的国家及建材标准。

● **范围描述**

范围	二级子类	说　　明
电缆	2801 裸电线	包含裸铜单线、裸铜绞线、铝绞线、钢芯铝绞线、铜包钢线等
	2803 电气装备用电线电缆	包含聚氯乙烯绝缘电线、聚氯乙烯绝缘软线、丁腈聚氯乙烯混合物绝缘软线、橡胶绝缘电线、橡胶绝缘编织软线、聚氯乙烯绝缘尼龙护套电线、户外用聚氯乙烯绝缘电线等

续表

范围	二级子类	说　明
电缆	2805 电磁线	包含薄膜绕包电磁线、纤维绕包电磁线、无机绝缘电磁线、漆包电磁线等
	2811 电力电缆	包含普通橡皮绝缘电力电缆、热塑性弹性体护套电力电缆、乙丙橡皮绝缘阻燃电力电缆等
	2813 充油及油浸纸绝缘电力电缆	包含油浸纸绝缘电力电缆等
	2821 市内电话电缆	包含纸绝缘市内话缆、聚烯烃绝缘聚烯烃护套市内话缆等
	2823 长途通信电缆	包含纸绝缘高低频长途对称电缆、铜芯泡沫聚乙烯高低频长途对称电缆以及数字传输长途对称电缆等
	2825 光纤光缆	包含通信光缆、管道光缆、全介质自承式光缆（ADSS 光缆）、地线复合光缆（OPGW 光缆）、海底光缆等
	2827 信号电缆	包含综合扭绞低电容信号电缆、综合屏蔽护层带铠装信号电缆等
	2829 同轴通信电缆	包含小同轴电缆、中同轴和微小同轴电缆等
	2831 计算机用电缆	包含电子计算机用电缆（DJ）型、计算机用多对电缆、计算机用多对屏蔽电缆等
	2841 特种电缆	包含地铁电缆、耐高温电线电缆、低电感电缆、低噪声电缆等
	2843 其他电线电缆	包含矿用电缆、SC 熔接尾纤、防水电缆等

2801　裸电线

● 类别定义

裸电线即没有外包绝缘的导体。它可以分为圆线、绞线、软接线、型线等系列产品；母线是半成品材料，是型线的一种，也属于裸电线一类。一般建设工程使用的是母线槽，所以应增加"母线槽"这类材料，母线槽不是电线电缆，但它也是输送电能的材料，放在"电气线路敷设材料"29 类中。

（1）圆线是以不同的导体材料和加工方式制成，它可单独使用，也可做成绞线。它是构成各种电线电纪线芯的单体材料。包含电工圆铝线、电工圆铜线等。

（2）绞线由多根圆线或型线续合而成，广泛应用于架空输配电电路中。绞线的品种较多，主要有铝绞线、钢芯铝绞线、铝合金绞线、钢芯铝合金统线、钢芯铝包绞线、扩径钢铝绞线、硬铜绞线等。

（3）软铜绞线由小截面软圆钢线统制或编织而成，具有柔软性，主要用于各种软连接的场合，软铜铰线包括裸铜软线、铜电刷线、铜编织线等；主要用于电气装置及电子电器设备或元件的引接线中，也被用来制作移动式接地线。

（4）型线有矩形、梯形及其他几何形状的导体，可以独立使用，如电车线、各种母线等，同时也用于制造电缆及电气设备的元件，如变压器、电抗器、电机的线圈等。

● **适用范围及类别属性说明**

类别编码	类别名称	特征	常用特征值	常用单位
2801	裸电线	品种	铝合金接触线、CT 钢母线、TB 铜扁线、TD 铜带、LY 圆铝线、LT 圆铜线、镀锡软圆铜线、镀银软圆铜线、镀镍软圆铜线、铝合金圆线、铝包钢圆线、铜包钢圆线、LJ 铝绞线、LGJ 钢芯铝绞线、LGJQ 轻型钢芯铝绞线、LGJJ 加强型钢芯铝绞线、LGJK 扩径钢芯铝绞、LGJF 防腐钢芯铝绞线、TJ 铜绞线、镀锡铜绞线	km
		单线直径（mm）	1.6、2、2.5、4、6.3、10、16、0.1、95、0.3、80、125、120、70、100、63、50、40、35、25、800、1000、630、500、400、315、250、200、0.4、0.5、0.12、0.16、0.2、0.63、0.75、0.25、185、160、1	
		标称截面（mm²）	2、2.5、4、6、7	
		软硬度	YB 半硬、YT 特硬、R 软、Y 硬	
		截面形状	G 双沟形、T 梯形、Y 圆形、B 扁形	

● **参照依据**

GB/T 5013.8-2013　额定电压 450/750V 及以下橡皮绝缘电缆　第 8 部分：特软电线

GB 2900.10-2001　电工术语　电缆

2803　电气装备用电线电缆

● **类别定义**

电气装备用电线电缆主要指各种电气装备与电源之间连接的电线电缆，电气装置内部的安装连线，控制信号系统用的电线电缆，低压电力系统内用的绝缘电线等。它是电线电缆中生产量最大的一种产品。产品大致可分为电气装备用绝缘电线、电气装备专用绝缘电线、电气设备用电缆等几大类。

电气装备用电线电缆由导线的导电线芯、绝缘层和保护层所组成的一种能起到防止漏电的电气材料。

绝缘电线按固定在一起的相互绝缘的导线根数，可分为单芯线和多芯线，多芯线也可把多根单芯线固定在一个绝缘护套内。同一护套内的多芯线可多到 24 芯。

平行的多芯线用"B"表示，绞型的多芯线用"S"表示。又可按每根导线的股数分为单股线和多股线，通常 6mm² 以上的绝缘电线都是多股线，6mm² 及以下的绝缘电线可以是单股线，也可以是多股线，我们又把 6mm² 及以下单股线称为硬线，多股线称为软线。硬线用"B"表示，软线用"R"表示。电线常用的绝缘材料有聚氯乙烯和聚乙烯两种，聚氯乙烯用"V"表示，聚乙烯用"Y"表示。

常有的绝缘电线有以下几种：聚氯乙烯绝缘电线、聚氯乙烯绝缘软线、丁腈聚氯乙烯混合物绝缘软线、橡皮绝缘电线、橡皮绝缘棉纱纺织软线、聚氯乙烯绝缘尼龙护套电线。

● **适用范围及类别属性说明**

类别编码	类别名称	特征	常用特征值	常用单位
2803	电气装备用电线电缆	品种	控制电线电缆（K）、矿用电线电缆、航空导线、公路车辆用低压电线、塑料绝缘软电线、橡皮绝缘电线、电梯电缆、信号电线电缆、电机电磁引接线、架空绝缘电线（JK）、船用电线电缆、地铁车辆用电缆、塑料绝缘电线、架空绝缘导线	km
		绝缘材料	F 氟塑料绝缘、Y 聚乙烯绝缘、V 聚氯乙烯绝缘、S 丝绝缘、XF 氯丁绝缘、XG 硅橡皮绝缘、B 棉纱编制绝缘、YJ 交联聚乙烯绝缘、X 橡皮绝缘、Q 漆绝缘、C 三醋酸纤维绝缘、交联聚烯烃绝缘、丁腈聚氯乙烯复合物绝缘	
		护套材料	棉纱或其他编织材料护套、32 细钢丝铠装聚氯乙烯护套、V 聚氯乙烯护套、V22 钢带铠装聚氯乙烯护套、E 聚烯烃护套、E22 钢带铠装聚烯烃护套、23 钢带铠装聚乙烯护套、33 细钢丝铠装聚乙烯护套、Y 聚乙烯护套、氯丁或其他合成胶护套	
		芯数	1、35、36、27、3＋3、7、6、2、30、34、33、32、31、29、5、61、28、26、25、22、24、19、44、48、52、3＋1、3＋2、4＋1、21、23、20、3＋1＋1、3＋1＋3、18、17、15、13、11、9、16、3＋1＋4、14、12、37、4、3、10、8	
		线芯材质	HL 铝合金、T 铜、T 铜芯、L 铝芯、G 铁芯	
		标称截面（mm²）	1、6、10、16、1.5、0.12、95、120、150、185、240、300、400、500、600、630、800、18、8、2、110、0.8、0.6、0.1、0.06、2.5、0.2、0.3、0.4、0.5、0.75、0.08、25、35、50、4、70	
		工作类型	ZC（阻燃 C 型）、防白蚁、低烟无卤、双色、WL（无卤低烟）、ZC（阻燃 C 级）、NH（耐火）、WL（无卤低烟）、ZC（阻燃 C 级）、P（编织屏蔽）、低烟无卤、低烟低卤、WL（无卤低烟）、ZC（阻燃 C 级）、铜带屏蔽、屏蔽、补偿型、WL（无卤低烟）、NH（耐火）、ZR（阻燃）、普通型、NH（耐火）、防火阻燃型（B 级）、防火阻燃型（A 级）、耐油、耐寒、耐温、耐磨、耐水、防老鼠、WL（无卤低烟）、ZC（阻燃 C 级）、耐火 B 类、耐火 A 类	
		特性	B 扁平型、R 软结构、C 重型、Q 轻型、E 双层、G 高压、J 交流、R 柔软、Z 中型、P 编织屏蔽、P2 铜带屏蔽、圆形、B 干型（扇形）、S 绞型	
		额定电压（KV）	0.75、0.5、0.3、10、8、3、2.5、1.5、0.3/0.5、1、6、0.5/1、0.45/0.75、0.6/1、4、35、25、16	
		工作温度（℃）	105、70、90	

● **参照依据**

GB/T 5023.3－2008　额定电压 450/750V 及以下聚氯乙烯绝缘电缆　第 3 部分：固

定布线用无护套电缆

GB/T 5023.2-2008 额定电压 450/750V 及以下聚氯乙烯绝缘电缆 第 2 部分：试验方法

GB/T 5013.4-2008 额定电压 450/750V 及以下橡皮绝缘电缆 第 4 部分：软线和软电缆

2805 电磁线

● 类别定义

电磁线是一种具有绝缘层的电线，它是以绕组形式来实现电磁能的转化，又称为绕组线。电磁线可以按其基本组成、导电线心和电绝缘层分类。通常根据电绝缘层所用的绝缘材料和制造方式分为漆包电磁线、纤维绕包电磁线、薄膜绕包电磁线和无机绝缘电磁线。

（1）漆包线是绕组线的一个主要品种，由导体和绝缘层两部组成，裸线经退火软化后，再经过多次涂漆，烘焙而成。常用的有聚氨酯漆包圆铜线、高强度结缩醛漆包圆铜线、直焊性聚氨酯漆包圆铜线等。

（2）用天然丝、玻璃丝、绝缘纸和合成丝等紧密地绕包在裸导线或漆包线上形成绝缘层的电磁线，称为纤维绕包电磁线。常用的有纸包圆线、纸包扁线等。

（3）薄膜绕包电磁线：漆粘单、双玻璃丝包薄膜绕包铜扁绕组线，适于制作电机、电器绕组线圈。

（4）无机绝缘电磁线：当耐热等级要求超出有机材料的限度时，通常采用无机绝缘漆涂敷。现有的无机绝缘线可进一步分为玻璃膜线、氧化膜线和陶瓷线等。

● 适用范围及类别属性说明

类别编码	类别名称	特征	常用特征值	常用单位
2805	电磁线	品种	薄膜绕包电磁线、纤维绕包电磁线、无机绝缘电磁线、漆包电磁线	km
		标称直径	0.1、0.09、0.08、0.315、0.28、0.25、0.2、0.18、0.16、0.224、0.071、0.35、0.125、0.112、0.14	
		绝缘材料	YM 氧化膜绝缘、BM 玻璃膜绝缘、V 聚氯乙烯绝缘、Z 纸绝缘、ST 天然丝绝缘、M 棉纱绝缘、SB 玻璃丝绝缘、SR 人造丝绝缘	
		线芯材质	TWC 无磁性铜、HL 铝合金、L 铝、T 铜	
		绝缘特征	B 编制、J 加厚、N 自粘性、NF 耐冷冻、S 彩色、G 有机硅浸渍、E 双层、C 醋酸浸渍	
		线芯特征	J 绞制、D 带箔、Y 圆线、R 柔软、B 扁线	
		热级等级	130、155、110、80、180、50、150	
		绝缘漆种类	油性类漆 Y（省略）、聚酰胺酰亚胺 XY、聚酯亚胺漆 ZY、环氧漆 H、聚酰亚胺漆 Y、聚酰胺漆 X、聚氨酯类漆 A、缩醛类漆 Q、改性聚酯类漆 Z（G）、聚酯类漆 Z	

● **参照依据**

GB/T 7095.4－2008　漆包铜扁绕组线　第4部分：180级聚酯亚胺漆包铜扁线

GB/T 6109.2－2008　漆包圆绕组线　第2部分：155级聚酯漆包铜圆线

GB/T 7673.2－2008　纸包绕组线　第2部分：纸包圆线

2811　电力电缆

● **类别定义**

电力的输送通常采取两种形式：架空线路和电缆线路；电力电线按绝缘类型和结构可分成以下几类：油浸纸绝缘电力电缆、塑料绝缘电力电缆、橡皮绝缘电力电缆。

一、塑料绝缘电力电缆

塑料绝缘电力电缆指绝缘层为挤压塑料的电力电缆。常用的塑料有聚氯乙烯、聚乙烯、交联聚乙烯。

塑料电缆结构简单，制造加工方便，重量轻，敷设安装方便，不受敷设落差限制。因此广泛应用作中低压电缆，并有取代粘性浸渍油纸电缆的趋势。

常用的塑料绝缘电力电缆有：聚氯乙烯绝缘电力电缆，交联聚乙烯绝缘电力电缆，聚氯乙烯绝缘阻燃电力电缆，交联聚乙烯绝缘阻燃电力电缆，塑料绝缘耐火电缆，架空用绝缘电缆，架空用高压绝缘电缆等；塑料绝缘电力电缆型号编制方法：

类别、用途	导体	绝缘	护套	外护层
V-塑料电缆	T-铜	V-聚氯乙烯	V-聚氯乙烯	22-钢带铠装聚氯乙烯外护套
YJ-交联聚乙烯	L-铝	YJ-交联聚乙烯	Y-聚乙烯	23-钢带铠装聚乙烯外护套
			Q-铅套	32-细钢丝铠装、聚氯乙烯外护套
			LW-皱纹铝套	33-细钢丝铠装、聚乙烯外护套
				42-粗钢丝铠装、聚氯乙烯外护套
				43-粗钢丝铠装、聚乙烯外护套

二、橡皮绝缘电力电缆

橡皮绝缘电力电缆指绝缘层为橡胶加上各种配合剂，经过充分混炼后挤包在导电线心上，经过加温硫化而成。它柔软，富有弹性，适合于移动频繁、敷设弯曲半径小的场合。因此经常作为矿用电缆、船用电缆以及采掘机械、X光机上用电缆。其结构特点是线心用多根较细单丝绞合，绞合节距较小。常用作绝缘的胶料有天然胶-丁苯胶混合物，乙丙胶、丁基胶等。

常用品种：普通橡皮绝缘电力电缆、热塑性弹性体护套电力电缆，乙丙橡胶绝缘阻燃电力电缆等；橡皮绝缘电力电缆型号表示如下所示：

类别、用途	导体	绝缘	护套	外护层
X-橡皮电缆	T-铜	X-橡皮	V-聚氯乙烯	02-钢带铠装麻被
	L-铝		Q-铅	20-裸钢带铠装
			F-氯丁胶	29-内钢带铠装

351

三、橡皮绝缘电力电缆

绝缘层为油浸纸的。绝缘层是以一定宽度的电缆纸螺旋状地包绕在导电线心上，经过真空干燥处理后用浸渍剂浸渍而成。根据浸渍剂的黏度和加压方式，油浸纸绝缘电力电缆可分为以下几种：

粘性浸渍纸绝缘电力电缆，滴干纸绝缘电力电缆，不滴流纸绝缘电力电缆，充油电缆，充气电缆等；充油及油浸纸绝缘电力电缆型号表示方法

类别、用途	导体	绝缘	护套	特征	外护层
Z-纸绝缘电缆	T-铜	Z-油浸纸	Q-铅套	CY-充油	22-钢带铠装聚氯乙烯外护套
	L-铝		L-铝套	F-分相	23-钢带铠装聚乙烯外护套
				D-不滴流	32-细钢丝铠装、聚氯乙烯外护套
				C-滤尘用	33-细钢丝铠装、聚乙烯外护套
					42-粗钢丝铠装、聚氯乙烯外护套
					43-粗钢丝铠装、聚乙烯外护套
					02-聚氯乙烯护套
					03-聚乙烯护套
					20-钢带铠装
					21-钢带铠装纤维层护套
					30-细圆钢丝铠装
					31-细圆钢丝铠装纤维层护套
					40-粗圆钢丝铠装
					41-粗圆钢丝铠装纤维层护套

● 适用范围及类别属性说明

类别编码	类别名称	特征	常用特征值	常用单位
2811	电力电缆	品种	塑料绝缘电力电缆、橡皮绝缘电力电缆	km
		绝缘材料	V 聚氯乙烯绝缘、HE 乙丙橡胶绝缘、E 乙丙橡胶绝缘、X 橡皮绝缘、YJ 交联聚乙烯绝缘、Y 聚乙烯绝缘	
		护套材料	32 细钢丝铠装聚氯乙烯护套、V22 钢带铠装聚氯乙烯护套、A 挡潮层聚乙烯护套、V24 钢带铠装聚乙烯护套、V23 钢带铠装聚乙烯护套、V 聚氯乙烯护套、43 粗钢丝铠装聚乙烯护套、V42 粗钢丝铠装聚氯乙烯护套、E 聚烯烃护套、E22 钢带铠装聚烯烃护套、33 细钢丝铠装聚乙烯护套、F 氯丁胶弹性体护套、Y 聚乙烯护套、V25 钢带铠装聚乙烯护套	
		内护层材料	L 铝护套、H 橡护套、Q 铅护套、V 聚氯乙烯护套、W 皱纹铝套	
		芯数	18、6、5、4、3、24、27、2、1、30、19、37、16、14、12、10、3+2、44、4+1、2+1、8、7、52、48、3+1	
		线芯材质	T 铜、HL 铝合金、T 铜芯、L 铝芯	
		标称截面 mm^2		

类别编码	类别名称	特征	常用特征值	常用单位
2811	电力电缆	工作类型	WL 无卤低烟、ZC（阻燃 C 级）、耐火（NH）、WL 无卤低烟、ZC（阻燃 C 级）、WL 无卤低烟、ZD（阻燃 D 级）、ZA（阻燃 A 级）、ZB（阻燃 B 级）、ZC（阻燃 C 级）、DL 低烟无卤、阻燃、WL 低烟无卤、阻燃、普通型、防火阻燃型（A 级）、防火阻燃型（B 级）、补偿型、双色、低烟无卤、低烟低卤、DL 低烟无卤、防白蚁、NA（耐火 A 类）、NB（耐火 B 类）、金属屏蔽、防老鼠、耐油、耐寒、耐温、耐磨、NH（耐火）、ZR（阻燃）	km
		额定电压（kV）	8.7/10、1、0.5、0.35、12/20、3.6/6、8.7/15、0.25、0.6/1、0.45/0.75、26/35、0.3/0.5、1.8/3、6/10、0.33、0.22、0.11、18/30、10	
		工作温度（℃）	105、70、90	

● **参照依据**

GB/T 12706.3 - 2008 额定电压 1kV（$\mu_m = 1.2kV$）到 35kV（$\mu_m = 40.5kV$）挤包绝缘电力电缆及附件 第 3 部分：额定电压 35kV（$\mu_m = 40.5kV$）电缆

2813 充油及油浸纸绝缘电力电缆

● **类别定义**

定义：以油浸纸作为绝缘的电缆，包含油浸纸绝缘电力电缆等。

绝缘层为油浸纸的电力电缆。绝缘层是以一定宽度的电缆纸螺旋状地包绕在导电线心上，经过真空干燥处理后用浸渍剂浸渍而成。根据浸渍剂的黏度和加压方式，油浸纸绝缘电力电缆可分为以下 6 种：（1）粘性浸渍纸绝缘电力电缆；（2）滴干纸绝缘电力电缆；（3）不滴流纸绝缘电力电缆；（4）充油电缆；（5）充气电缆；（6）管道充气电缆。

● **适用范围及类别属性说明**

类别编码	类别名称	特征	常用特征值	常用单位
2813	充油及油浸纸绝缘电力电缆	品种	油浸纸绝缘电力电缆	km
		绝缘及特征	CYZ 充油 油浸纸、FZ 分相 油浸纸、FD 不滴流 油浸纸、FC 滤尘用 油浸纸	
		外护套材料	22-钢带铠装聚氯乙烯外护套、23-钢带铠装聚乙烯外护套、32-细钢丝铠装、聚氯乙烯外护套、33-细钢丝铠装、聚乙烯外护套、42-粗钢丝铠装、聚氯乙烯外护套、43-粗钢丝铠装、聚乙烯外护套、02-聚氯乙烯护套、03-聚乙烯护套、20-钢带铠装、21-钢带铠装纤维层护套、30-细圆钢丝铠装、31-细圆钢丝铠装纤维层护套 40-粗圆钢丝铠装、41-粗圆钢丝铠装纤维层护套	
		内护层材料	H 橡护套、L 铝护套、Q 铅护套、V 聚氯乙烯护套	
		加强层材料及形式	铅包铜带径向、铅包不锈钢带径向、铅包铜带径、纵向、铅包不锈钢带径、纵向	

续表

类别编码	类别名称	特征	常用特征值	常用单位
2813	充油及油浸纸绝缘电力电缆	额定电压（KV）	6/6、8.7/10、3.6/6、0.6/1	km
		芯数	2、1、3、4、3+1	
		线芯材质	T 铜芯、L 铝芯、F6 六分裂铜芯	
		标称截面（mm²）	25、16、35、50、70、95、120、150、180、185、240、270、300、400、500、600、630、680、800、920	
		工作类型	普通型、NH（耐火）、防老鼠、双色、补偿型、防火阻燃型（B 级）、低烟无卤、低烟低卤、ZR（阻燃）、防火阻燃型（A 级）、低烟无卤、防白蚁、耐火 A 类、耐火 B 类、金属屏蔽、耐油、耐寒、耐温、耐磨	
		特性	CY 充油、C 滤尘、F 分相、D 不滴流	
		工作温度（℃）	105、70、90	

● **参照依据**

GB/T 12976.2-2008 额定电压 35kV（μ_m＝40.5kV）及以下纸绝缘电力电缆及其附件 第 2 部分：额定电压 35kV 电缆一般规定和结构要求

GB/T 12976.3-2008 额定电压 35kV（μ_m＝40.5kV）及以下纸绝缘电力电缆及其附件 第 3 部分：电缆和附件试验

2821 室内电话电缆

● **类别定义**

通信电缆是传输电气信息用的电缆。按其用途分为市内电话电缆、长途通信电缆、局内配线架到机架或机架之间的连接的局用电缆、用作电话设备连接线的电话软线、综合通信电缆、共用天线电视电缆等。

本部分主要论述建筑物内常用市内电话电缆。室内常用电话电缆主要有两类：HYA型综合护层塑料绝缘市内电话电缆和 HPVV 铜芯全聚氯乙烯配线电缆。

● **适用范围及类别属性说明**

类别编码	类别名称	特征	常用特征值	常用单位
2821	室内电话电缆	绝缘材料	Z 纸绝缘、XF 氯丁绝缘、XG 硅橡皮绝缘、B 聚苯乙烯绝缘、F 聚四氟乙烯、X 橡皮绝缘、C 三醋酸纤维绝缘、YJ 交联聚乙烯绝缘、Y 聚乙烯绝缘、V 聚烯烃绝缘、YP 带皮泡沫聚烯烃绝缘、YF 泡沫聚烯烃绝缘	km
		外护套材料	聚氯乙烯、43 单层粗钢丝绕包聚乙烯护套、23 双层钢带绕包聚乙烯护套、53 单层皱纹钢带纵包聚乙烯护套、33 单层细钢丝绕包聚乙烯护套	
		内护层材料	Q 铅护套、铝塑综合护套、H 橡护套、V 聚氯乙烯护套、L 铝护套	
		内护层材料特征	非填充式、自承式、挡潮层、隔离式、填充式、挡潮层、自承式、填充式、挡潮层、非填充式、挡潮层、自承式、挡潮层、隔离式、挡潮层、挡潮层、非填充式、填充式、隔离式	

续表

类别编码	类别名称	特征	常用特征值	常用单位
2821	室内电话电缆	敷设方式	架空、管道、直埋，直埋、水下、直埋、管道架空、架空	km
		标称对数	2000、400、600、800、900、1000、200、1200、1600、50、30、100、5、500、20、10、300、3600、3300、3000、2700、1800、2400	
		标称直径（mm）	0.4、0.32、0.5、0.6、0.8	
		芯数	2、3、3+1	
		线芯材质	HL铝合金、T铜、G钢（铁）、L铝	

● **参照依据**

YD/T 322-1996 铜芯聚烯烃绝缘铝塑综合护套市内通信电缆

2823 长途通信电缆

● **类别定义**

包括纸绝缘高低频长途对称电缆、铜芯泡沫聚乙烯高低频长途对称电缆以及数字传输长途对称电缆。

● **适用范围及类别属性说明**

类别编码	类别名称	特征	常用特征值	常用单位
2823	长途通信电缆	绝缘材料	物理发泡聚乙烯绝缘	km
		外护套材料	23钢带铠装聚乙烯护套、32细钢丝铠装聚氯乙烯护套、33细钢丝铠装聚乙烯护套、Y聚乙烯护套、02聚氯乙烯护套、03聚乙烯护套、22钢带铠装聚氯乙烯护套、V聚氯乙烯护套、43粗钢丝铠装聚乙烯护套、42粗钢丝铠装聚氯乙烯护套、纤维外被护套	
		内护层材料	L铝护套、Q铅护套、V聚氯乙烯护套、H橡护套	
		内护层材料特征	隔离式、填充式、隔离式、填充式、挡潮层、挡潮层、隔离式、挡潮层、非填充式、自承式、挡潮层、自承式、挡潮层、填充式、挡潮层、自承式、非填充式、挡潮层、非填充式	
		敷设方式	架空、管道、直埋，直埋、水下、直埋、管道架空、架空	
		规格（mm）	4×4×0.9+5×1×0.6、3×4×0.9+3×1×0.6、7×4×1.2、4×4×1.2、3×4×1.2、1×4×1.2、24×4×0.9、19×4×0.9、14×4×0.9、12×4×0.9、4×4×0.9、3×4×0.9、19×4×0.9+18×2×0.6、15×4×0.9+4×4×0.6+1×2×0.6、14×4×0.9+10×2×0.6、14×4×0.9+5×1×0.6、12×4×0.9+6×1×0.6、12×4×0.9+3×1×0.6、7×4×0.9+6×1×0.6、4×4×0.9+3×1×0.6、3×4×0.9+3×2×0.6、400×2×0.5、300×2×0.5、200×2×0.5、100×2×0.5、50×2×0.5、30×2×0.5、1×4×0.9、7×4×0.9、20×2×0.5、10×2×0.5	
		线芯材质	G钢（铁）、T铜、L铝、HL铝合金	

● **参照依据**

YD 5102－2010 通信线路工程设计规范

2825 光纤电缆

● **类别定义**

光纤电缆又叫光纤通信电缆，是一种崭新的信息传输系统，它利用激光通过超纯石英或特种玻璃制成的光导纤维进行通信。多芯光纤及倍号线组成的光缆，既可用于长距离干线通信如传输电话、电视节目及离速数据等，又可用于中小容量短距离市内通信，如市内局间中继、市局用户交换机之间，以及闭路电视、计算机网络的线路中。

利用光纤做成光纤通信电缆具有以下几种形式：层铰式、骨架式、带式、束管式以及光纤复合架空地线等。

层铰式：适用光纤芯数较少或中等效量的光线，层绞式结构可容纳十根到上百根光纤。

骨架式：一个空槽内可放置5～10根光纤，一条光缆可容纳数十根到一百多根光纤，该结构有较好的抗圈压力与抗弯曲能力。

带式：把一定数量的光纤摆成一直线，光纤扁带，再由多条光纤扇带形成缆芯。在两条内表面涂有胶粘剂的聚酯带中，组成该接头对光缆接头的修复不方便，只被少数国家采用。

束管式：该结构的缆芯由成束的光纤放置在加强芯的管中构成，机械强度高、低温性能好，属新一代的通信光缆。

● **适用范围及类别属性说明**

类别编码	类别名称	特征	常用特征值	常用单位
2825	光纤电缆	品种	GS通信用设备内光缆、GY通信用室（野）外光缆、GH通信用海底光缆、GT通信用特殊光缆、GM通信用移动式光缆、GJ通信用室（局）内光缆	km
		光缆结构	Z阻燃式结构、层绞式结构、T填充式结构、T填充式结构、B扁平结构、C自承式结构、X中心管式结构、G骨架槽结构、层绞式结构、D光纤带结构、X中心束管式、T填充式结构、J光纤紧套被覆结构、S光纤松套被覆结构	
		敷设方式	架空、管道、直埋、直埋、水下、直埋、管道架空、架空	
		护套材料	V聚氯乙烯、G钢、L铝、E聚酯弹性体、U聚氨酯、A铝带-聚乙烯粘结护层、Y聚乙烯、F氟塑料、S钢带-聚乙烯粘结护层、W夹带钢丝的钢带－聚乙烯粘结护层、Q铝、PE护套	
		芯数	64、18、16、14、1、2、4、6、10、24、8、12、36、60、84、108、48、30、32、20	
		加强构件	G金属重型加强构件、F非金属加强构件、金属加强构件	

● **参照依据**

GB/T 15972.10－2008 光纤试验方法规范 第10部分：测量方法和试验程序

总则

2827 信号电缆

● 类别定义

包括矿用信号电缆、铁路信号电缆、仪表信号电缆等。

● 适用范围及类别属性说明

类别编码	类别名称	特征	常用特征值	常用单位
2827	信号电缆	品种	铁路信号电缆、水质检测信号电缆、铁路综合纽低电容信号电缆、仪表信号电缆、同轴电缆、矿用信号电缆	km
		绝缘材料	V 聚乙烯绝缘	
		外护套材料	A 综合护套、V 聚氯乙烯、22 钢带铠装	
		内护层材料	H 橡护套、聚乙烯、L 铝护套、Q 铅护套、V 聚氯乙烯护套	
		内护层材料特征	P 屏蔽层	
		敷设方式	架空、管道、直埋、直埋、水下、直埋、管道架空、架空、穿管	
		芯数	4、6、8、9、12、14、16、19、21、24、28、30、33、37、42、44、48、52、56、61	
		线芯材质	T 铜、G 钢（铁）、HL 铝合金、L 铝	
		标称对数	30、28、24、21、19、16、14、12、10、9、2、8、6、4、56、61、52、144、48、42、37、33	
		标称直径（mm）	0.5、1.0、1.2	
		工作类型	防火阻燃型（A级）、防老鼠、耐油、耐寒、耐温、耐磨、NH（耐火）、ZR（阻燃）、普通型、低烟无卤、防火阻燃型（B级）、补偿型、双色、低烟无卤、低烟低卤、金属屏蔽、耐火B类、耐火A类、防白蚁	

● 参照依据

TB/T 2476.1～2476.4-1993 铁路信号电缆

2829 同轴通信电缆

● 类别定义

同轴电缆是一种通信电缆，电缆结构为以实心铜体为芯外包着一层绝缘材料，这层绝缘材料用密织的网状导体环绕，网外又再覆盖一层保护性材料，有二种广泛使用的同轴电缆一种为 50Ω 电缆，用于数字传输，由于多用于基带传输，也被称为基带同轴电缆；另一种为 75Ω 电缆，用于模拟传输。同轴电缆可支持极宽频宽和具备极好的噪声抑制特性，故可同时传输数据、话音及影像，在以太网络中有两种同轴电缆，一为粗缆（Thicknet）而另一种为细缆（Thinnet）。

● 适用范围及类别属性说明

类别编码	类别名称	特征	常用特征值	常用单位
2829	同轴通信电缆	品种	单芯射频同轴电缆、对称射频同轴电缆、全密封型射频同轴电缆、实心聚乙烯绝缘射频同轴电缆、实心聚四氟乙烯绝缘射频同轴电缆、发泡聚乙烯绝缘射频同轴电缆、半柔射频同轴电缆	km
		绝缘材料	YP 带皮泡沫聚烯烃绝缘、XG 硅橡皮绝缘、V 聚烯烃绝缘、Y 聚乙烯绝缘、YJ 交联聚乙烯绝缘、X 橡皮绝缘、XF 氯丁绝缘、B 聚苯乙烯绝缘、F 聚四氟乙烯、C 三醋酸纤维绝缘、YF 泡沫聚烯烃绝缘、Z 纸绝缘	

类别编码	类别名称	特征	常用特征值	常用单位
2829	同轴通信电缆	外护套材料	23 双层钢带绕包聚乙烯护套、聚氯乙烯、53 单层皱纹钢带纵包聚乙烯护套、43 单层粗钢丝绕包聚乙烯护套、33 单层细钢丝绕包聚乙烯护套	km
		内护层材料	Q 铅护套、L 铝护套、H 橡护套、V 聚氯乙烯护套	
		内护层材料特征	自承式、挡潮层、隔离式、非填充式、填充式、非填充式、挡潮层、自承式、挡潮层、隔离式、填充式、挡潮层、非填充式、自承式、挡潮层、隔离式、挡潮层、填充式、挡潮层	
		敷设方式	架空、管道、直埋、直埋、水下、直埋、管道架空、架空	
		标称对数	30、10、100、20、400、2、500、3600、5、1200、3300、3000、2700、2400、2000、1800、200、1600、50、1000、900、800、600、300	
		标称直径（mm）	0.6、0.5、0.4、0.8、0.32	
		线芯材质	G 钢（铁）、T 铜、HL 铝合金、L 铝	

● **参照依据**

无

2831 计算机用电缆

● **类别定义**

本产品适用于额定电压 500V 及以下对于防干扰性要求较高的电子计算机和自动化连接用电缆。计算机电缆绝缘采用具有抗氧化性能的 K 型 B 类低密度聚乙烯。

● **适用范围及类别属性说明**

类别编码	类别名称	特征	常用特征值	常用单位
2831	计算机用电缆	品种	网络电缆、DJ 电子计算机用电缆	km
		绝缘材料	Y 聚乙烯绝缘、V 聚氯乙烯绝缘、VD 低烟低卤聚烯烃、E 低烟无卤聚氯乙烯、F46 绝缘、YJ 交联聚乙烯	
		屏蔽材料	P3 铝/塑复合膜绕包、P2 铜带绕包、P1 镀锡铜丝编制、P 对绞铜丝编织屏蔽	
		外护套材料	A 综合护套、22 钢带铠装、V 聚氯乙烯护套	
		标称截面（mm²）	0.75、1.5、0.2、0.12、0.08、0.06、0.5、1	
		标称对数	91、1、2、3、4、5、6、7、8、9、10、12、14、16、19、24、27、25、100、75、61、56、52、50、43、30、48、44、37、36、33	
		额定电压（V）	300/380、450/750、300/500、500、250	
		工作类型	耐火 A 类、耐火 B 类、阻燃（ZR）、金属屏蔽、低烟无卤、防白蚁、耐油、耐寒、耐温、耐磨、补偿型、双色、低烟无卤、低烟低卤、防火阻燃型（ZC 级）、防火阻燃型（ZB 级）、防火阻燃型（ZA 级）、普通型、防老鼠	

● **参照依据**

无

2841 特种电缆

● **类别定义**

特种电线电缆是一系列具有独特性能和特殊结构的产品，对于量大面广的普通电线电缆而言，具有技术含量较高、使用条件较严格、批量较小、附加值较高的特点，往往采用新材料、新结构、新工艺和新的设计计算。

常用的特种电缆有补偿电缆、耐火电线电缆、防火电缆等。

● **适用范围及类别属性说明**

类别编码	类别名称	特征	常用特征值	常用单位
2841	特种电缆	品种	防火电缆、感温电缆、热电偶补偿电缆	km
		绝缘材料	Y 聚乙烯绝缘、X 橡皮绝缘、XF 氯丁绝缘、XG 硅橡皮绝缘、B 聚苯乙烯绝缘、F 聚四氟乙烯、C 三醋酸纤维绝缘、Z 纸绝缘、YF 泡沫聚烯烃绝缘、YP 带皮泡沫聚烯烃绝缘、V 聚烯烃绝缘、YJ 交联聚乙烯绝缘	
		护套材料	F 聚全氟乙丙烯、V 聚氯乙烯、G 硅橡胶	
		屏蔽材料	铜丝编制、铜塑复合带绕包或铜带绕包、铝塑复合带绕包	
		导体种类	多股、七股、单股	
		对数	19、8、9、14、12、10、16、7、6、5、4、3、2、1	
		芯数	8、19、16、3+1、3+2、4、14、12、4+1、10、7、6、30、5、27、2、52、48、44、3、37、1、24	
		线芯材质	L 铝、HL 铝合金、T 铜、G 钢（铁）	
		标称截面（mm²）		

● **参照依据**

GB/T 4989－94　热电偶用补偿导线

2843 其他电线电缆

● **类别定义**

包含矿用电缆、SC 熔接尾纤、防水电缆等

● **适用范围及类别属性说明**

类别编码	类别名称	特征	常用特征值	常用单位
2843	其他电线电缆	品种	矿用电缆、SC 熔接尾纤、防水电缆	km
		线芯材质	裸圆铜线	
		绝缘材料	聚乙烯	
		护套材料	聚氯乙烯	
		工作类型		

29 电气线路敷设材料

● 类别定义

电气线路敷设是指电线电缆和光纤光缆的敷设，电气线路敷设材料在这里是指在电气线路敷设时用到的除电线电缆和光纤光缆本身以外的各种材料。

● 类别来源

电气线路敷设来源于清单电气设备安装工程以及实际市场使用补充的材料。二级类别材料参考了相关国家、建材标准。

● 范围描述

范围	二级子类	说 明
桥架、线槽	2901 电缆桥架	包含钢制桥架、玻璃钢桥架、铝合金桥架等
	2902 电缆桥架连接件及附件	包含桥架附件有连接板（片）、终端板、引下件、盖板、紧固件、隔板等
	2903 线槽及其连接件	包括槽三通、槽四通、槽接头、槽角弯等
	2905 母线槽其及连接件	包含卡沟、卡子、空气式插接母线槽（BMC）、密集绝缘插接母线槽（CMC）、高强度插接母线槽（CFW）等
套管及接线器材	2906 电线、电缆套管及其管件	包括镀锌电线套管、塑料电线电缆套管、玻璃钢电缆套管、金属软管、塑料波纹管等
	2907 电缆头	包含浇注式电缆终端头、热缩式电缆终端头、干包式电缆终端头、控制电缆终端头、热（冷）缩电缆中间头等
	2909 接线端子	包含铜铝接线端子、铜接线端子、铝接线端子、陶瓷接线端子、保险端子、螺钉卡箍接线端子等
	2911 接线盒（箱）	包含塑料接线盒、铁接线盒、铸铁接线盒、钢接线盒、光缆终端盒等
线路金具	2913 母线金具	包含矩形母线固定金、槽形母线固定金具、管形母线固定金具等
	2915 变电金具	包含T型线夹、设备线夹等
	2917 线路金具	包含悬垂线夹、耐张线夹、连接金具、避雷线悬垂吊架、接线金具、保护金具、拉线金悬垂线夹、耐张线夹、连接金具、避雷线悬垂线夹、接续金具、保护金具、拉线金具、穿刺线夹、出线金具等
线路连接及固定器材	2919 电杆、塔	包含混凝土电杆、木电杆、铁塔等
	2921 杆塔固定件	包含帮桩、接杆、撑杆、底盘、卡盘、拉线盘等
	2923 杆塔支撑横担及附件	包含木横担、铁横担、瓷横担、角钢横担等
	2925 线路连接附件	包含线芯压接用模具、电缆头套、引入盒、保护罩等
其他线路敷设材料	2927 其他线路敷设材料	包含滑触线、滑触线附件、接地线用器材等

2901 电缆桥架

● 类别定义

桥架是指敷设各种电缆和电气配线时用到的起支撑和固定作用的材料。

桥架按其结构形式可分为梯级式桥架、托盘式桥架及槽式桥架三种，按材质可以分为钢制桥架，玻璃钢桥架，铝合金桥架等，按照其表面处理方式分为静电喷涂、镀锌、热镀锌等。

● **适用范围及类别属性说明**

类别编码	类别名称	特征	常用特征值	常用单位
2901	电缆桥架	品种	梯级式电缆桥架（T）、组合式电缆桥架（ZH）、槽式电缆桥架（C）电缆桥架、托盘式电缆桥架（P）	只、m
		材质及表面处理	电镀锌加静电喷涂钢板、镀彩（镀白）钢板、电镀锌加防火涂料钢板、铝合金、碳钢、镀锌、不锈钢、热浸镀锌钢板、电镀锌（冷镀）钢板、玻璃钢、静电喷涂钢板	
		规格（宽×高）mm	30×50、40×50、40×70、50×50、50×70、75×150、200×450、250×300、20×50、25×50、30×70	
		规格（壁厚）	1.5、1、3、2.5、2、1.2、1.08、0.9、0.6、2.7、2.25、1.8、1.35、0.8	
		跨度（m）	2、3、4、6	

● **参照依据**

GB/T 23639-2009　节能耐腐蚀钢制电缆桥架

JB/T 10216-2000　电控配电用电缆桥架

2902　电缆桥架连接件及附件

● **类别定义**

电缆桥架附件主要包括：立柱，底座，托肩，梯架，盖板，直通，三通，四通和弯头等材料。

● **适用范围及类别属性说明**

类别编码	类别名称	特征	常用特征值	常用单位
2902	电缆桥架连接件及附件	品种	吊框、二通、横梁、吊杆、四通、三通、弯通、异径接头、盖板、垂直引上架、引下装置、管接头、压板、隔板、导板、护罩、调节片、托臂、支架、底座、立柱	根、个、m
		材质及表面处理	铁、热浸镀锌钢板、镀锌、镀彩（镀白）钢板、静电喷涂钢板、电镀锌加静电喷涂钢板、玻璃钢、不锈钢、电镀锌（冷镀）钢板、铝合金、电镀锌加防火涂料钢板	
		类型	支架、角钢立柱底座、槽钢倾斜底座、工字钢倾斜底座、槽钢立柱底座、工字钢立柱底座、水平等径三通、上垂直等径三通、异型立柱、下垂直等径三通、水平等径四通、角钢立柱、槽钢立柱、工字型钢立柱、平面四通、平面三通、四通护罩、垂直下弯通护罩、垂直上弯通护罩、压板、隔板、槽板、电缆吊挂、直接片、垂直等径右下弯通、垂直等径左上弯通、上垂直等径四通、垂直等径右上弯通、垂直转动弯通	
		桥架形式	组合式、梯级式、槽式、托盘式	
		规格（mm）	650、2×35、3×50、3×100、60×25、60×30、60×40、60×50、60×60、80×25、80×30、80×40、80×50、80×60、80×70、80×80、100×25、100×30、100×40、100×50、100×60、100×70、100×80、100×100、120×40、120×50、φ8、φ10、φ12、φ14、φ16、φ18、φ20、φ22、φ25、φ40、φ60、600×60	
		壁厚（mm）	0.8、1.2、3、1、2.5、2、1.5	

2903　线槽及其连接件

● **类别定义**

线槽是指电气线路敷设时用来装入电线电缆的槽形盒状材料。如塑料电缆槽、混凝土电缆槽、阻燃槽盒等。线槽连接件是指用来连接线槽的各种配件，如槽三通、槽四通、槽接头、槽角弯等；线槽规格的表示方法：宽×高×壁厚。

● **适用范围及类别属性说明**

类别编码	类别名称	特征	常用特征值	常用单位
2903	线槽及其连接件	品种	上下垂直三通线槽、线槽、异径接头、内角、外角、金属线槽、平面二通线槽、平面三通线槽、平面四通线槽、上下垂直弯通线槽	m
		材质及表面处理	PVC（聚氯乙烯）、UPVC（硬聚氯乙烯）、镀彩（镀白）钢板、电镀锌（冷镀）钢板、静电喷涂钢板、电镀锌加静电喷涂钢板、电镀锌加防火涂料钢板、热浸镀锌钢板、镀锌	
		形状	方形线槽、角线槽	
		规格（宽×高）	39×18、60×120、50×100、40×80、20×10、24×14、65×120、65×100、60×150、60×22、60×40、80×40、100×27、100×40、150×100	
		规格（壁厚）	1.0、2.0、0.8、1.5、1.2、0.5	

2905　母线槽及其连接件

● **类别定义**

母线槽由铜、铝母线柱构成的一种封闭的金属装置，用来为分散系统各个元件分配较大功率。封闭式母线槽是由金属板（钢板或铝板）为保护外壳、导电排、绝缘材料及有关附件组成的母线系统。

包含卡沟、卡子、空气式插接母线槽（BMC）、密集绝缘插接母线槽（CMC）、高强度插接母线槽（CFW）等。

● **适用范围及类别属性说明**

类别编码	类别名称	特征	常用特征值	常用单位
2905	母线槽及其连接件	品种	卡沟、卡子、空气式插接母线槽（BMC）、密集绝缘插接母线槽（CMC）、高强度插接母线槽（CFW）	m/个
		外形尺寸	170×136×2000、170×156×2000、170×181×2000、170×206×2000、170×457×2000、170×126×2000、170×116×2000、170×106×2000、1000×600×2000、1100×600×2000、170×347×2000、1200×600×2000、170×236×2000	

续表

类别编码	类别名称	特征	常用特征值	常用单位
2905	母线槽及其连接件	母线材质	铝合金、不锈钢	m/个
		电压等级（kV）	7.2、24、12、3.6、0.69、0.4	
		电流（A）	315、6300、100、160、3000、200、250、1600、2000、2500、3150、4000、500、400、5000、630、800、1000、1250	
		短路电流（ka）	40、100、50、31.5、80、63	
		防护等级	IP4X、IP2X、IP3X、IP5X	
		外壳材质	冷轧钢板、铜、铝合金板	

● **参照依据**

GB 7251.2－2006 低压成套开关设备和控制设备 第2部分：对母线干线系统（母线槽）的特殊要求

2906 电线、电缆套管及其管件

● **类别定义**

主要包括镀锌电线套管、塑料电线电缆套管、玻璃钢电缆套管、金属软管、塑料波纹管等。区别于2713绝缘穿墙套管、瓷套管。

● **适用范围及类别属性说明**

类别编码	类别名称	特征	常用特征值	常用单位
2906	电线、电缆套管及其管件	品种	PVC-U实壁通信管、PVC-C高压电缆套管、PVC-U电工套管重型、PVC-U电工套管中型、PVC-U电工套管轻型、PVC难燃塑波纹管、PVC难燃塑料线管、镀锌钢电线套管、镀锌钢导管（KBG管）、镀锌导线管（JDG管）、横纹管（TC）、焊接钢管（SC）、PP聚丙烯管、护口	m、支、个
		外径×壁厚（mm）	25×1.8、65×1.8、65×2.0、25×1.2、32×1.2、50×1.6、20×0.8、25×0.8、32×0.8、40×0.8、20×2.0、32×2.0、25×1.5、32×1.5、40×1.5、20×1.6、20×1.8、25×1.6、32×1.6、32×1.8、40×1.6、40×1.8、50×1.9	
		总长度（mm）	120、3000、3600、45、50、60、65、4000、3300、3800、100、80、140	
		表面处理	镀锌	
		类型	焊接钢管接头、一线压线夹、龙骨铁制卡、三级中型、快速直通、快速杯梳、离墙码、圆迫母、金属软管用卡、KBG管卡、鞍形管卡、铁制管卡、钢管管卡、塑料护口、电线管用接地线卡、可挠性金属套管接地线卡、KBG管接地线卡、可挠性金属套管护口、可挠性金属套管接头、可挠性金属套管卡、KBG直管接头、尼龙接头、KBG螺纹管接头	
		规格	30#、17#、76#、83#、101#、12#、20、10#、24#、15#、63#、50#、38#	

2907 电缆头

● **类别定义**

电缆头包括电缆终端头和电缆中间头。电缆终端头是安装在电缆末端与系统的其他部分电气连接并维持绝缘直到连接点的终端材料；电缆中间头是指连接两根电缆的中间接头。

● **适用范围及类别属性说明**

类别编码	类别名称	特征	常用特征值	常用单位
2907	电缆头	品种	油浸电缆中间连接头、冷缩中间头、冷缩终端头、油浸电缆终端头、交联电缆热缩型中间连接头、交联电缆热缩型终端头	个
		芯数	1、5、4、3、2	
		适用电缆截面积（mm²）	240～400、95、150、1200～1600、50、35、25、500、240～800、185～240、35～50、50～70、240～300、120～150	
		使用场所	户内、户外、户内外通用	
		电压等级（kV）	10、8.7/15、110、1、35、20、75、26/35、0.6/1	

2909 接线端子

● **类别定义**

接线端子就是用于实现电气连接的一种配件产品；是供电线电缆的线芯引出端与其他电器设备相连接的产品，接线端子又称接线鼻子，有铜接线端子（铜鼻子）、铝接线端子（铝鼻子）、铜铝接线端子（铜铝接线鼻子）等种类。

● **适用范围及类别属性说明**

类别编码	类别名称	特征	常用特征值	常用单位
2909	接线端子	品种	铜铝接线端子、铜接线端子、铝接线端子、陶瓷接线端子、保险端子、螺钉卡箍接线端子	个
		材质	铝 L、铜 T、WEMID	
		结构特征	非紧压导体 省略、压接圆筒长型 省略、压接圆筒短型 S、堵油、密封式 M、紧压导体用 J、直通式或非堵油、非密封式省略	
		导线截面面积（mm²）	120、240、6、10、16、95、70、185、800、630、4、300、50、25、2.5、500、35、150、400	
		额定电流（A）	6.3、20、50	
		额定电压（kV）	35、220	

● **参照依据**

GB/T 14315-2008 电力电缆导体用压接型铜、铝接线端子和连接管

2911 接线盒（箱）

● **类别定义**

接线盒包括中间接线盒和终端接线盒，接线盒也称连接盒。

● **适用范围及类别属性说明**

类别编码	类别名称	特征	常用特征值	常用单位
2911	接线盒（箱）	品种	铁制灯头盒、分线盒、铁制接线盒、木制接线盒、钢制接线盒、铝制接线盒、塑料接线盒、塑料灯头盒、塑料接线箱、塑制接线箱、开关盒	个
		性能	防溅式、阻燃、防爆式	
		安装方式	暗装、明装	
		形状	八角、方形、圆形	
		外形尺寸	65×65、75×75×50、75×75×80、75×75×40、110×110、65×95×55、64×58×37、135×75×80、200×200、300×300、110×110×60、100×100、75×75×60、135×75×60、70×70×25、50×50×25、135×75×70、135×75×50	

2913 母线金具

● **类别定义**

母线金具是指母线敷设时用到的电力金具。常见的母线金具有矩形母线金具，槽形母线金具，管形母线金具，软母线固定金具，母线伸缩节。

● **适用范围及类别属性说明**

类别编码	类别名称	特征	常用特征值	常用单位
2913	母线金具	品种	NWP户外平放型 硬母线固定金具、MWL户外立放型 硬母线固定金具、MCN户内槽型/MCW户外槽型 硬母线固定金具、MCD槽行吊挂/MCG槽型间隔垫 硬母线固定金具、MGG管形母线固定金具、MGT管形母线T接金具、MGZ终端金具、MGF管形母线封头、MGJ管形母线支架、MDG单母线固定金具、MSG双母线固定金具、MRJ软母线间隔棒	个
		适用母线宽度（mm）	100、63、70、175、150、125、80	
		适用支柱绝缘子螺径	M10、M16	
		适用母线（mm）	ϕ80/74、ϕ120/112、ϕ130/116、ϕ150/136、ϕ100/90、ϕ90/80	
		适用导线截面（mm²）	300、240、1200、185、630、500、400	

● **参照依据**

无

2915 变电金具

● **类别定义**

变电金具是指变电所及发电厂配电装置用的电力金具。T 形线夹主要有 TL、TY 等类型。

● **适用范围及类别属性说明**

类别编码	类别名称	特征	常用特征值	常用单位
2915	变电金具	品种	T 形线夹、设备线夹	个
		类型	TL 螺栓型 T 型线夹、SY 压缩型设备线夹、SYG 压缩型铜铝过渡设备线夹、SL 螺栓型设备线夹、SLG 螺栓型铜铝过渡设备线夹、TY 压缩型 T 型线夹	
		适用导线：母线/引下线（截面）（mm²）	70～95/35～50、70～ 95/70～95、35～50/35～50	
		适用导线：外径（mm）	20、22、19、18.1、18、17.5、25、70、16、14.5、14、10.8、9.6、7.5、40、50、15、32	

2917 线路金具

● **类别定义**

线路金具是指架空电力线路上用的电力金具。

线路金具主要包括悬垂线夹、耐张线夹、连接金具、接续金具、保护金具、拉线金具等。

● **适用范围及类别属性说明**

类别编码	类别名称	特征	常用特征值	常用单位
2917	线路金具	品种	悬垂线夹、耐张线夹、连接金具、避雷线悬垂线夹、接续金具、保护金具、拉线金具、穿刺线夹、出线金具	个
		类型	铝包带、JXC 型安普线夹、套接管、钳接管、跨径并沟线夹、NLD 型耐张线夹、平行挂板、钢线卡子、拉线用 U 形挂环、NLY 型线夹、UT 型线夹、楔形线夹、重垂线、悬重锤及附件、均压屏蔽环、预绞线、间隔棒、防振锤（FD 型，FG 型）	
		适用绞线直径范围（包含缠物）（mm）	21.0～26.0、23.0～33.0、11.0～13.0、7.1～13.0、5.0～7.0、13.1～21.0、23.0～43.0、5.0～10、10.1～14、14.1～18	
		适用绞线截面（mm²）	50、150、95、120、70、135、240、100、35	
		适用绞线外径（mm）	7.8、14、13、11、9、20、32、25、15	
		主线（mm²）	120～240、16～50、16～95、25～95、50～120、185～300、120～400、95～240、70～240、50～185、50～150、35～150、35～120、4～25、6～35	

类别编码	类别名称	特征	常用特征值	常用单位
2917	线路金具	支线 （mm²）	95～240、35～95、35～120、25～95、35～150、50～150、16～70、6～35、16～95、1.5～10、6～16、2.5～35、95～185、150～240	个
		穿刺深度（mm）		
		标称电流（A）		

2919 电杆、塔

● **类别定义**

电杆是用来架设和支持导线的。电杆主要有木电杆和钢筋混凝土电杆两种；木电杆由于容易腐烂、使用年限短，目前也逐渐在被淘汰；在线路的重要位置有时也用铁塔来做架设和支撑件，但铁塔用得较少。

● **适用范围及类别属性说明**

类别编码	类别名称	特征	常用特征值	常用单位
2919	电杆、塔	品种	水泥电杆、铁塔、混凝土圆电杆、钢制灯杆、铁制灯杆	个
		材质	水泥、混凝土、木电杆、铁制灯杆	
		形状	环状	
		梢径×长度		

● **参照依据**

GB/T 4623－2006　环形混凝土电杆

2921 杆塔固定件

● **类别定义**

杆塔固定件是指安装电杆和塔架时用到的各种固定件。杆塔固定件包括帮桩、接杆、抱箍、底盘、拉盘/拉线盘、拉棒、拉环、拉板等。

● **适用范围及类别属性说明**

类别编码	类别名称	特征	常用特征值	常用单位
2921	杆塔固定件	品种	接杆、端子板、接地环、帮桩、挂板、U形环、心形环、拉线棍、背板、拉环、拉棒、拉线地锚、拉线盘、托箍、底盘、拉扣、连扳、槽钢台架、抱箍、拉板、卡盘、保护板	个
		规格	16×1040、φ12×1800、φ16×550、φ16×670、φ16×760、φ16×710、φ16×960、φ16×1040	

2923 杆塔支撑横担及附件

● **类别定义**

横担是指电杆或塔上挂导线的部件；撑铁是横担的主要附件。

横担按材质分为：木横担、铁横担、陶瓷横担等。横担的安装形式有复合横担、正横担、交叉横担、侧横担等。

● **适用范围及类别属性说明**

类别编码	类别名称	特征	常用特征值	常用单位
2923	杆塔支撑横担及附件	品种	保险器架、紧线垫、开关架、垫铁、低压担、顶担、母线担、保险器担、角钢支撑、角钢刀闸担、角钢立担、角钢桥担、角钢母线担、角钢保险器担、刀闸背板、刀闸架、角戗、横铁、立铁、槽铁、角钢横担、角铁横担、瓷横担、玻璃钢横担、弯铁、木横担、扁钢横担、槽钢横担、撑铁、托戗、元宅戗	根
		安装形式	侧横担、交叉横担、正横担、复合横担	
		规格	$\phi16\times2000$、$50\times5\times230$、$63\times6\times570$、$63\times6\times650$、$63\times6\times350$、$63\times6\times280$、$63\times6\times50$、10×2700、10×2500、10×2000、$63\times6\times565$、$63\times6\times410$、$63\times6\times370$、$50\times6\times1110$、$50\times5\times1800$、$50\times5\times1270$、$50\times5\times910$、$50\times5\times770$、$50\times5\times2230$、$50\times5\times2140$、$50\times5\times1420$、$63\times6\times1700$、$60\times6\times1600$、$50\times6\times1200$、50×5、$\phi16\times1800$、$\phi16\times1500$、$80\times8\times3200$、$80\times8\times3000$	
		电压（kV）	0.38、35、10、0.22	
		表面处理	镀锌	

2925 线路连接附件

● **类别定义**

线路连接附件主要有电缆头套，引入盒，保护罩、保护盒，告警器、信号器，电缆防雷装置，人字木、木垫，夹板、槽板，标桩，卡沟、挂钩、拖沟等材料。

● **适用范围及类别属性说明**

类别编码	类别名称	特征	常用特征值	常用单位
2925	线路连接附件	品种	标桩、槽板、夹板、电缆头套、引入盒、保护罩、保护盒、告警器、木垫、接线柱、终端电缆盒、终端头、连接头、信号器、外护套、直管接头、瓷撑板、接头保护盒、伸缩头、电缆防雷装置、人字木、电缆支架、连板、拖沟、卡钩、卡子、电缆挂钩、铝合金专用卡件	个/套
		型号	204-1、206-1 $40\times4\times200$、206 $40\times4\times230$、204-2 $63\times6\times100$、KT-5、KT-4、KT-3、KT-2、KT-1、HZ-6、HZ-20、HZ-12、HZ-0	
		规格	50、$\phi15mm$、内径：24mm、内径：26mm、$\phi8mm$、$\phi16mm$、$\phi25mm$、内径：14mm、$\phi45mm$、$\phi20mm$、$\phi55mm$、$\phi70mm$、240、内径：12mm、内径：18mm、$40\times5\times120$、$\phi65mm$、内径：16.5mm、内径：15mm、$\phi50mm$、$\phi40mm$、$\phi32mm$、$\phi35mm$、95、内径：19.5mm、205、内径：21mm	

2927 其他线路敷设材料

● **类别定义**

线缆连接专用材料是指一些专业缆线线路敷设时用到的特殊材料。如滑触线，滑触线附件，接地线用器材等。

● **适用范围及类别属性说明**

类别编码	类别名称	特征	常用特征值	常用单位
2927	其他线路敷设材料	品种	交叉互联箱、滑触线拉紧装置、滑触线支持器、拉线箱、滑触线伸缩器、刚体滑触线、安全滑触线、接线盒盖、线路牵拉机、线缆牵引机、堵油管、铜接管	个
		材质	铸铁、不锈钢、铝合金、铜、塑料外壳	
		载流量（A）	80、500、300、130、150、200、800、400、1300、1600、50	
		极数（P）	16、2、3、4、5、6、7、10	
		防护等级	IP54、IP13、IP23	
		规格	150、120、25、35、50、70、95、70×3×500、50×3×400、40×3×300、30×3×300、800、400、630、300、240、185、16、120×60×50	

30 弱电及信息类器材

● **类别定义**

弱电一般是指直流电路或音频、视频线路、网络线路、电话线路、直流电压一般在36V以内，家用电话、电脑、电视机的信号输入、音响设备等电器均为弱电电气设备；这些设备使用器材叫弱电及信息类器材。

◇ **不包含**

——安防及智能化设备，放入52大类下。

● **类别来源**

来源于工程量清单中的"通信设备及线路工程"、"建筑智能化系统设备安装工程"中的材料。

● **范围描述**

范围	二级子类	说　　明
安防器材	3001 安防报警器材	包含门磁开关、入侵探测器、玻璃碎探测器、红外探测器和红外/微波双鉴器、遥控器、信号接收器、电源等
	3002 门禁系统器材	包含报警声音复合装置、防漏水探测器、视频移动探测器、无线传述报警按钮、探测器紧急按钮、地下金属探测器等
	3003 监控显示器材	包含摄像机、云台、解码器、镜头、护罩、支架、摄像机电源、解码控制器、报警探测器、光端机、双绞线传输器、微波传输设备、监视器、硬盘录像机、视频卡、硬盘、视频矩阵、控制键盘、视频分配器、画面处理器、UPS电源、电视墙、操作台控制台等

续表

范围	二级子类	说明
安防器材	3004 安全检查器材	包含简称安检设备、包含安检门、手持金属探测仪、安检 X 光机、危险液体检测仪、车底视频检查镜等
	3005 停车场管理系统器材	包含出入口控制机、自动感应器、车辆栏杆、自动监测板、出卡机、语音报价器、停车计费显示器、紧急报警器、标志牌、通行信号灯、满屏显示器、进出口票箱、收费服务器、对讲主机电源、数据通信转换器、空调、集线器、彩色摄像机等
信息类器材	3007 电话通信设备器材	包含电话出线口、电话分线箱、电话中途箱、分线盒、来电显示器、对讲机、电话机等
	3009 广播线路、移动通信器材	包含音频插座、数码调谐器、前置放大器、功效扩音系统、调音台、数字音频信号处理器、音箱、音柱、扬声器、分频器、阻抗匹配器、数字协调器、数字信息播放器、传感器、音频插座、功率放大器、音量控制器等
	3011 有线电视、卫星电视器材	包含天线及配套件、前端机柜、电视墙、卫星地面站接收设备、接收机、解码器、转换器、功分器、光发射机、终端盒、光接收机、光放大器、线路放大器、供电器、分支器、分配器、均衡器、电视插座、视频分配器、分线盒、负载电阻、混合器、防雷器等
	3013 信息插座插头光纤器材	包含 8 位模块单口、双口信息插座、信息插座底盒、过线盒、电视插座、光线跳线等
	3015 计算机网络系统器材	包含终端设备、附属设备、网络终端设备、接口卡、网络集线器、路由器等
	3017 楼宇小区自控及多表远传系统器材	包含编码模块、控制器、传感器、电量变送器、层间解码器、视频分配器等
信息类器材	3019 扩声、音乐背景器材	包含数码调谐器、前置放大器、功效扩音系统、调音台、数字音频信号处理器、音箱等
	3021 其他弱电及信息类器材	包含防停电电源、2 进 6 出保密型电话分支、2 进 6 出共享型电话分支、超五类免打线式 RJ45 信息插座模块、打线式语音模块等

3001 安防报警器材

● 类别定义

现代化大厦的保安系统，目前都是采用技术及机器代替人来完成，这些技术及设备包括防盗报警系统（入侵报警）、出入口控制、电视监控、访客对讲、电子巡更、汽车车库管理等等，这些我们统称为公共安全防范技术，简称保安技术。

常见的安全防范系统有：防盗报警系统、出入口控制系统、闭路电视监控系统、电子巡更系统、车库管理系统等。

安防入侵报警系统也称"防盗报警系统"，是指系统在探测到现场有人入侵时能发出报警信号的专用电子系统，一般由探测器（报警器）、传输系统和报警控制器、报警信号传输设备组成。

　　入侵探测器（Intrusion detector）是安防报警系统的输入部分，是用来探测入侵者入侵时所发生的移动或其他动作的装置。入侵探测器通常可按传感器的种类、工作方式、警戒范围、传输方式、应用场合来区分。我们最常用的是按传感器的种类，即按传感器探测的物理量来区分，通常有：磁控开关探测器、振动探测器、超声入侵探测器、次声入侵探测器、红外入侵探测器、微波入侵探测器和视频移动探测器等等。

　　出入口控制系统也叫门禁管制系统，它一般是由读卡机、电子门锁、出口按钮、报警传感器、门传感器、报警喇叭组成。

　　● **常用参数及参数值描述**

类别编码	类别名称	特征	常用特征值	常用单位
3001	安防报警器材	品种	报警显示设备、入侵报警控制器、门禁暂存控制器、写卡控制器、报警按钮、主机门禁、独立门禁、自动闭门器、防区扩展器、电磁吸力锁、电控锁（电磁锁）、转换模组、报警显示大板、主机报警器、总线数据集中器、门禁机控制器、非接触卡、键盘、紧急录音报警器、读卡器、报警信号转输、门磁开关、铁门开关、声控头、报警灯、警铃、警号、压力开关、视频报警灯、行程开关、卷闸开关、紧急脚踏开关、紧急手动开关、隐蔽式开关、密码键盘、报警信号接收机	套、台、个
		型号	双联磁力锁、H型、D型、Z型、5620、5125、其他、嵌入式磁力锁、烟雾、8路、HYT-280B、HYT-280D、16路、32路、64路、128路、挂式磁力锁	
		技术参数及说明		

　　● **参照依据**

　　无

3002　门禁系统器材

　　● **类别定义**

　　包含报警声音复合装置、防漏水探测器、视频移动探测器、无线传述报警按钮、探测器紧急按钮、地下金属探测器等。

　　● **常用参数及参数值描述**

类别编码	类别名称	特征	常用特征值	常用单位
3002	门禁系统器材	品种	5000系列、报警声音复合装置、防漏水探测器、视频移动探测器、无线传述报警按钮、探测器紧急按钮、地下金属探测器、磁开关探测器（门磁）、微波墙式探测器、微波探测器、红外微波双鉴探测器、红外幕帘探测器、被动红外线探测器、主动红外线探测器、多线制控制器、总线制报警控制器、有线对讲主机、警灯、警铃、报警警号、信号发送接收器、电话线传输发送器、电源线传输发送器	

类别编码	类别名称	特征	常用特征值	常用单位
3002	门禁系统器材	型号	HYT-280B 、双联磁力锁、挂式磁力锁、128 路、64 路、32 路、16 路、8 路、嵌入式磁力锁、HYT-280D 、烟雾、5125、5620、Z 型、D 型、H 型	套、台、个
		技术参数及说明		

3003 监控显示器材

类别定义

电视监控是指除广播电视以外在其他所有领域中应用的电视，我们一般称之为"闭路监控电视"；闭路监控电视根据其使用环境、使用部门的不同而存在不同的组成方式，无论系统功能大小和功能多少，一般电视监控系统都是由摄像、传输、控制、图像处理显示四个部分组成。

摄像部分：摄像部分包括摄像机、镜头、防护罩、安装支架、云台组成；摄像部分负责现场取景并将其转换为电信号（数据信号），经视频电缆将电信号传送到控制中心，通过调解，放大将信号转换为图像信息，送到监视器上显示出来。

传输分配部分：它的作用就是将摄像机输出的视频信号馈送到中心机房或其他监视点。

控制部分：它的作用就是在中心机房通过有关设备对系统的摄像和传输分配部分的设备进行远距离遥控。

图像处理与显示：是对系统传输的图像或信号进行切换、记录、重放、加工和复制等功能；显示部分则是使用监视器进行图像重现，有时还采用摄影电视来显示其图像信号。包括视频采集卡、录像主机、监视器、摄影机、镜头、云台、云台控制器、视频切换器、视频分配器、时间发生器、画面处理器、视频放大器、视频补偿器、解码器、转换接口。

视频卡也叫视频采集卡，按照其用途可以分为广播级视频采集卡、专业级视频采集卡、民用级视频采集卡。他们的区别主要是采集的图像指标不同。

监视器：是监控系统的标准输出，有了监视器我们才能观看前端送过来的图像。监视器分彩色、黑白两种，尺寸有 9、10、12、14、15、17、21 英寸等，常用的是 14 英寸。监视器也有分辨率，同摄像机一样用线数表示，实际使用时一般要求监视器线数要与摄像机匹配。另外，有些监视器还有音频输入、S-video 输入、RGB 分量输入等，除了音频输入监控系统用到外，其余功能大部分用于图像处理工作。

云台：两个交流电组成的安装平台，可以水平和垂直的运动。我们所说的云台区别于照相器材中的云台，照相器材的云台一般来说只是一个三脚架，只能通过手来调节方位；而监控系统所说的云台是通过控制系统在远端可以控制其转动方向的。

视频切换器：是组成控制中心中主控制台上的一个关键设备，是选择视频图像信号的设备。简单地说，将几路视频信号输入，通过对其控制，选择其中一路视频信号输出。

视频分配器：通过专用视频设备，将一个视频信号送给多个设备（如一个摄像机图像要给矩阵、DVR）的装置，然后将多路信号输送到显示器与控制设备上。

画面处理器，能够同时在一台显示器上显示一至十六个画面，用一台录像机录完一至十六个画面的信号。

视频放大器是放大视频信号，用以增强视频的亮度、色度、同步信号。

编码器是一种输入模拟视频信号并将它转换为数字信号格式，以进一步压缩和传输的硬件/软件设备。

● **常用参数及参数值描述**

类别编码	类别名称	特征	常用特征值	常用单位
3003	监控显示器材	品种	（PC）数字硬盘录像机、嵌入式硬盘录像机、光端机、摄影机、镜头、云台、解码器、视频分配器、视频监视器、视频放大器、画面处理器（多画面分割器）、视频（电缆）补偿器、摄像机防护罩、控制台、监视器柜、显示屏、显示终端、网络视频服务器、云台控制器、键盘控制器、视频切换器、全电脑视频切换设备、音频视频及脉冲分配器、视频补偿器	套、台、个
		型号	KA-1015、1路输入、PIH-3052IR、PIH-6056、PIH-2022IR、PIH-2452、光圈镜头、UP-2000、PIH-2422、PIH-2156IR/F1.2、6寸、5.5寸、7寸、UC-600、UF-1000、27倍、19英寸、42寸、36倍、PIH-3022IR、PIH-2052IR、PIH-2052、PIH-6096、PIH-8196、SSG0614	
		技术参数及说明		

● **参照依据**

无

3004 安全检查器材

● **类别定义**

简称安检设备，包含安检门、手持金属探测仪、安检X光机、危险液体检测仪、车底视频检查镜等。

● **常用参数及参数值描述**

类别编码	类别名称	特征	常用特征值	常用单位
3004	安全检查器材	品种	云台、手动光圈、安检门，金属探测仪、安检X光机，危险检测仪	只、台、套

类别编码	类别名称	特征	常用特征值	常用单位
3004	安全检查器材	型号	GP-008、Hi-PE、SMD600、CLASSiC、PD140V 等	只、台、套
		技术参数及说明	工作环境：-20℃～50℃ 电源：9V（X1） 尺寸：400×80×40	

3005 停车场管理系统器材

● 类别定义

在现代城市中为了满足车辆管理的需要，通常在各类较大型建筑物或住宅小区中设立停车场（库），为了科学、有效地对停车场（库）进行管理，一般停车位超过 50 个，就要设立停车管理系统。

停车场管理系统的基本功能有：车辆出入口通道控制与管理、计费、收费管理、停车场内外停车状况信号指示与诱导、停车场空位、满位情况显示、保安、监控组成。

停车场管理系统主要有：出票机、栅栏机（车辆栏杆、栏杆机、自动闸栏机、自动道闸）、车位计数器、车辆探测器（自动感应器）、磁卡读卡机、车辆自动识别装置、对讲装置、按键式控制器、标志牌、语音报价器、通行信号灯、出入口自动摄像系统等组成。

● 常用参数及参数值描述

类别编码	类别名称	特征	常用特征值	常用单位
3005	停车场管理系统器材	品种	栅栏机（道闸、路闸）、停车场专用日蚀型摄像机、出票机、出入口票箱、出入口控制机、车位计数器、车辆探测器、发卡机、磁卡读卡机、车辆自动识别装置、对讲装置、按键式控制器、语音报价器、收据打印机、紧急报警器、出入口自动摄像系统、通行信号灯、标志牌、模拟地图屏	套、台、个
		技术参数及说明		
		型号		

3007 电话通信设备器材

● 类别定义

电话通信是智能化建筑中实现通信自动化（CA）的重要组成部分，其核心是交换设备，通过它组成以传输话音为主的专用电话通信系统，以保证有效的为用户提供现代化的信息服务。

电话通信系统是整个通信网络的一个子系统，像其他子系统一样，它也是由用户终端设备、交换设备、传输设备三大部分组成。

终端设备：是通信系统的源点和终点，主要由电话及一些辅助材料（电话出线口、电话分线箱、电话中途箱）构成。

交换设备：是通信系统的核心，主要用来将任意两个终端用户进行相互连接，没有交换设备时，通信只能是点对点进行，不可能进行组网。它的主要功能主要是完成电话的接入、电话的转接和话路的分配。目前办公常用的是程控电话交换机。

传输设备：它是交换设备的连接媒介，是信息和信号的传输通路，按照传输媒介分为：光线传输、微波传输、卫星传输等多种设备类型。

● **常用参数及参数值描述**

类别编码	类别名称	特征	常用特征值	常用单位
3007	电话通信设备器材	品种	来电显示器、电话中途箱、电话交换机、程控电话机、会议电话汇接系统、电话分线箱、联动通信接口，对讲，电话组线箱	套、台、个
		型号	会议电话路数 10、会议电话路数 15、会议电话路数 20、会议电话路数 30、会议电话路数 40、会议电话路数 50、会议电话路数 180、交换机容量：24 门、交换机容量：32 门、交换机容量：80 门、交换机容量：96 门、交换机容量：136 门、会议电话路数 5	
		技术参数及说明		

3009 广播线路、移动通信器材

● **类别定义**

广播线路、移动通信器材主要包括光纤适配器（耦合器）、滤波器、电源端子板、插头、天线、波导器材、光纤零件（光纤双口、光纤四口信息插座、光纤连接器、跳线连接器）、示波器等。

（1）光纤适配器：用于各类光纤设备与光纤连接方式的转换。光纤适配器又称光纤法兰，用于光纤活动连接器的接续、耦合。根据光纤活动连接器的连接头选择型号。

（2）光纤活动连接器：又称光纤跳线，它是把光纤的两个端面精密对接起来，光纤跳线按传输媒介的不同可分为常见的硅基光纤的单模、多模跳线，还有其他如以塑胶等为传输媒介的光纤跳线；按连接头结构形式可分为：FC 跳线、SC 跳线、ST 跳线、LC 跳线、MTRJ 跳线、MPO 跳线、MU 跳线、SMA 跳线、FDDI 跳线、E2000 跳线、DIN4 跳线、D4 跳线等等各种形式。

（3）光纤衰减器为一种无源光器件，本系列产品使用的是掺有金属离子的衰减光纤制造而成，能把光功率调整到您所需要的水平。实现方式为：法兰型、在线型、高回损型、机械可调型。

（4）滤波器用来消除干扰杂讯的器件，将输入或输出经过过滤而得到纯净的交流电；滤波器可以被用来区分不同频率的信号，实现各种模拟信号的处理过程，因而在现代模拟射频电路与系统中得到了广泛的应用。

（5）天线：作无线电波的发射或接收用的一种金属装置（如杆、线或线的排列）；按工作性质可分为发射天线和接收天线。按用途可分为通信天线、广播天线、电视天线、雷达天线等。按工作波长可分为超长波天线、长波天线、中波天线、短波天线、超短波天线、微波天线等。按结构形式和工作原理可分为线天线和面天线等。

（6）示波器：用来测量交流电或脉冲电流波的形状的仪器，由电子管放大器、扫描振荡器、阴极射线管等组成。除观测电流的波形外，还可以测定频率、电压强度等。凡可以变为电效应的周期性物理过程都可以用示波器进行观测。

● **常用参数及参数值描述**

类别编码	类别名称	特征	常用特征值	常用单位
3009	广播线路、移动通信器材	品种	天线、加感线圈、光纤衰减器、功分器、手机信号屏蔽器、示波器、光纤连接器（光纤跳线）、光纤适配器（耦合器）、光纤双口	台
		型号	定向天线、全向天线、FC 法兰、SC 法兰、ST 法兰、LC 法兰、MTRJ 法兰、MPO 法兰、MU 法兰、SMA 法兰、DDI 法兰、DIN4 法兰、D4 法兰、E2000 法兰、FC 跳线、SC 跳线、ST 跳线、LC 跳线、MTRJ 跳线、MPO 跳线、MU 跳线、SMA 跳线、FDDI 跳线、E2000 跳线、DIN4 跳线、D4 跳线	
		技术参数及说明		

3011 有线电视、卫星电视器材

● **类别定义**

卫星电视系统：是利用卫星来直接转发电视信号。其作用相当于一个空间转发系统，即通过地面主发射站将需要广播的电视信号以一定的上行频率调制后发射给空中的同步卫星，卫星接收到该信号经变换处理或放大等，以另外一个下行频率向地球上预定的服务区发射，地面卫星信号接收站通过相应的设备对卫星下行信号进行处理，还原为电视信号。

卫星电视广播系统由上行发射站、星载转发系统、地面卫星电视接收系统 3 部分组成：

上行发射站主要由基带信号处理单元、中频调制器、中频通道、上变频器、功率放大器、双工器、发射天线等组成。

星载转发系统是由收发天线、星载转发器和电源等组成（卫星中接收和发射信号的天线通常是共用一幅的，店员主要是用硅太阳能电池和后备蓄电池。）

卫星接收系统由接收天线、高频头、同轴电缆和卫星电视接收机等组成。

有线电视系统是伴随着卫星电视系统的发展而壮大起来的，最早的有线电视为共用天线系统，即在一个磁场强度，信号质量较好的地方，利用一个天线接收无线信号，交多组信号调制，放大、再调制，混合等技术形成一个具有一定宽度的射频信号，利用同轴电缆以有线的方式将信号分送到系统得每一个终端用户。

有线电视系统的组成由接收部分、前端部分、干线部分和分配网络部分组成。

● 常用参数及参数值描述

类别编码	类别名称	特征	常用特征值	常用单位
3011	有线电视、卫星电视器材	品种	时钟控制器、台标发生器、时标发生器、总线信号中继器、层间信号中继器、层间信号隔离、总线信号分割器、字幕叠加器、上变频器、电源自控器、室内光放大器、矩阵切换器、中频通道、室内光接收机、室外架空光接收机、室外地面光接收机、数字光发射机、FM光发射机、模拟光发射机、反向光接收机、中频调制器、卫星地面接收机、基带信号处理单元	个、套、台
		型号		
		技术参数及说明		

备注：适用于有线广播电视、闭路电视系统、卫星电视系统设备的安装。

3013　信息插座插头光纤器材

● 类别定义

主要包括8位模块单口、双口信息插座、信息插座底盒、过线盒、电视、电话插座。

● 常用参数及参数值描述

类别编码	类别名称	特征	常用特征值	常用单位
3013	信息插座插头光纤器材	品种	电脑地面插座、电视串接插座、电缆出线插座、信息插座、超五类电脑信息插座、光纤信息插座、电脑信息插座、宽带电视/音频插座、电视/音频插座、电脑/宽带电视地面插座、电脑/宽带电视插座、电脑/电视地面插座、电脑/电视插座、电话/宽带电视地面插座、电话/宽带电视插座、电话/电视地面插座、电话/电视插座、电话/电脑地面插座、电话/电脑插座、音频插座、宽带电视地面插座、宽带电视插座、电视地面插座、电视插座、电脑插座	个、套
		附带功能	带荧光、带开关、带指示灯、带保险盒、带防雷	
		面盖材质	不锈钢、铜合金、塑料、铝合金	
		插座位数	两位、一位、单联宽频带一分支、八线、四线、二线、单口屏蔽八位模块式、两位二线、1、2、二位、双口屏蔽八位模块式、双口、四口、单口非屏蔽八位模块式、双口非屏蔽八位模块式、三位、两位四线、单联带一分支	
		电话、电脑线芯数	6/8、4、6、8、2、4/8	

3015　计算机网络系统器材

● 类别定义

计算机网络系统是计算机技术与通信技术相结合的产物，计算机网络是通过通信传输介质把多台计算机连接起来，构成一个计算机网络。总括来说计算机网络系统是由计算机系统、数据通信和网络系统软件组成的，从硬件来看主要有下列组成部分：

（1）终端：用户进入网络所用的设备，如电传打字机、键盘显示器、计算机等。在局域网中，终端一般由微机担任，叫工作站，用户通过工作站共享网上资源。

（2）主机：进行数据分析处理和网络控制的计算机系统，其中包括外部设备、操作系统及其他软件。在局域网中，主机一般由较高档的计算机担任，叫服务器，它应具有丰富的资源，如大容量硬盘、足够的内存和各种软件等。

（3）通信处理机：在接有终端的通信线路和主机之间设置的通信控制处理机器，分担数据交换和各种通信的控制和管理。在局域网中，一般不设通信处理机，直接由主机承担通信的控制和管理任务。

（4）本地线路：指把终端与节点薮主机连接起来的线路，其中包括集中器或多路器等。它是一种低速线路，费用和效率均较低。

● 常用参数及参数值描述

类别编码	类别名称	特征	常用特征值	常用单位
3015	计算机网络系统器材	品种	绘图仪、集成电路板/块、路由器、复印机、刻录机、扫描仪、调制解调器、报警软件、传真机、集线器、网卡、投影仪、局域网交换机、计算机、电传打字机、键盘显示器、打印机	只、m
		型号		
		技术参数及说明		

3017 楼宇小区自控及多表远传系统器材

● 类别定义

楼宇自控系统：利用现代化技术，通过有效的传输网络，将多元信息服务与管理、物业管理、住宅智能化系统集成，为住宅小区服务与管理提供高技术的智能化手段以期实现快捷、高效的超值服务与管理，提供安全舒适的家居环境。

楼宇自控系统分为安全自动化（SA）、通信自动化（CA）、管理自动化（MA）三部分；三部分包括详细的信息化系统如下表：

序号	名称	包含的内容
1	安全自动化	1. 周边防盗报警系统
2		2. 闭路电视监控系统
3		3. 保安巡更签到系统
4		4. 出入口管理控制系统
5		5. 楼宇可视对讲系统
6		6. 家庭防盗报警系统
7	管理自动化	1. 水电煤气远程抄表计费系统
8		2. 停车场自动化管理系统
9		3. 公共机电设备集中控制系统
10		4. 小区保安监控中心系统

续表

序号	名称	包含的内容
11		5. 小区物业管理中心系统
12	通信自动化	1. 数据信息网络系统
13		2. 语音传真服务系统
14		3. 有线电视系统
15		4. 远程医疗保健服务系统
16		5. 老幼病患远程看护系统

组成这些系统材料包括：控制器、通信模块、模拟输入模块、模拟输出模块、数字输入模块、数字输出模块、智能 I/O 模块、信号隔离继电器、变压器、智能电表、传感器、温度传感器、电磁式流量计等。

● **常用参数及参数值描述**

类别编码	类别名称	特征	常用特征值	常用单位
3017	楼宇小区自控及多表远传系统器材	品种	层间解码器、信号隔离继电器、可视互通分机、互通主机、小区管理机、温度传感器、传感器、智能电表、变压器、电量变送器、控制器、通信模块、模拟输入模块、模拟输出模块、数字输入模块、数字输出模块、智能 I/O 模块	套
		型号		
		技术参数及说明		

3019 扩声、音乐背景器材

● **类别定义**

扩声、背景音乐系统包括智能小区的广播、音响系统、多功能厅的扩声系统、卡拉 OK、歌舞厅的音响系统。

智能住宅小区一般都设有广播、音响系统；它包括一般广播、紧急广播、背景音乐广播等部分。组成一个广播音响系统的主要设备分为 3 大类：音源设备、信号处理设备、现场设备。

音源设备包括：数码调谐器、激光唱片、自动循环双卡座、话筒及现场播音器、寻呼麦克风。

信号处理器包括：数字音频信号处理器、功率放大器、线路放大器、节目选择器、话音前置放大器、数字信息播放器、传感器、数字协调器、功效扩音系统、均衡器。

现场设备包括：楼层分线箱、音量控制器、扬声器、分频器、音频插座、音箱、音柱、调音台。

所谓的多功能厅就是多种功能的厅堂，既可以做会议厅、宴会厅又可以做文艺演出和舞厅等。

卡拉 OK 歌舞厅不仅要进行伴奏音乐的重放，还要将歌手演唱的声音与伴奏音乐进行混合、放大，所以卡拉 OK 歌舞厅实际上要完成放音、扩音的任务。

无论是多功能厅还是卡拉 OK 歌舞厅，基本上都是由：音源（节目源）、调音台、功率放大器、扬声器系统及声音处理设备五部分组成。

● 常用参数及参数值描述

类别编码	类别名称	特征	常用特征值	常用单位
3019	扩声、音乐背景器材	品种	功效扩音系统、音量控制器、楼层分线箱、功放、传声器、反馈抑制器、降噪器、延时器、调音台、音柱、音箱、音频插座、分频器、扬声器、均衡器、传感器、数字协调器、数字信息播放器、话音前置放大器、节目选择器、环绕声处理器、线路放大器、功率放大器、数字音频信号处理器、寻呼麦克风、拾音器、话筒、自动循环双卡座、激光唱片、数码调谐器、音源信号分配器、二位音频面板	
		型号		
		技术参数及说明		

3021　其他弱电及信息类器材

● 类别定义

主要包含防停电电源、2进6出保密型电话分支、2进6出共享型电话分支、超五类免打线式RJ45信息插座模块、打线式语音模块等。

● 常用参数及参数值描述

类别编码	类别名称	特征	常用特征值	常用单位
3021	其他弱电及信息类器材	品种	防停电电源、2进6出保密型电话分支、2进6出共享型电话分支、超五类免打线式RJ45信息插座模块、打线式语音模块、电源、S型多媒体信息接入箱（全塑料）、2m灰色超五类RJ45跳线	台
		型号		
		技术参数及说明		

31　仿古建筑材料

● 类别定义

指古建筑材料中专用的仿古材料，包括琉璃砖及一些琉璃瓦件、黏土砖及黏土瓦、木质品、石制品四部分及一些油饰、彩画裱糊用材料。

◇ 不包含：

——石材制品，放入08装饰石材及石材制品下。

● 类别来源

来源于各省市编制的"仿古建筑工程"材料以及参考"营造法原"中的相关做法的材料，仿古建筑工程是独立的专业工程，在材料的应用上除了通用材料以外的仿古专用材料也相对比较独立，故仿古建筑材料独立一类材料比较合适。

● **范围描述**

范围	二级子类	说　明
琉璃瓦件	3101　琉璃砖	琉璃砖、琉璃面砖、花心、檐砖
	3103　琉璃瓦件	包含板瓦、筒瓦、脊、吻头、钉帽、滴水等
	3105　琉璃人、兽材料	是指以琉璃为材质制成的各种人、兽装饰物件。如仙人、背兽、兽座、兽角、垂兽、套兽、抱头狮子、马等
	3107　琉璃其余仿古材料	包括竹节、花窗、花架、栏杆等
黑活瓦件	3109　黏土砖（黑活瓦件）	大城砖、二样城砖、大停泥砖、小停泥砖、大开条砖、小开条砖、大砂滚子砖、小砂滚子砖、地趴砖、四丁砖、斧刃砖、尺二方砖、尺四方砖、尺七方砖、二尺方砖、二尺二方砖、二尺四方砖、拉毛砖、三连砖、金砖、皇道砖
	3111　黏土瓦件	仿古建筑中的黏土瓦件也称黑活瓦件，种类一般有筒瓦、板瓦、勾头、滴水、花边瓦、正吻等
	3113　黏土人、兽材料	是指以黏土为材质制成的各种人、兽装饰物件。如仙人、背兽、兽座、兽角、垂兽、套兽、抱头狮子、马等
	3115　黏土其余仿古材料	
其他仿古材料	3117　仿古油饰、彩绘材料	包含面粉、血料、砖灰、精梳麻、银珠、钛金粉、陶瓷浮雕、壁画、画笔、灰油、墨汁、颜料粉等
	3119　裱糊材料	大白纸、麻呈纸、白杆、线麻、浆糊、银花纸、高丽纸、彩箔纸、镶边纸、绫绢
	3121　木制仿古材料	木桁主要是指木桁条；木枋是指木枋子；木机是指木连机
	3123　其余仿古材料	仿铜门、仿古门窗等

说明：古代屋面常用砖瓦作装饰是对屋顶、墙面、地面、台座等砖瓦构件的艺术处理，可分为陶土砖瓦和琉璃砖瓦两大类；琉璃砖瓦的装饰手法和形式基本上和陶土砖瓦相似，只是规格化的程度更高，许多构件都是定型化生产，艺术效果庄重典丽，不适用于园林民居。

3101　琉璃砖

● **类别定义**

是指用各种颜色的人造水晶（含 24％的二氧化铅）为原料，采用古代青铜脱蜡铸造法高温脱蜡而成的水晶砖，一般用于墙砖。古建筑中常用的琉璃制品包括：琉璃砖、琉璃花心、琉璃面砖等。

● **适用范围及类别属性说明**

类别编码	类别名称	特征	常用特征值	常用单位
3101	琉璃砖	品种	琉璃砖、琉璃花心、琉璃面砖、琉璃檐砖、琉璃直檐	块、m²
		规格	150×150×60	

● **参照依据**

JC/T 765—2006 建筑琉璃制品

3103　琉璃瓦件

● **类别定义**

琉璃瓦件大约可分作四类：

一类是筒瓦、板瓦，是用来铺盖屋顶的。

第二类是脊饰，即屋脊上的装饰，有大脊上的鸱尾（正吻），垂脊上的垂兽，戗脊上的走兽等，走兽的数目根据建筑物的大小和等级而决定。明清时期规定，最多的是十一个，最少的是三个，它们的排列是，最前面为骑鹤仙人，然后为龙、凤、狮子、麒麟、獬豸、天马等等。

第三类是琉璃砖，用来砌筑墙面和其他部位的。

第四类是琉璃贴面花饰，有各种不同的动植物和人物故事以及各种几何纹样的图案，装饰性很强。

常用的琉璃瓦件包含板瓦、筒瓦、脊、吻头、钉帽、滴水、琉璃贴面花饰等。

古建瓦分为琉璃瓦和黑活瓦（砖雕瓦）两种，琉璃瓦上的小跑第一个是仙人，后面依次是龙、凤、狮子。黑活瓦的小跑从前往后依次是仙人、狮子、天马、海马。仙人在小跑中单算人的一类，而兽只有三个。但一共四条垂脊上都有，这样就是 12 个。但是一般硬山式建筑可以只有前面的两条垂脊有兽，而后面的没有，所以就是六个兽。

● **适用范围及类别属性说明**

类别编码	类别名称	特征	常用特征值	常用单位
3103	琉璃瓦件	品种	板瓦、筒瓦、脊、吻头、帽、滴水	个、块
		规格	225×215×10、192×108×60	

● **参照依据**

《中国古代建筑》等书籍

3105　琉璃人、兽材料

● **类别定义**

指的是琉璃瓦的第二个分类：脊饰，即屋脊上的装饰，有大脊上的鸱尾（正吻），垂脊上的垂兽，戗脊上的走兽等，走兽的数目根据建筑物的大小和等级而决定。明清时期规定，最多的是十一个，最少的是三个，它们的排列是，最前面为骑鹤仙人，然后为龙、凤、狮子、麒麟、獬豸、天马等等。

● **适用范围及类别属性说明**

类别编码	类别名称	特征	常用特征值	常用单位
3105	琉璃人、兽材料	品种	正吻、垂兽、龙、凤、狮子、麒麟、獬豸、天马	个
		规格		

● **参照依据**

无

3107 其他琉璃仿古材料

● **类别定义**

包括竹节、花窗、花架、栏杆等等。

3109 黏土砖（黑活瓦件）

● **类别定义**

古建砖也便是所谓的青砖；是由纯黏土烧制而成；先将黏土用水调和后制成砖坯，放在砖窑中煅烧（约 1000℃）便制成砖。包含砖雕、青砖。

砖雕：是在青砖上雕刻出人物、山水、花卉等图案，是古建筑雕刻中很重要的一种艺术形式。

青砖：专指二城样、地趴子砖、停泥砖、二尺二、二尺方砖、尺七方砖、尺四方砖、尺二方砖等。

● **适用范围及类别属性说明**

类别编码	类别名称	特征	常用特征值	常用单位
3109	黏土砖（黑活瓦件）	品种	城砖、地趴砖、停泥砖、四丁砖	块、m³
		规格	240×115×53、260×130×60、300×150×70	

3111 黏土瓦件

● **类别定义**

瓦件在古代建筑屋顶上，一般用略呈弧形的板瓦凹面向上作底瓦，半圆形的筒瓦凹面向下作盖瓦，共同覆盖屋面。盖瓦和底瓦形成了屋面上的垄和沟。屋檐处垄和沟最外端用特制的盖瓦与底瓦，称为勾头和滴水。

对于特殊部位或有特殊要求的瓦顶，还有一些特制的瓦件，如用于圆形平面攒尖顶的竹节筒瓦和竹节板瓦，用于卷棚顶的罗锅筒瓦和折腰板瓦，用于攒尖顶的宝顶等。

● **适用范围及类别属性说明**

类别编码	类别名称	特征	常用特征值	常用单位
3111	黏土瓦件	品种	板瓦、筒瓦、勾头、滴水、正当沟、斜当沟、托泥当沟、吻下当沟、平口条、压当条合角吻、蹬脚瓦、博通脊、挂尖	个、块
		规格	192×108×60	

● **参照依据**

北宋《营造法原》

清代《工程做法则例》

3113 黏土人、兽材料

● **类别定义**

古建瓦分为琉璃瓦和黑活瓦（砖雕瓦）两种，琉璃瓦上的小跑第一个是仙人，后面依次是龙、凤、狮子。黑活瓦的小跑从前往后依次是仙人、狮子、天马、海马。仙人在小跑中单算人的一类，而兽只有三个。但一共四条垂脊上都有，这样就是 12 个。但是一般硬山式建筑可以只有前面的两条垂脊有兽，而后面的没有。所以就是六个兽。

● **适用范围及类别属性说明**

类别编码	类别名称	特征	常用特征值	常用单位
3113	黏土人、兽材料	品种	套兽、走兽、仙人、三仙盘子、列角盘子、升头、川头、戗通脊、戗兽座、戗兽、垂通脊、垂兽座、垂兽、正通脊、群色条、大群色、黄道、赤脚通脊、吻座、正吻、鸥吻	个
		规格		

● **参照依据**

北宋《营造法原》

清代《工程做法则例》

3115 其他黏土仿古材料

● **类别定义**

除以上材料外的其他仿古建筑所使用的黏土材料。

3117 仿古油饰、彩绘材料

● **类别定义**

油漆彩绘作装饰是对木结构表面进行艺术加工的一种重要手段，有时个别砖石建筑表面也作油漆彩画。油漆只是对木结构表面作单色装饰。

明清以前对木材表面直接处理（打磨、嵌缝、刷胶），外刷油漆。清代中期以后普遍用地仗的做法，即用胶合材料（血料）加砖灰刮抹在木材外面，重要部位再加麻、布，打磨平滑后刷油漆。油漆的色彩是表示建筑等级和性格最重要的一种手段，从周朝开始即有明文规定，在艺术处理上则考虑主次搭配，如殿用红柱，廊即改为绿柱；框用红色，棂即用绿等。

● **适用范围及类别属性说明**

类别编码	类别名称	特征	常用特征值	常用单位
3117	仿古油饰、彩绘材料	品种	银珠、精梳麻、砖灰、血料、面粉、陶瓷浮雕、壁画、画笔、墨汁、颜料粉、钛金粉、灰油	g、只
		规格		

● **参照依据**

北宋《营造法原》

清代《工程做法则例》

3119 裱糊材料

● **类别定义**

裱糊工程材料主要指裱糊墙面装修，裱糊类墙面装修是将各种装饰性的墙纸、墙布、织锦等材料裱糊在内墙面上的一种装修饰面。

由于古建筑的裱糊工程基本上都是墙纸裱糊,所以这儿考虑的是墙纸裱糊工程用材料,包括各种墙纸类型以及所用的一些粘结材料等。

● 适用范围及类别属性说明

类别编码	类别名称	特征	常用特征值	常用单位
3119	裱糊材料	品种	亚麻子油、草纸、道林纸、隔电纸、红钢纸、黄板纸、滤油纸、美纹纸、保防纸、青壳纸、透明薄膜胶纸	m、张
		规格	60×300、85×300	

3121 木制仿古材料

● 类别定义

清《工程做法则例》称建筑物中的槛框、门窗、扇、栏杆等非承重构配件为装修,并称设计、制作和安装这些木装修的行业为装修木作;宋称之为小木作。《营造法式》中,小木作还包括地板、楼梯、龛橱、井亭等内容。

木作材料包括以下:

槛框:固定于古建筑木构架上、用以安放门、窗、扇的矩形截面的枋木。横放的称为槛。竖放的称为框,合称槛框。

槛:随其位置的高下,有上槛、下槛、中槛、风槛之分。上槛紧附于檩枋或额枋之下;下槛紧贴于地面上。

横披:安装于上槛与中槛之间的固定窗。

帘架:每间中间两扇;扇一般为经常启闭的门扇,其外侧常须做帘架。帘架是由两根固定于中槛(或上槛)和下槛上的大边、横置于大边上部的两根抹头和抹头之间的横披(花心)组成的。

门框两侧与抱框之间所镶的木板称为余塞板。同时,门框与抱框间还要加两道横木,称为腰枋。腰枋将余塞板分为上、中、下三段,上段约占总高的60%,中段较窄,下段略高。

楣子:安装于檐柱间由边框和棂条组成的装饰构件,有倒挂楣子和坐凳楣子。倒挂楣子安装于檐枋下,楣子下面两端须加透雕的花牙子。坐凳楣子安装于靠近地面部位,楣子上加坐凳板,供人小坐休憩。楣子棂条组成各种不同的花格图案,常用的有步步锦、灯笼框、冰裂纹等。

栏杆:宋称勾阑,用于平台周围或廊子外围供人凭倚远眺、兼起防护作用的装饰构件。楼阁建筑(包括城门楼、木塔)中,常在上层廊下的檐柱间或檐柱外平座的周边装置木栏杆。栏杆主要由望柱、栏板和地栿部分组成。

● 适用范围及类别属性说明

类别编码	类别名称	特征	常用特征值	常用单位
3121	木制仿古材料	品种	木桁条、木连机、木枋子	m³
		规格		

● 参照依据

北宋《营造法原》

清代《工程做法则例》

3123 其余仿古材料

● 类别定义

以上类别中不能包含的仿古材料，均放入此类。

32 园林绿化

● 类别定义

在建设工程凡是美化环境的所用材料都称之为园林绿化材料，包括：绿化用苗木、花卉、盆景以及绿化所使用的材料器具等等统称为园林绿化材料。

◇ 不包含

——园林美化使用的石材以及制品，在 08 装饰石材及其制品类中列出。

名词解释

地径：是指在地面（泥面）上苗木的主干直径；

株高：指苗木从地面向上至苗木最顶端的自然高度；

净干高度：指苗木从地面或泥面向上至叶鞘基部的地方的实际高度；

● 类别来源

来源于清单的《园林绿化、庭园》工程；参考了各省的园林绿化专业的消耗量定额。

● 范围描述

范围	二 级 子 类	说　明
绿化苗木	3201 乔木	乔木分为落叶乔木、常绿乔木
	3203 灌木	常见灌木有玫瑰、杜鹃、牡丹、女贞、小檗、黄杨、沙地柏、铺地柏、连翘、迎春、月季等
	3205 藤本植物	包含各种沿立面生长的藤本植物
	3207 地被植物	包括野牛草、丹麦草、地被菊等，草皮分为天然、人造两类
	3209 棕榈科植物	椰子、佛州银桐、飓风椰子、酒瓶椰子、塞内加尔海枣、短棕竹、大王椰子、箬棕、毛里求斯白桐、白实桐、华盛顿棕榈
	3211 观赏竹类	种袋装观赏竹，红竹、紫竹、佛肚竹、小琴丝、金镶玉竹、刚竹等；从外形上分为散生竹、丛生竹两类
花卉	3213 花卉	包含草本、木本、水生等花卉
	3217 盆景	假山盆景
园林设施	3221 园林雕塑	包括假山雕塑、铸铜雕塑、不同形式的浮雕等
	3223 假山、观景石	包括天然假山、人造假山以及各式各样的造型的观景石
	3225 喷泉	不同造型的喷泉，音乐喷泉、动物喷泉等
园艺资材	3227 化肥、农药、杀虫剂	
	3229 种植土	
	3230 园艺资材	包含一些花盆、花架类用具
	3232 浇水喷头	包括各种类型的喷头

续表

范围	二级子类	说明
园林机械	3233 苗木检修、栽培器材	包括割草机、修剪、栽培使用的锄头、铁钎，单位为实际采购单位，区别于机械设备中的园林机械，单位为台班
	3235 其他园林绿化材料	

注：园林植物按照生物学特性进行分类，分为乔木、灌木、藤本类、地被、棕榈科等类别。

3201 乔木

● 类别定义

乔木是指树身高大、有一个直立主干且高达5m以上的木本植物称为乔木。树干和树冠有明显区别。乔木是指具有明显主干且在胸高以上才有分枝出现；树高都在5m以上。

乔木一般分为：

小乔木：自然生长的成龄树株高在5～8m的乔木；

中乔木：自然生长的成龄树株高在8～15m的乔木；

大乔木：自然生长的成龄树株高在15m以上的乔木。

● 常用参数及参数值描述

类别编码	类别名称	特征	常用特征值	常用单位
3201	乔木	植物名称	樟树、紫檀、马尾松木、柚木、山楂、梨、苹果、毛白杨、垂柳、立柳、洋槐	株
		胸径（cm）	3～5cm、5～8cm、8～12cm、12～15cm、15～20cm、20～30cm、30～50cm、50cm以上	
		株高（m）	3～5m、5～8m、8～10m、10～15m、15～20m、20m以上	
		土球直径（cm）	30～50cm、50～80cm、80～120cm、120cm以上	
		土球高度（cm）	30～50cm、50～80cm、80～120cm、120cm以上	
		冠幅（cm）	10～30cm、30～50cm、50～80cm、80cm以上	
		生长年限	1～2年、3～5年、5～10年、10～20年、20～50年、50年以上	
		包装方式	裸根、土球（软包装）、木箱（硬包装）、袋装、盆栽	

注：严格来说，乔木、灌木应该以树木生长的结构、树枝的生长特点来判断。不过有些苗木也不是死的。像桂花，大的，主干很明显的可以说是乔木，但有些小桂花，就用来做绿篱，这应该算是灌木，所以有些树木也不是绝对的，跟上面说的桂花一样，可能是小乔木，也可能是灌木。

● 参照依据

GJ/T 24-1999 城市绿化和园林绿地用植物材料 木本苗

ANSI A300-1995 树木防 护树、灌木和其他木本植物的防护

CJJ/T 91-2002 园林基本术语标准

3203 灌木

● 类别定义

灌木是指那些没有明显的主干、呈丛生状态、常在基部发出多个枝干的木本植物称为灌木，一般可分为观花、观果、观枝干等几类。常见灌木有玫瑰、龙船花、杜鹃、映山红、牡丹、女贞、小檗、黄杨、沙地柏、铺地柏、连翘、迎春、月季等。

用灌木栽成的绿色篱垣状物，代替栏杆保护花坛或起到装饰作用的苗木，称为绿篱或

植篱；绿篱在园林中具有分隔空间、屏障视线、减弱噪声、美化环境以及作为喷泉或雕像的背景等作用。按其高度不同则可分为矮篱（高0.5m以下）、中篱（高0.5～1.2m）、高篱（高1.2～2.0m）及绿墙（高2m以上）等。矮篱常作为草坪、花坛的边饰或组成图案；中篱灌木常用于街头绿地、小路交叉口，或种植于公园、林荫道、分车带、街道和建筑物旁；高篱常用来分隔空间、屏障山墙、厕所等不宜暴露之处。

◆ 北方常用的绿篱树种

小叶黄杨：黄杨科黄杨属，常绿灌木。枝叶茂密、叶片春季嫩绿、夏秋深绿、冬季红褐色、经冬不落。生长慢、萌芽力强、耐修剪、抗性强、是园林绿化主要树种和优良的绿篱树种。繁殖用播种或嫩枝扦插均可。

大叶黄杨：卫矛科卫矛属、常绿灌木或小乔木。枝叶浓密、四季常青、浓绿光亮、极具观赏性。萌芽力极强、耐修剪整形、适应性强、生长慢、寿命长、较耐寒。对有毒气体抗性较强、抗烟尘能力也强、是污染区绿化的理想树种。繁殖以嫩枝扦插为主、亦可播种，压条。

侧柏：柏科侧柏属、常绿乔木。幼时用作绿篱、叶、枝扁平、萌芽力强、耐修剪、适应干冷、温暖、湿润气候、耐瘠薄、耐寒、耐盐碱。抗烟尘、抗二氧化硫、氯化氢等有害气体。侧柏因四季常绿、树形多姿、美观，耐修剪，适应性强等特点、在园林绿化中被广泛应用。

木槿：锦葵科木槿属、落叶灌木。树冠长圆形、枝条纤细繁多、质柔韧、枝叶繁茂、花期长达4个月。用木槿作篱、既可观叶、又可观花、为夏，秋季节重要花木。萌芽力强、耐修剪、易整形、喜光，耐寒，耐旱，耐湿，耐瘠薄。繁殖以扦插为主、亦可用播种和压条法。

金叶女贞：木犀科女贞属、落叶灌木。叶色金黄、色彩明快、萌芽力，根蘖力强、耐修剪、能形成较紧密树冠。适应性强、喜光、喜温暖湿润环境、但亦耐阴、耐寒冷、对多种有毒气体抗性强、被广泛应用于园林绿化中。繁殖以扦插为主、亦可用播种和压条法。

卫矛：卫矛科卫矛属、落叶灌木。小枝硬直而斜出、具2条～4条木栓质阔翅、早春的嫩叶和秋天的叶片均呈紫红色。适应性强、能耐干旱瘠薄、对土壤要求不严、萌芽性强、耐修剪整形、对二氧化硫有较强抗性、尤其适用于厂矿区绿化。繁殖以播种为主、亦可扦插或分株。

贴梗海棠：蔷薇科、落叶灌木。小枝开展、有刺、早春先叶开花、簇生枝间、花色艳丽、秋日果熟、黄色芳香、是良好的观花，观叶绿篱材料。喜光而稍耐阴、喜排水良好的肥沃壤土、耐瘠薄、但不宜在低洼积水处栽植。繁殖以分株为主、也可扦插或压条。

● 常用参数及参数值描述

类别编码	类别名称	特征	常用特征值	常用单位
3203	灌木	植物名称	栀子花、碧桃、榆叶梅、珍珠梅、丁香、金丝桃、连翘、紫薇、海仙花、金银木、紫荆	株、盆
		胸径（cm）	1～3cm、3～5cm、5～8cm、8～12cm、12～15cm、15～20cm、20～30cm、30～50cm、50cm以上	
		株高（m）	0.3～0.5m、0.5～0.8m、0.8～1.2m、1.2～1.5m、1.5m以上	
		土球直径（cm）	10～20cm、20～30cm、30～50cm、50～80cm、80～120cm、120cm以上	

续表

类别编码	类别名称	特征	常用特征值	常用单位
3203	灌木	土球高度（cm）	10～20cm、20～30cm、30～50cm、50～80cm、80～120cm、120cm 以上	株、盆
		冠幅（cm）	30～50cm、50～80cm、80cm 以上	
		生长年限	1～2 年、3～5 年、5～10 年、10～20 年、20～50 年、50 年以上	
		主枝数	2 支以上、3 支以上、4 支以上、5 支以上、10 支以上、12 支以上、15 支以上	
		包装方式	裸根、土球（软包装）、木箱（硬包装）、袋装盆栽	
		包装类型	1斤、2斤、3斤、5斤、7斤、9斤	

● **参照依据**

GJ/T 24－1999 城市绿化和园林绿地用植物材料 木本苗

ANSI A300－1995 树木防护．树、灌木和其他木本植物的防护

CJJ/T 91－2002 园林基本术语标准

3205 藤本植物

● **类别定义**

所谓藤本植物也叫攀缘植物或葡匐植物，通俗地说，就是能抓着东西爬的植物，茎长而不能直立，靠倚附它物而向上攀升的植物称为藤本植物。藤本植物依茎的性质又分为木质藤本和草质藤本两大类，常见的紫藤为木质藤本。

藤本植物依据有无特别的攀缘器官又分为攀缘性藤本，如瓜类、豌豆、薜荔等具有卷须或不定气根，能卷缠他物生长；缠绕性藤本，如牵牛花、忍冬等，其茎能缠绕他物生长。常用的攀缘植物有：莴萝、葛藤、常春藤、葡萄、爬山虎、地锦、紫藤等。

● **常用参数及参数值描述**

类别编码	类别名称	特征	常用特征值	常用单位
3205	藤本植物	植物名称	紫藤、地锦、常春藤、爬山虎、扶芳藤、莴萝、油麻藤	株、袋
		枝干长度（m）	0.5～1.0m、1.0～1.5m、1.5～2.0m、1.0～2.0m、2.0～2.5m、2.5～3.0m、3.0～3.5m	
		土球直径（cm）	10～20cm、20～30cm、30～50cm、50～80cm、80～120cm、120cm 以上	
		土球高度（cm）	10～20cm、20～30cm、30～50cm、50～80cm、80～120cm、120cm 以上	
		生长年限	1～2 年、3～5 年、5～10 年、10～20 年、20～50 年、50 年以上	
		包装方式	裸根、土球（软包装）、木箱（硬包装）、袋装、盆栽	
		包装类型	1斤、2斤、3斤、5斤、7斤、9斤	

● **参照依据**

CJJ/T 91－2002 园林基本术语标准

3207 地被植物

● **类别定义**

地被植物是指那些经简单管理即可用于代替草坪覆盖在地表的低矮植物；它不仅包括多年生低矮草本植物，还有一些适应性较强的低矮、匍匐型的灌木、藤本植物和少数的蕨类及苔藓植物。常见的地被植物有：偃柏（又名匍地柏，柏科）、平枝桧（又称匍匐桧）、平枝枸子（又名匍地蜈蚣）、匍匐枸子、金丝桃（又名金丝海棠）、三裂蟛蜞菊、细叶结缕草、马蔺（也称马莲花、马兰花、紫蓝草、兰花草）等等。

◇ **不包含**

——水中地被植物，均放入 3213 类下。

● **常用参数及参数值描述**

类别编码	类别名称	特征	常用特征值	常用单位
3207	地被植物	植物名称	大滨菊、洒金蜘蛛抱蛋、宽叶韭、赤颈散、紫红钓钟柳、金娃娃萱草、红花萱草、柳叶马鞭草、西班牙薰衣草、黄金艾蒿、五彩鱼腥草、无毛紫露草、山桃草、多花筋骨草	m²、袋
		株高（m）	0.1～0.3m、0.3～0.5m、0.5～0.8m、0.8～1.2m、1.2～1.5m、1.5m 以上	
		土球直径（cm）	10cm、20cm、30cm	
		土球高度（cm）	10cm、20cm、30cm	
		面积（m²）		
		包装方式	裸根、土球（软包装）、木箱（硬包装）、袋装、盆栽	
		包装类型	1斤、2斤、3斤、5斤、7斤、9斤、3寸盆、5寸盆、7寸盆、9寸盆	

注：不包含水生地被植物，在 3213 类中体现。

● **参照依据**

BS 3936－10 地被植物规范

3209 棕榈科植物

● **类别定义**

棕榈科是单子叶植物纲中一个非常有特色的植物类群，学名（Palmae）。为常绿乔木、灌木或藤本，茎单生或丛生，直立或攀缘；叶聚生于茎顶，攀缘种类则散生枝上，羽状或掌状分裂，叶柄基部常扩大成具有纤维的叶鞘，花、果也各具特点。棕榈科植物其茎秆坚韧，根系发达，具有很强的耐干旱、耐贫瘠、抗病虫害。棕榈植物的叶聚生于茎顶，植株间通透性强，树冠的风阻较一般的常绿阔叶树小得多，具有较强的抗风性。

棕榈科植物主要分布于亚洲、美洲热带地区。巴西是世界上棕榈植物最丰富的国家。中国主要分布在云南、广东、海南、广西、台湾、福建。四川、湖南、江西、浙江、贵州、西藏的一些温暖地区。

● **常用参数及参数值描述**

类别编码	类别名称	特征	常用特征值	常用单位
3209	棕榈科植物	植物名称	水椰、琼棕、矮琼棕、龙棕、董棕、霸王棕、布迪椰子、大王椰子、棕榈、扇子棕榈、槟榔	株、袋
		地径（cm）	15～17cm、18～20cm、21～24cm、25～27cm、28～30cm、31～33cm、31～35cm、36～40cm、41～45cm、46～50cm、50cm以上	
		株高（m）	1～3m、3～5m、5～8m、8～10m、10～15m、15～20m、20m以上	
		净干高度（m）	3～5m、5～8m、8～10m、10～15m、15～20m、20m以上	
		土球直径（cm）	30～50cm、50～80cm、80～120cm、120cm以上	
		土球高度（cm）	30～50cm、50～80cm、80～120cm、120cm以上	
		生长年限	1～2年、3～5年、5～10年、10～20年、20～50年、50年以上	
		包装方式	裸根、土球（软包装）、木箱（硬包装）、袋装、盆栽	

3211　观赏竹类

● **类别定义**

观赏竹是一类再生性很强的植物，是重要的造园材料；竹以其地下茎的分布状态区分为丛生竹和散生竹，通常把混生竹也归入散生竹一类中。根据竹子地下茎的分生繁殖特点分为：散生竹、丛生竹、混生竹

丛生竹：分布于较低海拔，此类竹子的鞭根连接合轴成密集团状，成长时聚集成丛，如麻竹、绿竹、刺竹、长枝竹。

散生竹：分布于较高海拔，属温带竹类，鞭根横而长，较能耐寒，如毛竹（又称孟宗竹、楠竹）、桂竹等。

● **常用参数及参数值描述**

类别编码	类别名称	特征	常用特征值	常用单位
3211	观赏竹类	植物名称	红竹、紫竹、佛肚竹、小琴丝、金镶玉竹、南天竹	株、袋、盆
		母竹株高（m）	0.8～1.0、1～1.2、1.2～1.5、1.5～1.8、1.8～2.0、2.0～2.5、2.5～3.0、3.0～3.5、3.5～4.0、4.0～4.5、4.5～5.0、5.0以上	
		土球直径（cm）	30、40、50、60	
		土球深度（cm）	20、30、40、50、60	
		根系规格（cm）	10～30、30～50、50～80、80以上	

3213　花卉

● **类别定义**

花卉总体上可分为草本花卉、木本花卉、水生花卉等；

草本花卉：花卉的茎，木质部不发达，支持力较弱，称草质茎。具有草质茎的花卉，叫作草本花卉。

木本花卉：花卉的茎，木质部发达，称木质茎。具有木质的花卉，叫木本花卉。木本花卉主要包括乔木、灌木、藤本三种类型，目前这三类分别放入 3201、3202、3205 类别下。

在水中或沼泽地生长的花卉，称之为水生花卉；水生花卉，种类繁多，是园林、庭院水景园林观赏植物的重要组成部分。如：荷花、睡莲。

按照水生观赏植物的生活方式与形态特征分为四大类：

1. 挺水型水生花卉（包括湿生于沼生）

植株高大，花色艳丽，绝大多数有茎、叶之分；根或地下茎扎入泥中生长发育，上部植株挺出水面。

如：荷花、黄花鸢尾（黄菖蒲）、千屈菜、菖蒲、香蒲、慈姑、梭鱼草、再力花（水竹芋）等。

2. 浮叶型水生花卉

根状茎发达，花大，色艳，无明显的地上茎或茎细弱不能直立，而它们的体内通常储藏有大量的气体，使叶片或植株漂浮于水面。

如：睡莲、王莲、萍蓬草、芡实、荇菜等。

3. 漂浮型水生花卉

根不生于泥中，植株漂浮于水面之上，随水流、风浪四处漂泊。

如：大藻、凤眼莲等。

4. 沉水型水生花卉

根茎生于泥中，整个植株沉入水体之中，通气组织发达。

如：黑藻、金鱼藻、眼子菜、苦草、菹草之类。

● **常用参数及参数值描述**

类别编码	类别名称	特征	常用特征值	常用单位
3213	花卉	品种	红竹、紫竹、佛肚竹、小琴丝、金镶玉竹、南天竹、菊花、芍药、荷兰菊、水草、睡莲、荷花	株、袋、盆
		苗高（cm）	30、35、40、45、50、55、60、65、70、80、90、100	
		冠幅（cm）	30、40、50、60、70、80、100	
		土球直径（cm）	30、40、50、60	
		土球深度（cm）	20、30、40、50、60	
		生长年限	一年、两年、多年生	

● **参照依据**

DB440100/T 12.2－2002　花卉质量等级评价标准

花卉标准汇编

3217 盆景

● **类别定义**

盆景是以植物和山石为基本材料在盆内表现自然景观的艺术品，人们根据造景的主要材料及其他基本要素，将盆景划分为：

1. 树木盆景：以树木为主要材料，以山石、人物、鸟兽等作陪衬，通过攀扎、修剪、整形等技术加工和园艺栽培，在盆中表现旷野巨木或葱茂的森林景象者，统称为树木盆景。由于树木盆景的材料常从山野旷地采掘而来，所以树木盆景习惯上又称为树桩盆景。

2. 山水盆景：以各种山石为主题材料，以大自然中的山水景象为范本，经过精选和切截、雕琢、拼接等技术加工，布置于浅口盆中，展现悬崖绝壁、险峰丘壑、翠峦碧涧等各种山水景象者，统称为山水盆景，又称山石盆景。

3. 水旱盆景：水旱盆景是主要以植物、山石、土、水、配件等为材料，通过加工、布局，采用山石隔开水土的方法，在浅口盆中表现自然界那种水面、旱地、树木、山石兼而有之的一种景观盆景。

4. 花草盆景：以花草或木本的花卉为主要材料，经过一定的修饰加工，适当配置山石和点缀配件，在盆中表现自然界优美的花草景色的，称为花草盆景。

5. 微型盆景：一般树木盆景的高度在 10cm 下，山水和水旱盆景的盆长不超过 10cm 的这些盆景，称为微型盆景。

6. 挂壁盆景：挂壁盆景是将一般盆景与贝雕、挂屏等工艺品相结合而产生的一种创新形式。挂壁盆景可分为两大类，一类以山石为主体，称为山水挂壁盆景；另一类以花木为主体，称为花木挂壁盆景。

7. 异型盆景：异型盆景是指将植物种在特殊的器皿里，并作精心养护和造型加工，做成的一种别有情趣的盆景。

● **常用参数及参数值描述**

类别编码	类别名称	特征	常用特征值	常用单位
3217	盆景	品种	树木盆景、水石盆景、微型盆景、壁挂盆景、花草盆景、水旱盆景、异型盆景	盆、棵
		树桩高（cm）	5～10、10～15、15～20	
		长度（cm）	0～10、10～40、40～80、80～150、150 以上	

3221 园林雕塑

● **类别定义**

造型艺术的一种。又称雕刻，是雕、刻、塑三种创制方法的总称。指用各种可塑材料（如石膏、树脂、黏土等）或可雕、可刻的硬质材料（如木材、石头、金属、玉块、玛瑙等），创造出具有一定空间的可视、可触的艺术形象，借以反映社会生活、表达艺术家的审美感受、审美情感、审美理想的艺术。雕、刻通过减少可雕性物质材料，塑则通过堆增可塑物质性材料来达到艺术创造的目的。

雕塑按使用材料可分为木雕、石雕、骨雕、漆雕、贝雕、根雕、冰雕、泥塑、面塑、陶瓷雕塑、石膏像等。

● 常用参数及参数值描述

类别编码	类别名称	特征	常用特征值	常用单位
3221	园林雕塑	品种	木雕、石雕、骨雕、漆雕、贝雕、根雕、冰雕、泥塑、面塑、陶瓷雕塑、石膏像	尊、座、件
		形态描述	人像、鱼像、山水	
		规格		

3223 假山、观景石

● **类别定义**

指天然假山、人造假山以及各式各样的造型的观景石，主要是以绿化为主。

● **常用参数及参数值描述**

类别编码	类别名称	特征	常用特征值	常用单位
3223	假山、观景石	品种	塑石假山、太湖石假山、吸水石	座、组、t
		形态描述		
		规格		

3225 喷泉

● **类别定义**

喷泉是一种将水或其他液体经过一定压力通过喷头喷洒出来具有特定形状的组合体；一般喷泉分为：程控喷泉；音乐＋程控喷泉；激光水幕电影；趣味喷泉等。

喷泉是园林中常见的景观，主要是以人工形式在园林中运用，利用动力驱动水流，根据喷射的速度、方向、水花等创造出不同的喷泉状态。

1. 壁泉：由墙壁、石壁和玻璃板上喷出，顺流而下形成水帘和多股水流。

2. 涌泉：水由下向上涌出，呈水柱状，高度 0.6～0.8m 左右，可独立设置也可以组成图案。

3. 间歇泉：模拟自然界的地质现象，每隔一定时间喷出水柱和汽柱。

4. 旱地泉：将喷泉管道和喷头下沉到地面以下，喷水时水流回落到广场硬质铺装上，沿地面坡度排出。平常可作为休闲广场。

5. 跳泉：射流非常光滑稳定，可以准确落在受水孔中，在计算机控制下，生成可变化长度和跳跃时间的水流。

6. 雾化喷泉：由多组微孔喷泉组成，水流通过微孔喷出，看似雾状，多呈柱形和球形。

7. 小品喷泉：从雕塑伤口中的器具（罐、盆）和动物（鱼、龙）口中出水，形象有趣。

8. 组合喷泉：具有一定规模，喷水形式多样，有层次，有气势，喷射高度高。

● **常用参数及参数值描述**

类别编码	类别名称	特征	常用特征值	常用单位
3225	喷泉	品种	壁泉、涌泉、间歇泉、旱地泉、跳泉、雾化喷泉、小品喷泉、复合喷泉	个、套
		柱高（m）	7m、10m	
		图案	人物造型、园林造型	

3227 化肥、农药、杀虫剂

● **类别定义**

园林绿化所使用的化肥、农药、杀虫剂主要是为了保障花草、树木的正常生长。

● 常用参数及参数值描述

类别编码	类别名称	特征	常用特征值	常用单位
3227	化肥、农药、杀虫剂	品种	石油乳剂、除虫脲、DDV、氧化乐果、铁灭克、三氧杀螨醇、磷化铝、速灭杀丁、粉绣宁乳剂、锌硫磷、菊杀乳油、敌杀死、百菌清、麻渣、矮壮素、甲托、齐螨素、高脂膜	瓶、箱
		规格型号		

3229 种植土

● 类别定义

种植土：用于种植花卉、草坪、地被、乔灌木等各种绿化用土壤，为自然土壤或人工合成土壤。

● 常用参数及参数值描述

类别编码	类别名称	特征	常用特征值	常用单位
3229	种植土	品种	花坛土、草坪土、容器栽植土	m^3
		土壤粒级（mm）	3～2、2～1、1～0.5、0.5～0.25、0.25～0.2、0.2～0.1	
		pH值	5.0～7.5、6.5～7.5	
		容重（g/cm³）	1.2、1.3、1.5	
		土壤质地	砂土类、壤土类、黏壤土类、黏土类	

● 参照依据

DB 440300/T34－2008 园林绿化种植土质量

CJ/T 340－2011　绿化种植土壤

3230 园艺资材

● 类别定义

园林绿化使用的相关用品：包含绿化植被毯、花架、花盆、种子带、植生袋、GTX、椰毯，化肥以及辅助机械在相关类别下体现。

● 常用参数及参数值描述

类别编码	类别名称	特征	常用特征值	常用单位
3230	园艺资材	品种	绿化植被毯、花架、花盆、种子带、植生袋、GTX、椰毯	个、套、kg
		规格	3寸盆、5寸盆、7寸盆、9寸盆	

3232 浇水喷头

● 类别定义

是指绿地上安装的浇水用的各种喷头系统，常用的是喷灌喷头。

● 常用参数及参数值描述

类别编码	类别名称	特征	常用特征值	常用单位
3232	浇水喷头	品种	固定式喷灌喷头、旋转式喷灌喷头	个
		工作压力	低压、中压、高压	
		喷体方式	反作用式、摇臂式、叶轮式	

续表

类别编码	类别名称	特征	常用特征值	常用单位
3232	浇水喷头	流量（L/H）	36、40、50、60、70、100、200	个
		射程（m）	4.6～10.7、7.0～15.2、5.7～16.8、11.6～19.8、11.9～21.6、17.4～24.7	

3233 苗木检修、栽培器材

● **类别定义**

指园林使用的检修、栽培等器材，包含：割草机、修剪、栽培使用的锄头、铁钎。

● **常用参数及参数值描述**

类别编码	类别名称	特征	常用特征值	常用单位
3233	苗木检修、栽培器材	品种	喷雾喷粉机、草坪剪草机、绿篱修剪机、旋转式高枝剪、油锯	台、套
		规格	38 型、46 型、42 型、50 型、60 型	

3235 其他园林绿化器材

● **类别定义**

以上类别中未包含的相关园林绿化用器材，在本类中体现。

33 成型构件及加工件

● **类别定义**

成型构件、成型加工件是指按图集或与设备安装配套加工的各种制品件。

● **类别来源**

来源于清单中建筑工程的木构件、钢筋混凝土预制构件、金属结构工程的钢构件；安装工程的容器构件、设备的一些附属构件制品、设备附属加工件；市政工程的钢筋混凝土预制构件、钢筋构件等。

● **范围描述**

二级子类编码	二级子类名称	说明
3301	钢结构制作件	钢管柱、天窗架、钢屋架、墙架、吊车梁、钢埋件等
3305	铸铁及铁构件	垃圾箱、信报箱、铁柜、铁箱
3307	压力容器构件	水气分离器
3309	漏斗	是指作排水用或作过滤用的各种漏斗
3311	水箱	玻璃钢、不锈钢、搪瓷水箱
3313	活动房屋	活动房屋是流动施工中用到的便于拆装和搬运的房屋。可分为整体吊装式活动房屋、折叠式活动房屋等
3321	变形缝装置	变形缝是防止建筑物变形的产品，可现场设置制作，也可预制。变形缝可分为伸缩缝、沉降缝、防震缝等
3323	翻边短管	是指配合活动法兰使用的各种翻边短管制品
3331	木质加工件	木质屋架、屋梁、柱

二级子类编码	二级子类名称	说　明
3333	机械设备安装用加工件	
3335	装置设备附件	人孔、透光孔、排污孔、通气孔等
3339	预制烟囱、烟道	包含不同材质，例如：铁质、石棉、陶质、不锈钢预制烟囱、烟道
3341	其他成型构件、加工件	

3301　钢结构制作件

● **类别定义**

将多种零件通过焊接，铆接或用螺栓连接等多种方式连成一体，这些零件互相联系又互相制约，形成一个有机整体，通常叫钢结构件；主要包括钢管柱、天窗架、钢屋架、墙架、吊车梁、钢埋件等。

钢结构是指用钢板和热扎、冷弯或焊接型材通过连接件连接而成的能承受和传递荷载的结构形式；轻型钢结构主要是采用轻型 H 型钢（焊接或轧制；变截面或等截面）做成门形刚架，C 型、Z 型冷弯薄壁型钢作檩条和墙梁，压型钢板或轻质夹芯板作屋面、墙面围护结构，采用高强螺栓、普通螺栓及自攻螺丝等连接件和密封材料组装起来的低层和多层预制装配式钢结构房屋体系。

● **常用参数及参数值描述**

类别编码	类别名称	特征	常用特征值	常用单位
3301	钢结构制作件	品种	轻钢屋架、钢托架、吊车梁、钢制动梁	个、kg、m²
		材质	碳钢、低合金钢、不锈钢	
		单体重量（t）	1、2、3、4、5、6、10	
		屋架跨度（m）	3、4、5、6、7、8、9	

● **参照依据**

《轻型房屋钢结构构造图籍》

《钢结构全套图籍（二）》

3305　铸铁及铁构件

● **类别定义**

用铁水铸铸造的一些物件；包含铁柜、铸铁盖板、铁箱、信报箱。

◇不包含：

——市政工程使用的铸铁构件，放入 3601 类别下

● **常用参数及参数值描述**

类别编码	类别名称	特征	常用特征值	常用单位
3305	铸铁及铁构件	品种	铁柜、铸铁盖板、铁箱、铸铁树池、信报箱、垃圾箱	个、kg、m²
		规格	1.25m、18 户、12 户、1.5m、420/360	

● **参照依据**

05S518《雨水口》国家建筑标准设计图集

GB/T 9440-2010 可锻铸铁件

GB/T 9439-2010 灰铸铁件

3307 压力容器构件

● **类别定义**

压力容器泛指工业生产中用于完成反应、传热、传质、分离和贮运等生产工艺过程，并承受一定压力的容器。如反应容器、换热容器、分离容器和贮运容器等。由于生产过程的多种需要，压力容器的种类繁多，具体结构也多种多样。

包含汽水分离器、贮运容器、蒸汽分汽缸、空气分汽筒等。

● **常用参数及参数值描述**

类别编码	类别名称	特征	常用特征值	常用单位
3307	压力容器构件	品种	汽水分离器、贮运容器、蒸汽分汽缸、空气分汽筒	个、台、套
		材质	碳钢、有色金属、非金属	
		规格	D450	
		容积（m³）	0.1、0.2、0.3	

● **参照依据**

BS EN 26704 自动汽水分离器分类

3309 漏斗

● **类别定义**

这里指工业厂房或构筑物内制作的大型钢漏斗，供松散物质砂、石料等装车运输之用。按照形状分为方形、圆形钢漏斗。

● **常用参数及参数值描述**

类别编码	类别名称	特征	常用特征值	常用单位
3309	漏斗	品种	方形钢漏斗、圆形钢漏斗、方形不锈钢漏斗、圆形不锈钢漏斗	个
		规格	DN_{50}、DN_{60}、DN_{75}、DN_{90}、DN_{200}	
		容量（L）	7、10、20、30、50	
		材质	不锈钢、塑料、碳钢、铸铁、陶瓷	

● **参照依据**

《工业建筑漏斗结构详图》

3311 水箱

● **类别定义**

水箱是储存热水的装置，也是热水器装置中的重要部件。水箱的容量、保温、结构和材料将直接影响热水器系统运行的好坏。

水箱的种类很多，按加工外形可分为方形水箱、圆柱形水箱和球形水箱；按水箱放置方法可分为立式水箱和卧式水箱；常见的有玻璃钢水箱，不锈钢水箱和搪瓷水箱。

● 常用参数及参数值描述

类别编码	类别名称	特征	常用特征值	常用单位
3311	水箱	品种	组装式水箱、整体式水箱	套、台、m²
		材质	玻璃钢、不锈钢、搪瓷、搪瓷钢板、热镀锌钢板、SMC组合型玻璃钢	
		规格 $L\times B\times H$ (m)	1.0×1.5×2、1.0×1.5×2、1.5×1.5×2、1.5×1.5×2.5、1.5×1.5×1.5、1.5×2.5×1.0	
		公称容积（m³）	1、1.5、2、3、4、4.5	
		箱体壁厚（mm）	6、8、10、12、14、16	

● 参照依据

02S101《矩形给水箱》国家建筑标准设计图集

03R401- 2《开式水箱》

3313 活动房屋

● 类别定义

活动房屋是流动施工中用到的便于拆装和搬运的房屋。可分为整体吊装式活动房屋、折叠式活动房屋等。

● 常用参数及参数值描述

类别编码	类别名称	特征	常用特征值	常用单位
3313	活动房屋	品种	整体吊装式活动房屋、折叠式活动房屋	套
		墙体及屋面材料	双面彩钢板覆面聚苯乙烯泡沫塑料夹芯复合板、彩钢板防火板覆面聚苯乙烯泡沫塑料夹芯复合板	
		规格（mm）	3650×5450×2600	

● 参照依据

参照了活动板房相关的施工方案

3321 变形缝装置

● 类别定义

建筑物在外界因素作用下常会产生变形，导致开裂甚至破坏。变形缝是针对这种情况而预留的构造缝。变形缝可分为伸缩缝、沉降缝、防震缝三种。可现场设置制作，也可预制。

伸缩缝：建筑构件因温度和湿度等因素的变化会产生胀缩变形。为此，通常在建筑物适当的部位设置竖缝，自基础以上将房屋的墙体、楼板层、屋顶等构件断开，将建筑物分离成几个独立的部分。

沉降缝：上部结构各部分之间，因层数差异较大，或使用荷重相差较大；或因地基压缩性差异较大，总之一句话，可能使地基发生不均匀沉降时，需要设缝将结构分为几部分，使其每一部分的沉降比较均匀，避免在结构中产生额外的应力，该缝即称之为"沉降缝"。

防震缝：它的设置目的是将大型建筑物分隔为较小的部分，形成相对独立的防震单元，避免因地震造成建筑物整体震动不协调，而产生破坏。

能够对建筑物变形缝有很好保护作用的装置叫变形缝装置。它对建筑物因沉降、地震等引起的位移有很好的保护和装饰作用等。按照变形缝的部位分为地面变形缝、外墙变形缝、内墙变形缝、顶棚变形缝等。

● 常用参数及参数值描述

类别编码	类别名称	特征	常用特征值	常用单位
3321	变形缝装置	变形缝构造特征	金属盖板型、金属卡锁型、承重型、双列嵌平型、单列嵌平型、防震型、地缝型	m
		适用部位	地坪、内墙、外墙、吊顶、屋面	
		宽度（mm）	30、50、70、100	
		材质	铝合金、橡胶、不锈钢、紫铜	

● 参照依准

88JZ3（05）《变形缝》

04CJ01-1《变形缝建筑构造（一）》

04CJ01-2《变形缝建筑构造（二）》

4CJ01-3《变形缝建筑构造（三）》

3323 翻边短管

● 类别定义

翻边是冲压工艺的一种，在坯料的平面部分或曲面部分上，利用模具的作用，使之沿封闭或不封闭的曲线边缘形成有一定角度的直壁或凸缘的成型方法称为翻边。

翻边短管是指配合活动法兰使用的各种翻边短管制品。

● 常用参数及参数值描述

类别编码	类别名称	特征	常用特征值	常用单位
3323	翻边短管	品种	不锈钢翻边短管、铸铁翻边短管、铝翻边短管、铜翻边短管	个
		连接形式	快装、焊接、螺纹	
		规格	DN15、DN20、DN32、DN40、DN50、DN65、DN80、DN100、DN125、DN150	

● 参照依据

GB/T 12459-2005 钢制对焊无缝管件

3331 木质加工件

● 类别定义

主要是指木结构工程中加工构件，包括木质屋架、屋梁、柱、楼梯等。

● 常用参数及参数值描述

类别编码	类别名称	特征	常用特征值	常用单位
3331	木质加工件	品种	圆木木屋架、方木木屋架、方木檩木、圆木檩木、圆木柱、方木柱、木楼梯、圆木梁、方木梁	m³
		规格	跨度（m）10、15、20、25 长度（m）2、3、4	

3333　机械设备安装用加工件

● 类别定义

设备安装所用加工件，包括垫片、垫板、挡板等加工件。区别于五金材料类别下"铁件"，哪里的铁件主要是指一些零碎的铁件，对于设备用的铁件在本类别下考虑。

● 常用参数及参数值描述

类别编码	类别名称	特征	常用特征值	常用单位
3333	机械设备安装用加工件	品种	垫铁、垫板（片）、压板、固定、连接板、垫圈、挡板、弯板	kg、套、块
		特征类型	钩头成对斜垫铁、平垫铁、Π型垫板、接头垫板、止退垫、圆罗母止退垫、弹性垫片、双孔固定板、单孔固定板、工字型连接板、钢轨连接板、专用螺母垫圈	
		材质	铸铁、钢、塑料、铝制	
		规格	60×250、60×280、60×300、60×340	

3335　装置设备附件

● 类别定义

主要包括人孔、透光孔、排污孔、通气孔等。

● 常用参数及参数值描述

类别编码	类别名称	特征	常用特征值	常用单位
3335	装置设备附件	品种	人孔、透光孔 排泄孔/管、排污管、放水管、测量孔 测量管、清扫孔、通气孔、填料密封装置、进出料口、料位控制器、油罐专用附件	个
		规格	DN500、DN600、DN800	

3339　预制烟囱、烟道

● 类别定义

连着炉灶管子，用来排气的，可以使炉子通风顺畅，燃烧充分而且可以使废气排到室外，减少室内污染的排气系统称之为烟囱，目前除了现场制作以外，越来越度多的都是采用预制方式的烟囱；按照材质不同，有不锈钢烟囱、钢筋混凝土烟囱、铸铁烟囱等。

● 常用参数及参数值描述

类别编码	类别名称	特征	常用特征值	常用单位
3339	预制烟囱、烟道	品种	烟囱、烟道	个、节
		规格	φ600mm×20m、320×500mm×30m、400×450mm×30m	
		材质	铁质、石棉、陶质、不锈钢	
		结构形式	自立式、拉索式、套筒式、单筒式、多管式	

● **参照依据**

GB 50051-2013　烟囱设计规范

3341 其他成型制品

● **类别定义**

以上类别中没有包含的制品均放入此类。

34 电极及劳保用品等其他材料

● **类别定义**

在建设工程中，对于一些无法统一归类的材料，我们放入本类下，包括电极材料、火工材料、纸笔、劳保材料等一些零散材料。

● **类别来源**

来源于清单专业的土建、装饰、安装、市政、园林五个专业的零星材料，例如：水电煤炭、电极材料、劳保用品等。

● **范围描述**

二级子类编码	二级子类名称	说　　明
3401	电极材料	石墨电极、碳电极、镁阳极、电极板、电极合金材料
3403	火工材料	硝酸铵类炸药、硝化甘油类炸药、火雷管、电雷管、引爆线（索）
3405	纸、笔	打印纸、笔、木工用笔、钳工用笔
3407	劳保用品	劳保服装、防护口罩、手套、劳保鞋、安全帽、工作帽、安全带、绳、安全网、防水、防尘产品、劳保用面罩、眼镜、其他劳保用品
3409	零星施工用料	踢脚线挂件、夹子
3411	水、电、煤炭、木柴	
3413	号牌、铭牌	包含公司使用的号牌、铭牌

3401 电极材料

● **类别定义**

碳和石墨是电化学工业中应用最广泛的非金属电极材料，它即可作为阳极及阴极材料，又可作为电催化载体、电极导电组分。

按照我国航空航天工业标准的规定电极材料分为四类，最常用的是以下三类：

1 类——高电导率，中等硬度的铜及铜合金；

2 类——具有较高的电导率、硬度高于 1 类合金；

3 类——电导率低于 1、2 类合金，硬度高于 2 类合金。

● **常用参数及参数值描述**

类别编码	类别名称	特征	常用特征值	常用单位
3401	电极材料	品种	石墨电极、碳电极、镁阳极、金属氧化物电极	个、根、只、m、t
		材料型号	EDM-3、EDm²00、TTK50	
		规格（直径）	200、250、300、350、400	

● **参照依据**

MJS-EDM-B-0014 电极材料应用标准

3403 火工材料

● **类别定义**

装有火药或炸药，受外界刺激后产生燃烧或爆炸，以引燃火药、引爆炸药或做机械功的一次性使用的元器件和装置的总称；常用的化工材料有：硝酸铵类炸药、硝化甘油类炸药、火雷管、电雷管、引爆线（索）等。

● **常用参数及参数值描述**

类别编码	类别名称	特征	常用特征值	常用单位
3403	火工材料	品种	炸药、火雷管、电雷管、引爆线（索）	个、kg、m
		成分	硝酸铵类、硝化甘油类	
		规格	$\phi32$、$\phi90$、MS-1、MS-2、MS-3、MS-4、MS-5	

● **参照依据**

GB/T 13230-1991 工业火雷管

GB 18094-2000 水胶炸药

GB/T 17582-2011 工业炸药分类和命名规则

3405 纸、笔

● **类别定义**

指工程过程中所使用的纸、笔，常用的有木工用的划线笔，装饰用的石棉纸等。

● **常用参数及参数值描述**

类别编码	类别名称	特征	常用特征值	常用单位
3405	纸、笔	品种	打印纸、红蓝铅笔、色粉笔、铅笔、毛笔	本、包、箱、张、m²、kg
		规格	A3、A4、2H、HB、2B	

3407 劳保用品

● **类别定义**

劳保用品，是指保护劳动者在生产过程中的人身安全与健康所必备的一种防御性装备，对于减少职业危害起着相当重要的作用。

劳保用品按照防护部位分为九类：

1. 安全帽类。用于保护头部，防撞击、挤压伤害的护具。主要有塑料、橡胶、玻璃、胶纸、防寒和竹藤安全帽。

2. 呼吸护具类。预防尘肺和职业病的重要护品。按用途分为防尘、防毒、供养三类，按作用原理分为过滤式、隔绝式两类。

3. 眼防护具。用以保护作业人员的眼睛、面部，防止外来伤害。分为焊接用眼防护具、炉窑用眼护具、防冲击眼护具、微波防护具、激光防护镜以及防X射线、防化学、防尘等眼护具。

4. 听力护具。长期在90dB（A）以上或短时在115dB（A）以上环境中工作时应使用听力护具。听力护具有耳塞、耳罩和帽盔三类。

5. 防护鞋。用于保护足部免受伤害。目前主要产品有防砸、绝缘、防静电、耐酸碱、耐油、防滑鞋等。

6. 防护手套。用于手部保护，主要有耐酸碱手套、电工绝缘于套、电焊手套、防 X 射线手套、石棉手套等。

7. 防护服。用于保护职工免受劳动环境中的物理、化学因素的伤害。防护服分为特殊防护服和一般作业服两类。

8. 护肤用品。用于外露皮肤的保护。分为护肤膏和洗涤剂。

● **常用参数及参数值描述**

类别编码	类别名称	特征	常用特征值	常用单位
3407	劳保用品	品种	劳保服装，防护口罩，手套，劳保鞋，安全帽，工作帽，安全带、绳防水，防尘产品，劳保用面罩，眼镜	盒、个
		用途	电焊服装，劳动服装，防毒口罩，消防短筒手套，橡胶绝缘手套，消防胶靴	
		规格		

3409 零星施工用料

● **类别定义**

指施工过程中用到的零星材料，例如：踢脚线挂件、施工线、夹子等。

● **常用参数及参数值描述**

类别编码	类别名称	特征	常用特征值	常用单位
3409	零星施工用料	品种	踢脚线挂件、施工线、夹子、泥桶、胶扫把、清洁球、水桶、垃圾桶	套、卷、包、个、盒、瓶、kg、m²
		规格	按照对应的品种列举	

3411 水、电、煤炭、木柴

● **类别定义**

指建设项目工程过程中所消耗的水、电、煤炭、木柴。

● **常用参数及参数值描述**

类别编码	类别名称	特征	常用特征值	常用单位
3411	水、电、煤炭、木柴	品种	水、电、煤炭、木柴	kWh、kg、t
		用途	工业用、民用	
		规格	Q5000、Q6500	

3413 号牌、铭牌

● **类别定义**

特指建设项目过程中使用一些起临时辅助或启示性号牌、铭牌。本类中的号牌不同于的汽车号牌；铭牌又称标牌，铭牌主要用来记载生产厂家及额定工作情况下的一些技术数据。

● 常用参数及参数值描述

类别编码	类别名称	特征	常用特征值	常用单位
3413	号牌、铭牌	品种	指示牌、工地铭牌	m²、个
		规格（长×宽）		
		材质	不锈钢、木质、碳钢	

35 周转材料及五金工具

● 类别定义

周转材料是指建筑安装施工中供多次重复使用的非一次性消耗的各种材料，如模板、脚手架、胎具、模具等。工器具是指建筑安装施工中使用的方便作业的各种工具和器件。周转材料和工器具都不是消耗性材料。

● 类别来源

此类是对实际建设工程用到的周转材料及工器具的统一归类，其具体二级类别的划分参考了《建设工程工程量清单计价规范》GB 50500—2013、五金手册及相关的实用工具手册等。

● 范围描述

范围	二级子类	说　明
周转材料	3501 模板	包含木模板、钢木模板、钢竹模板、钢模板等
	3502 模板附件	包含管卡子、扣件、U形卡、蝶卡等
	3503 脚手架及其配件	包含木、竹和钢管脚手架等以及踏板、底座、拖座、内管接头、爬梯、脚轮等配件
	3505 围护、运输类周转材料	包含彩色钢板瓦、小灰斗车上角、砖车、小灰斗车、独轮车等
	3507 胎具、模具类周转材料	包含液压钳模具、脱模器、开孔器模具等
	3508 活动板房	包含折叠式活动房屋、板式结构活动房屋、活动板房等
	3509 其余周转材料	包混含金属结构平台、钢撑板、容器类周转材料等
五金工具	3511 手动工具	包含圆嘴钳、扁嘴钳、尖嘴钳、弯嘴钳、挡圈钳、扳手、旋具、锤、斧、冲子、压线刀、鲤鱼钳、钢钎、钢丝钳、大力钳、鸭嘴钳、平嘴钳等
	3513 手动起重工具	包含起重滑车、吊滑车、钢丝绳用套环、索具卸扣、钢丝绳夹、索具螺旋扣、千斤顶、手拉葫芦、手摇绞车等
	3515 气动工具	包含装配作业气动工具、金属切削气动工具、其他气动工具等
	3517 电动工具	包含金属切削电动工具、其他电动工具、砂磨电动工具、装配作业电动工具等
	3519 土木工具	包含木工工具、瓦工工具、土石方工具、园艺工具、其他土木工具等
	3521 钳工工具	包含手扳钻、扳手、普通台虎钳、多用台虎钳、桌虎钳、手虎钳、钢锯架、钳工锉刀、整形锉（什锦锉）、三角锯锉、菱形锉、刀锉、锡锉、铝锉等

范围	二级子类	说　明
五金工具	3523 水暖工具	包含扩管器、弯管机、管子割刀、管子台虎钳、管子夹钳、水管钳、水泵钳、管子钳、管子扳手、管子铰板等
	3525 电工工具	包含测电器、普通电工钳、断线钳、冷轧线钳、电工刀、冷压等
	3527 测量工具	包含量尺、量规、卡尺、千分尺等
	3529 衡器	包含天平、台秤、案秤、电子秤、弹簧度盘秤等
	3531 仪表类工具	包含校验仪、计数器、计算器、万用表、示波器、测试仪等
	3533 实验室用工器具	包含烧杯、量杯、烧瓶、量瓶、洗瓶、加液瓶、试剂瓶、双口、三口瓶、放水、过滤、试验瓶、采样、蒸馏瓶、比重瓶等
	3535 工程测绘仪器	包含水、土压计、全站仪及配件、水准仪及配件、垂准仪及配件、经纬仪及配件、距仪及配件、海拔仪、绘图仪器、硬度计等
	3537 磨具	包含砂磨电动工具、砂磨气动工具等
	3539 其他工器具	包含手动钻机刀具、液压钻机刀具、仓库周转底排子、热熔器、钢丝刷等

3501　模板

● 类别定义

建筑模板按材质可分为木模板、胶合板模板、竹胶板模板、钢模板、钢框木（竹）胶合板模板、塑料模板、玻璃钢模板、铝合金模板、塑胶模板等。

木模板：木模板的树种可按各地区实际情况选用，一般多为松木和杉木。由于木模板木材消耗量大、重复使用率低，为了节约木材，在现浇混凝土结构施工中应尽量少用或不用木模板。

胶合板模板：胶合板模板是由木材为基本材料压制而成，表面经酚醛薄膜处理，或经过塑料浸渍饰面或高密度塑料涂层处理的建筑用胶合板。这种模板制作质量好，表面光滑，脱模容易；模板的承载力、刚度较好，能多次重复使用；模板的耐磨性强，防水性较好；材质轻，适宜加工大面模板。是一种较理想的模板材料，目前应用较多，但它需要消耗较多的木材资源。

竹胶板模板：竹胶板模板以竹篾纵横交错编织热压而成。其纵横向的力学性能差异很小，强度、刚度和硬度比木材高；收缩率、膨胀率、吸水率比木材低，耐水性能好，受潮后不会变形；不仅富有弹性，而且耐磨、耐冲击，使用寿命长、能多次使用；重量较轻，可加工成大面模板；原材料丰富，价格较低。是一种理想的模板材料，应用越来越多，但施工安装不如胶合板模板方便。

钢模板：钢模板一般做成定型模板，用连接构件拼装成各种形状和尺寸，适用于多种结构形式，在现浇混凝土结构施工中应用广泛。钢模板一次投资大，但周转率高，在使用过程中应注意保管和维护，防止生锈以延长使用寿命。

钢框木（竹）胶合板模板：钢框木（竹）胶合板模板是以角钢为边框，以木板（或木胶合板、竹胶板）为面板的定型模板。这种模板刚度大、不易变形、重量轻、操作方便、接缝少。应用越来越广泛。

● 常用参数及参数值描述

类别编码	类别名称	特征	常用特征值	常用单位
3501	模板	品种	钢框木（竹）胶合板模板、木模板、组合钢模板、竹胶板模板、塑胶模板、塑料模板、玻璃钢模板、胶合板模板、铝合金模板、复合木模板	m²
		规格（mm）	2440×1220×18、1830×195×165、1830×915×18	
		结构类型	壳模板、梁模板、基础模板、柱模板、楼板模板、楼梯模板、墙模板、烟囱模板、桥梁墩台模板	
		施工方法	固定式模板、移动式模板、现场装拆式模板	

● 参照依据

GB/T 17656-2008 混凝土模板用胶合板

3502 模板附件

● 类别定义

模板附件主要有回形钩、钩头螺栓、钢管卡子、扣件、U形卡、蝶卡、长短钩头、穿针等。

● 常用参数及参数值描述

类别编码	类别名称	特征	常用特征值	常用单位
3502	模板附件	品种	轻型槽钢型钢楞、矩形钢管型钢楞、圆钢管型钢楞、L形插销、固定角、阴角、碟形扣件、3形扣件、紧固螺栓、钩头螺栓、U形卡	个、kg、只
		规格	E1512、E1515、J0009、E1015、J0012、J0015、E1509、E1012、Y1006、Y1012、Y1015	
		类型	模板连接件、模板支撑件	

3503 脚手架及其配件

● 类别定义

脚手架指施工现场为工人操作并解决垂直和水平运输而搭设的各种支架。

脚手架按所用材料不同，可分为木、竹和钢管脚手架等，按搭设和支撑方式可分为多立柱式、门式、桥式、悬挂式、爬升式脚手架等。配件包括踏板、底座、拖座、内管接头、爬梯，脚轮，竹跳板、脚手板等。

● 常用参数及参数值描述

类别编码	类别名称	特征	常用特征值	常用单位
3503	脚手架及其配件	品种	脚手架组合配套件-可调顶托、木脚手架、拖座、底座、铝合金管脚手架、竹脚手架、钢管脚手架、内管接头、脚手板、脚轮、竹跳板、爬梯、脚手架组合配套件-可调底座、脚手杆	只、套、副、根、kg、t、m²、m³
		类型	爬升式脚手架、碗扣式、顶板、剪力墙、框架柱支撑、桥式、悬挂式、门式、多立柱式、扣件式	
		规格（mm）	400×110、3000×3000、δ3.25、δ3.0、δ2.75、780×118、780×110、600×118、500×110	

● **参照依据**

GB 15831－2006 钢管脚手架扣件

3505 围护、运输类周转材料

● **类别定义**

包含彩色钢板瓦、砖车、小灰斗车、独轮车等。

● **常用参数及参数值描述**

类别编码	类别名称	特征	常用特征值	常用单位
3505	围护、运输类周转材料	品种	彩色钢板瓦、轻轨、枕木、安全网	m²
		材质	高密度聚乙烯	
		规格	安全网：1.8×6	

● **参照依据**

GB 5725－2009 安全网

3507 胎具、模具类周转材料

● **类别定义**

制造土模、砂型或某些产品时所依据的模型；按产品规格、形状制造叫胎模。

模具是工业生产上用以注塑、吹塑、挤出、压铸或锻压成型、冶炼、冲压、拉伸等方法得到所需产品的各种模子和工具。

● **常用参数及参数值描述**

类别编码	类别名称	特征	常用特征值	常用单位
3507	胎具、模具类周转材料	品种	液压钳模具、脱模器、开孔器模具	个、kg
		材质	木、塑料、钢	
		型号	240型、B型、300型、A型、120型	
		规格	22、27、32、34、51、26、39、TV28×5×70、20、16、43	

3508 活动板房

● **类别定义**

活动板房是一种以轻钢为骨架，以夹芯板为围护材料，以标准模数系列进行空间组合，构件采用螺栓连接，全新概念的环保经济型活动板房屋。可方便快捷地进行组装和拆卸，实现了临时建筑的通用标准化，树立了环保节能、快捷高效的建筑理念，使临时房屋进入了一个系列化开发、集成化生产、配套化供应、可库存和可多次周转使用的定型产品领域。

● **常用参数及参数值描述**

类别编码	类别名称	特征	常用特征值	常用单位
3508	活动板房	品种	折叠式活动房屋、板式结构活动房屋、活动板房	m²
		墙体及屋面材料材质	彩钢板防火板覆面聚苯乙烯泡沫塑料夹芯复合板、石棉瓦、双面彩钢板覆面聚苯乙烯泡沫塑料夹芯复合板	
		规格（mm）	3650×5450×2600	
		支架材料	槽钢、H型钢、热轧C型钢	
		结构形式	轻钢骨架、型钢骨架、钢木骨架	

● **参照依据**

参照了活动板房相关的施工方案

3509 其余周转材料

● **类别定义**

包括金属结构平台，钢撑板，容器类周转材料，其他周转材料等。

● **常用参数及参数值描述**

类别编码	类别名称	特征	常用特征值	常用单位
3509	其余周转材料	品种	铁锹柄、手卷墨斗、梯子、木抹子、吊装带、工具箱、破筛子、土筛子、电笔、套管搬子、内六角扳子、七件装内六角匙、扳子、改锥、水桶、乙炔瓶、氧气瓶	kg、个、m
		规格	2T×2M、1T×2M、3T×6M、5T×2M、5T×3M、5T×5M、3T×3M、4T×10M	

3511 手动工具

● **类别定义**

手动工具是五金行业的一种分类，五金行业分为手动工具，电动工具，汽保工具，气动工具，焊接设备，磨料磨具，日用五金，建筑五金，厨卫五金，小家电等。包含圆嘴钳、扁嘴钳、尖嘴钳、弯嘴钳、挡圈钳、扳手、旋具、锤、斧、冲子、压线刀、鲤鱼钳、钢钎、钢丝钳、大力钳、鸭嘴钳、平嘴钳等。

● **常用参数及参数值描述**

类别编码	类别名称	特征	常用特征值	常用单位
3511	手动工具	品种	圆嘴钳、扁嘴钳、尖嘴钳、弯嘴钳、挡圈钳、扳手、旋具、锤、斧、冲子、压线刀、鲤鱼钳、钢钎、钢丝钳、大力钳、鸭嘴钳、平嘴钳	套
		类型	两用扳手、什锦锤、斩口锤、圆冲子、尖冲子、木工斧、多用斧、套筒扳手、内六角扳手、厨房斧、劈柴斧、采伐斧、活动扳手、六方冲子、四方冲子、半圆头冲子、单头呆扳手（又称开口扳手）、双头呆扳手、单头梅花扳手、双头梅花扳手、扭力扳手	
		长度	200、110、130、150、160、165、175、180	
		开口宽度	13、12、11、10、38、40、52、60、9、72、8、7、6、5.5、80、82、86、114、70、22、21、20、19、18、17、23、24、25、26、27、28、29、30、3.2×4、4×5、5×5.5、5.5×7、6×7、7×8、8×9、8×10、9×11、10×11、10×12、16、15、14	
		重量（kg）	2.4、2.2、2、1.8、1.6、1.3、1.1、0.9、0.7	

3513 手动起重工具

● **类别定义**

主要包括钢丝绳用套环，索具卸扣，索具螺旋扣，千斤顶，手拉葫芦，手摇绞车，起重滑车，吊滑车等。

钢丝绳用套环：钢丝绳的固定连接附件，保护钢丝绳弯曲部分受力时不易折断。

索具卸扣：连接钢丝绳或链条等用。

索具螺旋扣：用于拉紧钢丝绳，并起调节松紧作用。其中OO型用于不常拆卸的场合，CC型用于经常拆卸的场合，CO型用于一端经常拆卸，另一端不经常拆卸的场合。

钢丝绳夹：与钢丝绳用套环配合，作夹紧钢丝绳末端用。

吊滑车：用于吊放比较轻便的物件。

起重滑车：用于吊升笨重物件，是一种使用简单，携带方便，起重能力较大的起重工具，一般均与绞车配套使用，广泛应用于水利工程，建筑工程，基建工程等方面。

手拉葫芦：供手动提升重物用，多用于工厂、矿山、仓库、码头、建筑工地等场合。

螺旋千斤顶：为汽车、桥梁、船舶以及机械等行业在修造安装中常用的一种起重或顶压工具。

● **常用参数及参数值描述**

类别编码	类别名称	特征	常用特征值	常用单位
3513	手动起重工具	品种	起重滑车、吊滑车、钢丝绳用套环、索具卸扣、钢丝绳夹、索具螺旋扣、千斤顶、手拉葫芦、手摇绞车	套
		类型	OO形索具螺旋扣、Y形卸扣、X形卸扣、弓型卸扣、W形卸扣、D形卸扣、开口链环型起重滑车、重型套环、型钢套环、普通套环、剪式螺旋千斤顶、钩式螺旋千斤顶、闭口吊环型起重滑车、普通螺旋千斤顶、开口吊钩型起重滑车、闭式索具螺旋扣、开式索具螺旋扣、CO形索具螺旋扣、CC形索具螺旋扣	
		适用钢丝绳直径	12、65、24、60、56、52、48、44、40、36、32、28、26、22、20、19.5、18、17.5、16、15、14、13、10、9.5、8.5、8、6.5、6、4.7	
		起重量(kg)	25、20、16、12.5、10、8、6.3、5、4、3.2、2.5、2、1.25、1、0.8、0.63、0.5、0.32、1.6、100、80、63、50、40、32	
		滑轮直径(cm)	19、75、63、50、38、25	
		标准起升高度	260、225、65、110、130、160、170、180、200、50、3000、2500、445、370、325、300、270	
		两钩间最小距离	430、360、350、330、700、600、580、530、500、460、400	

3515 气动工具

● **类别定义**

包括气动圆锯、气动拉铆枪、气动铆钉枪、射钉枪、气动破碎机、气钻、气剪刀、气动攻丝机、气动旋具等。

● 常用参数及参数值描述

类别编码	类别名称	特征	常用特征值	常用单位
3515	气动工具	品种	装配作业气动工具、金属切削气动工具	套
		类型	气动铆钉枪、枪柄气动锯、直柄气动锯、气动 T 型钉射钉枪、气动圆头射钉枪、气动圆盘射钉枪、气动码钉射钉枪、气动转盘射钉枪、手持式凿岩机、气动锤、气动压铆机、气动拉铆枪、气动捣固机、气镐、环柄式气铲、枪柄式气铲、弯柄式气铲、直柄式气铲、冲击式气扳机、气螺刀、枪柄式气动旋具、直柄式气动旋具、枪柄式气动功丝机、直柄式气动功丝机	
		功率（kW）	1.07、0.66、0.29、0.2、0.19、0.17、2.87、1.24	
		转速（r/min）	1100、180、400、360、300、260、600、550、1000、900、700、70、110、1800	
		工作气压（MPa）	0.7、0.45、0.4、0.63、0.75、0.85	
		铆钉直径	M58、M12、M14、M76、M16、M78、M18、M24、M100、M20、M56、M45、M42、M30、M32、M5、M2、M6、M1.6、M8、M22、M10	
		耗气量（L/s）	7、20、19、16.3、16、15、13.1、37.5、27.0、26、21	
		冲击频率（Hz）	13、18、14、60、15、10、20、24、25、8、28、35、45	

3517　电动工具
● 类别定义

主要包括电刨，电圆锯，电链锯，电动圆盘穿梭锯，电向切入式电锯，电动曲线锯，木材斜断机，木工电钻，电工木工开槽机，电动雕刻机，电动木工凿眼机，电动木工修边机等。

电刨：主要用于刨削木材及木结构件，配上支架又可作小型台式电刨使用。

电圆锯：配用木工圆锯片，用以对木材、纤维板、塑料和软电缆以及其他类似材料进行锯割加工。

电链锯：伐木选材时切削木材的工具。

电动圆盘穿梭锯：锯割木材用的工具。

角向切入式电锯：切割船舱隔板上石棉板及其他小规格的型材、板材的工具。

电动曲线锯：配用曲线锯条，对木材、金属、塑料、橡胶、皮革等板材进行直线和曲线锯割，还可安装锋利的刀片，裁切橡胶、皮革、纤维织物、泡沫塑料、纸板等。

木材斜断机：有旋转工作台，用于木材的直口或斜口的锯割。

木工电钻：配用钻头，用于木质工件上钻销大直径孔。

电动木工开槽机：木工开槽和刨边时使用的工具，装上成形的道具，也可进行刨削。

电动木工凿眼机：配用方眼钻头，用于木质工件上凿方眼，去掉方眼钻头的方壳后，也可钻圆眼。

电动雕刻机：配用各种成型铣刀，用于在木料上铣出各种不同形状的沟槽，雕刻各种花纹图案。

电动木工修边机：配用各种成型铣刀，用于修整各种木质工件的边棱，进行整平、斜面加工或图形切割、开槽等。

木工多用机：用于对木材及木制品进行锯、刨及其他加工。

● **常用参数及参数值描述**

类别编码	类别名称	特征	常用特征值	常用单位
3517	电动工具	品种	金属切削电动工具、砂磨电动工具、装配作业电动工具	套
		类型	冲击电钻、电动套丝机、电动扳手、电动胀管机、电锤、双刃电剪刀、磁座钻、电冲剪、电钻、电喷枪、手持式电剪刀、电动刀锯、电动攻丝机、可移式型材切割机、焊接机、箱座式型材切割机、电动焊缝坡口机、电动自攻旋具、电动锤钻、电动管道清理机、充电式电钻旋具、电动拉铆枪、电动石材切割机、电动旋具	
		额定电压（V）	220	
		额定输入功率（W）	480、680	

3519 土木工具

● **类别定义**

包括钢锹，钢镐，八角锤，石工锤，劈石斧，石工斧，石工凿，钢钎，撬棍等。

钢锹按形状分主要有尖锹，方锹等，尖锹多用于铲取砂质泥土，方锹多用于铲取水泥、黄沙、石子。

钢镐又称开山锄，十字镐，铁镐等，用于建筑公路，铁路，开矿，垦荒，造林绿化和兴修水利等，双尖式多用于开凿岩石、混凝土等硬性土质，尖扁式多用于挖掘黏、韧性土质。

八角锤：手工自由锻锤击工件，开山、筑路时凿岩、碎石、锤击钢钎及安装机器等。

石工锤，石工斧，石工凿：筑路、劈山、凿石用的专用工具。

钢钎：主要用语开山、筑路、打井勘探中凿岩钻石。

撬棍：开山、筑路、搬运笨重物体等时撬重物用。

● **常用参数及参数值描述**

类别编码	类别名称	特征	常用特征值	常用单位
3519	土木工具	品种	木工工具、瓦工工具、土石方工具、园艺工具	套
		类型	电动曲线锯、砍刀、铲、月牙铲、钢叉、锄头、喷雾器、手锯、高枝剪、桑枝剪、稀果剪、整篱剪、剪枝剪、木工多用机、电动木工修边机、电动雕刻机、电动木工凿眼机、电动木工开槽机、木工电钻、木材斜断机、角向切入式电锯、电动圆盘穿梭锯、电链锯、电圆锯、电刨、羊角锤、整齿器、锯锉、夹背锯、鸡尾锯、手锯板、木工钻、弓摇钻、木锉、劈柴斧、采伐斧、木工斧、木工夹、木工台虎钳、手用木工凿、铁柄刨刀、绕刨、槽刨刀	
		规格	锯片规格：15cm、20cm、25cm	

3521 钳工工具

● **类别定义**

主要包含台钳，钢锯，锉刀，錾子，手摇钻等。

台钳主要有普通台虎钳、手虎钳、方孔桌虎钳、管子台虎钳等。普通台虎钳装置在工作台上，用以夹紧加工工件，为钳工车间必备工具；手虎钳：夹持轻巧工件以便进行加工的一种手持工具；方控桌虎钳：与台虎钳相似，但钳体安装方便，适用于夹持小型工件；管子台虎钳：夹紧金属管，以进行铰制螺纹或切割管子等。

钢锯架：装置手用钢锯架，以手工锯割金属材料等。

手用钢锯条：装在钢锯架上，用于手工锯割金属材料。

机用锯条：装在弓锯床上用于锯割金属材料。

锉主要有钳工锉，锯锉，刀锉，锡锉，铝锉，整形锉等。钳工锉：锉削或修整金属工件的表面和孔、槽；锯锉：专供锉修各种木工锯的锯齿用；刀锉：用于锉削或修整金属工件上的凹槽，小规格锉也可用于修整木工锯条，横锯等的锯齿；铝锉：用于锉削、修整铝、铜等软性金属或塑料制品的表面；整形锉：锉削小而精细的金属零件，为制造模具、工夹具时的必需工具。

錾子：用于錾切、凿、铲等作业，常用于錾切薄金属板材或其他硬脆性的材料。

手摇钻：装夹圆柱柄钻头后，在金属或其他材料上手摇钻孔。

划线工具：包含划线规、划线盘、刮刀。划线规：用于在工件上划圆、圆弧、等分角度、量取尺寸等分线段；划线盘：供钳工划平行线、垂直线、水平线以及在平行板上定位和校准工件等用；刮刀：进行修整与刮光的一种钳工工具。

● **常用参数及参数值描述**

类别编码	类别名称	特征	常用特征值	常用单位
3521	钳工工具	品种	手扳钻、扳手、普通台虎钳、多用台虎钳、桌虎钳、手虎钳、钢锯架、钳工锉刀、整形锉（什锦锉）、三角锯锉、菱形锉、刀锉、锡锉、铝锉、錾子、手摇钻、手摇台钻、划规、长划规、划线盘、弓形夹、拔销器、刮刀、顶拔器、台钳、普通螺纹丝锥、管螺纹丝锥、滚丝轮、挫丝板	
		类型	平角刮刀、三爪顶拔器、手用普通螺纹丝锥、机用普通螺纹丝锥、钳工尖头扁锉、钳工方锉、钳工三角锉、钳工半圆锉、钳工圆锉、手持式手摇钻、两爪顶拔器、圆柱管螺纹丝锥、圆锥管螺纹丝锥、半圆刮刀、三角刮刀、胸压式手摇钻、转盘式普通台虎钳、钢板制调节式锯架、钢板制固定式锯架、普通式划规、钢管制调节式锯架、钢管制固定式锯架	
		钳口宽度	35、40、50	
		开口度	75、200、150、125、115、100、90、80、35、45、60、55、32	

3523 水暖工具

● **类别定义**

包括管子钳、管子台虎钳、管子夹钳、水泵钳、管子割刀、管子扳手、弯管机、扩管器等。

管子钳：主要有普通管子钳、链条管子钳、铝合金管子钳和管子台虎钳。普通管子钳和链条管子钳主要用于管道安装和维修，用于夹持及旋转圆形钢管、管路附件和圆柱形工件等；铝合金管子钳用于紧固或拆卸各种管、管路附件或圆柱形零件，为管路安装和修理工作常用工具；管子台虎钳用来夹持各种管类工件，使之便于进行加工螺纹或割断管子等。

水泵钳：用以夹持扁形或圆柱形金属零件。

水管钳：用来安装和修理管子的工具。

管子割刀：用于切割普通碳钢管、软金属管及硬塑料。

管子割刀片：与管子割刀配套使用的工具。

管子扳手：用于紧固或拆卸、旋转圆形管件、扳拧各种六角头螺栓、螺母。

弯管机：用于手动冷弯金属管。

扩管器：用来扩大钢管端部的内外壁，以便与其他管子及管路连接部位紧密胀和。

● **常用参数及参数值描述**

类别编码	类别名称	特征	常用特征值	常用单位
3523	水暖工具	品种	扩管器、弯管机、管子割刀、管子台虎钳、管子夹钳、水管钳、水泵钳、管子钳、管子扳手、管子铰板、整圆器、管剪、热熔器、弯管器、接紧器	套
		类型	普通管子钳、链条管子钳	
		规格（长）mm	140、1200、900、600、500、450、430、400、350、320、300、270、250、225、200、180、160、150、120、100	

3525 电工工具

● **类别定义**

包括电工钳、电缆剪、电工刀、电工锤、测电器等。

普通电工钳：用来夹持或弯折薄片形、细圆柱形金属零件及切断金属丝等。

线缆钳：用于切断铜、铝导线、电缆、铜绞线、钢丝绳等，并能保持断面基本呈圆形，不散开。

断线钳：用于切断较粗的，硬度不大于 HRC30 的金属线材，刺丝及电线等。

紧线钳：专供架设空中线路工程拉紧电线或钢绞线用。

剥线钳：供电工用于在不带电的条件下，剥离线芯直径 0.5～2.5mm 的各类电讯导线外部绝缘层。多功能剥线钳还能剥离带状电缆。

压线钳：用于冷轧压接铜，铝导线，起中间连接或封端作用。

冷压接钳：专供压接铝或铜导线的接头或封端。

冷轧线钳：除具有一般钢丝钳的用途外，还可以利用轧线结构部分轧接电话线、小型导线的接头或封端。

电缆剪：用于切断铜、铝导线、电缆、钢绞线、钢丝绳等，并能保持断面基本圆形，不散开。

电工刀：用于电工装修工作中割削电线绝缘层、绳索、木桩及软性金属。

电工锤：供电工安装维修线路用。

电烙铁：用于电器元件、线路接头的锡焊。

测电器：用来检查线路上是否有电。

电工木工钻：可直接在木材上握柄钻孔。

● 常用参数及参数值描述

类别编码	类别名称	特征	常用特征值	常用单位
3525	电工工具	品种	测电器、普通电工钳、断线钳、冷轧线钳、电工刀、冷压接钳、压线钳、电缆剪、剥线钳、紧线钳、线缆钳、电工锤	套
		类型	压接剥线钳、多功能剥线钳、虎口式紧线钳、可调式端面剥线钳、自动剥线钳、平口式紧线钳	
		长度	350、250、200、180、160、500、95、600、150、115、105、450、400、300	
		额定输出功率（W）	350、360、120、250、180、140、130	
		额定电压（V）	220	

3527 测量工具

● 类别定义

包括量尺、量规、卡尺、千分尺等。

● 常用参数及参数值描述

类别编码	类别名称	特征	常用特征值	常用单位
3527	测量工具	品种	万能角尺、塞尺、钢平尺、铸铁平尺、方形角尺、90度角尺、千分尺、电子数显卡厚卡尺、电子数显深度卡尺、电子数显高度卡尺、卡厚游标卡尺、深度游标卡尺、高度游标卡尺、电子数显卡尺、带表卡尺、游标卡尺、木折尺、弹簧外卡钳、弹簧内卡钳、内外卡钳、纤维卷尺、钢卷尺、钢直尺	套、块
		类型	摇卷盒式钢卷尺、三用数显卡尺、两用数显卡尺、双面卡脚数显卡尺、单面卡脚数显卡尺、外径千分尺、内径千分尺、深度千分尺、壁厚千分尺、螺纹千分尺、双面卡脚游标卡尺、单面卡脚游标卡尺、两用游标卡尺、三角游标卡尺、六折木尺、八折木尺、四折木尺、摇卷架钢卷尺	

续表

类别编码	类别名称	特征	常用特征值	常用单位
3527	测量工具	标称长度	350、400、450、500、600、5000、3500、3000、1500、2000、0、50、100、125、100000、150、5000、30000、200、250、300、1000、20000、15000、10000	套、块
		测量范围	0～200、0～1000、0～150、0～125、0～500、0～300	
		游标读数值/指示表分度值	0.02、0.01、0.05、20、25、32	
		分辨率	0.01	
		测量模数范围	5～50、1～26	

3529　衡器

● **类别定义**

主要包括天平、台秤、案秤、电子秤、弹簧度盘秤等。

● **常用参数及参数值描述**

类别编码	类别名称	特征	常用特征值	常用单位
3529	衡器	品种	天平、配料秤、自动秤、电子皮带秤、吊秤、袖珍手秤、弹簧度盘秤、电子计价秤、案秤、电子台秤、台秤	个
		最大称重（kg）	1000、150、300、2、60、50、500、600、30、15、6、100、4、3	
		承受板（台）	355×333、400×300、550×350、340×320、750×500、800×600、600×450、1000×800	
		刻度值（G）	0.20、0.05、1、2、5、10、20、25、50、100、200、500	
		砣的规格（kg/个）	10/1、5/1、0.1/1、0.2/1、0.5/1、1/1、2/1、100/1、200/1、20/1、25/1、50/1	
		称盘直径	270、250	
		电压（V）	220	

3531　仪表类工具

● **类别定义**

主要包括校验仪、计数器、计算器、万用表、示波器、测试仪、逻辑分析仪、故障诊断系统、频谱分析仪表、电动胀管机等；区别于 24 仪表及自动化控制。

● 常用参数及参数值描述

类别编码	类别名称	特征	常用特征值	常用单位
3531	仪表类工具	品种	电动胀管机、频谱分析仪表、故障诊断系统、逻辑分析仪、测试仪、示波器、万用表、计算器、计数器、校验仪	个
		规格		

3533 实验室用工器具

● 类别定义

主要包括烧杯、量杯、烧瓶、量瓶、洗瓶、加液瓶、试剂瓶、双口、三口瓶、放水、过滤、试验瓶、采样、蒸馏瓶、比重瓶、反应瓶、玻璃皿、缸、槽、钵、筒、仪器用漏斗、试管、分馏、冷凝管、滴定管、采样管、吸收管、离心管、吸管、测定管、点滴管、量管、套管、钢铁定碳仪、定硫仪、薄层层析展开仪、标准口综合仪、有机制备仪、标本瓶、测定器、吸收器、蒸馏器、封闭器、加液器、吸液器、干燥器、气体分析器、洗涤器、过滤器、搅拌器、黏度计等。

● 常用参数及参数值描述

类别编码	类别名称	特征	常用特征值	常用单位
3533	实验室用工器具	品种	试验瓶、比重瓶、烧瓶、量瓶、试剂瓶、烧杯、量杯	个
		规格		

3535 工程测绘仪器

● 类别定义

主要包括全站仪、全站仪配件、水准仪、垂准仪、水/垂准仪配件、经纬仪、经纬仪配件、测距仪、测距仪配件、水/土压计、轴力计、海拔仪、绘图仪器、硬度计等。

● 常用参数及参数值描述

类别编码	类别名称	特征	常用特征值	常用单位
3535	工程测绘仪器	品种	水/土压计、全站仪及配件、水准仪及配件、垂准仪及配件、经纬仪及配件、距仪及配件、海拔仪、绘图仪器、硬度计	个
		规格		

3539 其他工器具

● 类别定义

包含手动钻机刀具、液压钻机刀具、仓库周转底排子、热熔器、钢丝刷等。

● **常用参数及参数值描述**

类别编码	类别名称	特征	常用特征值	常用单位
3539	其他工器具	品种	手动钻机刀具、液压钻机刀具、仓库周转底排子、热熔器、钢丝刷	个
		规格	DN40、DN15、DN600、DN300、DN32、DN50、1200×1000	

36 道路桥梁专用材料

● **类别定义**

对于市政上所使用的专业材料，我们单独列为一类，市政工程包括道路工程、桥梁工程、隧道涵洞等，对于市政专用的材料，除了通用的材料以外，我们单独放入本类材料下。

● **类别来源**

来源于清单专业的市政工程中的道路工程、桥涵护岸工程、隧道工程专业。

● **范围描述**

范围	二级子类	说　明
构件	3601 道路管井、沟槽等构件	包含道路井、铸铁井盖、井环盖、混凝土装配式预制井体、混凝土排水沟槽、电缆沟槽、排水篦子等
	3603 土木格栅	包含涤纶土工格栅、单向塑料土工格栅、双向塑料土工格栅等
铺砌材料	3605 路面砖	包含混凝土路面砖、陶瓷路面砖、烧结页岩砖等
	3607 路面天然石构件	包括路牙石、侧缘石、仿天然石盲道等
	3609 广场砖	包含瓷质广场砖、人造大理石广场砖、混凝土广场砖、花岗岩广场砖
隔离、防撞装置	3611 防撞装置	包含防撞板、防撞立柱、防撞筒（墩）
	3613 隔离装置	包含固定隔离装置、活动隔离装置、汽车道闸（栏杆）、挡车柱
交通（安全）标志	3621 交通（安全）标志	包含、标志牌、板、反光材料、限速牌、停车牌等标志牌
其他交通设施	3623 车位锁	
	3625 交通岗亭	
	3627 护栏、防护栏、隔离栅	包含道钉、路椎
	3629 其他交通设施	
	3631 路桥接口材料	包含支座、伸缩缝等

3601 道路管井、沟槽等构件
● **类别定义**

包含道路井圈、井盖、井环盖、混凝土装配式预制井体、井盖座、混凝土排水沟槽、电缆沟槽等。

◇不包含

--混凝土排水管，在14管材中体现。

● **常用参数及参数值描述**

类别编码	类别名称	特征	常用特征值	常用单位
3601	道路管井、沟槽等构件	品种	道路井圈、井盖、井环盖、混凝土装配式预制井体、井盖座、混凝土排水沟槽、排水箅子	套、m²
		材质	铸铁、钢筋混凝土、混凝土、再生树脂复合材料、钢纤维混凝土、聚合物基复合材料	
		规格	320×500×18、490×500×18、φ300、φ400、φ500、φ600	
		荷载等级（t）	6（人行道）、10（超轻型）、15（轻型）、21（中型）、36（重型）、40（加强型）、50（超重型）	

● **参照依据**

EN 124 车道步行道的泄水沟盖和检查井盖

CJ/T 3012－93 铸铁检查井盖

CJ/T 121－2000 再生树脂复合材料检查井盖

JC 889－2001 钢纤维混凝土检查井盖

CJ/T 211－2005 聚合物基复合材料检查井盖

CJ/T 130－2001 再生树脂复合材料水箅

JC 948－2005 钢纤维混凝土水箅盖

CJ/T 212－2005 聚合物基复合材料水箅

3603 土工格栅
● **类别定义**

用聚丙烯、聚氯乙烯等高分子聚合物经热塑或模压而成的二维网格状或具有一定高度的三维立体网格屏栅，当作为土木工程使用时，称为土工格栅。

按材质土工格栅分为塑料土工格栅、钢塑土工格栅、玻璃纤维土工格栅和玻纤聚酯土工格栅四大类。

● **常用参数及参数值描述**

类别编码	类别名称	特征	常用特征值	常用单位
3603	土工格栅	品种	单向塑料土工格栅、双向塑料土工格栅、涤纶土工格栅、玻璃纤维土工格栅、钢塑土工格栅、复合土工格栅	m²
		格栅规格（m）	4×20、4×30、4×50	
		网孔规格（mm）	40×40、40×33	

● 参照依据

GB/T 17689－2008 土工合成材料　塑料土工格栅

3605　路面砖

● 类别定义

路面砖一般是混凝土路面砖、陶瓷路面砖；按路面砖形状分为普通型路面砖和联锁型路面砖。

（1）常用的规格

边长（mm）：100，150，200，250，300，400，500。

厚度（mm）：50，60，80，100，120。

（2）抗压强度等级：

分为CC30、CC35、CC40、CC50、CC60。

（3）质量等级：符合规定强度等级的路面砖，根据外观质量、尺偏差和物理性能分为优等品（A）、一等品（B）和合格品（C）。

● 常用参数及参数值描述

类别编码	类别名称	特征	常用特征值	常用单位
3605	路面砖	品种	普通路面砖、渗水砖、盲人步行砖、树池砖	m²
		材质	混凝土、水泥、陶瓷	
		规格	250×250×50、250×15×50、250×250×50、250×300×50	
		抗压强度	CC30、CC35、CC40、CC50、CC60	

● 参照依据

JC/T 446－2000 混凝土路面砖

GB 28635－2012 混凝土路面砖

3607　路面天然石构件

● 类别定义

主要指用于市政或园林的路面石构件，包括侧缘石、路缘石等。

● 常用参数及参数值描述

类别编码	类别名称	特征	常用特征值	常用单位
3607	路面天然石构件	品种	侧缘石、路缘石、路牙石	m²、块
		规格	500×300×120、120×350×495、120×250×497、100×300×495	

3609　广场砖

● 类别定义

广场砖是指用于铺设各种公共露天场所的砖块，一般由陶瓷或混凝土加工而成，也有用人造石材加工的。混凝土路面砖是指以水泥和密实骨料为主要原材料，经加压或振动加压或其他成型工艺制成的，用于铺设人行道和车行道的混凝土路面砖（简称混凝土路面砖）。

● **常用参数及参数值描述**

类别编码	类别名称	特征	常用特征值	常用单位
3609	广场砖	材质	瓷质、瓷质仿麻石、混凝土、花岗岩	m²、块
		规格	60×60×13、108×108×15、118×110×18	
		图案	拼图、不拼图	

● **参照依据**

GB/T 4100－2006 陶瓷砖

3611 防撞装置

● **类别定义**

在路面或公共场合，用来起防撞、缓冲的装置叫防撞装置，包括防撞条、防撞扶手、防撞护栏、防撞桶、防撞杠等。

● **常用参数及参数值描述**

类别编码	类别名称	特征	常用特征值	常用单位
3611	防撞装置	品种	橡胶防撞条、防撞扶手、防撞桶、防撞杠、防撞开关	套
		规格	500×500、500×1000、580×800、580×820、900×900	

3613 隔离装置

● **类别定义**

指在紧急情况下，用于疏散人群或其他动物的隔离系统，包括隔离栏杆、汽车道闸等。

● **常用参数及参数值描述**

类别编码	类别名称	特征	常用特征值	常用单位
3613	隔离装置	品种	固定隔离桩、活动隔离桩、链杆标志柱、隔离护栏	m
		规格	$\phi 90×500$、$\phi 110×500$、750mm	

3621 交通（安全）标志

● **类别定义**

主要是指一些交通标志版、牌、轮廓标志等。

● **常用参数及参数值描述**

类别编码	类别名称	特征	常用特征值	常用单位
3621	交通（安全）标志	品种	交通标志牌（板）、轮廓标、道口标、弹性导标杆	个、m²
		用途	禁止通行标志、交通指示标志、限速牌	
		规格	800×800、150×70×50、500×150	

● **参照依据**

GB 5768.1~5768.3-2009 道路交通标志和标线

3623 车位锁

● **类别定义**

为了防止别人占用私家停车位置或者为了防盗，需要占位或加固车所使用的锁具。

● **常用参数及参数值描述**

类别编码	类别名称	特征	常用特征值	常用单位
3623	车位锁	品种	O 型车位锁、K 型车位锁、遥控车位锁、三角形型车位锁、大钳式车位锁	套
		规格	500×700mm、500×600mm、1150×250mm、1000×250mm	

3625 交通岗亭

● **类别定义**

为交通警察及社区的保安人员设置的值班岗亭。

● **常用参数及参数值描述**

类别编码	类别名称	特征	常用特征值	常用单位
3625	交通岗亭	品种	彩钢板岗亭、不锈钢岗亭、玻璃钢保安房、铝塑板岗亭	套
		规格	1200×1500×2400（mm）、1500×2200×2400（mm）、1850×550×980（mm）、2200×1500×2400（mm）、2500×1500×2400（mm）	

3627 护栏、防护栏、隔离栅

● **类别定义**

护栏，也叫防护栏或隔离栅，主要用于工厂、车间、仓库、停车场、商业区、公共场所等场合中对设备与设施的保护与防护。

● **常用参数及参数值描述**

类别编码	类别名称	特征	常用特征值	常用单位
3627	护栏、防护栏、隔离栅	品种	护栏、隔离栅	m²、m
		材质	铝合金、玛钢类（球墨铸铁）、碳钢、不锈钢、塑钢、锌钢	
		表面处理	全自动静电粉末喷涂（即喷塑）、喷漆、电镀锌	
		规格	分别描述网格尺寸、钢丝直径、护栏高度、立柱间距	

3629 其他交通设施

● 类别定义

指以上没有包含的其他市政材料。

● 常用参数及参数值描述

类别编码	类别名称	特征	常用特征值	常用单位
3629	其他交通设施	品种	塑料道钉、铸铝道钉、车轮定位器、室内广角镜、橡胶减速带、橡胶护墙角、橡胶路椎、塑料路	套、m²
		规格	50cm、60cm、70cm	

3631 路桥接口材料

● 类别定义

指路面、桥梁接口处使用的材料，包含桥梁支座、伸缩缝、变形缝材料。

● 常用参数及参数值描述

类别编码	类别名称	特征	常用特征值	常用单位
3631	路桥接口材料	品种	板式橡胶支座、盆式橡胶支座、QZ橡胶球型支座、伸缩缝、变形缝	个、套
		支座形式	四氟矩形滑板板式（GJZ）、圆形（GYZ）、球冠圆板式、圆板坡形	
		规格	矩形：$L_a \times L_b \times \delta$ 圆形：$d \times \delta$	
		型号	GPZ、GPZ（Ⅱ）、GPZ（KZ）	
		位移形式（方向）	固定（GD）、单向活动（DX）、双向活动（SX）、纵向（ZX）	
		材质种类	有丁腈橡胶（NRB）、氟橡胶（FKM）、硅橡胶（VMQ）、乙丙橡胶（EPDM）、氯丁橡胶（CR）、丁基橡胶（BU）、聚四氟乙烯（PTFE）、天然橡胶（NR）	
		竖向承载力（kN）	1000、1500、2000、2500、3000、4000、5000、6000、7000、8000、9000、10000、12500、15000、17500、20000kN	

● 参照依据

GB 20688.2-2006 橡胶支座 第2部分：桥梁隔震橡胶支座

37 轨道交通专用材料

● 类别定义

特指城市轨道专用材料，包含轨道用材料。按照城市轨道的系统构成分为：轨道、车辆段器材、信号设备器材、车辆设备器材、接触网零配件、轨道用工器具（包含仪器仪表）、轨道管线等。

城市轨道用设备按照城市轨道的系统构成分为：基础设备系统、通信设备、车辆设备、电源设备、防雷设备等。

◇ 不包含

………轨道专用的接触网立柱，应按 3.5 及 3.35 相应规定执行。

………轨道信号用管材料，应按 3.18 相应分。

………轨道用仪器仪表，应按 3.49 相应分类规定执行。

………信号灯参加 3.26 大类的 2537 类相关规定。

………电源变压器详见 5543 类相关描述。

● **类别来源**

类别来源于实际的城市轨道专用材料，具体二级子类的确定参考了相关的国家标准及相关企业标准如：（北京市地方标准《城市轨道交通设施设备分类及代码》DB 11/T 717－2010）。

● **参照依据**

GB 50157－2013 地铁设计规范

● **范围描述**

范围	二级子类	说 明
轨道、车辆段器材	3701 钢轨	包含轻轨、重轨、起重钢轨
	3705 轨枕（岔枕）	包含钢筋混凝土、木质、特种混凝土等轨枕
	3707 道岔	包含单开道岔、双开道岔、三开道岔、复试交叉道岔等
	3708 鱼尾板	包含扁平型、角型等不同形状的鱼尾板
	3709 轨道用辅助材料	包含防爬器、防爬杆、调节器、滑动式车挡等
	3711 轨道用工器具	包含手板钻、双规阻车器、单轨阻车器、液压弯轨机、立式扳道器、齿条式起道机等
道口信号器材	3721 道口信号器材	包含信号标志、信号机梯子、道口信号机、道口控制盘、道口收发器、道口控制箱、道口闪光器、设备支架、电动栏木、语言报警器、道口器材箱等
	3723 信号线路连接附件	包含接触线固定夹板、接地膨胀连接板、头挂环、接头扣板、中间扣板、电缆托板（三线）、电缆托板、托板托架、电缆固定架、固定底座、跳线肩架、铜连接板、避雷器连接板、电缆固定夹、电缆固定夹板、电缆固定抱箍、单耳连接器、承锚抱箍、接地线、接地夹、规矩杆安装装置、腕臂及支柱装配配件等
车载定位装置	3725 车载定位装置	配件包含定位管、定位器等
	3727 其他轨道信号器材	包含接触线、接地模块、接线模块、模拟盘、防爬器、匹配单位等
	3731 车载设备配线装置	包含 ATP/ATO 车载设备配线及连接电缆、车载测速校准设备配线及连接电缆、车载天线设备配线及连接电缆、司机操作显示单元设备配线及连接电缆等
	3733 接触网零配件	包含接触悬挂装置、支持装置等

3701 钢轨

● **类别定义**

钢轨是铁路轨道的主要组成部件。它的功用在于引导机车车辆的车轮前进，承受车轮的巨大压力，并传递到轨枕上；钢轨以每米大致重量的公斤数，可分为起重机轨（吊车轨）、重轨与轻轨三种。

钢轨的类型通常按照每米的质量来分类：我国钢轨分为 43kg/m、50kg/m、60kg/m、75kg/m。

● **常用参数及参数值描述**

类别编码	类别名称	特征	常用特征值	常用单位
3701	钢轨	品种	钢轨（重轨）、起重机轨、轻轨	根、t
		材质	U71Mn、 U75V、 900A、 U76NbRE、 U71Cu、 Q71Mn、U70MnSi、Q253、55Q	
		总长度	5m、 6m、 7m、 8m、 9m、 10m、 12m	
		比重	38kg、43kg、45kg、50kg、60kg	

● **参照依据**

GB 2585－2007 铁路用热轧钢轨

YB/T 5055－1993 起重机钢轨

JISE1101 普通钢轨

3705 轨枕（岔枕）

● **类别定义**

在轨道结构中，轨枕的功用是承受来自于钢轨上的各种力，并传递至道床，同时轨枕还起着保持钢轨方向、轨距和固定位置等作用。轨枕是铁路配件的一种；轨枕按照材质划分有木质轨枕、混凝土轨枕、塑料轨枕、钢质轨枕等。

● **常用参数及参数值描述**

类别编码	类别名称	特征	常用特征值	常用单位
3705	轨枕（岔枕）	品种	普通轨枕、岔枕、桥枕	组
		材质	木质轨枕、混凝土轨枕、塑料轨枕	
		规格	规格：宽度×厚度：16×22、14.5×20、16×24	
		长度	2.5m	
		级别	Ⅰ型、Ⅱ型、Ⅲ型	

● **参照依据**

TB/T 3172－2007 防腐木枕

3707 道岔

● **类别定义**

道岔是一种使机动车辆从一股道转入另一股道的线路连接设备，通常在车站、编组站大量铺设。有了道岔，可以充分发挥线路的通过能力。

● 常用参数及参数值描述

类别编码	类别名称	特征	常用特征值	常用单位
3707	道岔	品种	交叉渡线、复式交分道岔、浮放道岔、单开道岔、双开道岔（对称道岔）	组
		材质	混凝土、木质	
		代号	9#、12#、18#、24#、42#、50#	
		比重	60kg、75kg	

● 参照依据

TB/T 3080-2003 混凝土岔枕技术条件

3708 鱼尾板

● 类别定义

鱼尾板（轨道接头夹板）俗称道夹板，在轨道接头处起连接作用；分为轻轨、重轨和起重轨。

● 常用参数及参数值描述

类别编码	类别名称	特征	常用特征值	常用单位
3708	鱼尾板	适用钢轨比重	8kg、9kg、12kg、15kg、18kg、22kg、24kg、30kg、38kg、43kg、50kg、60kg、QU70、QU80、QU100、QU120	组
		规格	长×宽×厚	
		材质	球墨铸铁、Q235轧制、Q235锻造	

3709 轨道用辅助材料

● 类别定义

包含轨道用的一些配件材料，包含调节器、防爬器托架、挡车器、钢轨距杆、轨枕包套、钢轨扣件等。

● 常用参数及参数值描述

类别编码	类别名称	特征	常用特征值	常用单位
3709	轨道用辅助材料	品种	调节器、防爬器托架、挡车器、钢轨距杆、轨枕包套、钢轨扣件、底座、道闸拉杆、锚固底座	组
		用途	调节器、桥面用、桥头用托架、接线盒托架、馈电单元托架、信号机托架、车体接地板托架 挡车器、月牙式挡车器、滑动式挡车器	
		规格	调节器：±500、±1000 防爬器：60kg、50kg、43kg	

● 参照依据

TB/T 1780-1986 普通轨距杆

3711 轨道用工器具

● 类别定义

进行轨道安装、检测使用的器具，称之为轨道用工器具；包含阻车器、手板钻、液压弯轨机、扳道器等。

● 常用参数及参数值描述

类别编码	类别名称	特征	常用特征值	常用单位
3711	轨道用工器具	品种	手板钻、双规阻车器、单轨阻车器、液压弯轨机、立式扳道器、齿条式起道机	台、套、个
		规格	990×555×183	
		参数描述	弯轨机：最大弯轨力矩：88kN·m 油缸直径：70mm 质量：100kg	

3721 道口信号器材

● 类别定义

铁道口使用的相关信息器材，统一放入此类下。具备包含道口信号机、道口控制盘、道口收发器、道口控制箱、道口闪光器等。

● 常用参数及参数值描述

类别编码	类别名称	特征	常用特征值	常用单位
3721	道口信号器材	品种	道口信号机、道口控制盘、道口收发器、道口控制箱、道口闪光器、设备支架、电动栏木、语言报警器、道口器材箱	套、个、架
		用途	色灯信号机镀锌梯子、LED信号机镀锌梯子、机柱use镀锌梯子、色灯信号机镀锌梯子、LED信号机镀锌梯子、雷达设备安装支架、加速度计安装支架、车载天线安装支架	
		规格	8.5m、11m	

● 参照依据

GB 10493-1989 铁路站内道口信号设备技术条件

3723 信号线路连接附件

● 类别定义

铁路信号线路使用的相关连接附件材料，区别于29电气线路敷设材料类。

● 常用参数及参数值描述

类别编码	类别名称	特征	常用特征值	常用单位
3723	信号线路连接附件	品种	接触线固定夹板、接地膨胀连接板、头挂环、接头扣板、中间扣板、电缆托板（三线）、电缆托板、托板托架、电缆固定架、固定底座、跳线肩架、铜连接板、避雷器连接板、电缆固定夹、电缆固定夹板	件、个、套
		规格	标称截面为257mm²	
		材质	木质、不锈钢、陶瓷	

3725 车载定位装置

● **类别定义**

使车载的接触线始终在受电弓滑板的工作范围内，保证良好取流，避免脱弓；并且使其出现在直线区段的"之"字力、曲线区段的水平力及风力传递给腕臂的相关器材称之为定位装置材料。

定位器：通过定位线夹把接触器固定在一定的位置上，并承受接触线的水平线力。

● **常用参数及参数值描述**

类别编码	类别名称	特征	常用特征值	常用单位
3725	车载定位装置	品种	腕臂、支柱装配配件、正定位、反定位腕臂、正定位悬挂、定位环、定位钩、定位管、定位线夹	个、套
		规格		
		材质	铝、钢制、不锈钢	
		外部形状	A 型、B 型	

● **参照依据**

TB/T 2075－2010　电气化铁道接触网零部件

3727 其他轨道信号器材

● **类别定义**

在轨道信号器材及线路连接附件类别中没有包含的信号器材，均放入此类，包含：接触线、接地模块、接线模块、卡接式接线模块、接地极、模拟盘、匹配单元等。不包含电线电缆材料类，均放入 28 电线电缆下。

● **常用参数及参数值描述**

类别编码	类别名称	特征	常用特征值	常用单位
3727	其他轨道信号器材	品种	接地模块、接线模块、卡接式接线模块、接地极、模拟盘、匹配单元	块、个、套
		规格	500×400×60	
		材质	铜、铜银合金、高强度铜银合金、铜锡合金、铜镁合金、高强度铜镁合金	

● **参照依据**

GB/T 21698－2008　复合接地体技术条件

3731 车载设备配线装置

● **类别定义**

轨道车辆相关设备使用的配线装置包含 ATP/ATO 车载设备配线及连接电缆、车载测速校准设备配线及连接电缆、车载天线设备配线及连接电缆、司机操作显示单元设备配线及连接电缆等如下。

● 常用参数及参数值描述

类别编码	类别名称	特征	常用特征值	常用单位
3731	车载设备配线装置	品种	ATP/ATO车载设备配线及连接电缆、车载测速校准设备配线及连接电缆、车载天线设备配线及连接电缆、司机操作显示单元设备配线及连接电缆	套
		规格		

3733 接触网零配件

● 类别定义

除定位装置以外的其他类别的材料均放入此类下。

● 常用参数及参数值描述

类别编码	类别名称	特征	常用特征值	常用单位
3733	接触网零配件	品种	吊弦、承力索、水平拉杆、悬式绝缘子串、棒式绝缘子、水泥支柱、钢柱、钢筋混凝土支柱	套
		规格		
		材质	木质、不锈钢、陶瓷	

3.3 配合比材料

80 混凝土、砂浆及其他配合比材料

● 类别定义

这儿指的配比材料为广义上的配比材料，是由两种以上（包含两种）基础材料组成的新的材料。狭义的配比材料指的是由胶凝材料、骨料材料、外加剂、水硬化而成的材料。配比材料包括：砂浆、混凝土、垫层材料等。

● 类别来源

各种配合比是根据现行规范、标准编制的，作为确定定额消耗量的基础。各项配合比均参照以下规范或标准进行编制。

JGJ 55-2011　普通混凝土配合比设计规程

JGJ/T 98-2010　砌筑砂浆配合比设计规程

GB 50204-2002　混凝土结构工程施工质量验收规范（2010年版）

JG/T 230-2007　预拌砂浆

● 范围描述

范围	二级子类	说　明
砂浆配比	8001　水泥砂浆	包括砌筑水泥砂浆、抹灰水泥砂浆不同配合比例的砂浆
	8003　石灰砂浆	包括不同比例的石灰砂浆
	8005　混合砂浆	包括水泥石灰砂浆、砂混合砂浆、聚合物水泥砂浆、麻刀混合砂浆、水泥石英砂混合砂浆等
	8007　特种砂浆	包括树脂砂浆、其他一些特种砂浆
	8009　其他砂浆	
灰浆、水泥浆及石子浆	8011　灰浆、水泥浆	包括石膏浆、水泥浆等
	8013　石子浆	包括石膏抹灰、装饰砂浆
胶泥、脂、油	8015　胶泥、脂、油	包含水玻璃胶泥、环氧树脂胶泥、双酚 A 型不饱和聚酯胶泥等
混凝土配比	8021　普通混凝土	半干硬性混凝土、低流动性混凝土、塑性混凝土
	8023　轻骨料混凝土	包括普通预拌混凝土、高强预拌混凝土、豆石预拌混凝土、陶粒预拌混凝土
	8025　沥青混凝土	粗粒式沥青混凝土、中粒式沥青混凝土、细粒式沥青混凝土、多碎石沥青混凝土面层（SAC）、改性沥青混凝土乳化沥青混凝土
	8027　特种混凝土	包含耐火、耐油、防辐射等混凝土
	8028　自密实混凝土	包含不同强度等级的自密实混凝土
	8029　其他混凝土	包括铁屑、纤维、泡沫、加气水泥混凝土等
	8030　其他胶凝混凝土	包含石膏、水玻璃、硫黄等胶泥混凝土
垫层材料	8031　灰土垫层	包括基础灰土垫层、道路灰土垫层、地面灰土垫层
	8033　多合土垫层	包括炉渣、碎砖、碎石等的三合土、四合土等
	8035　其他垫层材料	黏土垫层

概念：什么是砂浆？

指砌筑、抹灰、填充等用到的砂浆和灰土拌合料；建筑砂浆在建筑工程中是一项用量大，用途广的天然胶凝材料，它的材料组成是由水泥、石灰（石膏）及细骨料（砂）组成。配制好的砂浆可以将单块的砖块、石块、混凝土块、空心砌块等胶结在一起，构成整体。亦可起保护结构和美观的效果。一般按照用途分为砌筑砂浆、地面砂浆、抹灰砂浆三种。

预拌砂浆与传统砂浆对应关系：

种　类	预拌砂浆	传统砂浆
砌筑砂浆	DMM5.0、WMM5.0 DMM7.5、WMM7.5 DMM10、WMM10	M5.0 混合砂浆、M5.0 水泥砂浆 M7.5 混合砂浆、M7.5 水泥砂浆 M10 混合砂浆、M10 水泥砂浆
抹灰砂浆	DPM5.0、WPM5.0 DPM10、WPM10 DPM15、WPM15	1：1：6 混合砂浆 1：1：4 混合砂浆 1：3 水泥砂浆
地面砂浆	DSM20、WSM20	1：2 水泥砂浆

8001 水泥砂浆

● 类别定义

水泥砂浆是由水泥与砂按一定的比例混合而成，一般是用来砌砖和抹灰用的；基础以下部位、承重墙部位一般要求用水泥砂浆，强度一般要求在 M10 以上；水泥砂浆按照用途分为抹灰砂浆、砌筑砂浆、勾缝砂浆、装饰砂浆等。

1. 抹灰砂浆

抹灰砂浆的品种和强度等级应按设计要求选用，当设计图纸以砂浆组分比例表示时，可按下表换算成强度等级。

组分比例	强度等级
1∶1∶6 混合砂浆	M5
1∶1∶4 混合砂浆	M10
1∶3 水泥砂浆	M15
1∶2 水泥砂浆，1∶2.5 水泥砂浆；1∶1∶2 混合砂浆	M20

注：表中组分比例为体积比，水泥砂浆的组分比为水泥∶砂，混合砂浆的组分比为水泥∶石灰∶砂。

常用的抹面水泥砂浆的配合比为：

抹面砂浆配合比

种类 P	配合比（体积比）	1立方米砂浆材料用量		
		325 号水泥（kg）	中砂（kg）	水（m³）
水泥砂浆	1∶1.0	812*	0.680	0.359
	1∶2.0	517	0.866	0.349
	1∶2.5	438	0.916	0.347
	1∶3.0	379	0.953	0.345
	1∶3.5	335	0.981	0.344
	1∶4.0	300	1.003	0.343

2. 砌筑砂浆

砌筑砂浆用于砖石砌体，其作用是将单个砖石胶结成为整体，并填充砖石块材间的间隙，使砌体能均匀传递载荷。按配料的成分来分，有水泥砂浆、石灰砂浆、混合砂浆（又称胶泥灰）等。常用的砌筑砂浆的配合比组成：

砌筑砂浆配合比

种类	砂浆标号及配合比（重量比）	材料用量（公斤/立方米）	
		325 号水泥	中砂
水泥砂浆	M5（1∶7.0）	180	1260
	M7.5（1∶5.6）	243	1361
	M10（1∶4.8）	301	1445

● 常用参数及参数值描述

类别编码	类别名称	特征	常用特征值	常用单位
8001	水泥砂浆	品种	耐碱水泥砂浆、膨胀水泥砂浆、防水水泥砂浆、白水泥砂浆、珠光灰水泥砂浆、耐热水泥砂浆	m³
		强度等级	M1、M5.0、M25、M30、M40、M7.5、M20、M15、M12.5、M10、M5、M2.5	
		用途	装饰、地面、抹灰、砌筑、粘结、接缝	
		供应状态	工地现场搅拌、预拌湿砂浆、预拌干砂浆包装、预拌干砂浆散装	
		砂种类	中砂、特细砂、细砂	
		配合比	1:0.2:2.5、1:4、1:3.5、1:3、1:2.5、1:2、1:1	

8003 石灰砂浆

● 类别定义

石灰砂浆由石灰、砂子和水三种材料组成；石灰砂浆有时用于砌筑简易工程，但是一般情况下石灰砂浆都是应用抹面。

● 常用参数及参数值描述

类别编码	类别名称	特征	常用特征值	常用单位
8003	石灰砂浆	品种	石灰砂浆、麻刀石灰砂浆、纸筋石灰砂浆、石灰黏土砂浆、石膏砂浆	m³
		强度等级	M7.5、M1、M5、M10、M2.5	
		用途	抹灰、地面、砌筑	
		供应状态	预拌干砂浆散装、预拌干砂浆包装、预拌湿砂浆、工地现场搅拌	
		砂种类	中砂、特细砂、细砂	
		配合比	1:1.5、1:0.3、1:1、1:3.5、1:0.5、1:3、1:2.5、1:4、1:0.3:4、1:2	

8005 混合砂浆

● 类别定义

砂浆中加入水泥，又加入白灰的，或者加入其他纤维掺合料叫"混合砂浆"；砌筑工程上常用的水泥石灰砂浆（混合砂浆）标号有 M1、M2.5、M5、M7.5、M10 等，抹面水泥混合砂浆一般用体积比表示。

● 常用参数及参数值描述

类别编码	类别名称	特征	常用特征值	常用单位
8005	混合砂浆	品种	水泥石灰麻刀浆、水泥纸筋石灰浆、水泥石膏砂浆、石油沥青砂浆、水泥石灰砂浆、水泥石英砂混合砂浆	m³
		强度等级	M1、M25、M20、M15、M7.5、M2.5、M10、M5	

类别编码	类别名称	特征	常用特征值	常用单位
8005	混合砂浆	用途	砌筑、地面、抹灰	m³
		供应状态	预拌湿砂浆、工地现场搅拌、预拌干砂浆散装、预拌干砂浆包装	
		砂种类	中砂、特细砂、细砂	
		配合比	1：0.2：1.5、1：2：4、1：0.5：0.5、1：0.1：2.5、1：0.2：2、1：0.3：3、1：0.3：4、1：0.5：1、1：0.5：3、1：0.5：4、1：0.5：5、1：1：1、1：1：2、1：1：4、1：1：6、1：2：1、1：2：8、1：3：9、1：1：3	

8007 特种砂浆

● 类别定义

指有一些特殊功能的砂浆，例如：树脂砂浆、水玻璃砂浆、聚酯砂浆等。

● 常用参数及参数值描述

类别编码	类别名称	特征	常用特征值	常用单位
8007	特种砂浆	品种	耐酸水泥石英砂浆、水玻璃砂浆、防静电水泥砂浆、107胶水泥砂浆、沥青膨胀珍珠岩、TG胶水泥砂浆、石英耐酸砂浆、沥青耐酸砂浆、双酚A不饱和聚酯砂浆、二甲苯不饱和聚酯砂浆、环氧煤焦油砂浆、沥青珍珠岩、环氧呋喃树脂砂浆	m³
		配合比	4#、70：30：5、200：400、1：0.3：1.5：3.121、1：2：6、1：0.533：0.533：3.121、1：3：2.6：7.4、1：4：0.8、1：9：3.5、1：0.2：2、1：0.2：2.5、1：2.5：5、1：0.25：2.5：1、1：2：1、1：1、1：2.5、1：0.18：1.2：1.1、1：0.15：0.5：0.5、1：0.6：0.5：0.5、1：0.08：0.1：1	
		供应状态	预拌干砂浆包装、工地现场搅拌、预拌湿砂浆、预拌干砂浆散装、环氧乳液	
		用途	砌筑、地面、抹灰	

8009 其他砂浆

● 类别定义

以上没有包含的砂浆类别，例如：菱苦土砂浆、黏土砂浆等。

8011 灰浆、水泥浆

● 类别定义

由水泥、石灰、石膏等胶凝材料加水拌合而成的浆状混合料，用于粉刷或灌缝。

● 常用参数及参数值描述

类别编码	类别名称	特征	常用特征值	常用单位
8011	灰浆、水泥浆	品种	素石膏浆、石棉水泥、聚合物水泥灰浆、聚合物加固砂浆、掺灰泥、滑秸掺灰泥、水泥珍珠岩浆、月白灰、红麻刀灰、白麻刀灰、麻刀灰、月白麻刀灰、纸筋灰、白水泥浆、水泥浆、石膏纸筋浆	m³
		配合比	4：6、1：12、1：8、1：10、2：1、3：7、5：5	

8013 石子浆

● **类别定义**

用石子、水泥拌合而成的材料叫石子浆配合比材料、包括白石米石子浆、水刷石石子浆、水泥碎石石子浆等。

● **常用参数及参数值描述**

类别编码	类别名称	特征	常用特征值	常用单位
8013	石子浆	品种	水磨石渣浆、水泥碎石子浆、水刷石子浆、水泥蛭石、触变泥浆、白水泥石子浆、护壁泥浆、青水泥石渣浆、水磨石子浆	m³
		配合比	1:2.5、1:2、1:1.75、1:1.5、1:1、1:12、1:10、1:3、1:1.25	

8015 胶泥、脂、油

● **类别定义**

1. 树脂胶泥是以树脂为主剂，配以促进剂等一系列助剂，经混合固化后形成一种高强度、高粘结力的固结体；按照胶泥成分类如下表：

胶泥名称	特 性	用 途
硅质胶泥	耐强氧化性酸，非氧化性酸，良好的耐高温性能；耐冷热急变；耐磨不耐氢氟酸，氟硅酸及碱和碱性盐溶液	衬砌设备衬里、地坪等
环氧树脂胶泥	耐非氧化性酸、碱和碱性盐溶液；耐热性和耐油性好；粘结强度高。不耐强氧化性酸	设备衬里、勾缝振动角强部位的衬砌
酚醛树脂胶泥及改性酚醛树脂胶泥	耐大部分无机酸、有机酸、盐类及部分溶剂等。不耐强氧化性酸及碱溶液	设备衬里、地坪
呋喃树脂胶泥	耐无机酸、碱及碱性盐溶液；耐盐及部分溶液；具有良好的耐热性。粘结强度较差；不耐强氧化性酸	小型设备衬里；勾缝或灌缝
环氧呋喃树脂胶泥	提高了环氧胶泥耐腐蚀性能和耐热性能	设备衬里；勾缝
沥青胶泥	不耐中等浓度非氧化性酸、碱及盐；防渗性好。耐热性差；常温使用	作隔离层；硅质混凝土防渗夹层；地坪
硫黄胶泥	耐非氧化性酸和部分有机溶剂及盐类；抗渗性好；固化块；强度高；有良好的绝缘性	使用温度低于 90℃ 的坑槽池的衬里；适用于抢修工程；在不易施工部位灌筑

2. 脂类材料主要指沥青玛蹄脂；沥青玛蹄脂（SMA）是一种由沥青、纤维稳定剂、砂粉及少量的细集料组成的沥青玛蹄脂填充间断级配的粗集料骨架间隙组成一体的沥青混合料。

● 常用参数及参数值描述

类别编码	类别名称	特征	常用特征值	常用单位
8015	胶泥、脂、油	品种	二甲苯不饱和聚酯胶泥、沥青耐酸胶泥、胶泥、双酚A不饱和聚酯胶泥、环氧烯胶泥、石英耐酸胶泥、耐酸沥青胶泥、水玻璃稀胶泥、水玻璃胶泥、树脂胶泥、辉绿岩耐酸胶泥、沥青玛蹄脂	m³
		配合比	1∶0.39∶0.058、1∶0.06∶0.08∶1.8、1#∶2#∶4#、0.7∶0.3∶0.06∶0.05∶1.7、6∶4∶0.2、1∶0.35∶0.6∶0.06、1∶8、1∶10、1∶12、3∶7	
		用途	密封用、导热用、导电、绝用缘胶用、隔热用、减震用、消声用	

8021 普通混凝土

● 类别定义

一、混凝土定义及混凝土分类

1. 定义

广义上：胶凝材料＋外掺料＋必要的化学掺和剂经混合硬化——人造石材

狭义上：水泥＋砂＋石＋水＋外加剂＋外掺料——普通混凝土

2. 分类

混凝土的分类：

（1）按生产和施工方法的不同分为：泵送、喷射、碾压、挤压、压力灌浆、预拌混凝土。

（2）按用途不同分为：结构、防水、道路、水工、耐热、耐酸、防射线、膨胀混凝土。

（3）按所用的胶凝材料的不同分为：水泥、沥青、石膏、水玻璃、硅酸盐及低聚物混凝土等。

3. 混凝土的强度等级按立方体抗压强度标准值 $f_{cu,k}$（95％保证率，强度低于该值的百分率不超过 5％）分为 C7.5、C10、C15、C20、C25、C30、C35、C40、C45、C50、C55、C60 等 12 个等级。

二、水泥混凝土

水泥混凝土：以水泥为胶凝材料，砂子和石子为骨料，经加水搅拌、浇筑成型、凝结固化成具有一定强度的"人工石材"，即水泥混凝土，是目前工程上最大量使用的混凝土品种。"混凝土"一词通常可简作"砼"。

防水混凝土：又叫抗渗混凝土，一般通过对混凝土组成材料的质量改善，合理选择配合比和级料级配，以及掺加适量外加剂，达到混凝土内部密室或是堵塞混凝土内部毛细管道通路，使混凝土具有较高的抗渗性能。按照《地下工程防水技术规范》GB 50108 规定没，涉及抗渗等级有 P6、P8、P10、P12。

● 常用参数及参数值描述

混凝土是当代最大宗的人造材料，也是最主要建筑材料；目前应用到建筑领域的各个建设部位。外加剂在规格参数中可体现，可不体现，所以放入强度等级下。我们常用的混凝土为普通混凝土，对于特殊性能的混凝土只在一定条件下使用，所以我们把普通混凝土与特种混凝土单独列项。

混凝土抗冻性一般以抗冻等级表示。抗冻等级是采用龄期 28d 的试块在吸水饱和后，承受反复冻融循环，以抗压强度下降不超过 25％，而且质量损失不超过 5％时所能承受的最大冻融循环次数来确定的。GB 50164－2011 将混凝土划分为以下抗冻等级：F10、F15、F25、F50、F150、F200、F250、F300 等九个等级，分别表示混凝土能够承受反复冻融循环次数为 10、25、25、50、100、150、200、250 和 300 次。

类别编码	类别名称	特征	常用特征值	常用单位
8021	普通混凝土	品种	半干硬性普通混凝土、低流动性普通混凝土、塑性普通混凝土、防水（抗渗）混凝土、水下混凝土、自密实混凝土、补偿收缩（微膨胀）混凝土、抗冻混凝土	m³
		强度等级	C7.5、C10、C15、C20、C25、C30、C35、C40、C45、C50、C55、C60、C70、C80、C90、C100	
		粗集料最大粒径	砾石10mm、砾石15mm、砾石20mm、砾石40mm、碎石10、碎石15mm、碎石20mm、碎石40mm、碎石60mm、碎石80mm、卵石10、卵石15、卵石20、卵石30、卵石40、卵石80	
		砂子级配	特细砂、细沙、中砂、粗砂	
		抗渗等级	P6、P8、P10、P12、P14、P16	
		抗冻等级	F10、F15、F25、F50、F150、F200、F250、F300	
		水泥强度	32.5、42.5	
		坍落度（mm）	25、50、80、100、120、150、180	
		供应方式	现场搅拌、预拌、预拌泵送	

● 参照依据

GB 50010－2010 混凝土结构设计规范

8023 轻骨料混凝土

● 类别定义

以天然多孔轻骨料或人造陶粒作粗骨料，天然砂或轻砂作细骨料，用硅酸盐水泥、水和外加剂（或不掺外加剂），按配合比要求配制而成的干表观密度不大于 1950kg/m³ 的混凝土。按轻骨料的来源分为：粉煤灰陶粒混凝土、页岩陶粒混凝土、炉（煤）渣混凝土、浮石混凝土等。

● 常用参数及参数值描述

类别编码	类别名称	特征	常用特征值	常用单位
8023	轻骨料混凝土	品种	粉煤灰陶粒混凝土、黏土陶粒混凝土、页岩陶粒混凝土、膨胀珍珠岩混凝土、火山渣混凝土、炉（煤）渣混凝土、浮石混凝土、煤矸石混凝土、珊瑚岩混凝土、石灰质贝壳岩混凝土、泡沫混凝土、加气混凝土、石膏混凝土	m³
		强度等级及配合比	CL5、CL7.5、CL10、CL15、CL20、CL25、CL30、CL35、CL40、CL45、CL50、1:1:1、1:1:1.5、1:1:2、1:2:2、1:2:2.5、1:2:3	

续表

类别编码	类别名称	特征	常用特征值	常用单位
8023	轻骨料混凝土	密度等级（kg/m³）	300、400、500、600、700、800、900、1000、1100、1200、1300、1400、1500、1600、1700、1800、1900	m³
		用途	保温、结构、结构保温	
		供应方式	现场搅拌、预拌、预拌泵送	

● **参照依据**

GB/T 14902 - 2012 预拌混凝土

8025 沥青混凝土

● **类别定义**

1. 定义：经人工选配具有一定级配组成的矿料（碎石或轧碎砾石、石屑或砂、矿粉等）与一定比例的路用沥青材料，在严格控制条件下拌制而成的混合料。

2. 分类：沥青混凝土按所用结合料不同，可分为石油沥青的和煤沥青两大类；有些国家或地区亦有采用或掺用天然沥青拌制的。按所用集料品种不同，可分为碎石的、砾石的、砂质的、矿渣的数类，以碎石采用最为普遍。

● **常用参数及参数值描述**

类别编码	类别名称	特征	常用特征值	常用单位
8025	沥青混凝土	品种	普通沥青混凝土、乳化沥青混凝土、改性沥青混凝土、橡胶沥青混凝土、环氧沥青混凝土、普通沥青彩色混凝土、改性沥青彩色混凝土、多碎石沥青混凝土	m³
		结合料种	石油、煤、天然	
		粗集料规格	砂粒式、细粒式、中粒式、粗粒式	
		规格	AC-16Ⅰ、AC-16Ⅱ、AC-20Ⅰ、AC-20Ⅱ、AC-25Ⅰ、AC-25Ⅱ、AC-30Ⅰ、AC-30Ⅱ	
		性能	耐酸、耐碱、耐热、防腐	

8027 特种混凝土

● **类别定义**

指具有特殊功能的混凝土，按照胶凝材料分类有：水玻璃混凝土、硅酸盐混凝土、聚合物混凝土、钢纤维混凝土、重晶石混凝土、硫黄混凝土等。

● **常用参数及参数值描述**

类别编码	类别名称	特征	常用特征值	常用单位
8027	特种混凝土	品种	有机纤维混凝土、钢纤维混凝土、水玻璃混凝土、防辐射混凝土、重晶石混凝土、硫黄混凝土、铁屑混凝土、聚合物混凝土	m³
		强度等级及配合比	C7.5、C10、C15、C20、C25、C30、C35、C40、C45、C50、C55、C60	
		粗集料成分	花岗岩、石灰石、玄武岩、铁矿石、重晶石、铅渣石、石英石	
		性能	耐火、耐碱、耐油、耐酸、耐热、防射线	
		供应方式	现场搅拌、预拌、预拌泵送	

● **参照依据**

JTG E20-2011 公路工程沥青及沥青混合料试验规程

8028 自密实混凝土

● **类别定义**

是指拌合物具有很高的流动性并且在浇筑过程中不离析、不泌水，能够不经过振捣而充满模板和包裹钢筋的混凝土。

● **常用参数及参数值描述**

类别编码	类别名称	特征	常用特征值	常用单位
8028	自密实混凝土	品种	粉体型自密实混凝土、黏度剂型自密实混凝土、兼用型自密实混凝土	m³
		强度等级	62.3MPa、37.5MPa、53.3MPa	
		抗渗等级	P4、P6、P8、P10、P12	
		自密实等级	中等轻度、低强度	
		供应状态	预拌、现浇	

● **参照依据**

CECS 203-2006 自密实混凝土应用技术规程

8031 灰土垫层

● **类别定义**

灰土垫层是用一定比例的石灰与土，充分拌和，分层回填和压夯实而成。其厚度不小于 100 mm，灰土的配合比一般采用 3:7 或 2:8（石灰:土，体积比），或按设计要求配料。

● **常用参数及参数值描述**

类别编码	类别名称	特征	常用特征值	常用单位
8031	灰土垫层	品种		m³
		配比	2:8、3:7	
		垫层厚度	50mm、100mm、150mm	

● **参照依据**

GB 50202-2002 建筑地基基础工程施工质量验收规范

8033 多合土垫层

● **类别定义**

定义：由石灰、黏土及砂石所组成的垫层成为多合土垫层，按照其中砂石的粒径大小分为有骨料多合土、无骨料多合土两种。

无骨料多合土：由石灰、黏土、体积比较小的砂石或炉渣、碎砖等原材料，按一定的比例混合起来的材料。

有骨料多合土：由石灰、黏土、体积比较大的碎石、碎砖等原材料，按一定的比例混合起来的材料。

● 常用参数及参数值描述

类别编码	类别名称	特征	常用特征值	常用单位
8033	多合土垫层	品种	碎石三合土、碎石四合土、碎砖三合土、碎砖四合土、炉渣四合土、砾石三合土、石灰矿渣	m³
		配比	1:1:4:8、1:1:6:10、1:1:6:12、1:1:8:14、1:3:6、1:4:8、1:1:4:8、1:1:6:10、1:1:6:12、1:1:8:14、1:1:4:8、1:1:6:10、1:1:6:12、1:1:8:14、1:3:6、1:4:8、1:3、1:4、1:6、1:8	
		垫层厚度		

8035 其他垫层材料

● 类别定义

指前面没有包含的垫层材料，例如：黏土垫层、砂子垫层等。

● 常用参数及参数值描述

类别编码	类别名称	特征	常用特征值	常用单位
8035	其他垫层材料	品种	水泥石灰焦渣、石灰焦渣、水泥焦渣、黏土垫层	m³
		配比	1:8、3:7、1:1:8、1:1:10、1:6、1:0.4:1.6	
		垫层厚度	30cm、20cm	

第4章 《建设工程人工材料设备机械数据标准》 GB/T 50851-2013 应用案例解析

4.1 工料机数据标准的应用思路解析

对于工料机信息，首先对其进行标准化拆解，工料机信息从具体应用划分为两部分：工料机本身固有的特征信息（静态特征属性）、在应用过程中形成的特征信息。对于工料机标准分类，关注的更多的是本身固有特征信息分类，遵循分类原则，结合工料机目前信息化应用，选择了混合分类方法，前两级（三级）采用线性分类方法，后三位或（四位）采用面分类方法，这样我们把工料机分为以下几个组成部分构成具体的工料机应用信息：

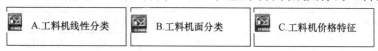

A. 工料机线性分类

遵循线性分类原则，对工料机进行分类，分类共计 51 大类：1 类人工、37 类材料、10 类设备、1 类配合比、2 类机械。

B. 工料机面分类

遵循面分类方法原则，对二级或三级子类进行特征属性描述，描述对象是影响工料机价格的特性属性进行描述，举例说明：0101 钢筋，影响其价格的特征属性有：品种、直径、级别、强度等级、轧机方式、牌号等，结合线面分类，对钢筋进行了具体的分类，详细信息见下图。

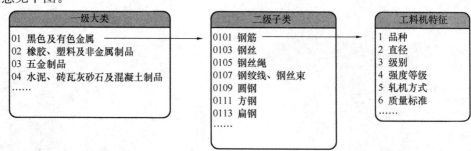

C. 工料机价格特征

在建设项目建造过程中，设计工料机的具体应用很多，设计材料设备选型应用、招投标工料机价格询价应用、施工阶段的材料设备采购应用、施工过程的现场管理应用等；对于不同过程的应用，涉及的具体应用信息存在一定的差异，我们以招投标过程的询价为例说明价格特征因素，对于影响询价的主要因素大致有以下几个方面：报价日期、地区、产地、品牌、供应商名称、价格类型、价格来源等。价格特征确定以后，按照工料机分类标准要求、价格特征要求，形成了具体的工料机价格信息数据库，用来支持后期的数据应用及分析。

4.2 工料机数据价格信息采集案例

案例1：随机于2012年5月，从市场上采集到三条钢材的价格信息，如下：

地区名称	供应商名称	品牌	属性描述					价格
			级别	品种	直径	轧机方式	强度等级	（元/t）
北京	京宏阳永泰钢铁有限公司	宝钢	Ⅰ级	热轧圆盘条	$\phi6.5$	普通线材	HPB235	3600
北京	京宏阳永泰钢铁有限公司	宝钢	Ⅱ级	螺纹钢筋	$\phi10$	普通线材	HRB245	3700
北京	环球贸易有限公司	首钢	Ⅰ级	热轧圆盘条	$\phi6.5$	普通线材	HPB235	3500
……	……	……	……	……				

单位：t

此类价格信息可有成千上万条乃至无穷尽

将上述的"三条普通材料价格信息"按接口标准描述分解：

XML接口描述如下：

＜工料机价格＞

＜工料机工料机类别编码＝"0101"工料机编码＝"01010030"品种＝"热轧圆盘条"级别＝"1级"强度等级＝"HPB235"直径ϕ＝"$\phi6.5$"＞

＜价格价格地区＝"北京"品牌＝"宝钢"单位＝"t"产地＝"价格类型"＝"市场价"报价时间＝"201205"供应商名称＝"京宏阳永泰钢铁有限公司"＞3600＜/价格＞

＜价格价格地区＝"北京"品牌＝"首钢"单位＝"t"产地＝"价格类型"＝"市场价"报价时间＝"201205"供应商名称＝"环球贸易有限公司"＞3500＜/价格＞

＜/工料机＞

＜工料机工料机类别编码＝"0101"工料机编码＝"01010030"品种＝"螺纹钢筋"级别＝"Ⅱ级"强度等级＝"HRB245"直径ϕ＝"$\phi10$"＞

＜价格价格地区＝"北京"品牌＝"宝钢"单位＝"t"产地＝"价格类型"＝"市场价"报价时间＝"201205"供应商名称＝"京宏阳永泰钢铁有限公司"＞3700＜/价格＞

＜/工料机＞

＜/工料机价格＞

备注：XML接口描述说明：

1. 接口包括"工料机"节点和"价格"两个节点，工料机节点描述了工料机的基本特征，价格节点描述了工料机的价格特征，一个工料机节点可以包含多个价格节点。

2. 在工料机节点中，工料机类别编码及工料机编码两个属性描述了此工料机节点中的工料机与工料机库的对应关系。

3. 在工料机节点中，工料机的基本特征是通过XML属性进行描述，如：品种＝"热轧圆盘条"级别＝"1级"强度等级＝"HPB235"直径ϕ＝"$\phi6.5$"，通过XML的自描述特点，每个特征值与其对应的特征直接对应。

4. 由于XML是自描述的，而非结构化的，对于不同的工料机均可进行清晰的描述。

再以阀门、玻璃、电梯的价格信息为例说明。

5. 定额材料 01010030　钢筋 ϕ10 以内单位：t

案例 2：随机于 2012 年 5 月，从市场上采集到三条材料的价格信息，如下：

报价时间	地区名称	供应商名称	品牌	属性描述	价格
2012 年 05 月	北京	上海标一阀门厂北京销售分公司	标一	1. 品种：J4 法兰截止阀 2. 型号：J41T-16 3. 公称直径 DN (mm)：40 4. 公称压力 PN (MPa)：1.6 5. 阀体材质：T 铜合金 6. 结构形式：I 直通式	305
2012 年 05 月	北京	江门恒辉镀膜玻璃有限公司北京分公司		1. 品种：钢化、普通夹层玻璃 2. 厚度 δ (mm)：8＋1.14PVB＋8	280
2012 年 05 月	北京	上海三菱电梯有限公司北京分公司	三菱	1. 额定速度 (m/s)：0.63 2. 额定载重量 (kg)：320 3. 额定人数：10 4. 层站数：8 5. 轿厢尺寸：1600×1400×2350 6. 最大提升高度 (m)：50 7. 驱动方式：交流调压驱动	270000

　　XML 接口描述如下：

　　＜工料机价格＞

　　＜工料机工料机类别编码＝"1901"工料机编码＝"19010001"品种＝"J4 法兰截止阀"型号＝"J41T－16"公称直径 DN（mm）＝"50"公称压力 PN（MPa）＝"1.6"阀体材质＝"T 铜合金"结构形式＝"1 直通式"＞

　　＜价格价格地区＝"北京"品牌＝"标一"单位＝"个"产地＝"价格类型"＝"市场价"报价时间＝"200812"供应商名称＝"上海标一阀门厂北京销售分公司"＞305＜/价格＞

　　＜/工料机＞

　　＜工料机工料机类别编码＝"0609"工料机编码＝"06090010"品种＝"钢化．普通夹层玻璃"级别＝"Ⅰ级"厚度 δ（mm）＝"8＋1.14PVB＋8"＞

　　＜价格价格地区＝"北京"品牌＝"单位"＝"m²"产地＝"价格类型"＝"市场价"报价时间＝"200812"供应商名称＝"江门恒辉镀膜玻璃有限公司北京分公司"＞280＜/价格＞

　　＜/工料机＞

　　＜工料机工料机类别编码＝"5601"工料机编码＝"5601xxxx"额定速度＝"0.63"额定载重量＝"320"额定人数＝"10"层站数＝"8"轿厢尺寸＝"1600×400×350"最大提升高度＝"50"驱动方式＝"交流调压驱动"＞

　　＜价格价格地区＝"北京"品牌＝"三菱"单位＝"台"价格类型＝"市场价"报价时间＝"200812"供应商名称＝"上海三菱电梯有限公司北京分公司"＞270000＜/价格＞

　　＜/工料机＞

　　＜/工料机价格＞

4.3 工料机数据标准在价格信息采集中的应用流程解析

在上述实际案例中，实际上做了以下几步工作：

应用说明：工料机的应用很多，我们以其中的工料机价格信息采集为例，说明工料机价格信息数据与工料机库之间的关系及相关应用说明。

第一步：明确需要采集的材料相关基本特征

明确需要采集的两种不同类型的钢筋材料：

序 号	材料描述	单 位
1	热轧圆盘条 ϕ6.5 HPB235 普线	t
2	螺纹钢筋 Ⅱϕ10 HRB240	t

第二步：确定工料机价格（应用）特征

对于材料询价人员而言，需要明确几个比较关键的指标项需要明确，这些按照日常工作的需要，用户已经形成了约定俗成的表单式描述格式。

报价日期	地区	供应商名称	品牌	单价	计量单位	价格来源	价格类型	产地	……

第三步：对材料具体价格信息进行采集

需要采集价格时间必须是 2008 年 5 月份；具体采集信息如下所示：

序号	材料描述	单位	记录数	价格属性描述							
				报价日期	地区	供应商名称	品牌	单价	价格类型	价格来源	计量单位	产地
1	热轧圆盘条 ϕ6.5 HPB235 普线	t	1	2008年5月份	北京	北京宏阳永泰钢铁有限公司	宝钢	3600	市场价	供应商报价	t	
			2	2008年5月份	北京	宝钢集团北京总经销	鞍钢	3680	市场价	供应商报价	t	
			3	2008年5月份	北京	新华金属制品有限公司	辽钢	3700	市场价	供应商报价	t	
2	螺纹钢筋 Ⅱϕ10 HRB240	t	4	2008年5月份	北京	北京宏阳永泰钢铁有限公司	宝钢	3500	市场价	供应商报价	t	
			5	2008年5月份	北京	宝钢集团北京总经销	鞍钢	3450	市场价	供应商报价	t	
			6	2008年5月份	北京	新华金属制品有限公司	辽钢	3520	市场价	供应商报价	t	

第四步：完成计价编制依据工料机与材料价格信息数据对应

工料机编码	工料机描述	单位	对应设置	价格采集	材料描述	价格属性描述							
				记录号		报价日期	地区	供应商名称	品牌	报价单位	单价	价格类型	价格来源
01010040	钢筋ϕ10以内			1	热轧圆盘条 ϕ6.5 HPB235 普线	2008年5月份	北京	北京宏阳永泰钢铁有限公司	宝钢	t	3600	市场价	供应商报价
				2	热轧圆盘条 ϕ6.5 HPB235 普线	2008年5月份	北京	宝钢集团北京总经销	鞍钢		3680	市场价	供应商报价
01010003	热轧圆盘条ϕ6.5			3	热轧圆盘条 ϕ6.5 HPB235 普线	2008年5月份	北京	新华金属制品有限公司	辽钢	t	3700	市场价	供应商报价
		t		4	螺纹钢筋 Ⅱϕ10 HRB240	2008年5月份	北京	北京宏阳永泰钢铁有限公司	宝钢		3500	市场价	供应商报价
				5	螺纹钢筋 Ⅱϕ10 HRB240	2008年5月份	北京	宝钢集团北京总经销	鞍钢		3520	市场价	供应商报价
				6	螺纹钢筋 Ⅱϕ10 HRB240	2008年5月份	北京	新华金属制品有限公司	辽钢		3600	市场价	供应商报价

备注：计价编制依据工料机：指目前各省市、自治区、直辖市编制消耗量定额使用的人工、材料、设备、机械数据库；上表中的 01010040、01010003 指《建设工程人工材料设备机械数据标准》GB/T 50851－2013 附录 B 中的具体材料信息。

第五步：工料机价格信息数据发布

如果是企业内部发布，数据直接按照内部接口格式进行；如果是政府或第三方组织，在发布专业数据格式的同时，需要同时发布 xml 格式的文件，方便使用企业或个人信息数据共享机交互；具体的数据格式参见《建设工程人工材料设备机械数据标准》GB/T 50851－2013 的 C.2 相关内容，依据接口内容生成的具体 xml 文件格式：

　　XML 接口描述如下：

　　<工料机价格>

　　<工料机工料机类别编码＝"0101"工料机编码＝"01010003"品种＝"热轧圆盘条"直径 φ＝"φ6.5"强度等级＝"HPB235"轧机方式＝"普线">

　　<价格地区＝"北京"品牌＝"宝钢"报价单位＝"t"产地＝"价格类型"＝"市场价"价格来源＝"供应商报价"报价时间＝"201205"供应商名称＝"北京宏阳永泰钢铁有限公司">3600</价格>

　　<价格地区＝"北京"品牌＝"鞍钢"单位＝"t"产地＝"价格类型"＝"市场价"价格来源＝"供应商报价"报价时间＝"201205"供应商名称＝"宝钢集团北京总经销">3680</价格>

　　<价格地区＝"北京"品牌＝"辽钢"单位＝"t"产地＝"价格类型"＝"市场价"价格来源＝"供应商报价"报价时间＝"201205"供应商名称＝"新华金属制品有限公司">3700</价格>

　　</工料机>

　　<工料机工料机类别编码＝"0101"工料机编码＝"01010040"品种＝"螺纹钢筋"级别＝"II 级"强度等级＝"HRB240"直径 φ＝"φ10">

　　<价格地区＝"北京"品牌＝"宝钢"报价单位＝"t"产地＝"价格类型"＝"市场价"价格来源＝"供应商报价"报价时间＝"201205"供应商名称＝"北京宏阳永泰钢铁有限公司">3500</价格>

　　<价格地区＝"北京"品牌＝"鞍钢"单位＝"t"产地＝"价格类型"＝"市场价"价格来源＝"供应商报价"报价时间＝"201205"供应商名称＝"宝钢集团北京总经销">35200</价格>

　　<价格地区＝"北京"品牌＝"辽钢"单位＝"t"产地＝"价格类型"＝"市场价"价格来源＝"供应商报价"报价时间＝"201205"供应商名称＝"新华金属制品有限公司">3600</价格>

　　</工料机>

　　</工料机价格>

4.4　工料机数据标准在招投标中的具体应用案例介绍

4.4.1　材料市场价在广联达计价系列产品中的应用

　　安装广材助手插件以后，运行广联达计价 GBQ4.0 软件，针对定额或清单计价编制过程中，在形成的"人材机汇总"表，当选定一条定额材料时，广材助手的插件模块会自动查询到与当前选定的定额材料相关的数据包材料，可通过点击三种数据包的名称来进行关联材料的切换。

　　例如：编码为 01002 的钢筋材料，规格为 φ10 以外，其关联的数据包材料如下图所示

（注：工程所在为北京地区，定额库使用北京市建设工程预算定额（2001））。

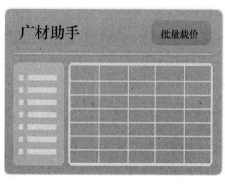

4.4.2 广联达广材助手介绍

广材助手是包含在广联达材料信息服务中的材料应用工具软件，由客户端和插件两个模块组成，能够实现数据包材料信息价，广材价，品牌价查询、批量载价以及数据更新等功能。在广联达计价软件 GBQ4.0 中使用时，更具有操作便捷，简单易用的特点，是从事预算及相关行业人员进行材料查询及应用必不可少的工具。

数据包服务是广联达材料信息服务的重要组成部分，为用户提供信息价、广材综合价以及广材品牌价三种类型的材料进行参考；三种数据包材料都人工进行了二次加工，加工后的材料与定额材料、定额子目都建立了对应关系，确保了材料应用的准确性。数据包材料具有材料真实全面、更新及时、制作专业、应用方便等特点。数据包服务覆盖全国多个地区，当前支持的地区包括北京、河北、辽宁、吉林、河南、重庆、陕西等地，并在持续地增加完善中。一句话，广材助手是专门用来独立查询检索，或嵌入计价软件中查询检索材价信息数据的工具型软件。

4.4.3 广材助手的数据包数据是如何来的

（1）信息价：来源于各个地区造价管理站或协会发布的信息价，经过标准化后和各个地方的定额建立了关联关系，用户使用广联达计划系列的产品时，自动进行无缝关联。

（2）广材综合价：广材综合价作为政府信息价的补充，旨在提供信息价中没有的且占整个工程材料比重较大的材料综合价格，同时按照材料变动周期，定期更新其主材和相应的辅材价格。其价格来源于品牌供应商市场报价、第三方平台报价及我们的 10 多位信息员结合实际工程给予的材料报价，最后再经由我们产品中心按照广材价加工规则计算得出。

加工规则：

规则说明：

- 此类价格不含税、运费、运输损耗、采管
- 此类价格主要来源供应商渠道报价、专家报价、第三方平台报价

计算规则及公式为：

数据源比重：信息员占 50％，运营占 30％，第三方平台占 20％；信息员、运营和第三方各提供 3 个价格。

计算原理：

假设信息员为 X，运营为 Y，第三方平台为 Z

计算公式＝（X 的价格 1＋价格 2＋价格 3）/3×0.5＋（Y 的价格 1＋价格 2＋价格 3）/3×0.3＋（Z 的价格 1＋价格 2＋价格 3）/3×0.2

广材品牌价：是广联达公司的合作供应商根据市场情况报出的市场价格，供应商价格是严格经过一些材料专业人员审核以后进行发布在广材网上（http：//www.gldjc.com/）供广大的造价及材料采购人员查询使用。

4.4.4 材料价格信息服务如何申请才能得到

方式 1：登陆广材网（http：//www.gldjc.com）进入"广材信息服务"板块，选择"在线订购"，按照订购流程进行订购。

方式 2：直接拨打 400－166－166 广材信息服务热线进行订购。

4.5 工料机数据标准在各省市造价管理站中的应用

4.5.1 工料机在定额编制中的地位

建设工程定额反映的生产三要素即劳动消耗量（人工工日数）、材料消耗量和机械台班消耗量三种，这三个消耗量是我们建设工程定额的计价要素。这三个计价要素计算基础分别是劳动定额、材料消耗量定额和机械台班消耗量定额，是建设工程定额的重要组成部分。消耗量定额是以建筑物或构筑物的各个部分、分项工程为对象编制的定额，其内容包括人工、材料及机械台班三部分的消耗量。

计划经济时期，定额计价模式除消耗量定额外还有单位估价表，消耗量定额是确定一

个计量单位的分项工程或结构构件所需各种消耗量标准的文件，而单位估价表则是在消耗量定额所规定的各项消耗量的基础上，根据所在地区的人工工资、物价水平，确定人工工日单价、材料消耗量价格、机械台班消耗量价格，既反映了消耗量定额统一的量，又反映了本地区所确定的价，把量与价的因素有机地结合起来，但重要还是确定人材机三个计价要素的价格问题。

在我国计划经济价格比较稳定的条件下"量"、"价"合一的消耗量定额是比较适用的，政府统一管理价格调价幅度。但随着市场经济的建立和完善，建筑业经营机制的转换，工程招标投标制的广泛推行，建筑市场激烈竞争的存在，"量"、"价"合一的消耗量已阻碍了建筑企业的发展，已不能适应市场经济的需要，从而推行国际通用的工程量清单计价模式，消耗量定额中的"价"仅能作为定额编制期价格水平的参考，具体的人材机单价则由建筑企业根据市场价以及各自用工、进货等情况而定。

在"控制量、放开价、竞争费"的市场经济计价模式中，人材机三大计价要素的价格采集直接影响造价水平以至于建设双方扯皮争议的焦点，作为造价管理部门，在造价日常管理中，应加强造价信息化管理，为社会及时提供动态的造价市场信息。

4.5.2　定额编制使用的工料机为什么要标准化

1. 定额编制使用工料机现状描述

【现状1】材料名称相同、单位不一致如何处理？材料名称、单位一致、单价不一致如何处理？

分析：不要赋予定额编码太多的目的，编码只解决材料的唯一性。（定额单价是由于定额编制过程中是否为计价、未计价产生了不同单价，对于材料本身，应该具备默认有价还是无价状态，而不是产生两个编码不相同的材料）

【现状2】省与省之间计价依据编制的基础数据不具有共享性，因为首先编码不统一。

分析：相同材料在不同省编制定额时，材料名称、型号规则都存在一定的差异性，对于跨地域招投标企业及用户造成工作上的重复。

【现状3】很多材料的规格型号存在重复、交叉现象，例如：热轧圆钢10-14是不是和热轧圆盘条10-14是一个材料？

分析：建筑市场材料价格信息的采集、整理、发布等行为的数据对象无统一的描述规范。

以上问题原因分析：

1. 缺乏方法论、缺少系统的整体规划、各省处于各自为政状态。

2. 没有充分利用计算机网络的优势。

3. 政府、企业内部缺乏完善的、有效的实施管理制度（指企业内部或国家相关职能部门出台的相关的制度）。

2. 定额编制流程及管理目前现状描述

目前各个省市在编制消耗量定额时，大都按照以下流程进行编制：

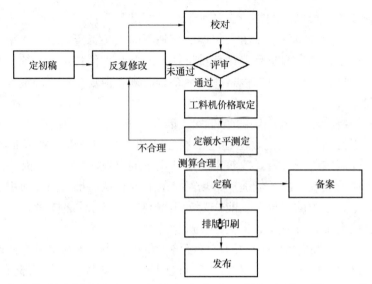

按照以上流程编制消耗量定额，由于各个专业工料机分类不统一、编码乱或者无编码、材料名称描述不一致、重复材料多造成工作量增加或重复工作；在工料机价格管理方面，由于定额工料机信息与市场材料存在一定的差异，对于工料机价格数据的选择及取定也带来一定的工作量。

3. 定额编制业务优化流程

为了提升定额编制效率，定额编制前或确定定额初稿时就需要首先对工料机进行标准化，这样定额编制过程中以及工料机价格取定的工作效率及质量才能得到很高的提升；优化后的标准化流程如下：

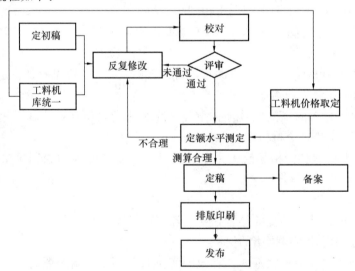

流程优化以后，在定额编制时间、进度上都有了很大的提升，目前已经成功在宁夏、广东、云南、贵州等省市应用。

对定额编制业务流程标准化的目的有两个原因：

原因一：提升工程造价行业信息化水平

目前很多省市在编制计价依据时，不同专业之间的工料机分类及编码都没有统一，这样在进行价格信息采集及价格加工分析时造成很多重复的工作；不仅如此，后期信息人员在进行信息采集及发布时很难与计价编制依据使用的工料机进行统一，往往都是计价编制依据、信息价发布两张皮形式进行，发布到社会上对于使用人员更是苦不堪言，需要专业人员自己分析两者实际的关系及具体信息的对应，造成社会专业资料的重复投入及劳动效率的降低。

如果工料机分类及编码统一了，在计价编制依据时，不仅能做到各专业信息数据的统一，而且信息价采集及数据加工完全可以通过计算机信息价手段解决材料从具体供应商报价到计价编制依据综合材料价格加工的过程，在发布到社会上，各个使用人员在使用过程中直接使用计价编制依据及政府发布的信息价，由于事前使用了统一分类及编码方法，在软件实现时，自动做到数据关系对应，大大提升了专业人员的工作效率及报价信息的准确性。

原因二：提供工程造价管理的系统化、专业化处理手段

各省市定额站在编制计价编制依据时，以往的做法都是以住房和城乡建设部标准定额司（所）编制的全通定额为蓝本，根据本地化进行修订，修订发布以后，实际的应用状态及修订以后地区化内容都被各省市自己封存在自己的站里面，与国家相关基础部门根本做不到信息的沟通有无——定额编制做不到统一系统的管理。

目前定额编制仍旧沿用组织专家进行团队式的编制模式，并且组织的专家队伍年龄都偏大，对于计算机使用存在很大的障碍，在很大程度上，定额编制完成已经落后于实际的社会水平。大家都很清楚，目前工程量清单报价模式下的计价编制，很大一部分已经做到了量价分离的状态，量如何把握，不同的企业、统一企业的不同管理人员实际的消耗量都存在一定的差异，如何做到最大化的节约成本及资源，都需要我们采用信息化的手段理智的分析、调整、应用等过程，消耗量固定的模式已经不适应目前市场的需要，我们需要的是一套消耗量的确定的基本方法及技能，所以计价编制依据量，更应该给出的是指导原则、方针或方法，而不是给出一个什么样的消耗量为宜。

对于价，更多的主动权已经完全放给了市场去操作，什么样的价格合理，政府应该给出更多的是政策及措施。而信息价本省就是动态的，每天的价格都存在波动，如何利用信息化手段解决静态数据的价格动态化管理，仅仅通过手工方式是远远不够的。这些都需要我们专家的专业资源的智慧的汇总分析、结合新技术通过计算机方式来实现。

综上所述，实现工程造价管理的系统化、专业化必须与计算机信息技术相结合。

4.5.3　如何根据定额编制使用工料机标准化

1. 工料机库统一的实现方案描述

《建设工程人工材料设备机械数据标准》GB/T 50851－2013 中第 3.0.2 条明确规定：各省级（直辖市、自治区）以及行业建设工程造价管理机构在编制建设工程计价依据时应首先从工料机数据库中选用。如需要补充的，请按第 5.3.2 条执行。

目前做法：旧定额工料机数据与《建设工程人工材料设备机械数据标准》GB/T 50851－2013 附录 B 工料机数据匹配、按照地区特性进行补充完善。

2. 工料机编码的组成

工料机库中所有工料机信息编码均为 8 位码，一级大类和二级子类均采用两位的阿拉

伯数字编码，材料一级大类均采用最高的二位固定数字编码，区间00-99；二级子类均采用次高位的二位固定数字编码，区间01-99，二级子类一般采用奇数的二位编码，而偶数的二位编码预留为扩充使用。后四位为顺序码，一二级编码原则是按国家标准规定的原则编码，后四位是按各地区实际编顺序码。

材料编码组成＝一级大类码 ＋ 二级子类码 ＋ 四位顺序码。

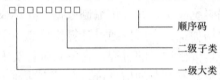

举例说明：0101 0003 热轧圆盘条φ6.5 t

0101 0004 热轧圆盘条φ8 t

3. 工料机编码原则

1）先总后分的原则：比较综合的材料放入编码的最前面，也是可扩充性比较强的材料。

2）如果某材料不能包含在所属一级大类的某二级类别中，则直接放入一级大类的材料类别下，材料二级编码（第三、四位）用00补充。例如：型钢，它既不属于钢筋也不属于板材，这样它隶属于01黑色金属的大类下。而其他的材料在二级类别下都可以找到。

3）材料顺序码按照描述的粗细度确定以10进位、5进位、2进位为单位，目的是给规格尺寸预留足够的补充位置。

4. 广联达公司提供的地区工料机标准化解决方案

第一步：获取原始数据

依据地区原来的各个专业定额数据库中定额子目使用工料机按照指定的数据格式导出excel，把导出的excel数据导入"广联达地区工料机标准数据管理系统"中。

第二步：对获取的数据进行标准化分类工作

根据《建设工程人工材料设备机械数据标准》GB/T 50851－2013的分类原则对获取的地区工料机数据进行分类。系统结合附录B中的内容与导入数据首先进行归类处理，类别处理是系统执行了一定的分类规则完成的，系统不能识别的分类最后由手工完成。

第三步：对分类成功的材料进行编码

首先与《建设工程人工材料设备机械数据标准》GB/T 50851－2013中附录B的数据根据一定的规则进行数据完全匹配；不能匹配的，按照编码原则进行地区标准化工作（详见编码原则）。

第四步：汇总问题大表，提交甲方确定

标准化过程中，对于存在问题通过系统自动生成，即使提交甲方确定；对于确认结果进行跟踪、修订。

第五步：业务、软件系统交底

广联达专业人员针对已经标准化的业务规则，结合软件操作进行交底，即使转交到甲方手中，方便甲方后期标准化数据维护及管理。

后期工料机标准维护及管理机制：设定专人、专岗制（系统授权式），利用计算机处理信息化优势对工料机过程及结果数据进行有效处理，并及时发布。

5. 地区定额标准化后的效果

各个地区使用标准后的效果：

◇　消除了材料重复

◇　工料机进行了统一描述，消除二义性

◇　实现了定额编制与信息价发布统一无缝关联

类　　别	广东（5）	宁夏（5）	云南（7）
1. 非标准化数据		13031	27533
2. 标准化后数据	5994	6608	15991
其中：配合比材料	664	442	1179
机械台班	1229	1101	1566
3. 标准化匹配率	98%	89%	85%

注：数据来源于实际项目的数据统计及分析。

6. 地区标准化文档成果文件

最终数据标准化成果文件应该包含：

◆　《××地区××年消耗量定额工料机标准化问题汇总报告》

◆　编制《××地区××年定额编制工料机数据汇编》（包含附录A、附录B)

◆　《××地区××年工料机数据标准接口 xml》

第5章 关于标准编制相关的问题解答

标准编制过程中和征求意见稿阶段，很多企业及造价站就标准的编制及应用提出了很多问题，经过整理，形成问题的汇总表，方便大家进行参考：

1.《标准》中包含附录A、附录B，他们之间的关系是如何关联的，借助附录A如何生成工料机价格信息数据库？

【解答】：《标准》中的分类采用了线性、面分类结合的混合分类方法，两者与附录B工料机库、工料机价格信息数据库之间的关系如下图所示：

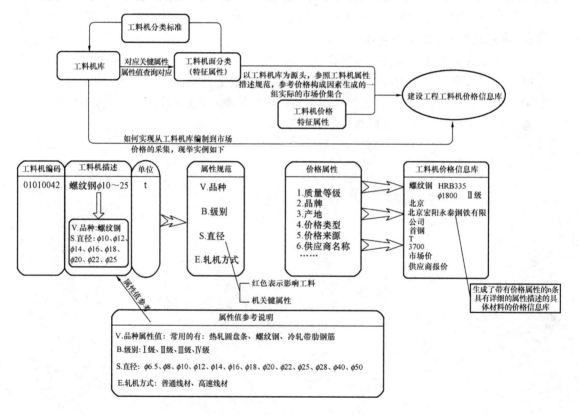

2. 属性值是否能够作为标准内容给出？

【解答】：属性值不能作为标准的内容给出，原因就是属性值没有统一的描述标准，只能给出属性值的一些指导原则，它是标准的增值服务部分，不是标准内容的构成，进一步说是具体的商业服务，就像清单的特征描述下的特征值是一样的，某些企业或某些资深专家也只能给出一些具体的案例以及指导原则，而不能作为清单国标的一部分。

3. 工料机库统一工料机编码信息，单位不统一的建议解决方案？

【解答】：建议删除相同材料记录，把不常用的单位用单位系数的方式进行处理，修改定额编制的要求即可。

4. 如何突出工料机数据标准的时宜性（标准交底内容）？如何推进造价管理站合理化及系统化的程度？需要详细的进行描述？

【解答】：体现1：首先解决了全国各地资源共享以外。

体现2：为造价管理部门解决（1）为预结算提供造价依据；（2）统一招投标的价格，参考的唯一性能够得到保证；（3）方便异地投标；（4）便于造价管理部分掌握共料机价格曲线，可以作为历史数据的记录，便于查询，为市场研究提供依据；（5）便于定额的编制；（6）便于信息发布。

5. 本标准的侧重点在房屋建设问题上，是否考虑行业工料机之间的共用问题？

【解答】：这套标准体系最大的一个原则是：可扩充性比较强，工料机数据标准的属性的分析过程见下图：

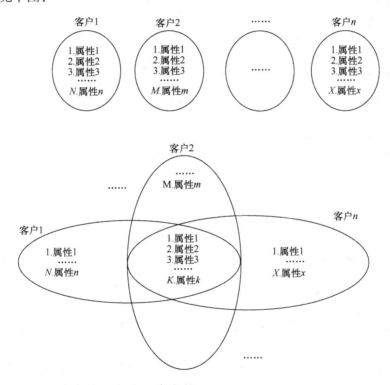

6. 标准名称上有待商榷，名称可参考的？

【解答】：《建设工程工料机信息数据标准》、《建设工程工料机数据标准》、《建设工程工料机数据规范标准》；最终确定《建设工程人工材料设备机械数据标准》比较准确、贴切。

7. 编制的参考依据能否作为标准的内容设置？

【解答】：只能作为附录甚至是宣贯教材的一部分内容；全国行政区码同样也是作为参考，因为国家统计局已经发布过，具体参见什么标准即可，没有必要拿出来作为标准的一部分。

8.《工料机数据标准》与《国标清单》的差异化分析（《建设工程人工材料设备机械数据标准》GB/T 50851-2013简称《工料机数据标准》；《建设工程工程量清单计价规

范》GB 50500—2013 简称《国标清单》)。

【解答】：

相同点：

1. 定位：都是国家标准

2. 业务范围：都是隶属于造价体系

差异点：

1. 地位：工料机数据标准：是建设工程造价编制的基础单元

国标清单规范：是建设工程工程量清单是工程量计价的基础

2. 作用：工料机数据标准：统一建设工程过程中工料机的统一分类及描述

国标清单规范：是编制招标控制价、投标报价、计算工程量、支付工程款、调整合同价款、办理竣工结算以及工程索赔等的依据

3. 数据统一层次：

工料机数据标准：分类统一、特征属性统一、计量单位统一

国标清单规范：项目编码统一、项目名称统一、项目特征统一、计量单位统一、工程量统一

9.《国标清单》与 GB/T 50851 处理思路上是一致的，而且是相辅相成的，但又存在一定的差异性，见下图：

10. 无论是《国标清单》还是我们目前的《工料机数据标准》，处理思路上都是一致的，且都是相辅相成的，如何理解？

【解答】：(1) 思路一致体现：分类方法、都存在属性特征且属性值都是价格影响因素的属性值。

(2) 相辅相成：相互依赖，工料机属性特征是清单属性特征的基础，清单特征包含工料机属性特征。举例：见上图结果分析：种类＝品种；规格＝（直径＋级别＋强度等级＋轧机方式）

是不谋而合的；都存在"属性特征"项，原因就是：属性特征是"清单项目"和"材料"的实质性内容，都是直接决定实体自身价值的，并且都是针对工料机描述的。两个标准是相辅相成的，但又存在一定的差异性，两者描述的目的及范围不一样，清单对材料描述是为了满足清单计价的需要，而工料机是为了满足工料机报价的需要，清单属性特征对工料机描述比较笼统，不是指特征值的笼统，是特征项。而工料机属性项就比较细，比较明确。

11. 为什么双方都没有给定属性特征值？

【解答】：（1）属性值千差万别，没有办法进行约束；

（2）对于属性的描述，只要双方理解一致即可。

举例：01010160 预应力混凝土钢筋

01010160 预应力混凝土钢筋只给出了钢筋种类，而我们的钢筋属性特征给出了品种、级别、直径、轧制方式、牌号等。

12. 工料机类别表、工料机价格表没有代码，靠什么建立关联？

【解答】：不属于本标准的范畴，工料机类别表有代码（一级大类、二级子类共四位码），工料机价格表没有代码，是通过价格属性描述；无须关联，这是材料价格生成的两个阶段。

13. 对于新增（补充）材料，如何统一规范、编码？如何扩展？管理程序是什么（由谁来统一编码，各省怎样及时更新）？

【解答】：缺一级大类或二级子类的由标准委员会进行统一维护补充，增加属性的，由各地区的造价管理机构自行补充并按照《建设工程人工材料设备机械数据标准》GB/T 50851-2013 第 5.3.2 条的规定执行。

标准委员会由主编单位牵头，组织各个参编单位成立的，负责开发标准配套的业务组件，对标准在应用过程中缺少补充的材料统一进行维护及管理，使用企业只要定期下载更新标准版本即可；企业在应用过程中补充的材料需要及时反馈给标准委员会进行统一处理。

14. "交换标准"中工料机库所列出的材料是全部还是列举出了部分？如果是全部材料那就差得很多了？

【解答】：工料机库所列出的工料机只满足于省级造价管理机构编制计价依据使用。

15. 未计价材是如何考虑的？例如：阀门，在计价编制依据中以阀门表示主材，但是对于不同的子目，阀门存在公称直径及压力等级的差异。如何解决？

【解答】：工料机库不涉及计价或未计价材概念，计价和未计价是计价编制依据过程中由材料所占的比重确定的，在不同的子目中，同一种材料计价、未计价标识不是确定的。

16. 工料机一级大类编码中编码顺序可否考虑与专业工程、材料使用频率和定额使用习惯的因素？方便检索，提高工作效率。建议专业工程的材料宜编排在一起，编码顺序可适当考虑使用频率和定额使用习惯。如有机玻璃列入玻璃、防静电地板列入地板；陶瓷、面砖、石材、地板列为一类，玻璃单列。

【解答】：本标准分类遵循一定的分类原则，对于一级大类、二级子类划分都遵循固定的划分维度；以科学性、合理性原则统筹考虑。

17. 人工单价、材料价格、机械台班费，都与《建筑安装工程费用项目组成》的规定有密切关系。建议工料机价格的组成内容，要与《建筑安装工程费用项目组成》的规定一致。

【解答】：目前附录 B 中的费用类型存在一点问题，后期版本更新会按照 2013 年 7 月 1 日正式修订的《建筑安装工程费用项目组成》中的《建筑安装工程项目费用组成表》进行调整为人工费、材料费、施工机具使用费。

18. 定额材料有的分得太细，如何解决全国各地材料描述不一致性，请给出步距取定标准及原则?

【解答】: 在《建设工程人工材料设备机械数据标准》GB/T 50851－2013 附录 B 编码规则中已经考虑,《建设工程人工材料设备机械数据标准》GB/T 50851－2013 附录 B 的编码原则:

1) 先总后分的原则:比较综合的材料放入编码的最前面,也是可扩充性比较强的材料。

2) 如果某材料不能包含在所属一级大类的某二级类别中,则直接放入一级大类的材料类别下,材料二级编码(第三、四位)用 00 补充。

3) 工料机信息数据状态描述:每个工料机信息有四种状态:0:原始 1:增加 2:修改 3:删除,在定额编制过程中严格执行约定格式生成。

19. 本稿对工料机的一级和二级大类分类有一定的合理性,操作上也基本可行。但作为国家标准,是否应当考虑与其他标准的协调性?如与工程建设行业标准《建筑材料术语标准》JGJ/T 191－2009 的关系?

【解答】: 本标准已参照了 JGJ/T 191 及相关材料国家标准进行了修订,每种标准的编制目的是不一样的,标准之间既存在一定的差异性也存在一定的关联性。

20. 材料品种里的理念虽然很好,但没有切实解决用户的一些实际问题,例如我们的品种用同一维度,但供应商提供的品种有的细,有的粗,不能很好的包容。这样在实际中就产生了不断需要增加相应的品种来解决,当增加和后发现与我们原有的品种定义又有所差别,如何处理?

【解答】: 品种是依据二级子按照一定的划分维度进行划分的,具体的划分维度需要参见每个类别的说明文档。

21. 各个地区的定额工料机标准化工作如何进行维护?

【解答】: 建议设定专人、专岗制(系统授权式),利用计算机处理信息化优势对工料机过程及结果数据进行有效处理,并及时发布。

22.《建设工程人工材料设备机械数据标准》GB/T 50851－2013 在各地执行,是否有相应配套管理措施?

给大家提供广东造价管理总站就《建设工程人工材料设备机械数据标准》GB/T 50851－2013 发布后一些具体的管理举措,方便参考及借鉴:

◇对造价管理机构发布的价格进行全省统一定义,对于定额编制使用的工料机进行综合价、信息价的统一定义。

◇对市场自主发布的价格首先进行分类管理,进而对具体材料执行标准特征规范描述进行规范定义,这儿主要指材料市场价、供应商报价等定义。

◇结合国标的标准接口数据,可使造价类应用软件与工料机数据库、工料机价格信息数据库形成有效对接,提升行业或企业信息化水平。

◇在辖区内,建设工程造价的工料机信息数据发布的所有媒介(网站、刊物、计价软件类)产品,必须包含国标类别编码(编码的前期需要满足前两级线性码对接,随着应用的不断完善,最终达到属性特征码及特征值码的完全统一)。

◇通过国标约定,供应商提供的价格信息,在信息化的手段下可完全实现对其有效的应用与溯源,主要是对供应商的可信度评级,一定程度规范报价行为。